Bildatlas
ASTRONOMIE

Bernhard Mackowiak

Bildatlas

ASTRONOMIE

VORWORT

Einen Bildatlas der Astronomie zu erstellen, um einen ersten und noch dazu aktuellen Überblick der Wissenschaft von den Sternen zu vermitteln, ist eine faszinierende, aber keine leichte Aufgabe. Denn im Vergleich beispielsweise zur Geografie oder Biologie ist die Astronomie weit weniger „greifbar": Ihre Forschungsobjekte sind viel zu weit entfernt und von ihrer physikalischen Beschaffenheit her zu exotisch. Ferner sind sie in einem extrem lebensfeindlichem Umfeld zu finden, das ein eigenes Erfahren unmöglich macht.

So sind die hier gezeigten Abbildungen in Form von Fotos, Karten und Grafiken nur durch Fernerkundung entstanden. Sie stammen von jenen Objekten, die wir mithilfe von Raumsonden und Hightech-Teleskopen untersuchen konnten, von manchen fehlen sie noch ganz. Aber dank raffinierter Computer- und Planetariumssimulationen auf der Basis dieser Erkenntnisse können wir virtuell, sozusagen per Anhalter, durch den Kosmos reisen und dabei die Grenzen von Raum und Zeit überwinden.

Damit der Einstieg in das weite, für den Laien oft schwer verständliche Feld der Himmelskunde und der Wissenschaft von den Sternen so leicht wie möglich gemacht wird, beginnt dieser Atlas mit den für das tägliche Leben wichtigen Himmelskörpern Sonne, Mond und Erde. Dann werden die anderen Mitglieder des Sonnensystems vorgestellt, und anschließend geht es hinaus in die Welt der Sterne und Galaxien mit ihren faszinierenden Objekten und Phänomenen. Schließlich werden die wichtigsten Theorien zum Ursprung und der Zukunft des Kosmos diskutiert. Erst danach steht die Astronomie als Wissenschaft selbst im Mittelpunkt. Auf komplizierte Formeln, komplexe Grafiken und große Tabellen wurde ganz verzichtet. Wichtige Fakten sind jedoch in Infokästen dargestellt; und fettgedruckte Seitenzahlen im Register geben an, wo im Buch ein Schlüsselbegriff, wie zum Beispiel „Lichtjahr", am ausführlichsten behandelt wird.

Und so wie man vor einer irdischen Reise einen Atlas als Einstieg zur Hand nimmt, um sich ein bis dahin nur vom Hörensagen bekanntes Reiseziel zu erschließen, möge es mit diesem Bildatlas auch für die Reise in die faszinierende Welt der Sterne der Fall sein.

INHALT

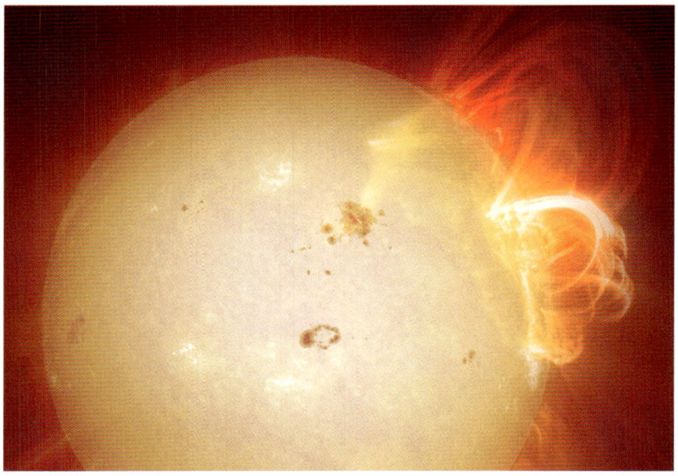

Die Sonne 8

Ein Modellstern 10
Geheimnisvolles Sonneninnere 14
Flecken auf der Sonne 22
Sonnenbeobachtung 32
Der Lebensweg der Sonne 36

Der Mond 38

Der nächtliche Begleiter 40
Zernarbte Oberfläche 44
Die Entstehung des Mondes 52
Irdische Erscheinungen 54
Flüge zum Mond 58

Das Sonnensystem 66

Größere und kleinere Welten 68
Der Blaue Planet 80
Eine Welt im Vorhof der Sonne 92
Schwesterplanet der Erde 96
Der rostige Wüstenplanet 102
Der König unter den Planeten 112
Planet der Ringe 120
Ein neuer Planet 128
Entdeckung am Schreibtisch 132
Eine neue Klasse kleiner Welten 138
Zwischen Mars und Jupiter 142
Kosmische Vagabunden 146
Botschafter aus dem All 150

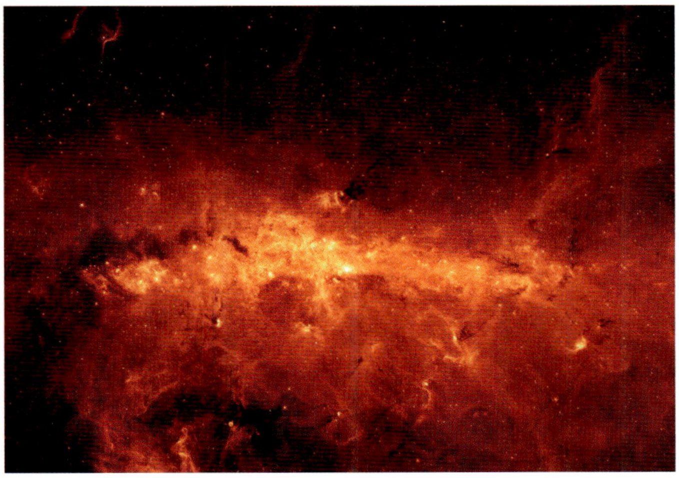

Die Milchstraße 154

Der Sternenhimmel 156
Eine Scheibe aus Licht 166
Kosmische Weiten 174
Sternsteckbriefe 178
Gemeinschaften im All 196
Wolken aus Gas und Staub 206
Wenn Sterne sterben 216
Die Suche nach Exoplaneten 230

In den Tiefen des Alls 236

Vielfältige Formen 238
Galaxienhaufen 246
Geburt und Tod des Universums 256

Astronomie 262

Die Anfänge 264
Die Astronomie früher Hochkulturen 268
Astronomen der Neuzeit 274
Die elektromagnetische Strahlung 278
Die Werkzeuge der Astronomen 290

Register 302

Die Sonne

Ein ganz normaler Stern

Ein Modellstern

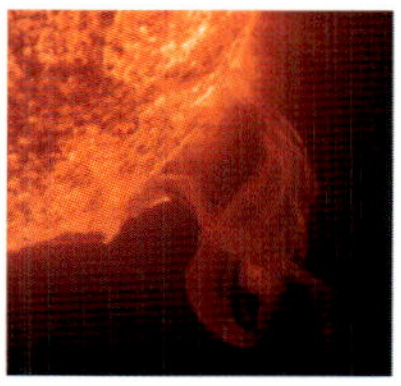

Die Sonne ist der uns am nächsten stehende Stern: eine riesige heiße, glühende Gaskugel. Wegen ihrer astronomisch gesehen geringen Entfernung von der Erde (ca. 150 Millionen Kilometer) kann ihre als Scheibe erscheinende Oberfläche sehr gut beobachtet und erforscht werden. Da sich die dabei gewonnenen Informationen auf andere Sterne übertragen lassen, dient die Sonne auch als Modellstern.

Der in dieser Illustration dargestellte **Größenvergleich** zwischen Erde und Sonne zeigt die gewaltigen Dimensionen unseres Zentralgestirns. »

Bei einer totalen Sonnenfinsternis (hier im März 2006 in der Türkei) tritt das sogenannte **Perlschnurphänomen** auf. Die aneinandergereihten Lichtpunkte entstehen durch die Berge und Täler der Mondoberfläche.

Die Sonne, hier eine Illustration, ist der mächtigste Himmelskörper in unserem Sonnensystem – und doch nur eine ganz durchschnittliche Sonne unter Milliarden anderen. «

Stern des Lebens

Ohne die Sonne mit ihrem Licht und ihrer Wärme gäbe es kein Leben auf der Erde. Die lebenswichtige Bedeutung unseres Zentralgestirns erfährt man am besten und eindrucksvollsten während einer totalen Sonnenfinsternis, wenn die dunkle Mondscheibe das Tagesgestirn für wenige Minuten vollständig bedeckt. In einem begrenzten Gebiet auf der Erde wird es kurzzeitig Nacht und die Temperatur fällt. Ein kalter Wind streicht über die Landschaft und die Vögel hören auf zu singen. So ist es kein Wunder, dass die Menschen früherer Zeiten von Panik ergriffen wurden und alles versuchten, den bösen Dämon, der nach ihrem Glauben die Sonne verschlang, zu vertreiben und sie sich fragten, weshalb oder wodurch die Sonne leuchtet. Diese so einfach klingende, aber fundamentale Frage gehörte lange Zeit zu den ungelösten und schwierigsten Problemen der Physik und Astronomie, schließt sie doch die Frage nach der Natur unseres Tagesgestirns ein.

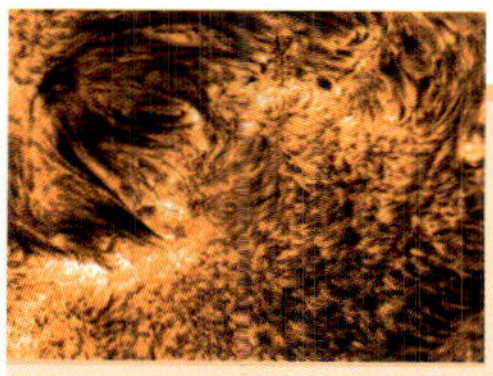

Steckbrief Sonne

Entfernung von der Erde: 149,6 Mio. km
Durchmesser am Äquator: 1,39 Mio. km
Masse: 333 333 Erdmassen
Mittlere Dichte: 1,41 g/cm³
Oberflächentemperatur: 5507 °C
Temperatur im Zentrum: 15,7 Mio °C
Rotationsdauer an den Polen: 34,3 Erdentage
Rotationsdauer am Äquator: 25,5 Erdentage
Alter: 4,6 Mrd. Jahre
Zusammensetzung: 73,5 % Wasserstoff, 24,9 % Helium, 1,6 % andere Elemente

Warum leuchtet die Sonne? Wie auf vielen Gebieten der modernen Wissenschaften waren es die Griechen, die als erste auf diese Frage eine wissenschaftliche Antwort zu finden versuchten, um die Mythen von Helios, den Sonnengott, abzulösen. So vermutete der griechische Philosoph Anaxagoras (499–428 v. Chr.), die Sonne müsse eine rotglühende Eisenkugel sein, größer als die Peloponnes. Zu diesem Schluss war er durch einen gefallenen, noch heißen Eisenmeteoriten gekommen, dessen Herkunftsort er auf der Sonne vermutete. Für die damalige Zeit war das eine äußerst ketzerische Behauptung, weshalb Anaxagoras aus seiner Heimatstadt Athen verbannt wurde.

In den folgenden Jahrhunderten stand die Frage nach der Natur der Sonne nicht mehr auf der Tagesordnung, denn niemand konnte sich vorstellen, welche Stoffe in der Lage sein sollten, über einen Zeitraum von mehreren tausend Jahren Licht und Wärme zu liefern, denn unter Berufung auf die Bibel hielt man die Sonne für rund 6000 Jahre alt.

Helios, der Sonnengott der griechischen Mythologie, hatte die Aufgabe, Tag für Tag den Sonnenwagen über den Himmel zu lenken.

Auch die im Industriezeitalter genutzten Energieträger Kohle und Erdöl würden die Sonne nicht sehr lange am Brennen halten. Und selbst wenn man annimmt, dass die Sonne ihre Energie dadurch gewinnt, dass sich der heiße Gasball immer weiter zusammenzieht (pro Jahr um 60 Meter), würde sie nur rund 30 Millionen Jahre leuchten – die Erde ist jedoch bereits mindestens 4,5 Milliarden Jahre alt.

Eine gigantische Wasserstoffbombe Erst die Fortschritte der Kernphysik in den 1920er- und 1930er-Jahren lieferten den Schlüssel zur Erklärung der Energieerzeugung in der Sonne und damit auch in den Sternen: Unsere Sonne besteht aus 73,5 Prozent Wasserstoff, 24,9 Prozent Helium und 1,6 Prozent schweren Elementen. Druck, Dichte und Temperatur steigen zum Zentrum hin so stark an, dass dort Wasserstoffkerne (Protonen) zu Helium verschmelzen (Kernfusion). Durch diesen Prozess wird die Sonne in jeder Sekunde um etwa 4 Millionen Tonnen leichter, wobei diese Materie nicht einfach verschwindet, sondern in Energie umgewandelt wird. Diese Energie wird ständig nach außen zur Oberfläche transportiert, wo sie als sichtbares Licht, Ultraviolett- und Wärmestrahlung, Radiowellen-, Röntgen-, Gamma- und Neutrinostrahlung in den Weltraum abgegeben wird. So gleicht das Zentrum unserer Sonne einer gigantischen Wasserstoffbombe. Jedoch verhindert der Druck, den die äußeren Schichten auf das Innere ausüben, dass diese atomare Reaktion außer Kontrolle gerät.

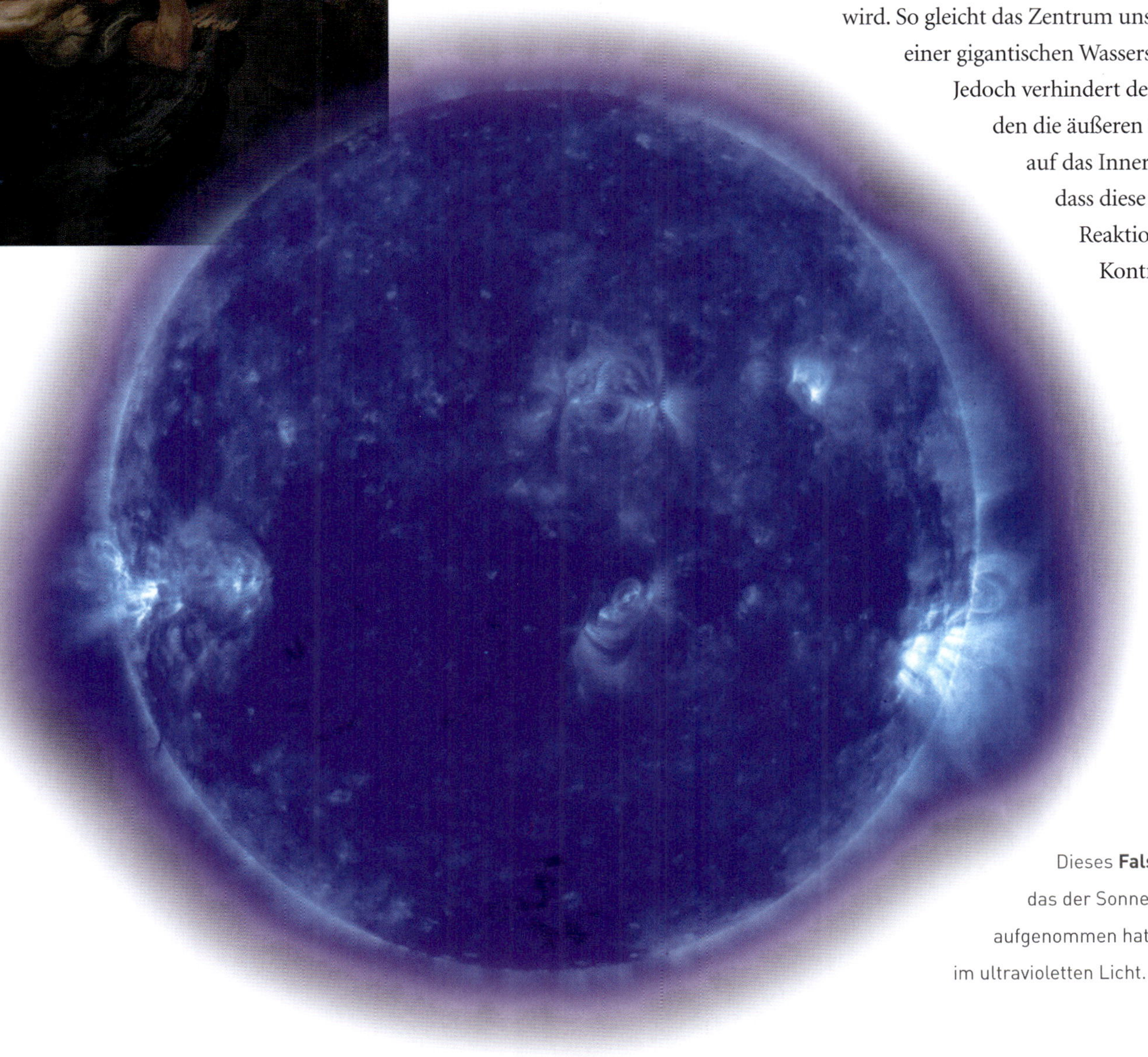

Dieses **Falschfarbenbild,** das der Sonnensatellit SOHO aufgenommen hat, zeigt die Sonne im ultravioletten Licht.

Geheimnisvolles Sonneninnere

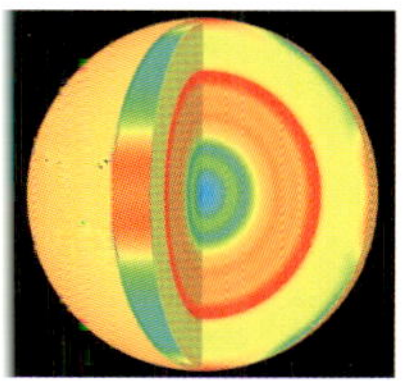

Wie es im Innern der Sonne aussieht, weiß wegen der dort herrschenden extremen Bedingungen natürlich niemand aus eigener Anschauung. Was wir in Fernrohren und auf Satellitenbildern sehen, sind nur die leuchtende Oberfläche, die Fotosphäre sowie die darüberliegende, aus Chromosphäre und Korona bestehende „Sonnenatmosphäre".

Den Wissenschaftlern bleiben also nur Experimente und Berechnungen über das Verhalten der Materie in bestimmten Situationen, die Messung der Sonnenschwingungen – vergleichbar denen der Erdbebenwellen – sowie die Beobachtung der vielen Aktivitätsformen durch Satelliten wie SOHO oder SDO, um einen gewissen Einblick zu erhalten und entsprechende Modelle des Sonnenaufbaus zu entwickeln. Sie zeigen, dass unser Tagesgestirn sich aus verschiedenen Schichten oder Zonen aufbaut.

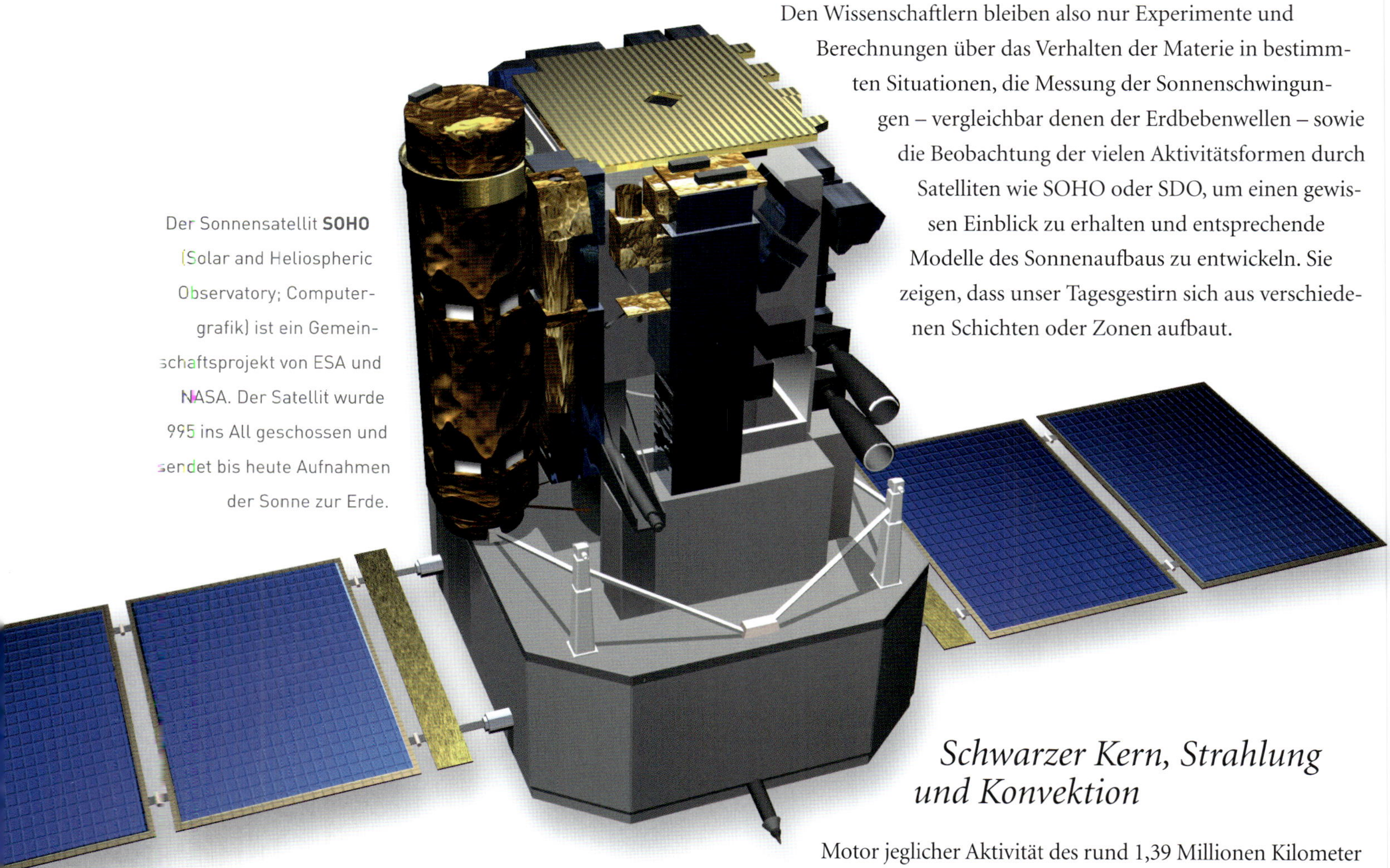

Der Sonnensatellit **SOHO** (Solar and Heliospheric Observatory; Computergrafik) ist ein Gemeinschaftsprojekt von ESA und NASA. Der Satellit wurde 1995 ins All geschossen und sendet bis heute Aufnahmen der Sonne zur Erde.

Schwarzer Kern, Strahlung und Konvektion

Motor jeglicher Aktivität des rund 1,39 Millionen Kilometer durchmessenden Sonnenkörpers ist der Kern. Sein Durchmesser wird auf etwa 250 000 Kilometer geschätzt und hier liegt das eigentliche Kraftwerk der Sonne. Bei einer Temperatur von 15,7 Millionen Grad Celsius und einer Dichte von rund 134 Gramm pro Kubikzentimeter (160-mal dichter als Wasser) wird im Kern ständig Wasserstoff zu Helium umgewandelt. Wer nun glaubt, der Kern sei eine blendend weiße Kugel, täuscht sich. Im Gegenteil, er ist schwarz wie die Nacht, denn die gesamte Energie, die dort produziert wird (zum Beispiel Röntgen- und Gammastrahlung), ist für das menschliche Auge unsichtbar.

Die im Kern erzeugte Energie braucht wegen der Streuung an den unzähligen Elementarteilchen sehr lange für den Weg an die Sonnenoberfläche – ein Lichtteilchen (Photon) wird erst nach rund 100 000 Jahren ins All abgestrahlt.

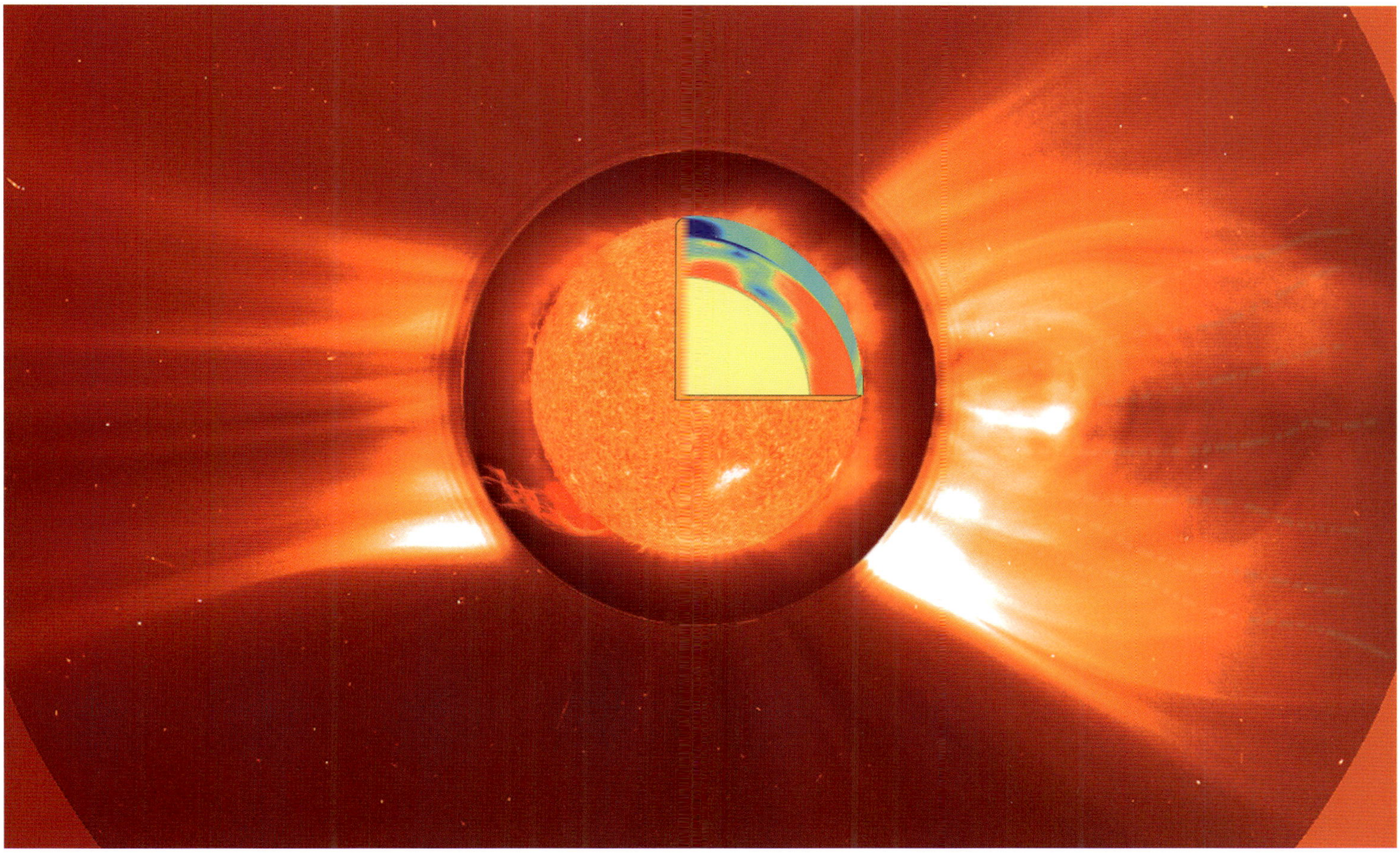

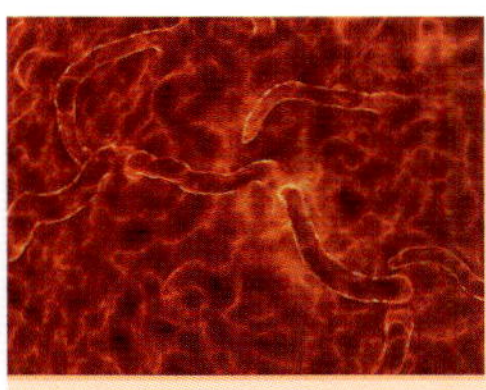

Die solare Kernfusion

Der Sonnenofen Die Sonne besteht im Wesentlichen aus Wasserstoff und Helium, deren Dichte, Druck und Temperatur nach innen immer größer werden. So laufen im Sonnenzentrum Fusionsprozesse ungeheuren Ausmaßes ab: die Proton-Proton-Reaktion und der Kohlenstoff-Stickstoff-Zyklus, der aber den geringeren Anteil an der Energieerzeugung hat. Vereinfacht beschrieben: Durch die Hitze im Sonnenkern können sich keine vollständigen Wasserstoff- oder Heliumatome bilden und es herrscht ein Durcheinander in Form eines Plasmas, also „nackten" Atomkernen, ionisierten Atomen sowie freien Elektronen, die sich mit ungeheurer Geschwindigkeit bewegen. Treffen nun zwei Wasserstoffkerne aufeinander, so bildet sich durch Verschmelzung das schwere Wasserstoffisotop Deuterium ^{2}D. Kommt ein weiterer Wasserstoffkern hinzu, entsteht das leichte Heliumisotop ^{3}He. Prallen zwei solche ^{3}He-Kerne aufeinander, so gehen daraus zwei Wasserstoffkerne sowie ein herkömmlicher Heliumkern ^{4}He hervor, der aus zwei Protonen und Neutronen besteht. In jeder dieser Phasen bildet sich ein etwas schwererer Kern, wobei enorme Energiemengen frei werden. Die gesamte Strahlungsleistung der Sonne beträgt 3,83 mal 10^{23} Kilowatt. Das heißt: Ein Quadratmeter Sonnenoberfläche erzeugt 62 900 Kilowatt, was etwa der Leistung von 1 Million traditioneller Glühbirnen entspricht.

Die unterschiedlichen Aufnahmegeräte an Bord des Satelliten SOHO liefern zahllose Daten für die verschiedensten Themen der Sonnenforschung. Das aus mehreren Aufnahmen zusammengesetzte Bild zeigt im Inneren der Sonne Flüsse aus **Plasma** und an der Oberfläche im UV-Licht aufgenommene Flares und Protuberanzen.

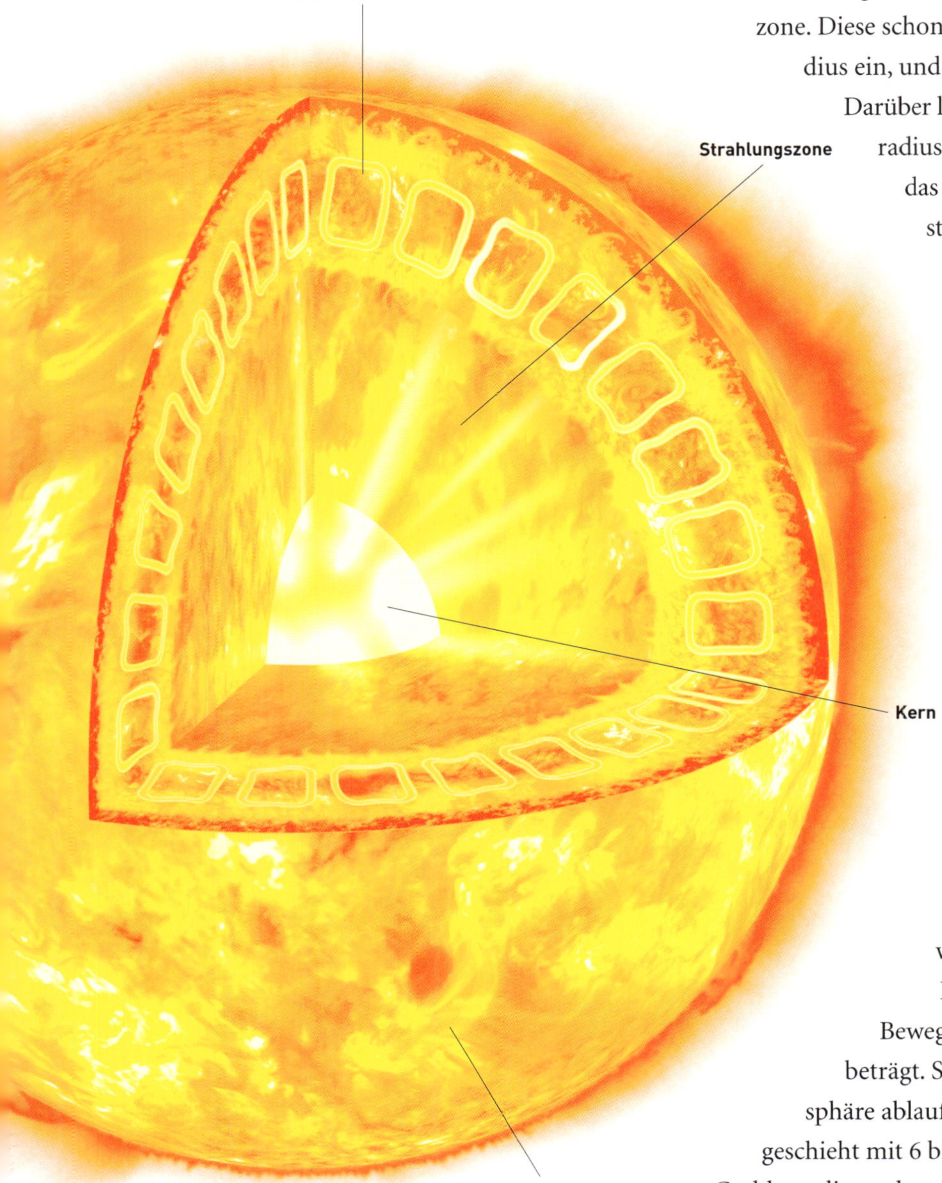

Unter der dünnen Oberfläche der Sonne, der **Fotosphäre**, befindet sich die **Konvektionszone,** in der die Sonnenmaterie ständig umgewälzt wird. Darunter liegt die **Strahlungszone** und im Zentrum der Sonne befindet sich der Millionen Grad Celsius heiße **Kern**.

Auf dem Weg nach draußen durchquert die Energie zunächst die Strahlungszone. Diese schon etwas kühlere Schicht nimmt 70 Prozent des Sonnenradius ein, und die Energie wird hier in Form von Strahlung übertragen. Darüber liegt die Konvektionszone, die rund 20 Prozent des Sonnenradius umfasst. Hier erwärmt die nach oben dringende Strahlung das Gas, lässt es sich ausdehnen und an die Oberfläche hochsteigen, wo es die so absorbierte Energie wieder freigibt. Die dadurch eintretende Abkühlung und Verdichtung des Gases lassen es schließlich wieder absinken, sodass der Zyklus von Neuem beginnen kann. Dieser Vorgang wird auch als Konvektion bezeichnet.

Die Oberfläche und ihre Phänomene

Die sich anschließende sichtbare Oberfläche der Sonne wird Fotosphäre genannt. Diese gasförmige, das sichtbare Licht abstrahlende rund 6000 Grad Celsius heiße Schicht ist circa 300 bis 400 Kilometer dick, etwa 6000-mal so dicht wie die Luft auf der Erde und umschließt das dichte Sonneninnere wie eine Schale. Sie sieht körnig und blasig aus und brodelt, da ständig Ströme heißer Gase auf- und absteigen und 1000 Kilometer große Blasen bilden. Diese Erscheinung wird Granulation genannt.

Die etwa ein bis zwei Millionen Granulen sind in ständiger Bewegung, wobei ihre mittlere Lebensdauer nur acht Minuten beträgt. Sie sind ein sichtbares Zeichen für die unterhalb der Fotosphäre ablaufende Konvektion. Dieses „Brodeln“ der Sonnenmaterie geschieht mit 6 bis 10 Stundenkilometern. In den zwischen den einzelnen Gasblasen liegenden dunkleren Regionen kühlt sich die Materie wieder ab und fließt erneut nach unten zurück, da dort die Temperaturen um etwa 300 Grad niedriger liegen. Die Fotosphäre ist nicht nur die sichtbare Oberfläche der Sonne, sondern gleichzeitig die unterste Schicht der aus Chromosphäre und Korona bestehenden Sonnenatmosphäre.

Die Chromosphäre Die orangerote Chromosphäre, die ihren Namen „Farbsphäre“ aufgrund ihres Aussehens erhielt, ist rund 2000 Kilometer dick. In ihr

Die Sonnenoberfläche ist in ständiger Bewegung. Die **Granulen** sind dabei aber nur das Ergebnis von tiefer liegenden Vorgängen.

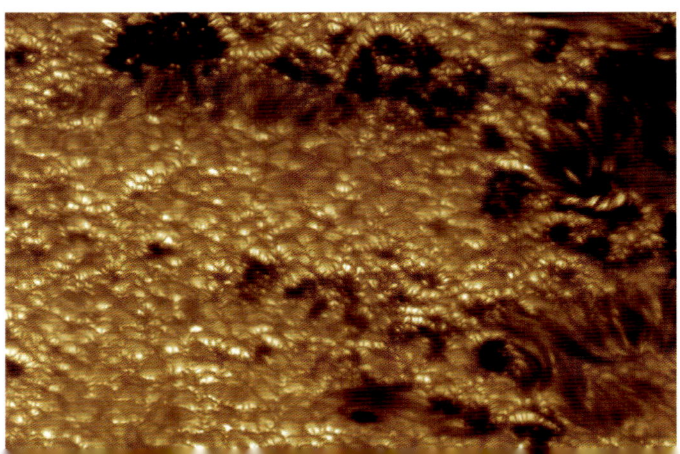

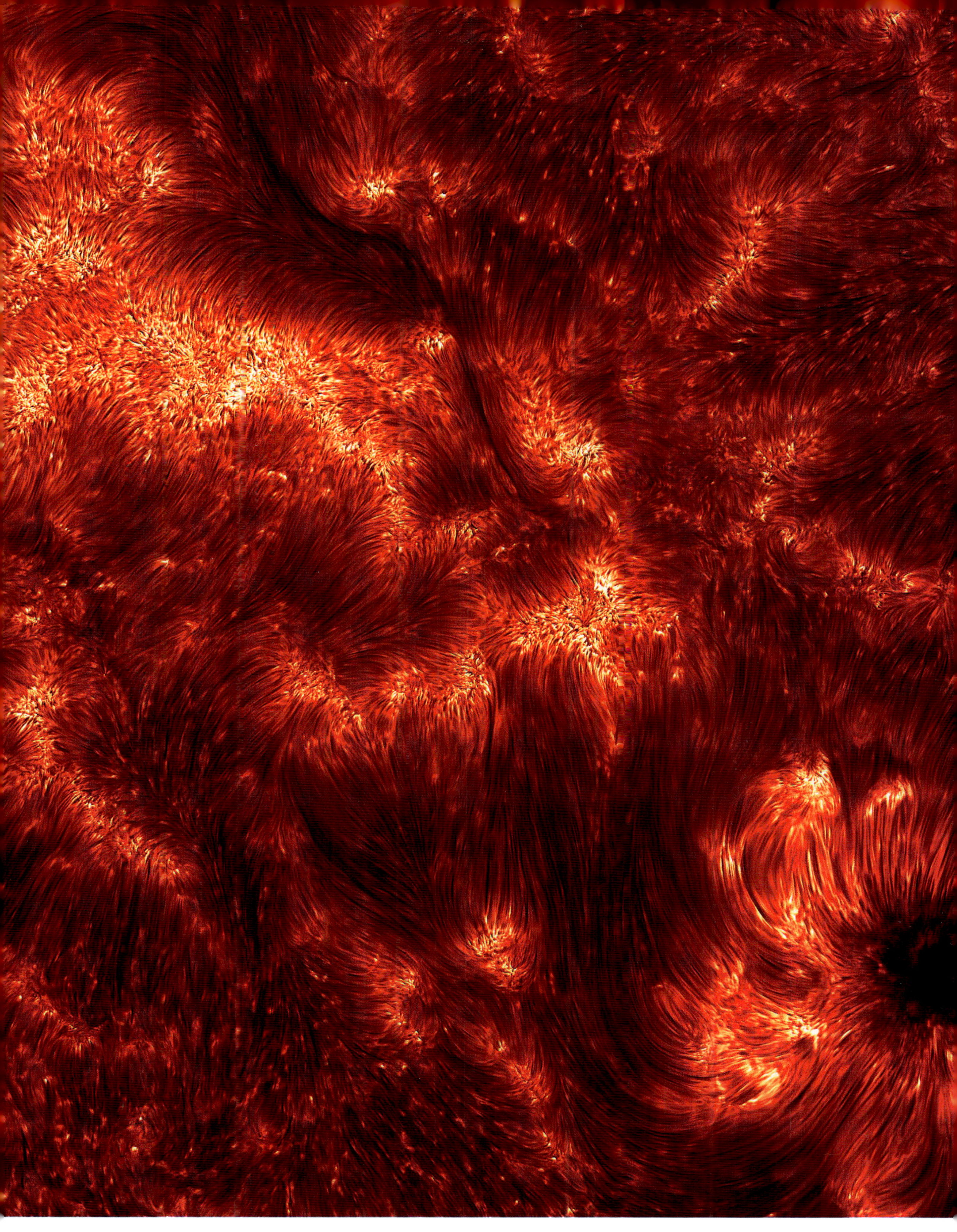

Am äußersten Rand der Chromosphäre schießen die röhrenförmigen **Spiculen** aus der Sonnenoberfläche

Nur während einer totalen Sonnenfinsternis zeigt sich die dünne Gashülle der **Korona**. Je nach Sonnenaktivität ist sie unterschiedlich ausgeformt.

steigt die Temperatur von 4500 auf rund 20 000 Grad Celsius an. Die Chromosphäre kann nur bei totalen Sonnenfinsternissen oder in Spezialfernrohren und mittels Satelliten beobachtet werden. Zu sehen sind dann zahlreiche flammenartige Plasmasäulen, die sogenannten Spiculen. Jede von ihnen erstreckt sich entlang von Magnetfeldern in bis zu 10 000 Kilometer Höhe und verharrt dann für ein paar Minuten.

Gefolgt wird diese Atmosphärenschicht von einer dünnen, unregelmäßigen Übergangszone, in der die Temperatur von 20 000 auf 1 Million Grad Celsius ansteigt. Wodurch dieser Effekt verursacht wird, ist den Wissenschaftlern derzeit noch nicht klar.

Die Korona Nach dieser Atmosphärenschicht schließt sich als äußerste die Korona an. Ihre Dichte ist um den Faktor 1 Billion geringer als die der Fotosphäre und sie reicht Millionen Kilometer ins Weltall hinaus. Auch die Korona ist wegen ihrer bedeutend geringeren Helligkeit eigentlich nur bei totalen Sonnenfinsternissen direkt zu beobachten, und zwar als Strahlenkranz um die vom Mond abgedunkelte Sonnenscheibe. Dabei ist ihre Form nicht immer gleich, sondern variiert mit dem Sonnenfleckenzyklus.

So erscheint sie zur Zeit des Sonnenfleckenmaximums fast kreisförmig, im Sonnenfleckenminimum ist sie dagegen an den Polen stark abgeplattet und zeigt in den Äquatorbereichen weit in den Raum hinausreichende Bänder, während in den solaren Polargebieten meist nur kurze, fast genau radial verlaufende Strahlenbüschel zu erkennen sind. Die Korona besteht aus dünnem Plasma und ist mit 2 Millionen Grad Celsius extrem heiß – die Gründe dafür sind ebenfalls noch nicht abschließend geklärt. Wahrscheinlich sind vor allem magnetische Erscheinungen wie Sonnenstürme oder koronale Massenausstöße dafür verantwortlich – auch CMEs (Coronal Mass Ejections) genannt. Sie werden gelegentlich von der Sonnenoberfläche durch die Korona in den Weltraum entlassen, wo sie in großer Höhe in den Sonnenwind übergehen.

Protuberanzen und Flares

Aus der Chromosphäre steigen oft riesige Gasmassen mit einer Geschwindigkeit von 100 Kilometern pro Sekunde bis über 100 000 Kilometer empor und nehmen bisweilen die Form spektakulärer Bögen an, die dem Magnetfeld der Sonne folgen: Protuberanzen. Diese gasförmigen Materieausbrüche, die zu den schönsten und eindrucksvollsten Phänomenen auf der Sonne gehören, können Temperaturen von über 10 000 Grad Celsius erreichen. Sie sind entweder eruptiv und von kurzer Dauer oder bleiben mehrere Wochen lang bestehen. Die Dimensionen der Protuberan-

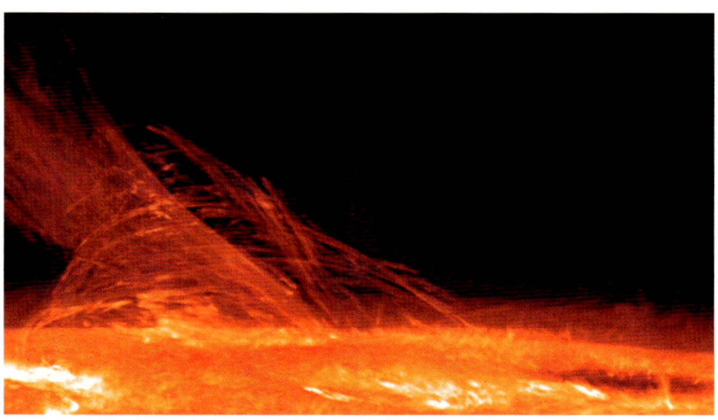

Die Sonne ist an ihrer Oberfläche ununterbrochen aktiv: Ständig werden **Gasmassen** entlang von Magnetfeldlinien in die Höhe geschleudert.

Protuberanzen können gewaltige Ausmaße annehmen und sich zu sogenannten **koronalen Massenauswürfen** entwickeln, die dann ins All hinaus geschleudert werden. »

zen sind verschieden. Die meisten dieser Eruptionen erreichen eine Länge von mehr als 100 000 Kilometern, während ihre Dicke wenig mehr als 10 000 Kilometer beträgt.

Ein ebenso häufig auftretendes Phänomen sind die Flares (engl. für helles, flackerndes Licht), die auch chromosphärische Eruptionen genannt werden. Diese plötzlichen, hellen Lichtausbrüche können im Gegensatz zu den Protuberanzen nur mit Spezialinstrumenten wie dem Spektrohelioskop oder einem H-alpha-Filter beobachtet werden. Bei einem Flare werden enorme Mengen an Strahlung und elektrisch geladenen Teilchen ausgestoßen. Ein solches Ereignis dauert mehrere Minuten, kann sich aber auch bis über eine Stunde hinziehen. Die dabei ausgesandte Strahlungsmenge ist so groß, dass sie auch den irdischen Funkverkehr stark beeinträchtigen kann.

Koronale Massenauswürfe Zusammen mit den Flares werden auch koronale Massenauswürfe (CMEs) beobachtet. Dabei handelt es sich um gigantische Gasmassen, mächtige Plasmablasen in Form einer croissantähnlichen Wolke von bis zu 10^{13} Kilogramm, die mit Geschwindigkeiten von bis zu über 2000 Kilometern pro Sekunde in den Weltraum geschleudert werden. Dabei wird das Plasma auf mehrere Millionen Grad erhitzt und eine Strahlungsenergie von 10^{24} Joule freigesetzt. Das ist das 1000-fache des jährlichen Energiever-

Die bei erhöhter Sonnenaktivität zur Erde geschleuderten, hochenergetischen elektromagnetischen Teilchen sind die Ursache für **Polarlichter**.

Erhöhte Sonnenaktivität kann in den Kraftwerken auf der Erde **Überspannungen** erzeugen und so das Stromnetz für mehrere Stunden lahmlegen. »

brauchs der Menschheit. Diese explosionsartigen Massenauswürfe lösen Stoßwellen innerhalb des Sonnenwindes aus, ähnlich dem Überschallknall eines Flugzeugs. Treffen diese Stoßwellen auf die Erdatmosphäre, entladen sich auf der Erde geomagnetische Stürme, die als verstärkt auftretende Polarlichter zu beobachten sind.

Carrington Event Der gewaltigste CME – unter dem Namen „Carrington Event“ bekannt (nach dem Entdecker Richard Carrington) – ereignete sich am 1. September 1859. Damals loderten danach Polarlichter über Rom und auch zwischen Kuba und Hawaii. Über den Rocky Mountains waren sie angeblich so hell, dass Minenarbeiter mit dem Frühstück begannen. Für das weltweite Telegrafennetz wurde der Tag zum „heißen Freitag“: Starkströme rasten durch die Leitungen; und an manchen Orten ging zum Entsetzen der Techniker das Telegrafenpapier in Flammen auf.

Heute wären die Auswirkungen eines solchen Ereignisses noch viel schwerwiegender, denn unsere hochtechnisierte Welt ist von der Stromversorgung abhängig und durch Energietransferleitungen, Pipelines und Nachrichtenverbindungen eng vernetzt. Kommt es nun zu CMEs, können die geladenen Teilchen auch Überspannungen in den Hochspannungsleitungen induzieren, wie am 13. März 1989: Damals legte ein solarer Sturm eine Generatorstation im kanadischen Québec lahm und ließ sechs Millionen Menschen über neun Stunden im Dunkeln sitzen.

Gefährdete Satelliten

Elektronenfalle Bei einem Super-Sonnensturm sind die Telekommunikations- und Wettersatelliten im geostationären Orbit in fast 36 000 Kilometer Höhe oder die 20 000 Kilometer von der Erde entfernt kreisenden GPS-Satelliten besonders gefährdet. Dies liegt in der Beschaffenheit des Van-Allen-Gürtels begründet, der unsere Erde umhüllenden Plasmasphäre. Sie erstreckt sich normalerweise über vier oder mehr Erdradien. Bei einem Sonnensturm bremst sie die ausgeworfenen Elektronen ab. Durch heftige Sonnenaktivität könnte der Van-Allen-Gürtel jedoch soweit zusammengedrückt und abgetragen werden, dass Sonnenwindteilchen in eine innere Zone gelangen, aus der sie nur langsam entkommen. Die dortigen elektromagnetischen Felder würden die Elektronen sehr stark beschleunigen, was an Bord von Satelliten Beschädigungen zur Folge hätte.

Flecken auf der Sonne

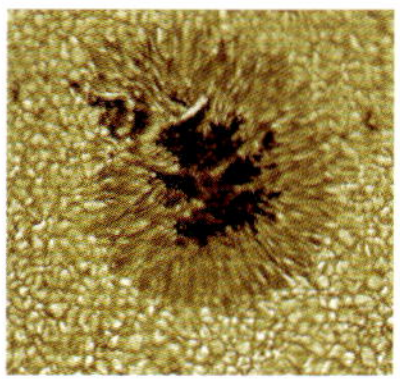

Die bekanntesten Erscheinungen der Sonnenoberfläche sind die Sonnenflecken. Diese dunklen Punkte lassen sich nämlich am einfachsten beobachten. Dazu projiziert man (um die Augen vor dem Erblinden zu schützen) das Sonnenbild auf einen weißen Schirm oder betrachtet es durch spezielle Filter, die jedoch sehr teuer sind.

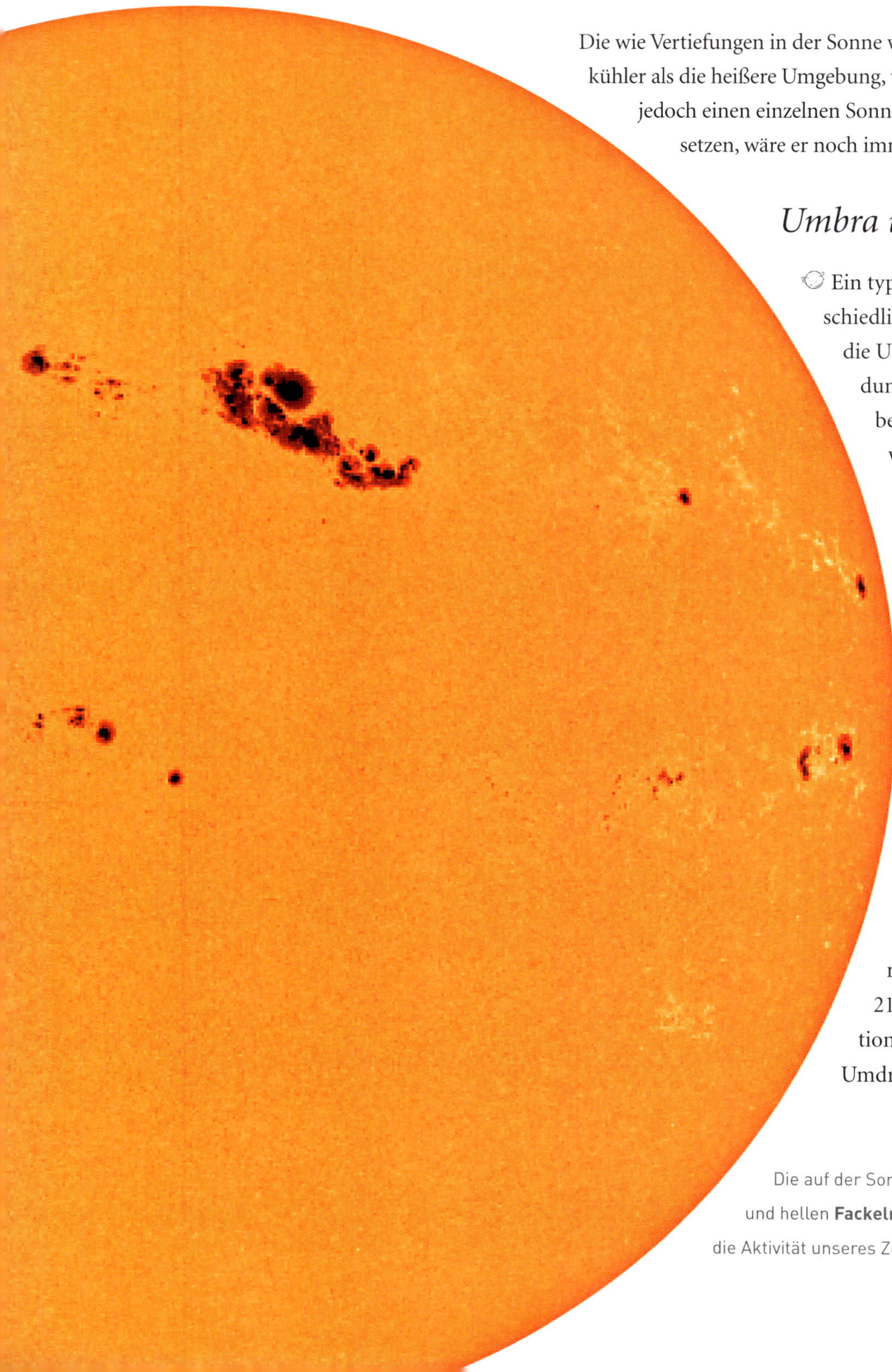

Die wie Vertiefungen in der Sonne wirkenden Flecken sind etwa 1000 Grad Celsius kühler als die heißere Umgebung, was ihre geringere Helligkeit erklärt. Könnte man jedoch einen einzelnen Sonnfleck herausschneiden und an den Himmel versetzen, wäre er noch immer zehnmal heller als der Vollmond!

Umbra und Penumbra

Ein typischer Sonnenfleck gliedert sich in zwei unterschiedliche Bereiche: eine dunkle Region im Zentrum, die Umbra, und einen sie umgebenden weniger dunklen Saum – Penumbra genannt. Dieser Teil besteht aus hellen und dunklen Fäden, die sich wie die Speichen eines Rades von der Mitte nach allen Richtungen ziehen. Die Temperatur in der Umbra eines Sonnenflecks beläuft sich auf rund 4000 Grad Celsius, während in der Penumbra 5000 bis 5500 Grad Celsius herrschen. Auf der restlichen Sonnenoberfläche sind es dagegen knapp 6000 Grad Celsius.

Entstehung durch Magnetfeldstörungen

Verursacht werden die Sonnenflecken durch lokale Störungen des gewaltigen solaren Magnetfeldes. Erzeugt wird das Magnetfeld durch den sogenannten solaren Dynamo: eine rund 61 000 Kilometer dicke Gasschicht, die in 216 000 Kilometern Tiefe unterhalb der Konvektionszone rotiert. Diese Schicht ändert laufend ihre Umdrehungsgeschwindigkeit, wodurch es zu Turbu-

Die auf der Sonne sichtbaren dunklen **Flecken** und hellen **Fackeln** sind ein deutliches Zeichen für die Aktivität unseres Zentralgestirns.

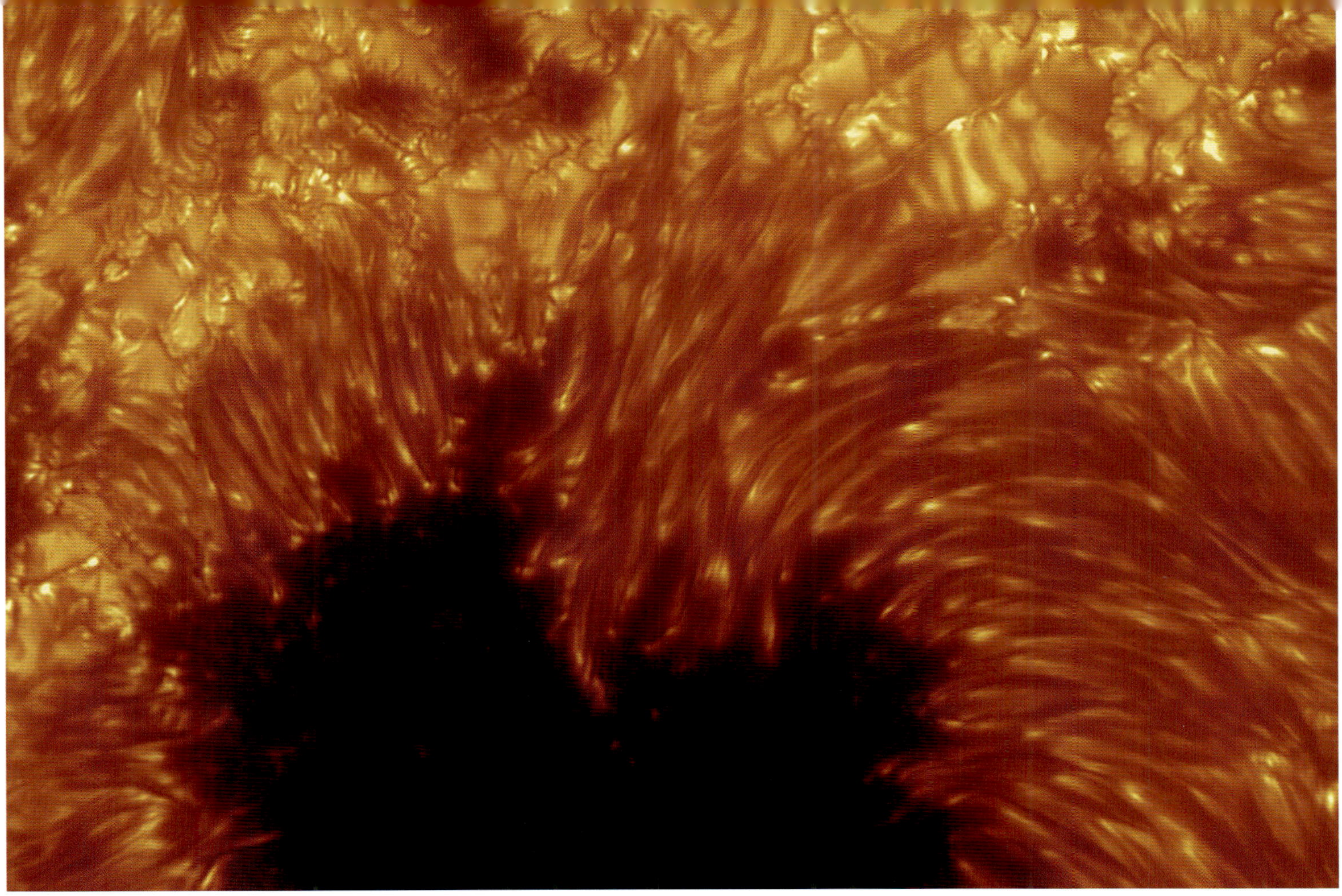

Nahaufnahme eines Sonnenflecks und seiner Umgebung. Das dunkle, weil kühlere Gebiet entsteht durch **aufsteigendes magnetisiertes Gas**, das durch die Sonnenoberfläche bricht.

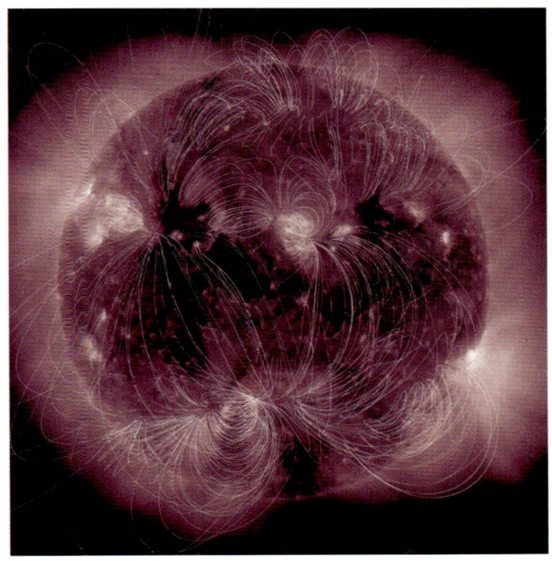

Besonders deutlich und in noch größerer Zahl werden die Aktivitätsgebiete der Sonne im Röntgenlicht sichtbar, darunter auch die sogenannten **koronalen Löcher** – Bereiche geringerer Temperatur und Dichte.

lenzen und chaotischen Störungen kommt, die das solare Magnetfeld erzeugen. Normalerweise verlaufen die solaren Magnetfeldlinien entlang der Meridiane von Pol zu Pol. Durch die unterschiedliche Rotation der Sonnenkugel in den verschiedenen Breiten werden diese Linien mit der Zeit ausgebuchtet und schließlich um den Sonnenkörper herumgewunden. An den Stellen, wo die Linien eng gebündelt sind, wird das Feld verstärkt.

Kommt es nun in dem Feld zu Verschlingungen, dann bricht ein Bündel von Magnetfeldlinien durch die Sonnenoberfläche aus der Fotosphäre bis in die Korona empor. Dabei wird die Bewegung der Konvektionszellen, der Granulation, behindert. Daraufhin bildet sich an diesen Stellen zuerst eine Fackel (ein helles Lichtgebilde), der dann westlich davon ein kleiner Fleck (Pore) folgt. In dieser Pore, die bis zu einige Tausend Kilometer groß sein kann und in der die Erde bequem Platz hätte, strömt das Plasma zusammen und dann mit einer Geschwindigkeit von bis zu 1 Kilometer pro Sekunde in die Tiefe.

Durch diesen Prozess wird das ins Plasma „eingefrorene" Magnetfeld stärker, der Energietransport nach außen verringert sich und die Oberfläche wird kühler. Die Folge: Ein Sonnenfleck wird geboren und von der Strömung stabil gehalten, die er selbst wieder aufrechterhält – sinkt doch das von der Seite hereinströmende Plasma wieder ins Sonneninnere zurück, weil es sich abgekühlt hat. Nicht umsonst treten Sonnenflecken und Flares gemeinsam auf.

Innerhalb von einigen Stunden entstehen dann auch auf der östlichen Seite der Fackel kleine Flecken. Danach verschmelzen die Einzelflecken und der westliche – vorauslaufende – Fleck bildet eine Penumbra. Um den östlichen Fleck herum kann

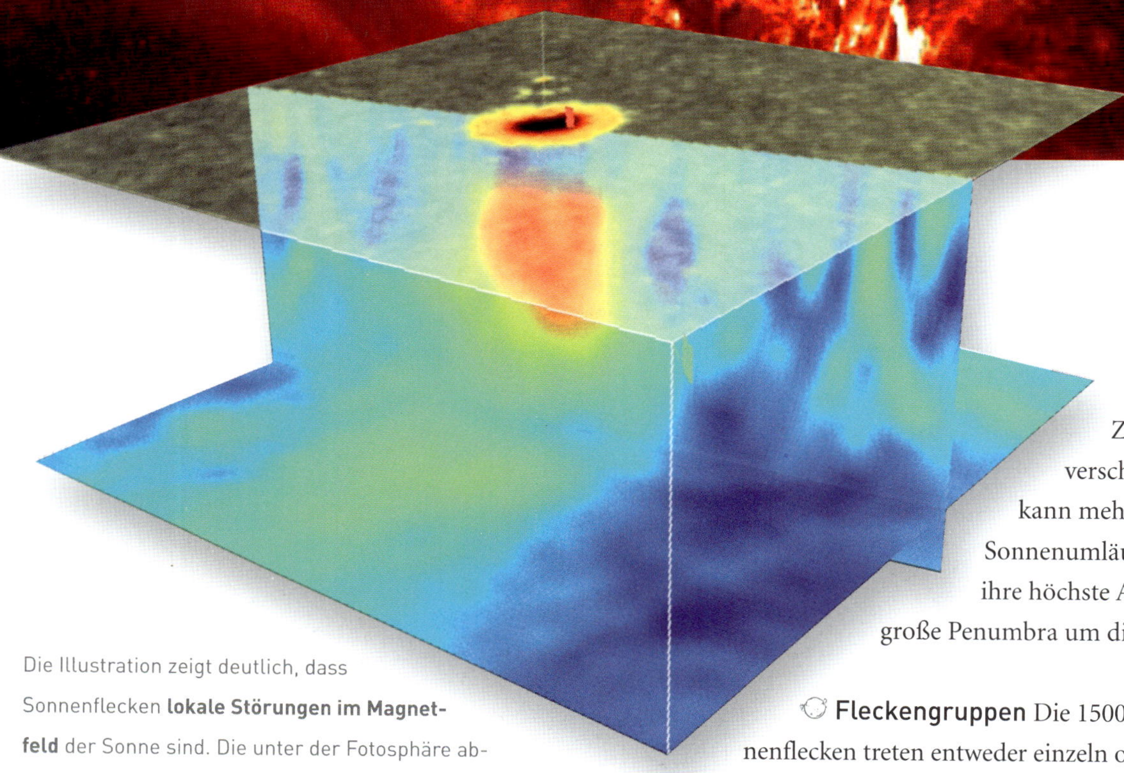

Die Illustration zeigt deutlich, dass Sonnenflecken **lokale Störungen im Magnetfeld** der Sonne sind. Die unter der Fotosphäre ablaufende Konvektion mit ihren Strömen wird ebenfalls in Mitleidenschaft gezogen. Die Temperatur in dieser Region ist gegenüber der mit Granulen gemusterten Oberfläche um 1000 bis 2000 Grad Celsius niedriger, sodass sie sich dunkler abhebt.

sich nach einigen Tagen ebenfalls eine Penumbra bilden. Zwischen diesen Flecken entstehen immer mehr Flecken, die aber nach einiger Zeit alle bis auf den westlichen Fleck verschwinden. Der verbleibende Fleck kann mehrere Monate und somit mehrere Sonnenumläufe überstehen. Erreicht die Gruppe ihre höchste Aktivität, kann sich eine einzige große Penumbra um die Fleckengruppe herum bilden.

Fleckengruppen Die 1500 bis 50 000 Kilometer großen Sonnenflecken treten entweder einzeln oder (häufiger) in Gruppen auf, wobei solche Konstellationen oft aus einem größeren und einem kleineren „Hauptfleck" bestehen, die von mehreren kleineren Flecken umgeben sind. Darüber hinaus besteht eine typische Sonnenfleckengruppe aus einem Fleckenpaar, dessen magnetische Polarität entgegengesetzt ist, das heißt ein Fleck verhält sich als magnetischer Nordpol, der andere als Südpol.

Die Stärke des Magnetfeldes in der Umbra dürfte zwischen 1000 und 4000 Gauß betragen, was die Stärke des irdischen Magnetfeldes um beinahe das Zehntausendfache übertrifft. Der Verlauf der Feldlinien zwischen einem Sonnenfleckenpaar ähnelt dem eines Stabmagneten. Sonnenflecken können wenige Stunden bis hin zu

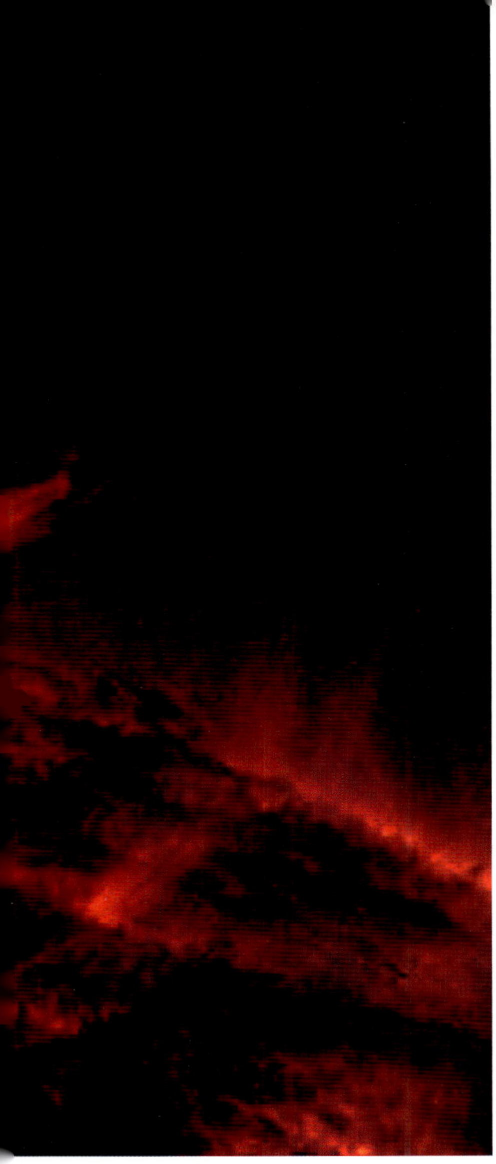

Die Kleine Eiszeit

Sonnenaktivität und Wetter Die Bezeichnung „Kleine Eiszeit“ bezieht sich auf einige aufeinanderfolgende strenge Winter in Europa zwischen 1675 und 1715. In den Wintern 1683 bis 1689 war die Themse so fest zugefroren, dass die Einwohner Londons „Frostjahrmärkte“ auf dem Eis abhielten. Auf der Sonne scheint es damals fast keine Flecken gegeben zu haben und damit auch keine Aktivität. Für viele Forscher besteht deshalb ein Zusammenhang zwischen dem von Edward Walter Maunder 1890 entdeckten Sonnenfleckenminimum (Maunder-Minimum) und der Kälteperiode. Das genaue Gegenteil war zwischen 1100 und 1250 der Fall, dem Großen Mittelalterlichen Maximum. In dieser Zeit war die Sonne so aktiv und strahlte so extrem stark, dass in Norwegen Wein angebaut werden konnte und Grönland wirklich „grön“, also grün war.

Magnetisch **aktive Regionen** wie in der Umgebung eines Sonnenflecks zeigen sich in Flares und dem Verlauf der Schleifen aus Plasma in der Korona.

mehreren Monaten existieren und wandern über die sichtbare Sonnenscheibe in 13,5 Tagen von einem Ende zum anderen. Danach ist ein bestimmter langlebiger Sonnenfleck für denselben Zeitraum nicht zu sehen, um dann nach genau 27 Tagen wieder an die Ausgangsposition zurückzukehren.

Sonnenrotation Aufgrund dieser Beobachtung lässt sich die Rotationdauer der Sonne ermitteln. Sie beträgt allerdings nur 25 Tage, denn da sich auch die Erde auf ihrer Bahn weiterbewegt, muss ein Beobachter zwei zusätzliche Tage warten, bis ein bestimmter Sonnenfleck wieder an seinem „alten“ Standort zu sehen ist. Hinzu kommt, dass die Sonne ein gasförmiger Körper ist, weshalb sich ihre verschiedenen Bereiche mit unterschiedlicher Geschwindigkeit um die eigene Achse drehen. Bei dieser sogenannten differenziellen Rotation erfolgt die Drehbewegung mit zunehmender Nähe zu den Polen immer langsamer. Während also am Äquator die Rotationsperiode 25,05 Tage beträgt, beläuft sie sich an den Polen auf 34,3 Tage. Allerdings gilt das nur für die Fotosphäre, denn Anfang der 1990er-Jahre erkannte man, dass die Sonne unterhalb der Konvektionszone mit einer Periode von knapp 27 Tagen gleichförmig rotiert.

Sonnenfleckenzyklus

Minimum – Maximum Verfolgt man die Zahl der Sonnenflecken über einen längeren Zeitraum, so stellt man fest, dass sich ihre Zahl in einem bestimmten Rhythmus ändert: Etwa alle elf Jahre sind auf der Sonne sehr viele und große Flecken zu sehen, gefolgt von einer Zeit, in der sich in dieser Hinsicht so gut wie nichts auf unserem Tagesgestirn abspielt. Die Astronomen sprechen von einem Sonnenfleckenmaximum und dem ihm folgenden Sonnenfleckenminimum. Der zeitliche Abstand zwischen zwei Maxima kann zwischen 7,3 und 15 Jahren schwanken. Dieser Zyklus – nach dem Entdecker Samuel Heinrich Schwabe auch „Schwabezyklus“ genannt – ist das deutlich sichtbare Zeichen für die Sonnenaktivität. Die ersten Flecken tauchen dabei in der Nähe der Sonnenpole auf, häufen sich danach und rücken bis zum Erreichen des Maximums immer näher an den Äquator heran. Ursache dieser Wanderung ist wahrscheinlich die ungleichmäßige Rotation unseres Zentralgestirns, wobei die magnetischen Zonen zum Äquator hin verschoben werden. Grafisch lässt sich das in einem sogenannten Schmetterlingsdiagramm darstellen.

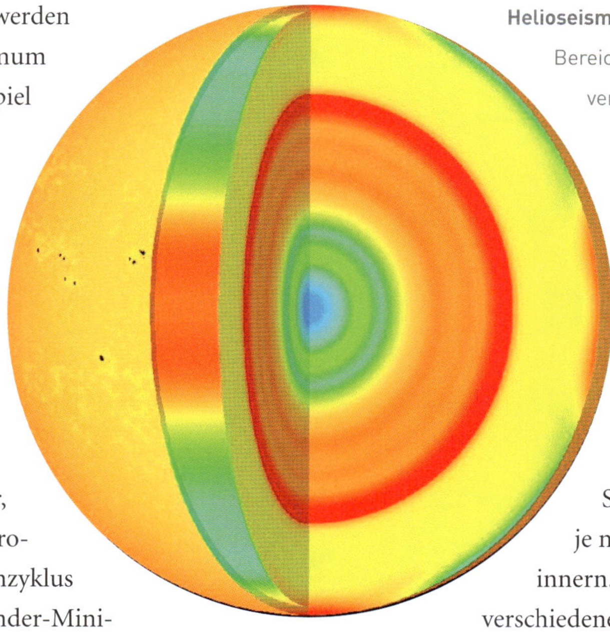

Helioseismisches Profil der Sonne: Zu sehen sind die Bereiche der Sonne, in denen sich die Schallwellen verschieden schnell bewegen, was auf Bereiche unterschiedlicher Temperatur schließen lässt.

Die Sonnenfleckenzyklen werden durchnummeriert, das Maximum des 24. Zyklus fand zum Beispiel 2012/2013 statt. Diesem Zyklus liegt ein doppelt so langer von 22 Jahren zugrunde. Daneben gibt es vermutlich weitere Zyklen wie einen 80- bis 90-jährigen oder sogar Perioden von 145 und 200 Jahren. Andererseits geht aus historischen Aufzeichnungen hervor, dass es gelegentlich auch zu großen Lücken im Sonnenfleckenzyklus gekommen ist, wie dem Maunder-Minimum. Es dauerte von 1645 bis 1715 und wird auch mit der Kleinen Eiszeit in Zusammenhang gebracht.

Sonnenschwingungen Mithilfe moderner Verfahren können nicht nur die äußeren, sichtbaren Aktivitäten der Sonne beobachtet werden, sondern auch die Bewegungen des gesamten Sonnenkörpers an sich. So bewegt sich die Sonnenoberfläche, die Fotosphäre, in komplexen Vibrationsvorgängen auf und ab. Verursacht werden diese Oszillationen durch Schallwellen in der Konvektionszone, wobei sie nicht nach außen treten. Manche Sonnenoszillationen werden durch sogenannte Sonnenbeben hervorgerufen – Schockwellen, die von den Rändern der Konvektionszellen (Granulen) ausgehen. Die dabei freigesetzte Energie entspricht einer Detonationswirkung von 1,2 Milliarden Tonnen hochexplosiven Sprengstoffs. Dank dieses Phänomens können die Sonnenforscher auch einen indirekten Blick ins Sonneninnere werfen, denn die helioseismischen Wellen laufen wie Erdbebenwellen durch den Sonnenkörper. Dabei verändern sie sich je nach Temperatur oder Dichte im Sonneninnern. Dieses Sonnenschwingen in Millionen verschiedener Frequenzen, bei dem die extrem „tiefen" Töne am stärksten hervortreten, nutzt die Wissenschaft der Helioseismologie für ihre Forschungen.

Der Sonnenwind

Von der Sonne ausgehend strömt ständig Gas mit elektrisch geladenen Teilchen wie negativ geladenen Elektronen und positiv geladenen Protonen (Plasma) in den Weltraum ab und bewegt sich dort mit einer Geschwindigkeit von bis zu 3 Millionen Stundenkilometer. Die Astronomen sprechen hier vom „Sonnenwind". Er füllt den scheinbar leeren Raum zwischen den Planeten und bildet eine 15 Milliarden Kilometer große Blase: die Heliosphäre. Sie wirkt wie eine schützende Hülle, die die Planetenfamilie von der kosmischen Strahlung abschirmt.

Dank Sonnensatelliten wie SOHO lassen sich die Aktivitäten auf der Sonnenoberfläche und in der nahen Umgebung ununterbrochen verfolgen. Hier das Verhalten der auf der Erde nur bei totalen Sonnenfinsternissen sichtbaren **Korona**.

Der Sonnenwind wird von der **Magnetfeldhülle** der Erde abgelenkt. Besonders bei Sonnenstürmen durch koronale Massenauswürfe ist dies ein wichtiger Schutz für das Leben auf der Erde. »

Der mit 400 Kilometern pro Sekunde (langsamer Sonnenwind) und zwischen 800–900 Kilometern pro Sekunde (schneller Sonnenwind) an der Erde vorbeiblasende Teilchenstrom, der bei den gewaltigen Materieauswürfen der CMEs auf bis zu 2000 Kilometer pro Sekunde beschleunigt werden kann, steht in engem Zusammenhang mit der Sonnenaktivität und ist für eine ganze Reihe von Phänomenen verantwortlich. Hierzu gehört auch die Ausrichtung von Kometenschweifen, die stets in die der Sonne entgegengesetzte Richtung zeigen.

Erreichen die elektrisch geladenen Teilchen die Erde, wozu sie ungefähr vier Tage benötigen, werden sie größtenteils vom Magnetfeld unseres Planeten abgelenkt, wodurch das Erdmagnetfeld an der zur Sonne gewandten Seite zusammengedrückt und auf der Nachtseite zu einem mehrere Millionen Kilometer in den Weltraum reichenden Schweif verformt wird.

Polarlichter Dabei gelangt in Polnähe ein Teil der hochenergetischen Partikel in die äußeren Schichten der Erdatmosphäre. Hier treffen sie mit den Atomen und Molekülen des Stickstoffs und Sauerstoffs aufeinander und es kommt zur farbenprächtigen Erscheinung der Polarlichter. Sie tauchen

Der Sonnenwind verursacht auf der Erde immer wieder großartige **Polarlichter** – in diesem Fall an dem schwedischen See Torneträsk. «

zumeist in rund 100 Kilometern Höhe auf und sind vorrangig am nächtlichen Himmel zu beobachten. Die Polarlichter erscheinen an beiden Polen gleichzeitig und dabei jeweils in einem Gebiet, das wie ein gewaltiges Oval den geografischen und magnetischen Pol umschließt. Die Breite des Polarlichtovals beträgt etwa 500 Kilometer, seine Entfernung vom magnetischen Pol rund 2000 Kilometer. Dieses Phänomen ist in Zeiten starker Sonnenaktivität sehr ausgeprägt, sodass es sogar in den mitteleuropäischen Breiten zu Polarlichterscheinungen kommen kann.

Solar-terrestrische Beziehungen

Ohne die Sonne mit ihrem ständigen Licht- und Wärmestrom gäbe es kein Leben auf der Erde. Von der gesamten Strahlungsleistung der Sonne in Höhe von 4 mal 10^{23} Kilowatt fallen pro Quadratzentimeter 1,7 mal 10^{14} Kilowatt auf die Erde, davon pro Sekunde auf einen Quadratmeter in der oberen Erdatmosphäre 1,37 Kilowatt. Dieser Wert wird Solarkonstante genannt. Die Sonne hält damit die großen Kreisläufe unseres Planeten in Gang: den Kreislauf des Wassers, der Luft, der Gesteine mit Verwitterung und Abtragung, den Kreislauf der Meeresströmungen und letztlich entsteht durch die Sonnenstrahlung auch das Wetter. Ohne die Sonne gäbe es keine Jahreszeiten und keine Fotosynthese der Pflanzen.

Sonnenaktivität und Klima Sehr interessant ist auch die noch immer heftig und äußerst kontrovers diskutierte Frage, ob und wie sich die Sonnenaktivität auf das irdische Klima auswirkt. 1952 maß man in Berlin nach einer starken Sonneneruption eine Erwärmung der Stratosphäre von –48 auf –12 Grad Celsius, was sich dann auf die darunterliegende Troposphäre und damit das Wettergeschehen auswirkte. Dieses sogenannte „Berliner Phänomen“ tauchte später

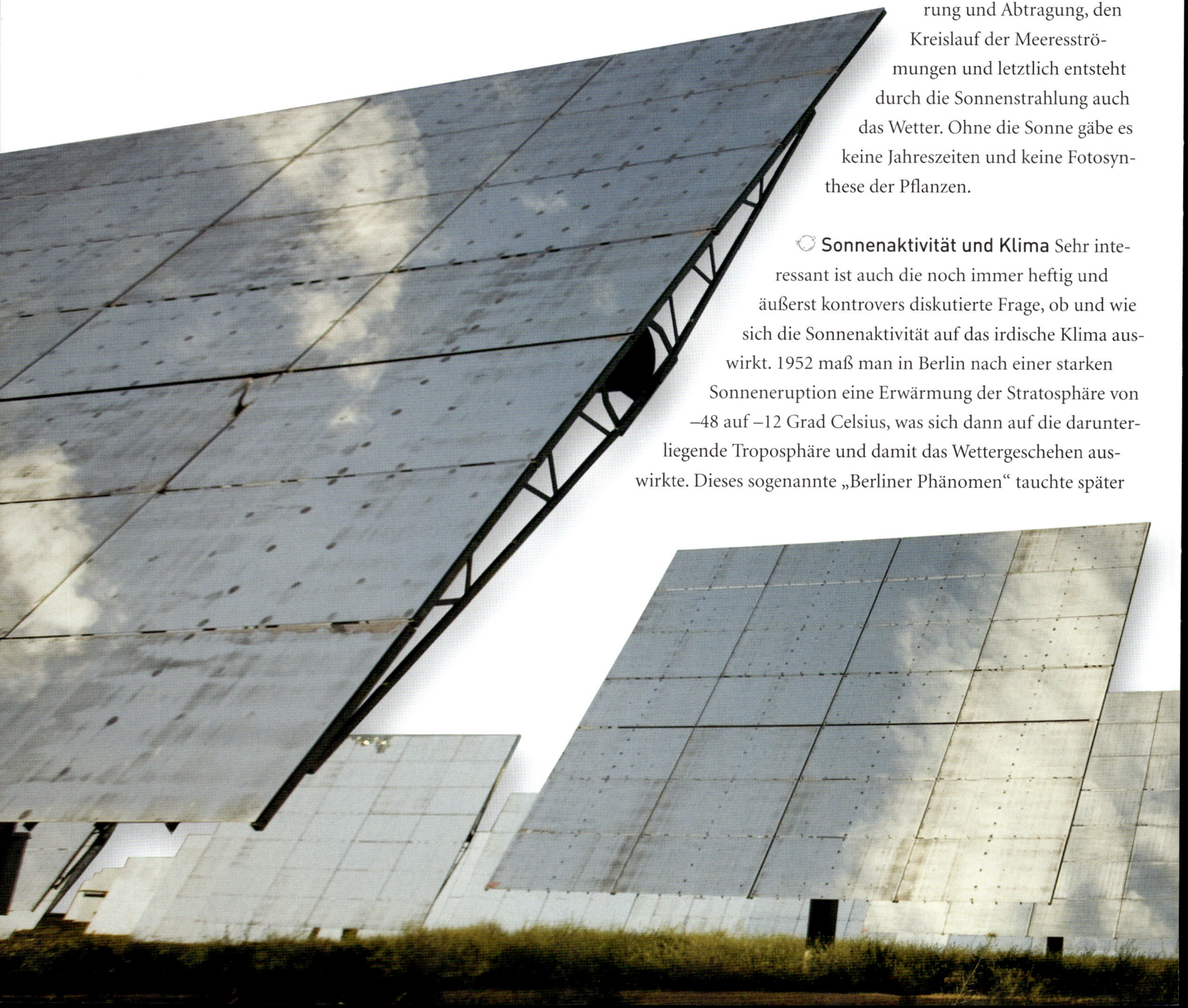

noch des Öfteren auf. Derartige Beobachtungen lassen manche Wissenschaftler auch einen direkten Zusammenhang zwischen der solaren Aktivität und dem Erdklima vermuten. Während eines Sonnenfleckenmaximums und somit höherer solarer magnetischer Energie soll es zu einem Anstieg der Erdtemperatur kommen, während diese bei wenigen Flecken sinkt und Erscheinungen wie beispielsweise die Kleine Eiszeit hervorruft.

Sonnenstrahlen bahnen sich ihren Weg zwischen Bäumen und Moos eines Waldes und setzen so die **Fotosynthese** der grünen Pflanzen in Gang.

Wolkenbildung und kosmische Strahlung Der Energiefluss in Form des Sonnenwindes und die Schutzschildfunktion des Erdmagnetfeldes bestimmen, wie viel kosmische Strahlung zur Erde gelangt und dort die Wolkenbildung beeinflusst. Danach führt eine hohe Sonnenaktivität mit einem kräftigen Magnetfeld zu einer Verringerung der kosmischen Strahlung und damit zu geringerer Wolkenbildung. Die Erdoberfläche erwärmt sich. Im entgegengesetzten Fall kann mehr kosmische Strahlung in die irdische Lufthülle eindringen – es entstehen mehr Wolken. Viele Wolken, besonders in den unteren Schichten der Erdatmosphäre, lassen die globale Temperatur sinken. Auch wenn diese These faszinierend ist, stehen ihr doch viele Wissenschaftler als dem Motor der Klimaerwärmung angesichts der Komplexität des Klimasystems skeptisch gegenüber.

Auch wenn die auf die Erdoberfläche gelangende **Strahlungsenergie der Sonne** gering erscheint, mit entsprechend großflächigen Anlagen wie Solarzellen aufgefangen, lässt sie sich effektiv zur Stromerzeugung nutzen.

Sonnenbeobachtung

Gerade die vielfältigen Auswirkungen der Sonnenaktivität auf das irdische Geschehen machen eine ständige Beobachtung unseres Zentralgestirns notwendig. Die klassische Form, also die Beobachtung vom Erdboden aus, wird von speziell ausgerüsteten Observatorien betrieben. Hier wird mithilfe sogenannter Heliostaten und Coelostaten geforscht.

Von hohen Bergen aus lässt sich die Sonne am besten beobachten, denn hier ist man oberhalb der Wolkendecke. Abgebildet ist das französische **Sonnenobservatorium** auf dem 2877 Meter hohen Pic du Midi (Pyrenäen).

Coelostaten Bei Coelostaten handelt es sich um in einem Turm senkrecht aufgestellte Fernrohre, in die das Sonnenlicht mittels an der Spitze angeordneten drehbaren Spiegeln gelenkt wird. Diese Fernrohre sind in einigen Fällen luftleer gepumpt. Das Vakuum in ihrem Innern verhindert, dass sie sich aufheizen und Turbulenzen entstehen können. Das McMath-Pearce-Solar-Teleskop auf dem Kitt Peak in Arizona hat eine Länge von 153 Metern und erzeugt ein Sonnenbild von 82 Zentimeter

Da die Sonne extrem hell ist, verwendet man, um ihr Licht zu sammeln, eine spezielle Spiegelanlage, die mit einem Fernrohr gekoppelt ist: einen **Coelostat** (hier im Einsteinturm in Potsdam).

Durchmesser. Ein anderes, vor allem durch seine Architektur bekanntes Sonnenteleskop steht auf dem Telegrafenberg in Potsdam: der Einsteinturm.

Koronografen Andere Spezialfernrohre, sogenannte Koronografen wie auf dem Pic du Midi, können mithilfe einer Blende eine künstliche Sonnenfinsternis erzeugen. In ihnen ist nur der Sonnenrand zu sehen (ein Verfahren, das auch bei Satelliten wie SOHO eingesetzt wird). Auf diese Weise werden die sonst nur bei totalen Sonnenfinsternissen erkennbaren Protuberanzen sichtbar. Details auf der Sonnenoberfläche lassen sich mit Filtern beobachten, die speziell im Licht des Wasserstoffs arbeiten.

Neutrinodetektoren Diese Detektoren sehen überhaupt nicht wie klassische Fernrohre aus, sondern ähneln riesigen Wasser- oder Öltanks. Sie liegen zudem tief unter der Erde in Bergwerken oder sind im ewigen Eis der Antarktis versteckt. Diese gewaltigen Behälter werden mit speziellen Flüssigkeiten wie beispielsweise Tetrachlorethylen gefüllt, das auch in der Textilreinigung verwendet wird.

Neben Licht-, Ultraviolett-, Wärme-, Radio-, Röntgen- und Gammastrahlung sendet die Sonne auch Neutrinostrahlung aus. Neutrinos sind wegen ihrer fehlenden Ladung und Masse nur schwer nachzuweisen und in der Lage, mühelos Gesteinsschichten und sogar den ganzen Erdball zu durchdringen. Aufgrund

Das **McMath-Pearce-Solar-Teleskop** auf dem Kitt Peak in Arizona ist mit seinen 4- und 3,5-Meter-Spiegeln das größte Sonnenteleskop der Welt.

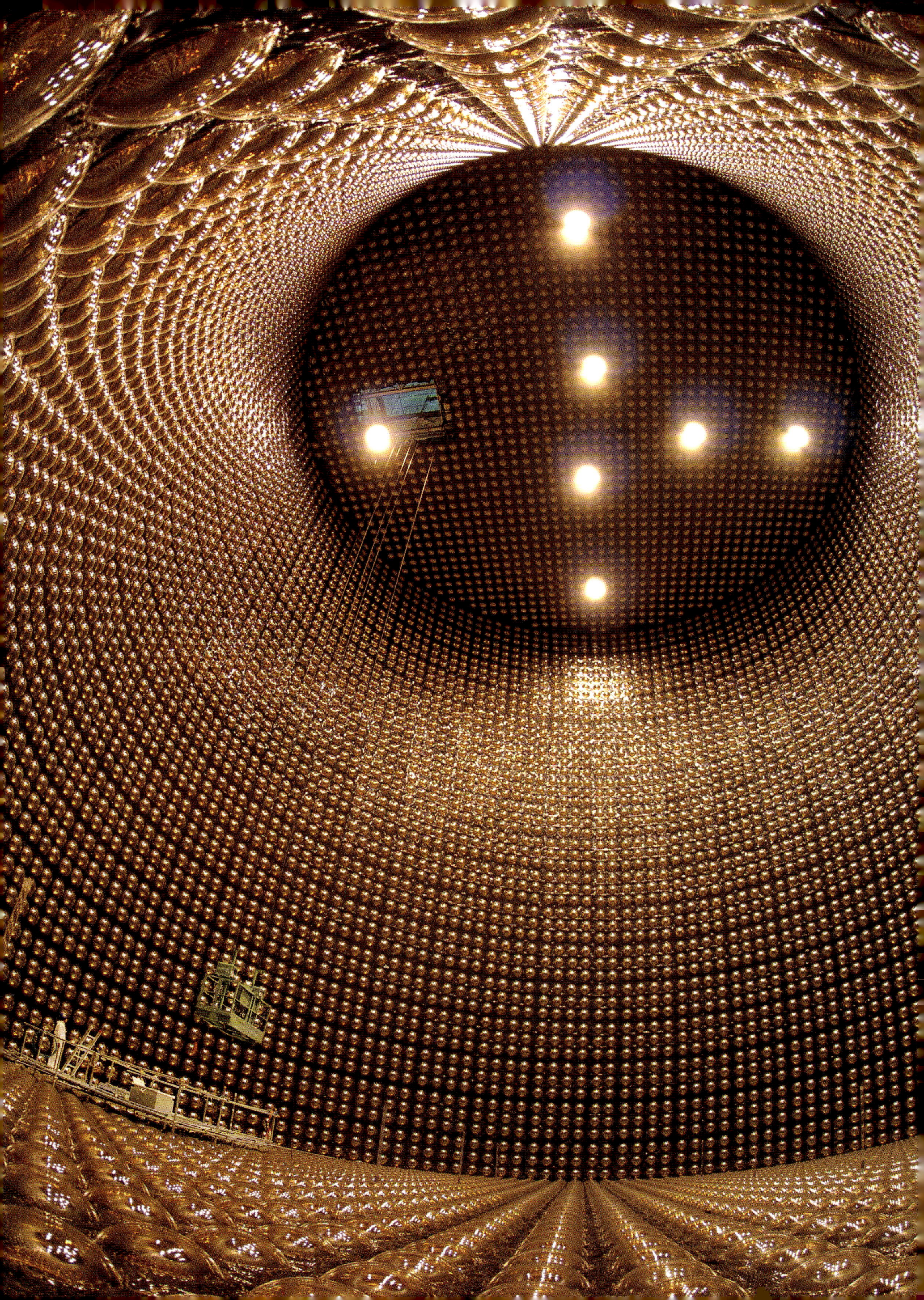

der großen Zahl an Neutrinos kommt es aber hin und wieder doch zu einer Kollision mit einem Atom der Detektorflüssigkeit, wobei ein kleiner Lichtblitz entsteht, der gleichzeitig von mehreren Kameras registriert wird. Dadurch kann man die Flugrichtung des Neutrinos ermitteln und herausfinden, ob das Teilchen von unserer Sonne oder aus den Tiefen des Alls gekommen ist.

Da Neutrinos aufgrund ihrer Eigenschaften im Gegensatz zu Photonen, die meist einige 1000 Jahre benötigen, um die Sonnenoberfläche zu erreichen, dazu nur einige Sekunden brauchen, kann man durch ihre Beobachtung auf die aktuellsten Vorgänge im Inneren der Sonne schließen. Durch die Untersuchung der Neutrinostrahlung erhoffen sich die Wissenschaftler neue Erkenntnisse über die Vorgänge im Sonneninnern. Gleichzeitig wollen sie aber auch ihre bisherigen Theorien bestätigen.

Bekannte Observatorien für Sonnenneutrino-Experimente sind GALLEX und BOREXINO im San-Grasso-Tunnel (Abruzzen), Italien, die Homestake-Mine in South Dakota, USA, die Kamiokande und Super-Kamiokande in Kamioka, Japan, oder IceCube am Südpol, das sich aber mehr auf die kosmische Neutrinostrahlung konzentriert.

Sonnensatelliten Seit Beginn des Raumfahrtzeitalters 1960 stützt sich die Sonnenüberwachung auch auf Satelliten, die jenseits der Atmosphäre unseren Stern in allen Bereichen des elektromagnetischen Spektrums beobachten. Einige der bekanntesten sind SOHO (Solar and Heliospheric Observatory), STEREO (Solar Terrestrial Relations Observatory), ACE (Advanced Composition Explorer), SDO (Solar Dynamics Observatory) oder die japanische Sonnensonde Yohkoh. Die Daten aller Sonnensatellitenobservatorien werden am Space Weather Prediction Center der National Oceanic and Atmospheric Administration (NOAA) ausgewertet und zu Vorhersagen verarbeitet.

Die Stellung der Sonne im Weltall

Für uns erscheint die Sonne wegen ihrer zahlreichen Eigenschaften und ihrer Wirkung auf die Erde als ein besonderes Gestirn. Doch unter den rund 200 Milliarden Sternen der Milchstraße ist sie ein ganz normaler Stern der Generation Population I und des Spektraltyps G2V auf der Hauptreihe des Herzsprung-Russel-Diagramms, gehört also weder zu den Riesen- noch zu den Zwergsternen. In unserer Galaxis befindet sie sich rund 26 000 Lichtjahre vom Zentrum entfernt und gilt mit einem Alter von 4,6 Milliarden Jahren als eher junger Stern. Sie wandert (mit ihrem Planetensystem) wie alle anderen Sterne um das Zentrum der Milchstraße, wobei ihre Geschwindigkeit rund eine Million Kilometer in der Stunde beträgt. Unsere Sonne benötigt beinahe 250 Millionen Jahre, um das Zentrum der Galaxis einmal zu umlaufen. Seit ihrer Entstehung hat die Sonne mit ihrem Planetensystem etwa 20 galaktische Umläufe vollendet; und zur Zeit der Dinosaurier befand sich das Sonnensystem gerade auf der anderen Seite der Galaxis. Die Sonne wird noch zahlreiche Umläufe vollführen, denn laut Berechnungen der Astrophysiker beträgt ihre Lebenserwartung rund 11 Milliarden Jahre.

Neutrinos entstehen im Kern der Sonne. Um diese ladungs- und masselosen Teilchen registrieren zu können, sind große wassergefüllte Tanks notwendig – wie der **Super-Kamiokande-Detektor** in Japan (hier bei Wartungsarbeiten ohne Detektorflüssigkeit).

Der Sonnensatellit SOHO

Sonnenbeobachter SOHO gehört auch wegen seiner eingängigen Abkürzung, die an den berühmten Londoner Stadtteil erinnert, zu den bekanntesten Weltraumsonnenobservatorien. Das Solar and Heliospheric Observatory wird von der ESA und NASA betrieben und wurde am 2. Dezember 1995 gestartet. Die rund 4,3 mal 2,7 mal 3,7 Meter große und etwa 610 Kilogramm schwere Sonde bewegt sich 1,5 Millionen Kilometer von der Erde entfernt und hat die gleiche Umlaufzeit wie die Erde um die Sonne, auf die er permanent ausgerichtet ist. SOHO untersucht sowohl das Innere der Sonne als auch die Vorgänge an ihrer Oberfläche und den Sonnenwind. Ferner zeichnet die Sonde die Dichte des Wasserstoffs in der Heliosphäre auf. SOHO ist nach wie vor das Flaggschiff der Sonnenforschungssonden. Ihre Mission wurde im Oktober 2009 bis Dezember 2012 verlängert.

Der Lebensweg der Sonne

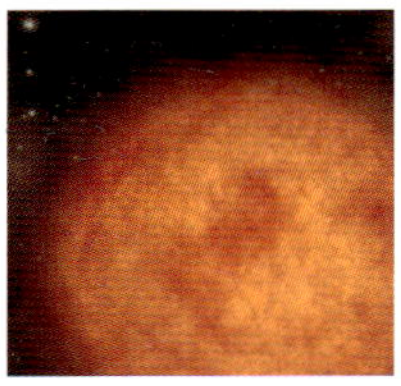

Seit die Sonne vor rund 4,6 Milliarden Jahren aus einer rotierenden Gas- und Staubwolke entstand, sind ihre Energieproduktion und Oberflächentemperatur im Großen und Ganzen gleich geblieben, denn Gasdruck und Gravitation sorgen für ein Gleichgewicht. Doch der Wasserstoffvorrat im Sonnenkern ist begrenzt und das bleibt für die zukünftige Entwicklung der Sonne nicht ohne Folgen.

In ungefähr 5,4 Milliarden Jahren wird der gesamte Wasserstoff, der sich im Kern der Sonne befindet, aufgebraucht sein, sodass die nach innen wirkende Schwerkraft nicht mehr durch den nach außen wirkenden Gasdruck ausgeglichen wird. Dadurch wird sich unser Stern infolge seines eigenen Gewichts zunächst zusammenziehen, wodurch die Temperatur in seinem Mittelpunkt deutlich ansteigt. Dabei wird genügend Wärme in die um den Kern liegende und immer noch Wasserstoff enthaltene Materieschale übertragen und dadurch eine neue Serie von Fusionsreaktionen ausgelöst.

Ähnlich wie auf dieser Illustration dürfte es wohl auf unserer Erde aussehen, wenn unsere Sonne sich in ferner Zukunft in einen **Roten Riesen** verwandelt hat. Der einst blaue Planet ist zu einer leblosen Gluthölle geworden.

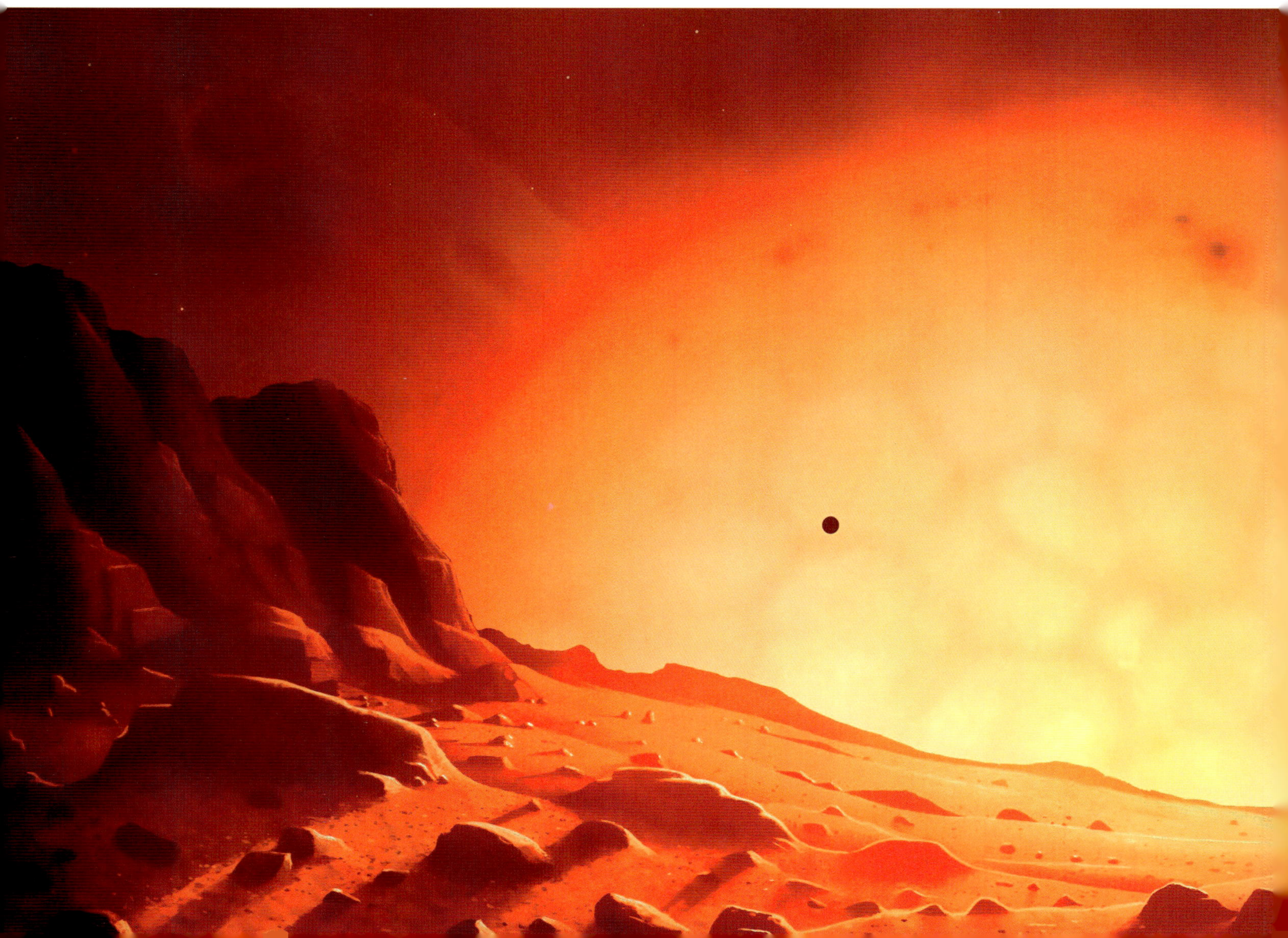

Roter Riese

Die Brennzone wandert nun vom Kern nach außen und lagert das durch die Fusion entstandene Helium als eine Art Asche im Zentrum des Sterns ab. Nun steigt der Energieausstoß der sich ausdehnenden Wasserstoffzone an und unsere Sonne dehnt sich zu einem Roten Riesenstern aus. Ihre Dimensionen werden so gewaltig, dass sie den innersten Planeten Merkur verschlingt. Venus, Erde und Mars werden diesem Schicksal wohl entgehen, aber durch den auf das Zehn- bis Hundertfache seiner jetzigen Intensität ansteigenden Sonnenwind werden ihre Atmosphären erodieren und ihre steinigen Oberflächen öde und leblos in der sengenden Hitze schmoren.

Gigantischer Sonnensturm Schließlich steigt die Kerntemperatur bis auf 100 Millionen Grad Celsius an, worauf ein neuer Fusionsprozess einsetzt. Nun werden die Heliumkerne zu Kohlenstoffkernen verschmolzen und die Sonne verbleibt über Millionen Jahre im Stadium eines Roten Riesen. Doch der Kohlenstoff „verstopft" den Kern, sodass er keine Energie mehr erzeugt. Der Zentralbereich schrumpft weiter, und das Helium-Brennen setzt sich in der umliegenden Schale fort. Ist auch dieser Brennstoff verbraucht, stoppt kein Gasdruck mehr die Wirkung der Schwerkraft und der Stern stürzt in sich zusammen. Allerdings wird die Sonne dabei in einer Art letztem Aufbäumen mit einem gewaltigen Schub von Energie ihre äußere Gashülle ins All schleudern und die sterbenden Planeten einem gewaltigen Sonnenwindstoß aussetzen, der tausendmal stärker sein wird als jetzt.

Planeten im stellaren Supersturm Wie und ob die Planeten dieses kosmische Inferno überstehen werden, vermag niemand zu sagen. Nur eines ist sicher: Von der Sonne bleibt nach diesem Supersturm nur ein weiß glühender Kern, in dem keine atomaren Reaktionen mehr stattfinden. Es ist ein sogenannter Weißer Zwerg, umgeben von einem ringförmigen Nebel. Dieser Sterntyp hat die Größe der Erde, aber mit einer mittleren Dichte von zwei Tonnen pro Kubikzentimeter. Die meisten Sterne enden auf diese Weise, kühlen weiter ab und verblassen schließlich zu Schwarzen Zwergen.

Der Mond

Unser nächster Nachbar

Der nächtliche Begleiter

Der Mond ist nach der Sonne das zweithellste Gestirn am Himmel, obwohl er nur vom „geborgten" Licht der Sonne lebt, das er zurückstrahlt. Seine durch das reflektierte Licht erzeugten Lichtgestalten, die sich in einem bestimmten Rhythmus wiederholen, haben ihn neben der Sonne zum zweiten Kalendermaß werden lassen, vor allem im orientalischen Kulturkreis.

Bei Vollmond sind die dunklen **Ebenen**, die hellen **Hochländer** und die **Krater** des Erdtrabanten gut zu sehen.

Mit einer durchschnittlichen Entfernung von 384 000 Kilometern ist der Mond der uns am nächsten stehende Himmelskörper. Seine Nähe ist einer der beiden Gründe, weshalb er so gut zu sehen ist. Der zweite liegt in seiner Größe. Mit ungefähr 3476 Kilometer Durchmesser ist er zwar rund viermal kleiner als die Erde – aber verglichen mit den anderen Monden des Sonnensystems und ihrem Größenverhältnis zu dem Planeten, den sie umkreisen, ist unser Mond gegenüber der Erde geradezu riesig. Deshalb werden Mond und Erde auch als „Doppelplanet" bezeichnet – eine Benennung, die ansonsten nur noch beim Zwergplaneten Pluto und seinem Mond Charon berechtigt ist.

Die Illustration zeigt die Erde aus der **Mondumlaufbahn** betrachtet. «

Mondphasen

Da der Mond wie die Erde und die anderen großen und kleinen Welten des Sonnensystems als felsiger, dunkler Himmelskörper nur im reflektierten Sonnenlicht leuchtet, entsteht auf seiner Oberfläche eine Tag- und eine Nachtseite. Bei seinem Umlauf um die Erde wird die ihr ständig zugewandte Vorderseite des Mondes verschieden von der Sonne beleuchtet, was zu unterschiedlich ausgedehnten hellen und dunklen Zonen führt. Deren Wachsen und Zusammenschmelzen wird in vier Hauptphasen eingeteilt.

Diese Mondphasen wechseln sich in einem bestimmten Rhythmus ab: Nach dem Neumond, bei dem der Mond zwischen Erde und Sonne steht und von der Erde aus nicht zu sehen ist (die Rückseite wird angestrahlt), folgen zunehmender Halbmond (Mond im rechten Winkel zu Erde und Sonne), Vollmond (Mond steht hinter der Erde der Sonne gegenüber) und abnehmender Halbmond. Danach beginnt mit der Neumondphase der Zyklus wieder von vorn.

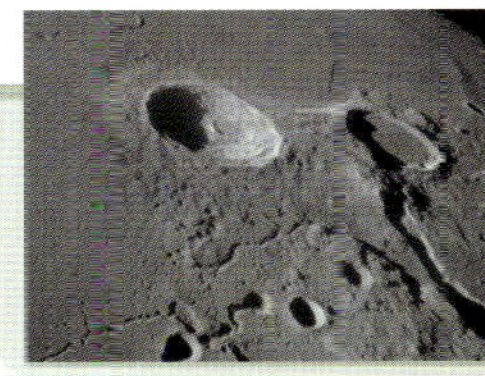

Steckbrief Mond

Mittlere Entfernung von der Erde: 384 000 km
Durchmesser am Äquator: 3476 km
Masse (Erde = 1): 0,012
Mittlere Dichte: 3,34 g/cm^3
Oberflächentemperatur: +123 °C (Tagseite),
−160 °C (Nachtseite)
Anziehungskraft auf der Oberfläche (Erde = 1): 0,16
Umlaufszeit um die Erde: 29,53 Tage
Rotationsdauer: 27,32 Tage
Alter: 4,4–4,8 Mrd. Jahre
Atmosphäre (äußerst dünn): 29 % Neon, 25,8 % Helium, 22,6 % Wasserstoff, 20,6 % Argon, 2 % Spurengase

Die **Mondphasen**: zunehmender Mond, zunehmender Halbmond, Vollmond, abnehmender Halbmond und abnehmender Mond.

Diese Fotomontage zeigt **Erde und Mond** im richtigen Größenverhältnis und ihre gegensätzlichen Oberflächen. Der Mond ist gut viermal kleiner als die Erde und eine tote Gesteinswüste.

Einseitiger Trabant Schon eine einfache Beobachtung über längere Zeit zeigt deutlich, dass der Mond der Erde immer nur eine Seite zuwendet, die verschieden beleuchtet wird, während die andere, erdabgewandte, dem Auge des Betrachters ständig verborgen bleibt. Ursache hierfür ist eine sogenannte gebundene oder synchrone Rotation – der Mond dreht sich also in derselben Zeit um die eigene Achse, in der er einmal die Erde umkreist. Dabei spielt es kaum eine Rolle, dass der Mond sich im Lauf der Zeit ein ganz klein wenig zur Erde hin- und wegdreht. Durch diese Erscheinung, die Libration, ist es möglich, ein wenig über den eigentlichen Mondrand hinauszuschauen und insgesamt 59 Prozent seiner Oberfläche zu sehen.

Dieses Prinzip kann man leicht in einem Experiment veranschaulichen: Man stellt sich, quasi als Mond, vor einen Stuhl (Erde), auf dem eine Person sitzt, und blickt diese an. Wenn man nun alle vier Wände des umgebenden Zimmers sehen möchte, kann man sich einmal um sich selbst drehen. Dabei wird man der auf dem Stuhl sitzenden Person den Rücken zuwenden müssen. Wandert man jetzt noch gleichzeitig um den Stuhl herum, macht man das, was die Erde und andere Planeten tun: sich um die eigene Achse drehen und dabei um die Sonne laufen. Wendet man aber der auf dem Stuhl sitzenden Person ständig das Gesicht zu, während man um sie herumgeht, hat man ohne Eigendrehung trotzdem alle vier Wände gesehen und wie der Mond eine gebundene Rotation ausgeführt.

Mond im Erdlicht

Lichterspiel Kurz nach Neumond kann man manchmal neben der schmalen Mondesichel auch den dunklen Teil des Mondes erhellt sehen, und zwar in einem blaugrauen Licht. Man spricht hierbei vom „aschgrauen Mondlicht“ oder auch „Erdschein“ bzw. „Erdlicht“. Dieses Phänomen entsteht, weil die Erde mit ihren großen Wasserflächen Sonnenlicht reflektiert, das dann auf die unbeleuchteten Flächen des Mondes geworfen wird. Dadurch wird dessen uns zugewandte dunkle Seite matt beleuchtet. Licht, das durch eine weitere Reflexion an der Mondoberfläche als aschgraues Licht wieder zur Erde zurückgelangt, lässt dann die Nachtseite des Trabanten aschfahl schimmern. Poetisch wird dieser Vorgang auch mit den Worten „der alte Mond liegt in den Armen des neuen“ umschrieben.

Zernarbte Oberfläche

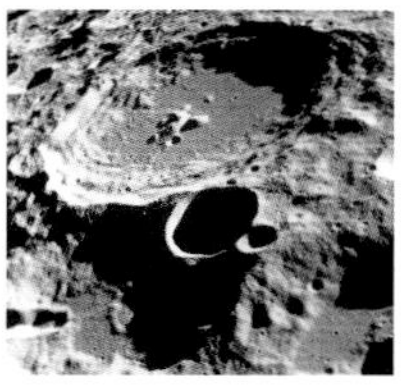

Die Krater prägen die Mondoberfläche – besonders, wenn sie von der Sonne schräg beleuchtet werden. Das Innere der größten dieser kreisförmigen Vertiefungen zeigt Terrassen und einen Zentralberg. Zu finden sind die Krater auf den Hochländern (Terrae). Sie umschließen jene dunklen, tief gelegenen Ebenen, die mit dem lateinischen Wort „Mare" (Plural: Maria) bezeichnet werden.

Der bekannte **Mondkrater Copernicus**, aufgenommen von einer der Lunar-Orbiter-Sonden. Sein Durchmesser beträgt über 90 Kilometer, seine Steilhänge sind bis zu 3800 Meter hoch. Im Vordergrund der Doppelkrater Fauth.

Bis zu den Mondlandungen blieb die Herkunft der Krater und Maria (Meere) heftig umstritten: Waren sie durch Vulkanismus oder Meteoriteneinschläge entstanden? Dabei gingen die Wissenschaftler von den zu ihrer Zeit bekannten Verhältnissen auf der Erde aus. Dort kannten und erforschten sie eine Vielzahl von Vulkankratern (heute: etwa 1500 aktive Vulkane) und nur ganz wenige Meteoritenkrater wie den Barringer-Krater in Arizona oder das Nördlinger Ries bei Augsburg in Bayern (heute: weit über 100). Nach Einführung des Fernrohrs hatte man schnell von zwei kuriosen Vorstellungen Abschied genommen, dass nämlich die Mondkrater Behausungen der Mondbewohner und die dunklen Flächen Meere beziehungsweise Sümpfe seien, geprägt von Wetterlagen wie „ruhig", „heiter" oder „stürmisch", denn dazu fehlt dem Mond vor allem eine Grundlage: eine dichte (atembare) Atmosphäre.

Die Mondkrater Krater sind das am häufigsten vorkommende Oberflächenmerkmal des Mondes. Etwa 300 000 Krater mit über 1 Kilometer Durchmesser gibt es auf der erdzugewandten Seite, sodass man diese Seite mit Recht als „pockennarbig" bezeichnen kann. Die meisten Krater liegen in den helleren Hochlandgebieten, den

Als man herausfinden wollte, ob die Mondkrater ebenfalls Einschlagskrater sind, wurden sie auch mit dem **Barringer-Krater** in Arizona verglichen.

Terrae, die immerhin 11 Prozent des einfallenden Sonnenlichtes reflektieren. Dagegen kommen Krater in den Maria, die lediglich 4 Prozent Sonnenlicht zurückstrahlen, nur vereinzelt vor.

Schon mit einem kleinen Fernrohr ist zu erkennen, dass sich die Krater in Form und vor allem Größe deutlich unterscheiden. So beträgt der Durchmesser des wohl bekanntesten Kraters Copernicus 90 bis 95 Kilometer, seine Tiefe 3800 Meter. Er wird in der Fachsprache als „Ringgebirge" bezeichnet. Noch größere Gebilde (über 100 Kilometer Durchmesser) heißen „Wallebenen". Ihre bekanntesten Vertreter sind Clavius und Schickard (über 200 Kilometer), Ptolemäus (circa 164 Kilometer), Posidonius (circa 95 Kilometer) und Bailly – er bildet mit 287 Kilometern Durchmesser die größte Wallebene. Am besten sind die Krater zu beobachten, wenn sie zweimal im Monat nahe der Schattengrenze (Terminator) liegen und der Kraterwall lange Schatten wirft.

Kraterentstehung Wie die Krater entstanden sind, können wir heute durch die Untersuchung irdischer Meteoritenkrater, ferner durch die Analyse von Atombombenkratern, die Laborexperimente mit Hochgeschwindigkeitsgeschossen und nicht zuletzt dank der bei den Mondlandungen gewonnenen Erkenntnisse genau beschreiben: Stürzt ein Meteorit auf die Mondoberfläche, beträgt seine Geschwindigkeit zwischen 10 und 70 Kilometer pro Sekunde (das 30- bis 200-fache der irdischen Schallgeschwindigkeit). Beim Aufprall dringt der Meteorit bis 100 Meter ins Gestein ein, was nur einige Tausendstel Sekunden dauert. Während dieses extrem kurzen Zeitraums wird seine gesamte kinetische Energie in Wärme umgewandelt und der Meteorit explodiert. Die dadurch ausgelöste Schockwelle sprengt das umliegende Material

Dank ihres Mondautos konnten die **Apollo-XVI-Astronauten** auch weiter entfernte Krater untersuchen.

Ein Bild der **Mondrückseite**, auf der die Terrae-Gebiete überwiegen, mit dem Krater **Tsiolkowsky**, aufgenommen von der Raumsonde Galileo.

kegelförmig weg, und am Rand des entstehenden Loches bildet ein Teil davon einen Wall. Außerdem federt bei sehr hohen Aufprallgeschwindigkeiten die Mondoberfläche zurück und formt einen Zentralberg.

Bei manchen Riesenkratern schafft das von Innen herausgeschleuderte Material – wohl durch eine Art Staubwolke – sternförmige Strahlensysteme, die Hunderte Kilometer weit ausstrahlen, so beim berühmtesten Krater dieser Art, der auf den Namen Tycho getauft wurde. Übrigens: Die meisten Mondkrater wurden nach berühmten Gelehrten benannt, weshalb der Mond scherzhaft auch als „größter Gelehrtenfriedhof" bezeichnet wird.

Die Maria Obwohl für einen Großteil der sich gegen die Hochländer (Terrae) dunkel abhebenden Gebiete auf dem Mond der Begriff „Maria" (Meere) verwendet wird und zudem Bezeichnungen wie „Oceanus" (Ozean), „Lacus" (See), „Palus" (Sumpf) sowie „Sinus" (Bucht) für kleinere Dunkelflächen auf Wasser hindeuten: Wasserflächen gibt es auf dem Mond nicht, denn dazu fehlt ihm wegen seiner geringen Schwerkraft eine dichte Atmosphäre.

Auch frühe Mondbeobachter erkannten recht bald, dass es wohl doch kein flüssiges Wasser auf dem Himmelskörper gibt, denn Wasserflächen hätten sich im Sonnenlicht spiegeln müssen, was selbst mit den kleinsten Fernrohren als Reflexionen gesehen worden wäre. Ferner hätte man Nebelbänke und Wolkenformationen sehen müssen, die ja durch Verdunstung des Wassers entstehen. So blieb nur noch die Möglichkeit großflächiger Lavaüberflutungen, wobei wie im Falle der Krater bis zu den Mondlandungen der Streit darüber geführt wurde, ob sie durch lunaren Vulkanismus oder den Einschlag großer Meteoriten ausgelöst wurden. Letztere Ursache erwies sich schließlich als zutreffend. Die Überflutung der Einschlagsbecken geschah durch glutflüssiges Mondinneres – bei den Mareformationen handelt es sich also um erkaltete Lavameere, -ozeane und -seen.

Alter der Maria Nach neuesten Schätzungen beträgt das Alter des Mondes etwa 4,527 Milliarden Jahre. Wie die meisten Krater wurden auch die großen Tiefebenen in der Frühphase des Mondes durch gewaltige Meteoriteneinschläge geformt

Das **Mare Imbrium** und der Krater **Copernicus**. Weil das Sonnenlicht schräg einfällt, sind die Oberflächenformen gut zu erkennen.

Apollo-XV-Astronaut James B. Irwin mit dem Mondauto vor dem **Mount Haedly**, der mehr einer riesigen Düne gleicht.

(Objekte von bis zu 130 Kilometern Durchmesser), und zwar vor 3,8 bis 3,1 Milliarden Jahren. Da in diesem Entwicklungsstadium der Mondmantel noch flüssig war und die Kruste noch frisch und damit dünn, wurde sie bei großen Einschlägen immer wieder durchbrochen, sodass aus dem durch radioaktive Prozesse aufgeheizten Mondmantel neue Lava nachfließen konnte und die Becken flutete. Erst einige hundert Millionen Jahre später erkalteten die Maria vollständig.

Die Gebirge des Mondes Bei entsprechendem Einfall des Sonnenlichtes springt dem Betrachter infolge des Schattenwurfs noch eine weitere faszinierende Landschaftsform auf dem Mond ins Auge: die Gebirge – auf den Mondkarten als „Montes“ vermerkt. Wie ihre irdischen Gegenstücke begrenzen sie entweder Beckenlandschaften oder ziehen sich einzeln als Ketten über die Oberfläche. Darin erschöpfen sich aber die Gemeinsamkeiten. Denn auch wenn viele Mondgebirge Namen irdischer Bergketten tragen, wie Alpen, Kaukasus, Apenninen oder Pyrenäen, so sind sie doch weder gezackt noch bestehen sie aus gefalteten Schichtgesteinen, da es

PEARY
NANSEN
BRIANCHON
PETERMANN
ANAXAGORAS
METON
PYTHAGORAS
ARNOLD
MARE HUMBOLDTIANUM
HERSCHEL J.
BOND W.
GALVANI
BOSS
MARE FRIGORIS
SINUS RORIS
ATLAS
LAVOISIER
SINUS IRIDUM
ALPES
LACUS MORTIS
MESSALA
GAUSS
OCEANUS PROCELLARUM
Luna 17 (Lunochod 1)
MARE IMBRIUM
CAUCASUS MONTES
LACUS SOMNIORUM
Luna 2
PALUS PUTREDINIS
MARE SERENITATIS
MONTES TAURUS
CLEOMEDES
HUBBLE
BALBOA
ARISTARCHUS
Apollo 15
Luna 21 (Lunochod 2)
Luna 13
Apollo 17
APENNINUS MONTES
MARE CRISIUM
Luna 15
MARE MARGINIS
CARPATUS MONTES
Luna 24
VASCO DA GAMA
SINUS AESTUUM
MARE VAPORUM
Luna 8
Luna 7
NEPER
OLBERS
Luna 9
KEPLER
COPERNICUS
Ranger 6
MARE TRANQUILLITATIS
MARE UNDARUM
TARUNTIUS
Surveyor 2
Ranger 8
Luna 18
Luna 20
Surveyor 6
Surveyor 4
SINUS MEDII
Surveyor 5
MARE FECUNDITATIS
280°
300°
320°
340°
0°
20°
40°
60°
80°
Apollo 11
Luna 16
Luna 5
Surveyor 3
Surveyor 1
Apollo 12
Apollo 14
Orbiter 5
FLAMSTEED
DELAMBRE
FRA MAURO
GRIMALDI
RIPHAEUS MONTES
SCHLÜTER
MARE COGNITUM
Ranger 7
PTOLEMAEUS
Apollo 16
THEOPHILUS
LANGRENUS
Ranger 9
MARE NECTARIS
CORDILLERA MONTES
MARE NUBIUM
VENDELINUS
ANSGARIUS
DARWIN
MARE HUMORUM
SACROBOSCO
BYRGIUS
PETAVIUS
VIETA
PALUS EPIDEMIARUM
WALTER
HUMBOLDT
RHEITA
Surveyor 7
MAUROLYCUS
FURNERIUS
TYCHO
ABEL
SCHICKARD
JANSSEN
MAGINUS
SCHILLER
INGIRAMI
HOMMEL
CLAVIUS
LYOT
PONTÉCOULANT
MANZINUS
MORETUS
BAILLY
BOUSSINGAULT
HAUSEN
NEUMAYER
SCOTT
CABEUS
HALE

Die **Karten des Mondes** (Vorder- und Rückseite) zeigen die wichtigsten Krater (darunter Strahlenkrater) und Maria des Erdbegleiters. Ferner sind die Landeplätze der sowjetischen und US-amerikanischen Mondsonden und der Apollo-Missionen verzeichnet. Klar zu erkennen ist auch, dass auf der Rückseite die ausgedehnten Mare-Gebiete fehlen.

Die Gebirge auf dem Mond sind wegen der **fehlenden Erosion** durch Wind und Wetter nicht so gezackt und schroff wie die irdischen, sondern gleichen eher riesigen Sanddünen.

Rillen wie die **Hyginus-Rille** haben nichts mit ehemaligen Wasserläufen zu tun, sondern sind vielmehr das Ergebnis von Lavaflüssen oder eingebrochenen Lavatunneln aus der Frühzeit des Mondes. »

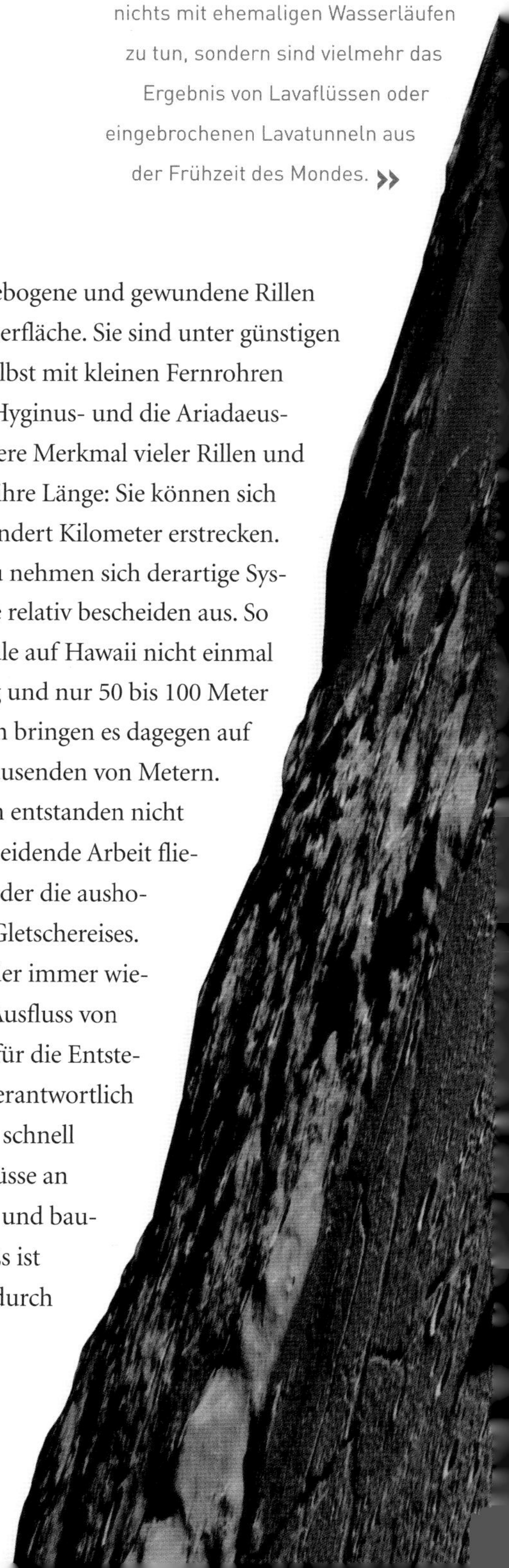

auf dem Mond wegen der fehlenden Atmosphäre und dem fehlenden Oberflächenwasser weder eine Erosion durch Wind und Wetter noch eine Sedimentation gibt.

Keine Folge der Plattentektonik Die einzige Form der Abtragung und damit Veränderung geschieht durch den radikalen Temperatursprung zwischen Tag (bis zu +123 Grad Celsius) und Nacht (bis zu –160 Grad Celsius) sowie infolge des ständigen Bombardements durch Mikrometeorite. Die Mondberge ähneln daher eher riesigen Sanddünen und ihre Ketten mehr hingeworfenen Blöcken. Das liegt wohl auch daran, dass sie anders als auf der Erde nicht als Folge der Plattentektonik entstanden sind, sondern entweder durch Meteoriteneinschläge, sodass sie Reste alter Kraterwände sind, oder durch Faltungsprozesse aufgewölbt wurden, als der Mond abkühlte und dabei schrumpfte – ähnlich der Haut eines ausgetrockneten Apfels. Die Höhen der Mondgebirge übertreffen zum Teil die vieler irdischer Berge. So sind die Mond-Alpen 3000 Meter hoch, die Apenninen ragen 5000 Meter über die Mondoberfläche empor, und der Kaukasus bringt es sogar bis auf 6000 Meter Höhe.

Täler oder Rillen Wie auf der Erde sind auch auf dem Mond die unterschiedlich geformten Täler das Gegenstück zu den Gebirgen. Sie sind entweder wie das berühmte Alpen-Tal in die Berge eingeschnitten oder bestehen aus einer Kette von Kratern, die sich vereinigt haben, wie das beim Rheita-Tal der Fall ist. Als dritte Talform ziehen sich spaltenähnliche lang gestreckte oder gebogene und gewundene Rillen über die Mondoberfläche. Sie sind unter günstigen Beleuchtungen selbst mit kleinen Fernrohren sichtbar, wie die Hyginus- und die Ariadaeus-Rille. Das besondere Merkmal vieler Rillen und Rillensysteme ist ihre Länge: Sie können sich über mehrere Hundert Kilometer erstrecken. Im Vergleich dazu nehmen sich derartige Systeme auf der Erde relativ bescheiden aus. So sind die Lavakanäle auf Hawaii nicht einmal 10 Kilometer lang und nur 50 bis 100 Meter breit – Mondrillen bringen es dagegen auf eine Breite von Tausenden von Metern.

Auch die Rillen entstanden nicht durch die einschneidende Arbeit fließenden Wassers oder die aushobelnde Kraft des Gletschereises. Vielmehr war es der immer wieder aufgetretene Ausfluss von Lava, der ja auch für die Entstehung der Maria verantwortlich ist. Dabei kühlten schnell strömende Lavaflüsse an ihren Rändern ab und bauten Dämme auf. Es ist derselbe Prozess, durch den sich auch die Lavakanäle auf Hawaii bilden.

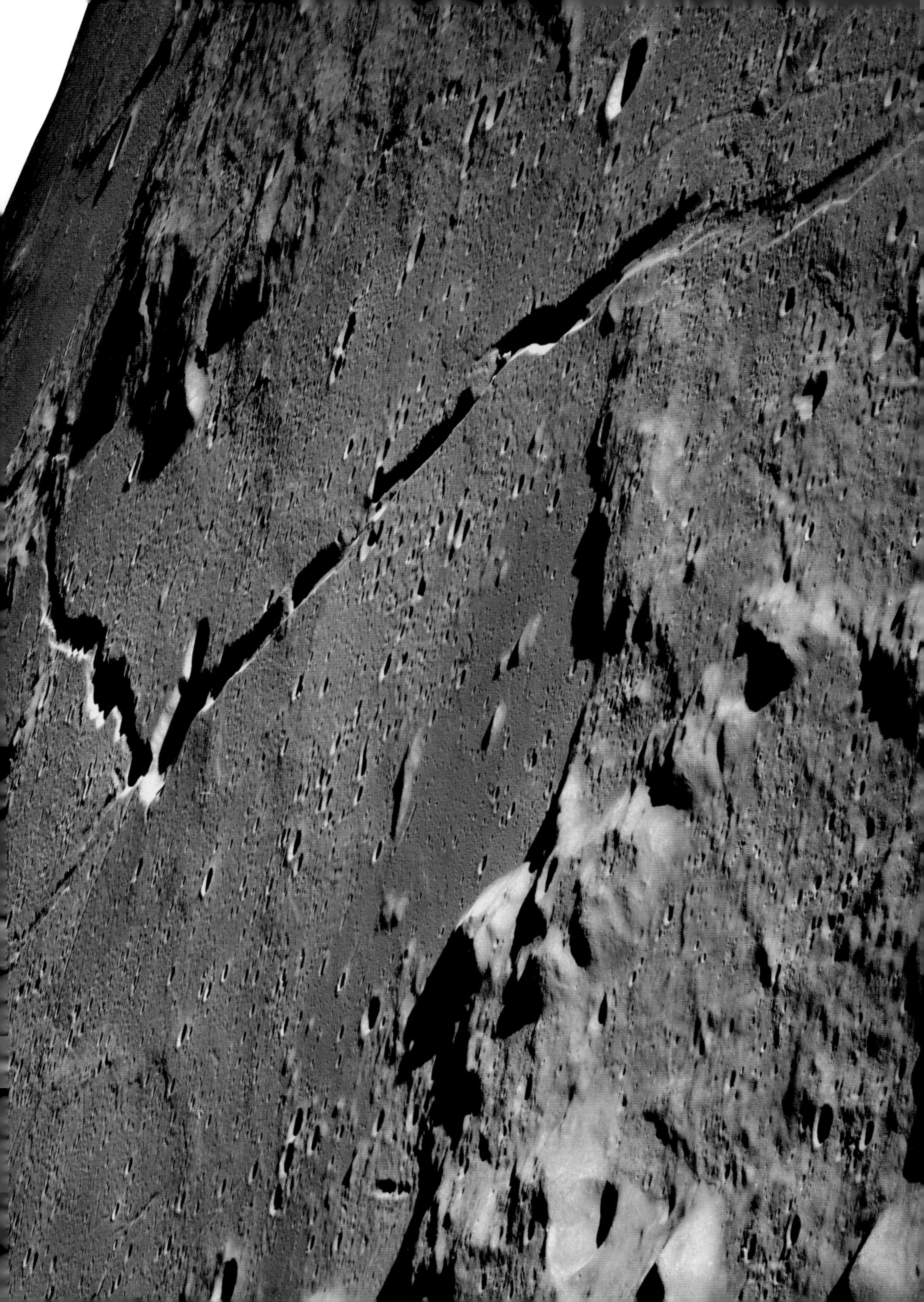

Die Entstehung des Mondes

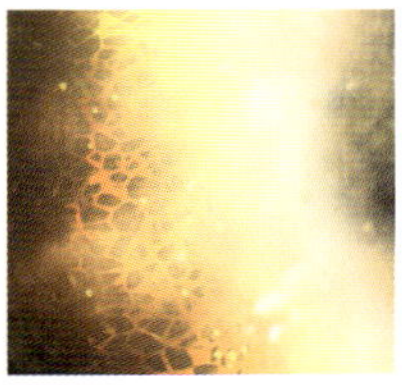

Auf die Frage wie und wo der Mond entstanden ist, gibt es bis heute keine endgültige Antwort, obwohl Astronauten dort gelandet sind, sein Gestein untersucht und sein Inneres studiert wurde. Die derzeit von den meisten Wissenschaftlern favorisierte Mondentstehungstheorie ist die sogenannte Einschlag- oder Große Kollisionstheorie (Giant Impact).

Nach der im Augenblick favorisierten **Großen Kollisionstheorie** entstand der Mond vor 4,5 Milliarden Jahren aus einem Materiering nach dem Zusammenprall der Erde mit einem marsgroßen Himmelskörper namens Theia.

Eines ist unbestritten: Unser Mond ist genauso alt wie die Erde und die übrigen Planeten, nämlich 4,4 bis 4,8 Milliarden Jahre. Hinzu kommt, dass er sich von der Erde immer weiter entfernt, und zwar jedes Jahr um 3,8 Zentimeter. Daraus kann man schließen, dass unser Trabant in ferner Vergangenheit sehr nahe bei der Erde gewesen sein muss. Doch wie ist er dort hingekommen?

Die Einschlag- oder Große Kollisionstheorie Die heute allgemein anerkannte Theorie der Mondentstehung wurde 1975 von William K. Hartmann und Donald R. Davis vorgestellt. Danach kollidierte vor etwa 4,5 Milliarden Jahren, als sich auf der teilweise geschmolzenen und chemisch differenzierten Erde gerade eine feste Kruste

Mondbeben

Häufige Erschütterungen Etwa 3000 Beben pro Jahr erschüttern den Mond: Meteoriteneinschläge können auf der ganzen Oberfläche spürbar sein. Dann gibt es innere Beben, die als Oberflächen- oder Tiefherdbeben auftreten. Oberflächenbeben haben ihren Ursprung zwischen 50 bis 300 Kilometer im Innern des Mondmantels. Ursache ist die abwechselnde Ausdehnung und Kontraktion des Mondes, die durch radioaktive Erwärmung eines Teils des Kerns sowie Abkühlung der äußeren Schichten verursacht werden. Tiefherdbeben entstehen 800–1000 Kilometer tief. Mondbeben überschreiten selten die Stärke 2 auf der Richterskala und stehen wohl auch im Zusammenhang mit den Gezeitenkräften der Erde, was auch den zyklischen Rhythmus ihres Auftretens (alle 14 Tage) erklärt.

zu bilden begann, ein marsgroßer Himmelskörper streifend mit der Protoerde. Die Wucht der Kollision zertrümmerte die Oberfläche beider Körper und verdampfte sie. Zahlreiche Bruchstücke aus der Erdkruste und dem Mantel des einschlagenen Körpers, der im Jahr 2000 den Namen Theia erhielt, wurden daraufhin in eine Erdumlaufbahn geschleudert. Dort sammelten sie sich in einer Entfernung zwischen 20 000 und 30 000 Kilometern zunächst als Scheibe und formten sich dann zu kleineren Monden. Aus ihnen wurde später der heutige Mond, und zwar hauptsächlich aus dem Mantelmaterial des Einschlagskörpers. Nach Berechnungen eines internationalen Forscherteams entstand der Mond 30 bis 50 Millionen Jahre nach der Herausbildung des Sonnensystems.

Der innere Aufbau

Bleibt die Frage, wie der Mond im Inneren aufgebaut ist. Das Wissen darüber stützt sich im Wesentlichen auf die bei den Apollo-Missionen aufgebauten Seismometer, die Kartierung der Oberfläche und des Gravitationsfelds sowie die Analysen der mineralischen Zusammensetzung, die während der Clementine- und der Lunar-Prospector-Missionen vorgenommen wurden.

Die so gewonnenen Daten ergeben, dass der Mond einen mindestens 400 Kilometer großen, eisenhaltigen Kern besitzt, in dem Temperaturen von 1000 bis 1600 Grad Celsius herrschen dürften. Der Kern ist von einer Schicht von teilweise geschmolzenem Gestein umschlossen, in der die Mondbeben entstehen. Darauf folgt auf eine dünne Schicht aus Kalium, seltenen Erden und Phosphor der aus Basaltgestein bestehende Mantel. Die abschließende, an der Vorderseite 70 und an der Rückseite 150 Kilometer dicke Kruste wird von einer 10 bis 18 Meter dicken Regolithschicht bedeckt.

Durch die Apollo-Seismometer sowie die Daten der Clementine- und Lunar-Prospector-Missionen können wir uns ein ungefähres Bild vom Aufbau des Mondes machen: Mit Regolith bedeckte Oberfläche, 70–150 Kilometer dicke **Kruste**, **Mantel** und mindestens 400 Kilometer großer eisenhaltiger **Kern**.

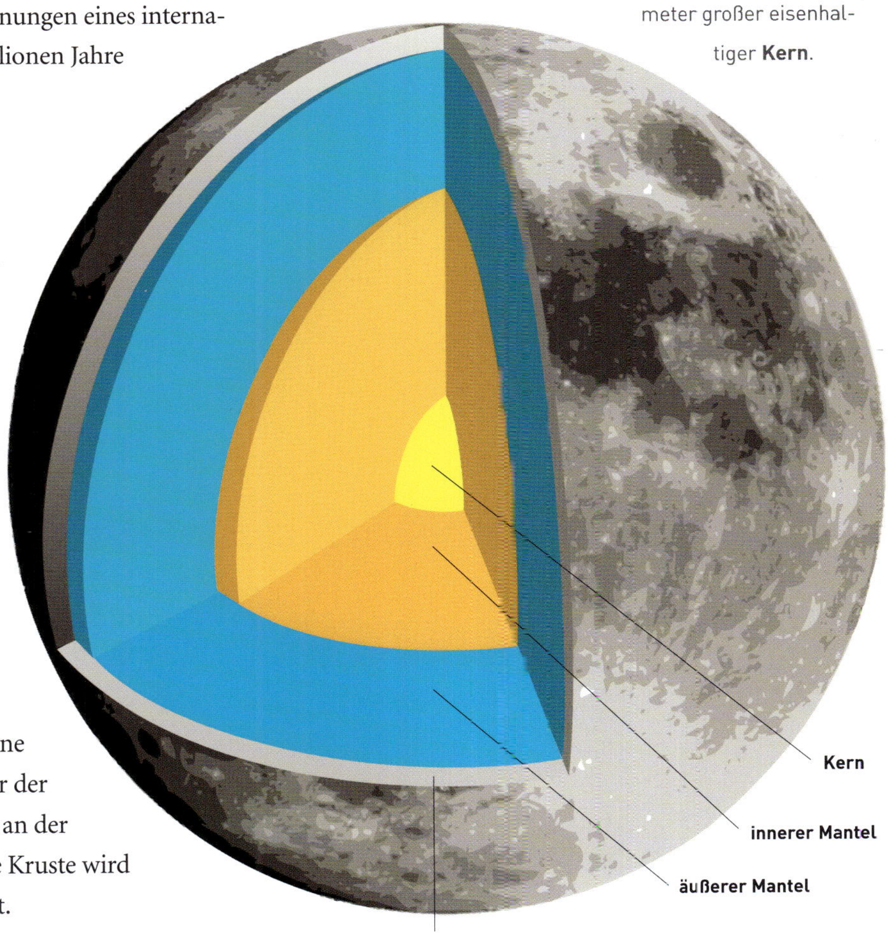

Irdische Erscheinungen

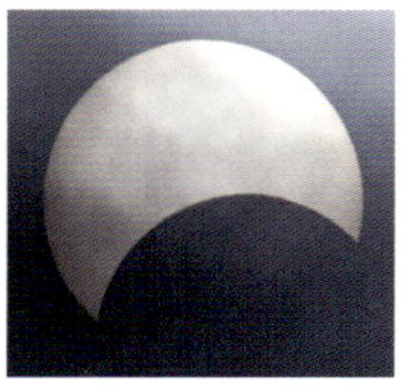

Heftig diskutiert wird bis heute die Frage, wie groß der Einfluss des Mondes auf das irdische Geschehen tatsächlich ist. Bisher konnte aber kein Wissenschaftler einen Zusammenhang zwischen den Mondphasen und dem Auftreten von Schlafstörungen, Verkehrsunfällen, Operationskomplikationen, der Häufigkeit von Selbstmorden, Geburten oder gar dem Menstruationszyklus der Frau feststellen.

Vögel und einige **nachtaktive Insekten** nutzen die tägliche Bewegung des Erdbegleiters zur Navigation. Auch der Phasenwechsel des Mondes spielt bei manchen Tieren eine Rolle.

Allerdings nutzen Zugvögel sowie einige Arten von nachtaktiven Insekten die tägliche Bewegung des Mondes und die damit verbundenen Informationen zur Navigation; und bei manchen Arten der Ringelwürmer, Krabben und Fische ist das Fortpflanzungsverhalten sehr eng an den monatlichen Phasenwechsel des Mondes gekoppelt. Während diese Phänomene dem Normalbürger verborgen bleiben, sind zwei andere durch den Mond hervorgerufene Erscheinungen eindrucksvolle Schauspiele: die Gezeiten und Finsternisse.

Eine Hallig bei Sturmflut. Bewohner dieser Wattenmeerinseln wissen am besten um die durch den Mond hervorgerufenen **Gezeiten**.

Die Gezeiten

An allen Meeren der Erde kann man Tag für Tag ein Phänomen beobachten, für das Menschen früher keine Erklärung hatten: Zu bestimmten Zeiten steigt das Wasser (Flut), während es zu anderen fällt (Ebbe), um nach 12,5 Stunden wieder zurückzukehren. Die Ursache dieser Gezeiten liegt im Wechselspiel zwischen der Anziehungskraft des Mondes und der Trägheit von Erdkörper und Wassermassen. Ähnliches gilt für die Beziehung zwischen Erde und Sonne. Doch ist die Wirkung der Mondgezeiten doppelt so stark wie die der Sonnengezeiten.

Auf der dem Mond zugewandten Seite der Erde ist die Mondanziehungskraft am stärksten, so dass sich hier ein Flutberg auftürmt. Dagegen ist auf der dem Mond abgewandten Seite die Anziehungskraft deutlich geringer und die Trägheit des Wassers größer, also dessen Tendenz, an Ort und Stelle zu verharren. Die Folge ist ein zweiter Flutberg. In den dazwischenliegenden Bereichen herrscht Ebbe.

Durch die Rotation der Erde laufen beide Flutberge innerhalb eines Tages um unseren Planeten und führen zu zyklischen Veränderungen der Meeresspiegelhöhe. Der Unterschied zwischen dem höchsten Flut- und dem niedrigsten Ebbstand wird Tidenhub genannt. Er beträgt an der Nordseeküste 2 bis 3 Meter, an der westlichen Ostseeküste nur 30 Zentimeter. Dagegen kann er in der Bay of Fundy an der kanadischen Ostküste bis zu 15 Meter erreichen.

Wann die Flut eintritt, ist von der Stellung des Mondes am Himmel abhängig. Wegen des Mondumlaufs folgen daher die Flutberge nicht im Abstand von 12, sondern 12 Stunden und 25 Minuten aufeinander.

An der Nordsee sind die Auswirkungen von **Ebbe und Flut** vor allem bei Sturm sehr deutlich zu spüren.

Springflut und Nippflut Nun ändert sich aber im Lauf eines Monats die Stellung von Sonne und Mond relativ zur Erde. Dadurch verstärken oder schwächen sich die Kräfte dieser Himmelskörper gegenseitig: Stehen Sonne und Mond beispielsweise auf einer Linie hintereinander, so addieren sich die Anziehungskräfte, und die Flut wird zur Springflut. Das passiert jeweils zur Zeit des Neu- oder Vollmondes. Kommt dann auch noch durch ein heranziehendes Tiefdruckgebiet Sturm auf, sind Deiche und damit Menschen in großer Gefahr. So war es beispielsweise bei der großen

Sturmflut vom 16. auf den 17. Februar 1962 an der deutschen Nordseeküste. Sie traf besonders Hamburg und forderte in dessen tiefer gelegenen Gebieten 315 Menschenleben.

Dagegen vermindert sich die Höhe der Flut, wenn Mondflut und Sonnenebbe aufeinandertreffen, was beim ersten und letzten Viertel des Mondes zu erwarten ist: Es entsteht eine Nippflut.

Finsternisse

Die durch den Mond verursachten Finsternisse haben weit größere psychologische Wirkung, weil sie ein grandioses Schauspiel bieten: Plötzlich verändern zwei Himmelskörper, die man als natürliche helle Lichtquellen kennt, ihr Aussehen und damit auch ihre Lichtintensität. So scheint der Mond bei einer totalen Verfinsterung auf dem Höhepunkt dieses Ereignisses dunkelrot zu leuchten. Dagegen wird die Sonne bei einer Finsternis zu einer völlig schwarzen Scheibe und Dunkelheit senkt sich für wenige Minuten über die betroffene Region. Erst in diesem Augenblick wird vielen bewusst, wie wichtig die Sonne für das tägliche Leben ist.

Sonnenfinsternisse Die Erde ist der einzige Planet im Sonnensystem, auf dem sich Verfinsterungen der Sonne ereignen können, denn hier haben Sonne und Mond am Himmel scheinbar die gleiche Größe, was im Sonnensystem einzigartig ist.

So finden Sonnenfinsternisse immer dann statt, wenn der Mond zwischen Erde und Sonne steht, also zur Neumondzeit. Dann zieht die dunkle, nur auf der Rückseite beschienene Mondscheibe direkt an der Sonne vorüber und lässt auf der Erde zwei kegelförmige Schattenzonen entstehen: den recht großen Halbschatten, in dem ein Beobachter die Sonne nur partiell verfinstert sieht (es ereignet sich eine partielle Sonnenfinsternis) und die relativ kleine (300 Kilometer breite) Kernschattenzone. Sie wird auch „Totalitätszone" genannt. Hier wird die Sonne vollständig von der dunklen Mondscheibe bedeckt, und es kommt zu einer totalen Sonnenfinsternis: Plötzlich wird der Tag zur Nacht. Eine unheimliche Stille senkt sich über die Landschaft, während am abgedunkelten Sonnenrand die Korona und Protuberanzen zu sehen sind – allerdings nur für maximal 7,6 Minuten. Wegen der Rotation unseres Planeten und der Bewegung des Mondes wandert der Kern-

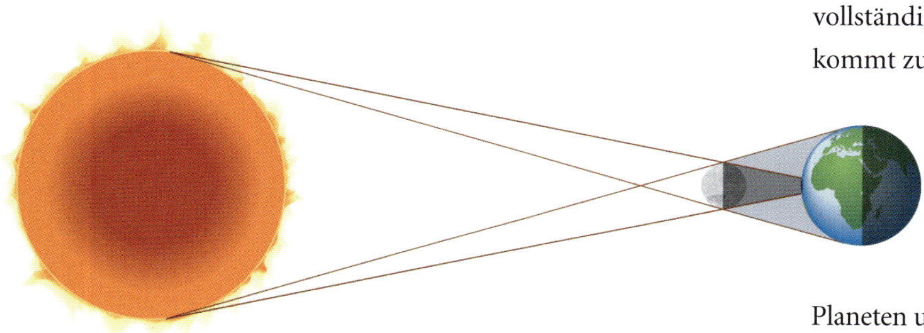

Bei einer **Sonnenfinsternis** steht der Neumond genau zwischen Sonne und Erde. Es entsteht eine Halb- und eine Kernschattenzone. Im Kernschatten ist die Sonnenfinsternis total.

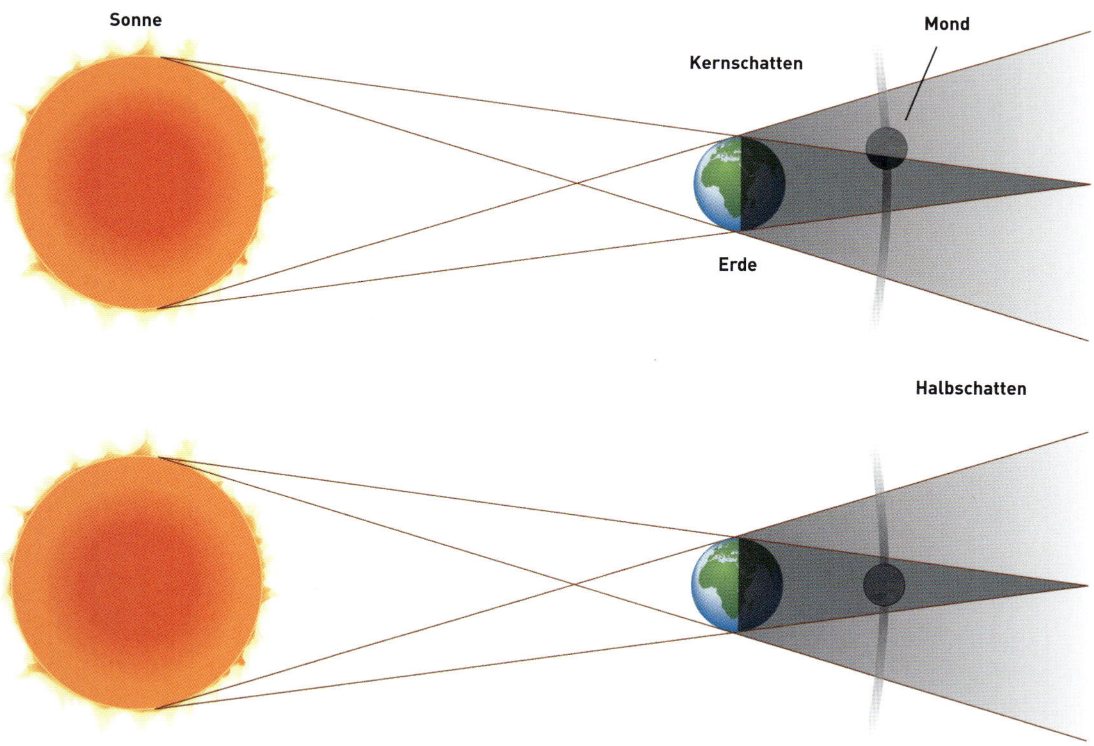

Bei einer **Mondfinsternis** läuft der Mond durch den Schatten der Erde. Passiert er nur den Halbschatten, entsteht eine partielle (oben), im anderen Fall (Gang durch den Kernschatten) eine totale Mondfinsternis (unten).

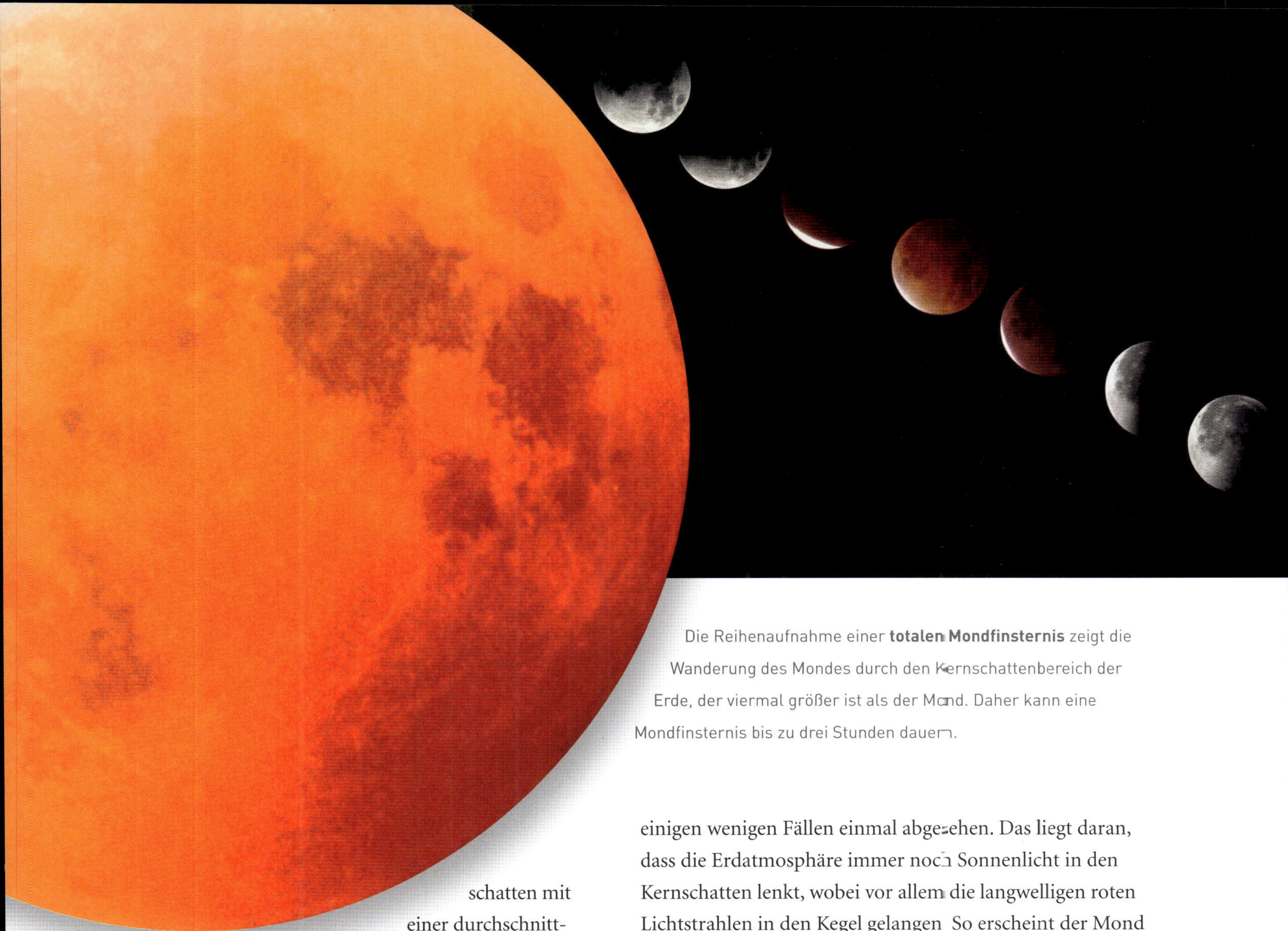

Die Reihenaufnahme einer **totalen Mondfinsternis** zeigt die Wanderung des Mondes durch den Kernschattenbereich der Erde, der viermal größer ist als der Mond. Daher kann eine Mondfinsternis bis zu drei Stunden dauern.

schatten mit einer durchschnittlichen Geschwindigkeit von 2000 Stundenkilometern über die Erdoberfläche, sodass sein Weg ein schmales Band zu bilden scheint und das Schauspiel, wenn es den Beobachter gerade richtig in seinen Bann gezogen hat, auch schon wieder vorbei ist.

Mondfinsternisse Im Vergleich zu Sonnenfinsternissen sind Mondfinsternisse nicht ganz so spektakulär. Man kann sie überall dort verfolgen, wo der Vollmond zur Zeit der Verfinsterung über dem Horizont steht, nämlich auf der ganzen Nachtseite unseres Planeten.

Bei einer Mondfinsternis steht der Mond von der Sonne aus gesehen hinter der Erde und wandert durch deren Schatten. Da der Erdschatten in mittlerer Mondentfernung einen Durchmesser von 9000 Kilometern hat (Monddurchmesser: 3476 Kilometer), dauern Mondfinsternisse im Gegensatz zu Sonnenfinsternissen erheblich länger, nämlich bis zu 3,5 Stunden.

Je nachdem wie der Mond nun durch den Erdschatten läuft, kommt es entweder zu einer totalen (der Mond zieht vollständig durch den Kernschatten) oder zu einer partiellen Finsternis (der Mond tritt nur teilweise in den Kernschatten).

Allerdings verschwindet bei einer totalen Verfinsterung der Mond – anders als die Sonne – nicht vollständig, von einigen wenigen Fällen einmal abgesehen. Das liegt daran, dass die Erdatmosphäre immer noch Sonnenlicht in den Kernschatten lenkt, wobei vor allem die langwelligen roten Lichtstrahlen in den Kegel gelangen. So erscheint der Mond dem Beobachter während einer totalen Finsternis grundsätzlich rötlich, die Färbung kann aber bei sehr viel Staub in der Atmosphäre (zum Beispiel nach Vulkanausbrüchen) bis ins Bräunliche gehen.

Wiederholungen Eigentlich müssten sich Sonnenfinsternisse zu jeder Neumond- und Mondfinsternisse zu jeder Vollmondphase ereignen. Da aber die Mondbahn um rund 5 Grad gegen die Erdbahnebene (Ekliptik) geneigt ist, zieht der Neumond meist ober- oder unterhalb der Sonnenscheibe vorbei. Dadurch verringert sich die Möglichkeit eines solchen Ereignisses auf die Zeitpunkte, an denen der Mond in der Nähe einer dieser Bahnschnittpunkte (Knoten) in Richtung Sonne steht: Sonne, Mond und Erde müssen also nicht nur in derselben Richtung, sondern auch auf der gleichen „Höhe“ stehen. Deshalb kommt es pro Jahr durchschnittlich nur zu zwei oder drei Sonnenfinsternissen, in seltenen Fällen auch zu fünf. Und da wegen der Wanderung der Knoten auch der Vollmond meist den Erdschatten verfehlt, kommt es pro Jahr nur zu ein bis zwei Mondfinsternissen. Von den viel faszinierenderen totalen Sonnenfinsternissen gab es in Mitteleuropa zwischen dem 19. August 1887 und dem 11. August 1999 keine. Die nächste wird sich dort erst wieder am 3. September 2081 ereignen.

Flüge zum Mond

Jahrhundertelang konnte die Oberfläche des Mondes nur mithilfe des Fernrohres betrachtet und erforscht werden. Flüge dorthin fanden nur in utopischen Geschichten oder Romanen statt, später auch in entsprechenden Filmen. Das änderte sich jedoch radikal mit dem Beginn des Raumfahrtzeitalters, das durch das Wettrennen zum Mond geprägt war.

Start einer **Saturn-V-Rakete**. Nur sie war in der Lage, drei Astronauten samt Ausrüstung auf den Weg zum Mond zu bringen. »

Die drei **Apollo-VIII-Astronauten** Borman, Lovell und Anders während der Startphase in ihren Sitzen. Die Raumanzüge wurden nur während der Start- und Wiedereintrittsphasen getragen, aber während des Fluges abgelegt, um im Overall zu arbeiten.

Der Kalte Krieg zwischen den USA und der damaligen Sowjetunion mit seinem Wettkampf der politischen Systeme fand nicht nur auf der Erde statt, sondern wurde auch im Weltraum ausgefochten. Daher bestimmte diese Form der Konfrontation auch die ersten Jahrzehnte des Raumfahrtzeitalters. Zunächst hatte die UdSSR die Nase vorn: Der Start des ersten künstlichen Erdsatelliten Sputnik 1 am 4. Oktober 1957 und der erste Flug eines Menschen ins All am 12. April 1961 schienen der Welt die Überlegenheit des sozialistischen Systems in technisch-wissenschaftlicher und militärischer Hinsicht zu demonstrieren. Als Antwort verkündete am 25. Mai 1961 der damalige Präsident der USA, John F. Kennedy, vor dem Kongress: „Ich glaube, dass dieses Land sich dem Ziel widmen sollte, noch vor Ende dieses Jahrzehnts einen Menschen auf dem Mond landen zu lassen und ihn wieder sicher zur Erde zurückzubringen. Kein einziges Weltraumprojekt wird in dieser Zeitspanne die Menschheit mehr beeindrucken oder wichtiger für die Erforschung des entfernteren Weltraums sein; und keines wird so schwierig oder kostspielig zu erreichen sein." Damit fiel der Startschuss für das sogenannte Wettrennen zum Mond.

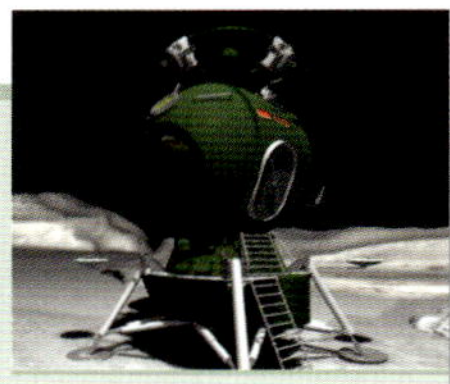

Kosmonauten

Russische Mondreisende Auch die UdSSR besaß ein bemanntes Mondflugprogramm. Einzelheiten hierzu wurden aber erst nach 1989 bekannt. Die treibende Persönlichkeit war der Konstrukteur Sergej Koroljow (1907–1966); die Trägerrakete war die 105 Meter hohe N-1, die 95 Tonnen Nutzlast zum Mond bringen sollte. Wie beim Projekt Apollo gab es ein spezielles Raumschiff, eine Weiterentwicklung des Typs Sojus, das für den Flug zum Mond und dessen Umkreisung bestimmt war, und eine Landefähre namens Lunij Korabl (Mondschiff). Mit ihr sollte ein Kosmonaut auf der Mondoberfläche landen. Der Tod Koroljows, Streitigkeiten, Entwicklungsprobleme mit der N-1 und die rasanten Fortschritte der USA bei ihrem Mondflugprogramm führten 1974 zum Ende des Projekts.

Projekt Apollo

Unter dem Namen des griechischen Lichtgottes Apollo, der auch als treffsicherer Bogenschütze galt, wollten die USA dieses ehrgeizige Ziel verwirklichen. Dabei war von einer bemannten Landung zunächst gar nicht die Rede. Auch wie man den Mond erreichen wollte, war zu Beginn nicht ganz klar und kristallisierte sich erst allmählich heraus: Ein aus zwei Teilen bestehendes Raumfahrzeug – eine Kommandokapsel mit Versorgungsteil und eine Landefähre – mit drei Mann Besatzung sollte mit einer bis dahin nie gekannten riesigen und schubstarken Rakete (Saturn V) in eine Erdumlaufbahn gebracht und dort mit Kurs auf den Mond beschleunigt werden. Während des Fluges von der Erde zum Mond sollten beide Module aneinanderkoppeln und sich erst im Mondorbit wieder trennen. Zwei Astronauten sollten anschließend auf dem Mond landen, danach mit der Oberstufe der Mondfähre wieder zum eigentlichen Raumschiff zurückkehren, die Mondfähre abkoppeln und nach dem Flug zur Erde in ihrer Raumkapsel an Fallschirmen im Pazifik landen.

Zuvor sollte der Mond allerdings von unbemannten Raumsonden erkundet und nach möglichen Landeplätzen Ausschau gehalten werden.

Edwin Aldrin, der zweite Mensch auf dem Mond, posiert für ein Porträtfoto. In seinem Helmvisier spiegeln sich Neil Armstrong und die Mondfähre.

Die NASA-Raumsonde **Lunar Prospector** fand 1998 am Südpol des Mondes mögliche Hinweise auf Wasser.

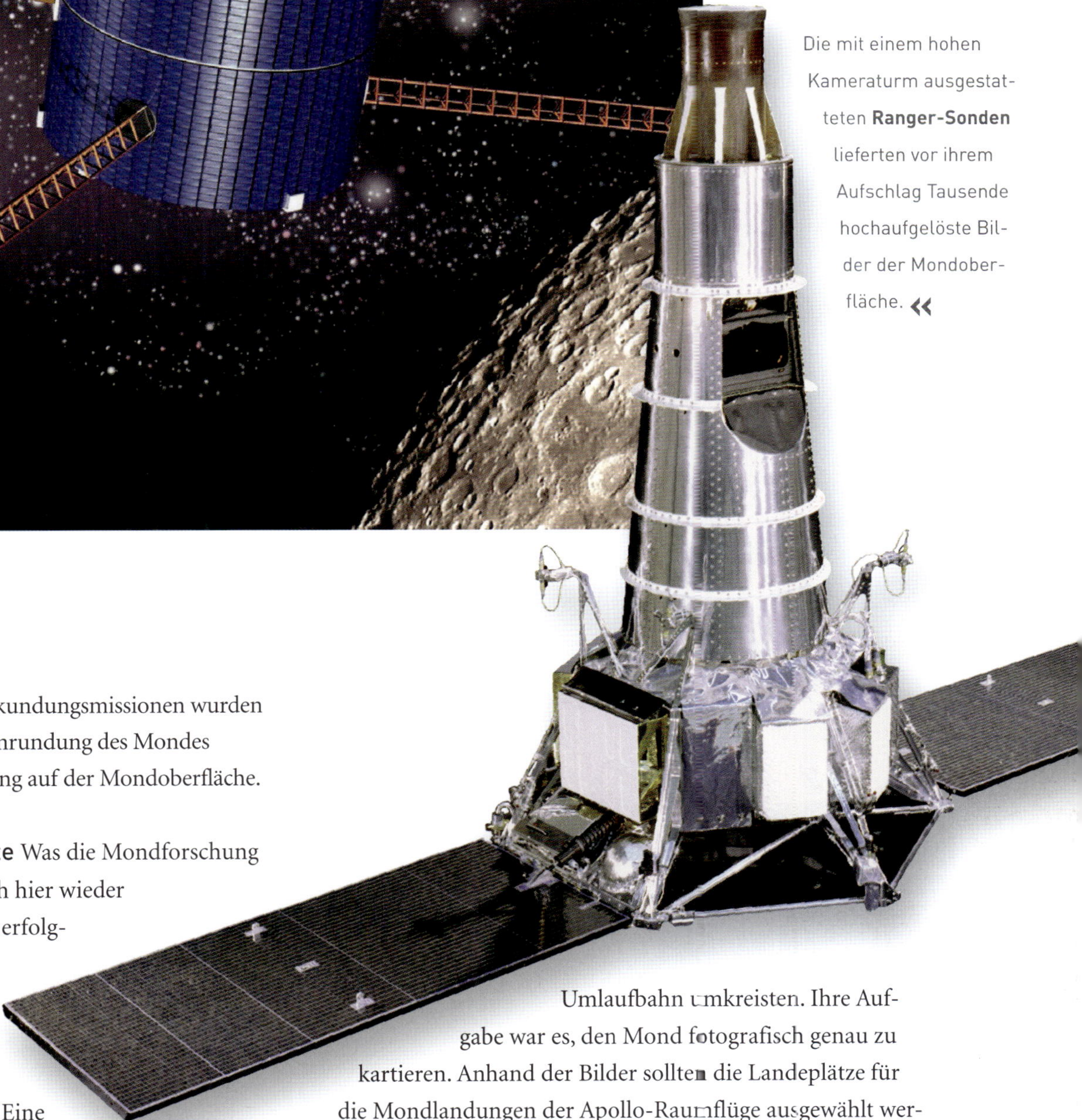

Die mit einem hohen Kameraturm ausgestatteten **Ranger-Sonden** lieferten vor ihrem Aufschlag Tausende hochaufgelöste Bilder der Mondoberfläche. «

Mondsonden

Bei diesen unbemannten Monderkundungsmissionen wurden zwei Strategien angewandt: die Umrundung des Mondes sowie die harte und weiche Landung auf der Mondoberfläche.

Lunik 3 und die Mondrückseite Was die Mondforschung anging, war die Sowjetunion auch hier wieder schneller und dazu noch äußerst erfolgreich: Am 4. Oktober 1959 startete sie die Sonde Lunik 3, die am 7. Oktober den Mond erreichte. Dort aber tat sie etwas, womit niemand gerechnet hatte: Eine an Bord befindliche Kamera fotografierte die bis dahin unbekannte Rückseite.

Ranger, Lunar Orbiter, Surveyor Die USA machten den Anfang mit Raumsonden des Typs Ranger. Diese Sonden schlugen auf der Mondoberfläche auf, lieferten zuvor jedoch zahlreiche Bilder der Annäherungsphase. Von 1961 bis 1965 schickte die NASA insgesamt neun dieser künstlichen Späher zum Mond, von denen drei erfolgreich waren.

Als nächste folgten die Lunar-Orbiter-Sonden, die zwischen 1966 und 1968 als Satelliten den Mond in einer nahen Umlaufbahn umkreisten. Ihre Aufgabe war es, den Mond fotografisch genau zu kartieren. Anhand der Bilder sollten die Landeplätze für die Mondlandungen der Apollo-Raumflüge ausgewählt werden; dabei wurde auch die Mondrückseite erfasst.

Die Surveyor-Sonden bildeten die dritte und weiterführende Stufe des amerikanischen Monderforschungsprogramms. Mit ihnen wurden die weichen Landungen geübt sowie die Oberfläche des Mondes mit Schaufeln untersucht, um die Dicke der vermuteten Staubschicht zu bestimmen.

Allerdings war die UdSSR auch bei dieser Art Mondsonden den Amerikanern zuvorgekommen; denn noch vor Surveyor 1 setzte am 3. Februar 1966 Luna 9 weich im Oceanus Procellarum auf und übermittelte die ersten Fotos – darunter Panoramaaufnahmen – von der Mondoberfläche.

Die Mondlandungen

Die Mondlandungen stellen zweifellos den bisherigen Höhepunkt in der Erforschung des Erdtrabanten dar, konnten doch erstmals Menschen nach jahrelanger Vorbereitung direkt einen fremden Himmelskörper betreten und Untersuchungen vor Ort durchführen. Nachdem mit Apollo VIII 1968 bereits drei Astronauten den Mond umkreist hatten, landeten vom 20. Juli 1969 bis zum 11. Dezember 1972 im Rahmen des Apollo-Programms insgesamt zwölf Menschen auf dem Mond. Unter den Missionsbezeichnungen Apollo XI bis XVII erkundeten sie verschiedene Landschaften, wie Mare-Gebiete (Apollo XI: Mare Tranquillitatis, Apollo XII: Oceanus Procellarum), Krater (Apollo XIV: Frau Mauro), Rillen (Apollo XV: Headly-Rille), Hochebenen (Apollo XVI: Descartes) und Gebirge (Apollo XVII: Taurus-Littrow). Seit dem Flug von Apollo XVII hat es keine bemannte Rückkehr zum Mond mehr gegeben und für die nächste Zukunft ist dies auch nicht geplant. Dabei hat der Wettlauf zum Mond die Erforschung unseres Erdtrabanten wie nie zuvor beschleunigt und zu großen Fortschritten geführt.

Emblem	Mission	Datum	Astronauten
	Apollo VIII	21.12.1968 – 27.12.1968	Frank Borman James Lovell William Anders
	Apollo XI	16. 07. 1969 – 24. 07. 1969	Neil Armstrong Michael Collins Edwin Aldrin
	Apollo XII	14. 11. 1969 – 24. 11. 1969	Charles Conrad Richard Gordon Alan Bean
	Apollo XIII	11. 04. 1970 – 17. 04. 1970	James Lovell John Swigert Fred Haise
	Apollo XIV	31. 01. 1971– 09. 02. 1971	Alan Shepard Stuart Roosa Edgar Mitchell
	Apollo XV	26. 07. 1971 – 07. 08. 1971	David Scott Alfred Worden James Irwin
	Apollo XVI	16. 04. 1972 – 27. 04. 1972	John Young Thomas Mattingly Charles Duke
	Apollo XVII	07. 12. 1972 – 19. 12. 1972	Eugene Cernan Ronald Evans Harrison Schmitt

Unbemannte Probenrückführung

Dass sich Mondgestein auch automatisch sammeln und zur Erde zurückbringen lässt und die Mondoberfläche ferngesteuert und damit unbemannt weiträumig erkundet werden kann, bewies die Sowjetunion in den Jahren 1970 und 1971 mit den Raumsonden Luna 16 und 20 sowie den Fahrzeugen Lunochod 1 und 2. Die beiden Luna-Sonden bestanden jeweils aus einer Lande- und einer Aufstiegsstufe. Sie waren mit einem Bohrgerät ausgerüstet, das nach der Landung in den Mondboden eindrang und Proben nahm. Von Luna 16 wurden am 24. September 1970 100 Gramm Gestein entnommen, von Luna 20 dagegen nur 55 Gramm. Die Proben wurden in einer Rückkehrkapsel zur Erde gebracht. Die ferngesteuerte Erkundung der Mondoberfläche gelang durch die beiden Fahrzeuge Lunochod 1 und 2 in den Jahren 1970/71 und 1972. Diese Fahrzeuge können als Vorläufer der späteren Mars-Rover angesehen werden.

Eine geborgene **Apollo-Kapsel**. Deutlich sind die Spuren des Wiedereintritts in die Erdatmosphäre zu erkennen.

Apollo XIII

Eine erfolgreiche Katastrophe Es war wohl die originellste Meldung, die je ein Flugleitzentrum empfangen hat: „Houston, wir haben ein Problem." In Wirklichkeit wussten die Astronauten von Apollo XIII wohl bereits, dass das Problem lebensbedrohlich war: Durch einen Kurzschluss war das Servicemodul so stark beschädigt worden, dass es nicht mehr genügend Sauerstoff und Strom für die Kommandokapsel liefern konnte. Eine Mondlandung fiel damit aus, und auch ein Umkehren war wegen der begrenzten Treibstoffvorräte nicht möglich. Die Besatzung musste um den Mond herumfliegen und zudem ins angekoppelte Landefahrzeug umziehen, das nur für zwei Mann entwickelt worden war. In der Kommandokapsel wurden alle Systeme abgeschaltet. Trotz der extremen Umstände landete die Crew am 17. April 1970 sicher im Pazifik.

Die drei **Apollo-XI-Astronauten** Armstrong, Collins und Aldrin, die Geschichte schrieben. Armstrong und Aldrin betraten am 20. Juli 1969 den Mond, Collins blieb in der Umlaufbahn.

UNITED STATES
USA
USA

Die 110 Meter hohe **Saturn V** wurde in einem Spezialgebäude gebaut und dann mit einem Spezialraupenschlepper zur Startrampe gerollt.

Das zusammenklappbare Mondauto oder **Lunar Roving Vehicle** (LRV) erweiterte den Aktionsradius der späteren Apollo-Astronauten erheblich.

Zukünftige Mondmissionen Seit die mit den ersten Mondlandungen verbundene Euphorie verschwunden ist, wurden Pläne für weitere Landungen oder gar eine Mondstation in immer weitere Ferne verschoben. Um diese Pläne in die Tat umzusetzen, fehlen derzeit der politische Wille und vor allem die notwendigen finanziellen Mittel. Sie könnten nur von allen Raumfahrtnationen gemeinsam aufgebracht werden, wie das bei der Internationalen Raumstation ISS geschieht. Doch wegen wirtschaftlicher Schwierigkeiten haben viele Nationen – vor allem die USA – ihr Budget in dieser Hinsicht stark zusammengestrichen und damit auch langfristige, weitreichende Raumflugplanungen gegenstandslos werden lassen. Das aber könnte sich aus wirtschaftlichen Zwängen auch wieder ändern, zum Beispiel um der steigenden Rohstoffknappheit zu begegnen.

Helium-3 Unser Mond, so zeigen es die Forschungen, ist eine Schatzkammer: Eisen, Titan, Gold, Platin, Iridium – die Liste der Metalle, die auf dieser bisher kaum berührten Welt vermutet werden, ist lang. Spitzenreiter ist Helium-3. Diese leichtere Variante des Edelgases Helium gilt als potenziell unerschöpfliche Energiequelle. Fast alle großen Nationen haben daher in den vergangenen Jahren Mondmissionen in ihre Raumfahrtplanungen aufgenommen – mit dem Ziel, in ferner Zukunft eine Rohstoffförderung aufzubauen.

Technisch wäre das durchaus möglich, wenn nicht die Kosten den Nutzen überwiegen würden. Nach heutigen Schätzungen wären 80 000 Euro aufzuwenden, um 1 Kilogramm eines begehrten Rohstoffs über die knapp 400 000 Kilometer lange Strecke zu befördern. Nicht zu vergessen sind die astronomisch hohen finanziellen Investitionen für den Aufbau einer entsprechenden Bergbauinfrastruktur – vor allem bemannter Stationen – und natürlich die Erkundung weiterer ergiebiger Rohstofflagerstätten. Wäre die Menschheit zu all dem bereit, dann könnte es durchaus zu einem ständigen Aufenthalt auf dem Mond in entsprechenden Stützpunkten kommen und damit auch die Arbeit der Apollo-Astronauten fortgesetzt werden.

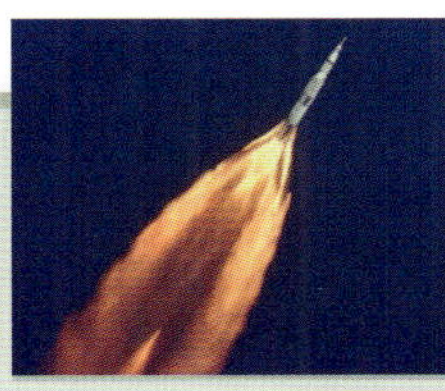

Saturn V

Eine Rakete der Superlative Mit einer Höhe von 110,6 Metern und einer Startmasse von 3038,5 Tonnen war die Saturn V die größte und stärkste Trägerrakete ihrer Zeit und ist bis heute nicht übertroffen worden. Sie konnte bis zu 133 Tonnen Nutzlast in den Erdorbit und 50 Tonnen auf Mondkurs bringen. Sie und ihre kleineren Geschwister stammten nicht aus dem militärischen Raketenarsenal wie die Trägerraketen der Mercury- und Geminiflüge, sondern wurden von dem deutschstämmigen Ingenieur Wernher von Braun (1912–1977) und seinem Team rein für einen einzigen (zivilen) Zweck entwickelt: drei Astronauten zum Mond zu bringen. Insgesamt wurden 15 Saturn-V-Raketen gebaut, 13 flogen ins All. Der erste Start fand unbemannt am 9. November 1967 statt, der letzte am 14. Mai 1973 mit der Raumstation Skylab. Alle Flüge verliefen ohne katastrophale Zwischenfälle.

Das Sonnensystem

Unsere Heimat im All

Größere und kleinere Welten

Unsere Heimat ist die Erde, und sie gehört zu einer Gruppe größerer und kleinerer Welten: des Planeten- oder Sonnensystems. Hier kreisen die Planeten zusammen mit anderen Kleinkörpern auf verschiedenen Bahnen mit unterschiedlicher Geschwindigkeit um einen Stern namens Sonne. Von ihm erhalten sie auch ihr Licht, das sie mehr oder minder stark reflektieren.

Unser **Sonnensystem**, wie wir es heute kennen: vier terrestrische Planeten und – getrennt durch den Asteroidengürtel – vier Gasriesen. Pluto wird inzwischen nicht mehr als Planet gewertet.

Nach derzeitigem Kenntnisstand ist die **Erde** der einzige Planet in unserem Sonnensystem, auf dem sich Leben entwickeln konnte.

Solare Statistik

Die derzeitige Statistik unseres Sonnensystems liest sich wie folgt: 1 Zwergstern des Spektraltyps G2V im Zentrum, 8 Planeten und deren 168 natürliche Satelliten, mindestens 9 Zwergplaneten sowie andere Kleinkörper wie Kometen, Asteroiden und Meteoriten, ferner die Gesamtheit aller Gas- und Staubteilchen. Sie werden von der Sonne, die immerhin 99,86 Prozent der Gesamtmasse des Systems in sich vereinigt, durch ihre gewaltige Anziehungskraft in einer himmelsmechanisch abgestuften Ordnung zusammengehalten, und zwar in einem Raum, dessen Durchmesser circa 15 Milliarden Kilometer beträgt.

Illustration der drei für uns Menschen **wichtigsten Körper** des Sonnensystems: die Erde, der Mond und die sie beleuchtende Sonne. «

Erdähnliche Planeten

Die acht Planeten des Sonnensystems sind in ihrer Größe und äußeren Erscheinung, aber auch ihrem inneren Aufbau sehr verschieden. Grundsätzlich kann man sie in

Richtige Reihenfolge

Merksätze Vielen Menschen fällt es schwer, sich die Namen der Planeten des Sonnensystems zu merken – und noch weniger erinnern sich an ihre richtige Reihenfolge. Daher gibt es auch hier einen von den Astronomen entwickelten einfachen Merksatz zur Gedächtnisstütze, wobei die Aufzählung der Planeten mit dem innersten Planeten beginnt und mit dem äußersten endet. Weil 2006 Pluto der Status eines Planeten aberkannt wurde, gibt es inzwischen nur noch acht Planeten im Sonnensystem. Daher hat der Merksatz ebensoviele Worte, wobei der Anfangsbuchstabe jedes Wortes für einen Planetennamen steht, also „Mein" für „Merkur" usw.: „Mein Vater erklärte mir jeden Sonntag unsere Nachbarplaneten". Daraus ergibt sich für die Reihenfolge der Planeten: Merkur, Venus, Erde, Mars, Jupiter, Saturn, Uranus und Neptun.

zwei Gruppen unterteilen: die erdähnlichen oder terrestrischen inneren Planeten und die jupiterähnlichen äußeren Planeten, auch Riesen- oder Gasplaneten genannt. Zu den erdähnlichen Planeten gehören außer der Erde noch Merkur, Venus und Mars. Diese der Sonne näherstehenden Welten kreisen innerhalb des Asteroidengürtels und haben physikalisch ähnliche Eigenschaften wie die Erde – daher der Gruppenname „erdähnlich"(oder „terrestrisch"), was jedoch nicht bedeutet, dass sie lebensfreundlich sind.

Gesteinswelten Diese Planeten sind vergleichsweise klein und felsig und haben eine dünne Atmosphäre, die beim Merkur allerdings nur in Spuren vorkommt. Sie sind aus verschiedenen Schalen aufgebaut: Kruste, Mantel und Kern, wobei die Kruste durch Vulkanismus und Erosion geprägt ist. Außerdem werden diese Welten von nur wenigen Monden umkreist oder sie haben gar keinen natürlichen Satelliten.

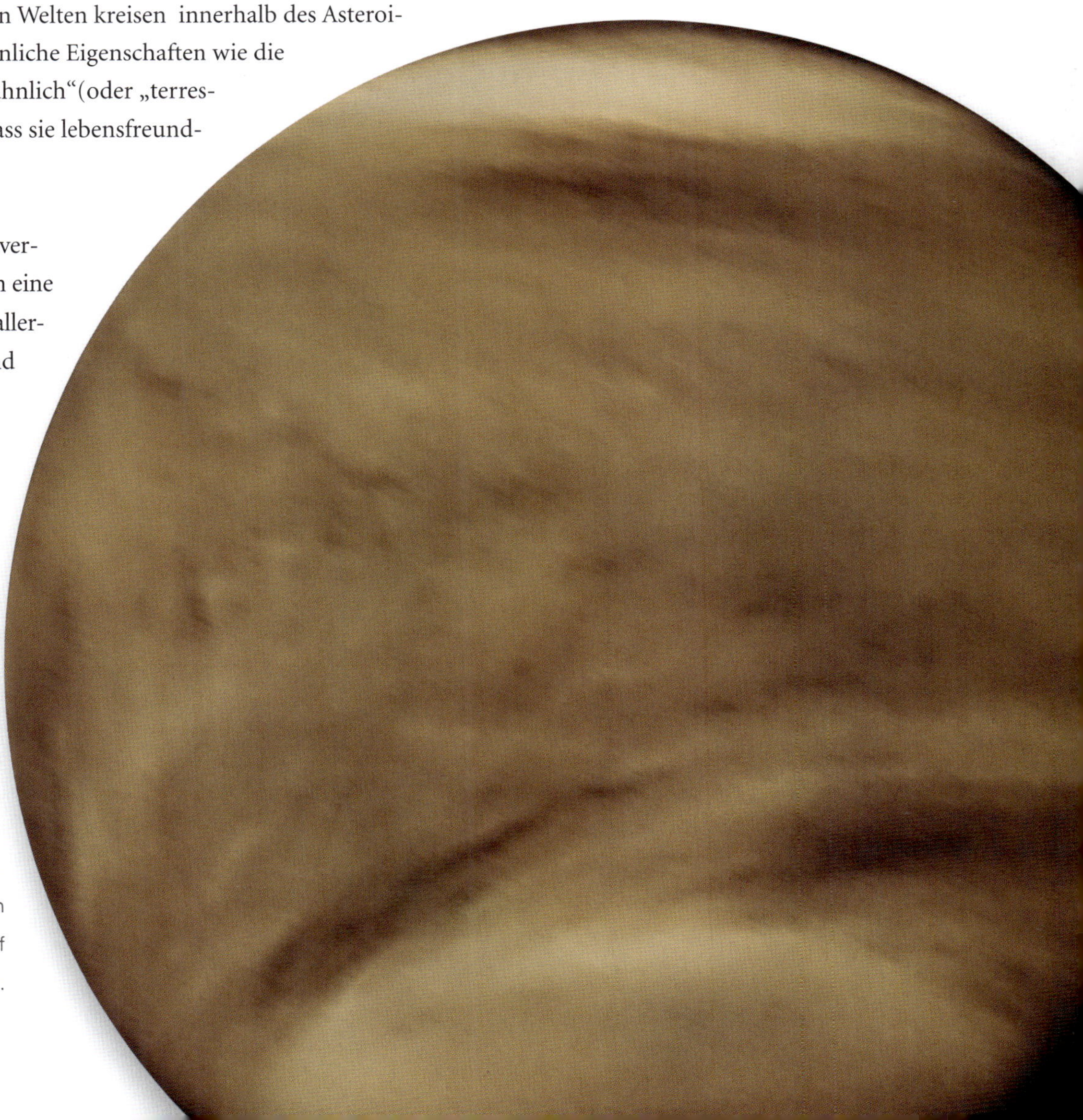

Die wolkenverhüllte **Venus** wird oft als kleinere Schwester der Erde angesehen. Das bezieht sich allerdings nur auf ihren Durchmesser, der dem der Erde bis auf wenige Hundert Kilometer entspricht.

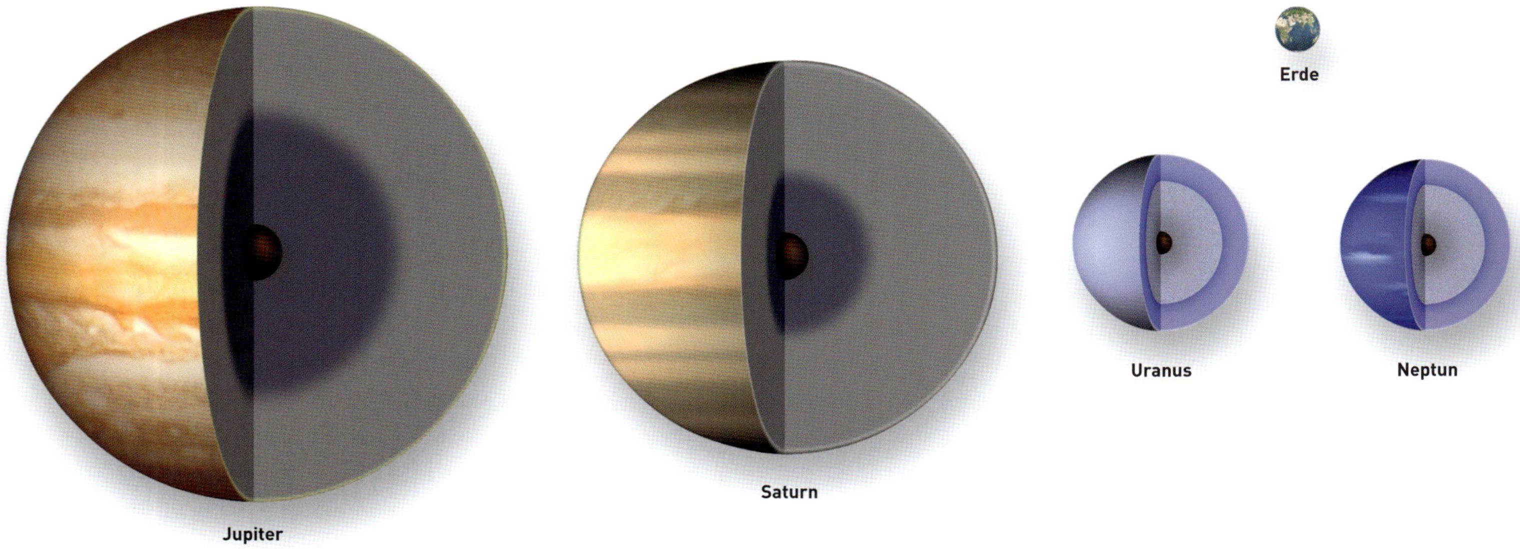

- molekularer Wasserstoff
- metallischer Wasserstoff
- Wasserstoff, Helium, Methan
- Mantel (Wasser, Ammoniak, Methaneis)
- Kern (Gestein, Eis)

Ein Schnitt durch die vier **Riesenplaneten** zeigt deutlich den hohen Anteil leichtflüchtiger Elemente. Dagegen nehmen sich die festen Kerne winzig aus.

Jupiterähnliche Planeten

Die jupiterähnlichen fernen Planeten Saturn, Uranus, Neptun und Jupiter selbst unterscheiden sich deutlich von den terrestrischen, allein schon durch ihre ungeheure Größe und ihre gewaltige Masse. So beträgt ihr Volumen das 56-fache (Neptun) bis 1246-fache (Jupiter) der Erde.

Gasplaneten Dazu kommen ihre ausgedehnten dichten Atmosphären. Sie bestehen vor allem aus Wasserstoff und Helium, obwohl die Gashüllen von Uranus und Neptun auch Methan enthalten. Ihnen folgt eine halbflüssige oder halbfeste Schicht dieser Gase, die einen festen Kern aus Fels oder Eis umschließt. Bei Jupiter und Saturn setzen sich diese Schichten aus Wasserstoff und Helium zusammen; dagegen bestehen sie bei Uranus und Neptun hauptsächlich aus Wasser-, Methan- und Ammoniakeis. Umgeben sind die Gasriesen außer von zahlreichen Monden auch von unterschiedlich großen Ringsystemen.

Die Keplerschen Gesetze

Berechnete Planetenbahnen Die Planeten bewegen sich nach Gesetzen, die im 17. Jahrhundert von dem deutschen Astronomen Johannes Kepler (1571–1630) aufgestellt wurden, und nach denen sich Bahnformen sowie Umlaufgeschwindigkeiten berechnen lassen. Das erste Gesetz besagt, dass die Planeten auf ellipsenförmigen Bahnen um die Sonne kreisen, in deren einem Brennpunkt die Sonne steht. Nach dem zweiten Gesetz ist die Geschwindigkeit eines Planeten in Sonnennähe am größten. Das dritte Keplersche Gesetz erklärt, dass sich ein Planet umso langsamer bewegt, je weiter er von der Sonne entfernt ist. Das Verhältnis von Entfernung und Umlaufzeit bleibt gleich, weshalb man nur aus der Bahngeschwindigkeit die Entfernung eines Planeten von der Sonne ableiten kann.

Ein scheinbares **Zusammentreffen** von Planeten (im Bild Mond, Mars und Venus) sind am Abendhimmel immer wieder faszinierende Konstellationen für den Amateurastronomen. »

Die Bahnen der Planeten

Auch wenn man oft von „Kreisbahnen" spricht, tatsächlich bewegen sich die Planeten auf Ellipsen um die Sonne. Das führt jedoch dazu, dass die Sonne nicht genau im Mittelpunkt der Umlaufbahnen (Orbits) steht und damit die Planeten nicht immer gleich weit von ihr entfernt sind.

Perihel und Aphel Beispielsweise schwankt die Entfernung der Erde von der Sonne innerhalb von sechs Monaten zwischen 147 Millionen Kilometern im sonnennächsten Punkt (Perihel) und 152 Millionen Kilometern im sonnenfernsten (Aphel). Hinzu kommt, dass mit wachsendem Abstand die Umlaufzeit eines Planeten zunimmt. Mit 88 Tagen hat Merkur als sonnennächster Planet die kürzeste Umlaufzeit, Neptun, der äußerste Planet, braucht für seinen Weg um die Sonne dagegen 163 Jahre.

Planetenstellungen

Nicht nur Größe und Entfernung bestimmen, wie gut die Planeten von der Erde aus gesehen werden können, sondern auch, welche Position sie gegenüber Erde und Sonne auf ihren Umlaufbahnen einnehmen und ob sich diese Bahnen innerhalb oder außerhalb der Erdbahn befinden. Es lassen sich vier Planetenstellungen oder „Aspekte" unterscheiden:

Opposition und Konjunktion Bei den jenseits der Erdbahn kreisenden Planeten Mars, Jupiter und Saturn sind Opposition und Konjunktion möglich. Im ersten Fall lautet aus der Weltraumperspektive gesehen die Reihenfolge: Sonne – Erde – äußerer Planet. Er steht am Firmament der Sonne gegenüber; und das bedeutet, dass er mit Sonnenuntergang auf- und bei Sonnenaufgang untergeht, also am Abend- und Nachthimmel gesehen werden kann. Wenn dieser äußere Planet während seines Umlaufes, aus der Weltraumperspektive gesehen, hinter die Sonne gelangt, gilt folgende Reihenfolge: Erde – Sonne – äußerer Planet. Diese Position heißt Konjunktion. Hier ist der Planet am Firmament unsichtbar, weil er mit der Sonne am Taghimmel steht.

Obere und untere Konjunktion Ähnlich gelagert sind die Positionen der innerhalb der Erdbahn um die Sonne kreisenden Planeten Venus und Merkur. Ihre beiden gegenüber Erde und Sonne möglichen Positionen sind die obere und untere Konjunktion. Bei der oberen Konjunktion ist die

Wegen seines vielen freien Wassers wird die Erde auch als **Blauer Planet** bezeichnet. »

Reihenfolge aus der Weltraumperspektive gesehen: Erde – Sonne – innerer Planet. Er befindet sich also hinter der Sonne und damit am Taghimmel, sodass er nicht beobachtet werden kann. Dagegen steht bei der unteren Konjunktion der innere Planet zwischen Erde und Sonne, was ihn für den irdischen Beobachter wiederum unsichtbar macht, da er auf die unbeleuchtete und somit der Erde zugewandten dunklen Nachtseite des Planeten schaut.

Die Entstehung des Sonnensystems

Seit das Sonnensystem mit Fernrohren untersucht werden kann, wird auch die Frage nach seiner Entstehung gestellt. Die vielen Nebelwolken, die in den Tiefen des Alls entdeckt wurden, ließen die Vermutung aufkommen, dass am Anfang eine Materiewolke gestanden haben muss. Aus dieser Wolke ging dann vor 4,6 Milliarden Jahren das gesamte Sonnensystem hervor, angefangen von der riesigen Sonne bis hin zu den kleinsten Asteroiden.

Die Theorie, dass am Anfang unseres Sonnensystems eine ausgedehnte Gas- und Staubwolke stand, ist heute von den meisten Astronomen anerkannt. Die Schockwellen einer Supernova-Explosion eines äußerst massereichen Sterns sorgten dann dafür, dass diese Wolke anfing, sich zusammenzuziehen und dabei in langsame Drehung versetzt wurde. Besonders im Zentrum war die Kontraktion sehr stark; und schließlich wurde die Materie dort so sehr verdichtet und aufgeheizt, dass bei 10 Millionen Grad die Kernfusion einsetzte und die Sonne zu leuchten begann.

Geburt aus der Scheibe Diese junge Sonne war noch von Restmaterial in Form einer Scheibe umgeben, die vorwie-

So könnte unser **Sonnensystem** kurz nach seiner Entstehung ausgesehen haben: Um die noch junge Sonne ziehen sich Staub- und Gasringe der noch zu bildenden Planeten.

gend aus Wasserstoff- und Heliumgas sowie Staub und Metallen bestand. In ihren einzelnen ringförmigen Bereichen verklumpten die Staubteilchen zu Körnern, metallhaltigen Steinen und Felsbrocken bis zu einem Kilometer Durchmesser, den Planetesimalen.

Aus ihnen formten sich durch weitere Kollisionen die sogenannten Protoplaneten, deren innere Gravitation groß genug war, um eine Kugelgestalt zu bewirken. Dabei entstanden in Sonnennähe warme, kleine Gesteinsplaneten: Merkur, Venus, Erde und Mars. In ihnen sanken die schweren Metalle wie Eisen und Nickel zum Zentrum ab, sodass sich ein Metallkern bildete, um den sich ein Gesteinsmantel mit -kruste legte.

Der **Asteroiden-** oder **Planetoidengürtel** – hier viel dichter dargestellt als in Wirklichkeit – ist wahrscheinlich „Bauschutt" aus der Entstehungszeit des Sonnensystems.

Jenseits der Schneegrenze In einer Entfernung von rund 778 Millionen Kilometer von der Sonne (was ungefähr der der Entferung Jupiter–Sonne entspricht) war jedoch die Temperatur so niedrig, dass Wasserdampf und Kohlendioxid gefroren. Manche Astronomen sprechen deshalb auch von der „Schneegrenze". Die hier entstandenen Planetesimale setzten sich somit nicht nur aus Gesteinsbrocken und Metall zusammen, sondern auch aus Eis und gefrorenen Gasen, die sie in riesigen Mengen einfingen. So formten sich allmählich Planeten von gewaltiger Masse und entsprechend großer Gravitation. Diese Planeten konnten daher um einen etwa erdgroßen steinernen Kern Schalen fest-flüssiger leichtflüchtiger Gase wie Wasserstoff und Helium in Form einer ausgedehnten Atmosphäre an sich binden. Sie blieben ihnen auch erhalten, als der Sonnenwind alle leichten Gase in die Tiefen des Weltalls blies und die terrestrischen Planeten ihre Uratmosphären verloren.

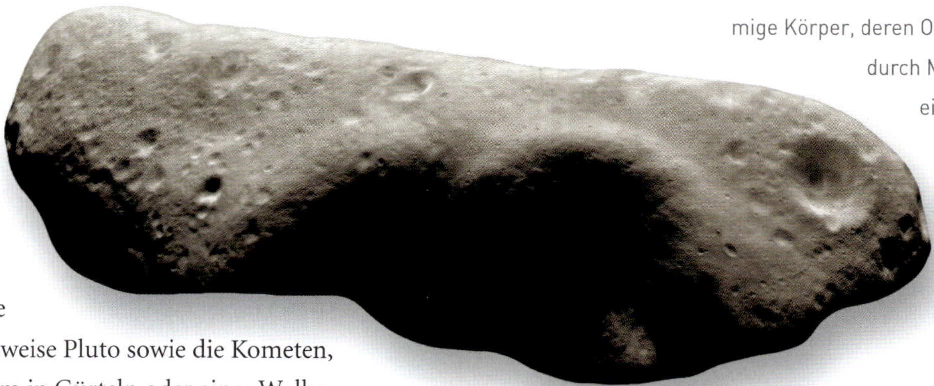

Asteroiden wie **(433) Eros** sind meist unförmige Körper, deren Oberfläche durch Meteoriteneinschläge von vielen Kratern zernarbt ist.

Asteroiden, Zwergplaneten und Kometen als Bauschutt Und woher stammen die Asteroiden, die Zwergplaneten wie beispielsweise Pluto sowie die Kometen, die in unserem Sonnensystem in Gürteln oder einer Wolke konzentriert sind? Hierbei handelt es sich sozusagen um „Restmaterial". So konnte sich die zwischen Mars und Jupiter treibende Materie zwar zu größeren Brocken vereinigen, aber keinen Planeten bilden, da die Gezeitenwirkung des Jupiters zu groß war. Stattdessen entstand der Asteroidengürtel mit seinen Tausenden von Felstrümmern.

Jenseits des Neptuns entstanden aus den Materieresten, die nicht an der Planetenbildung beteiligt waren, die Zwergplaneten wie Pluto oder Sedna. Und was darüber hinaus noch an Staub, Gestein und Eis vorhanden war, wurde – sofern es nicht in die Sonne stürzte – aus dem Sonnensystem hinausgeschleudert und formte weit draußen die Oortsche Kometenwolke. Aus ihr gelangen immer wieder Kometen in das innere Sonnensystem, wobei sie einen Millionen Kilometer in den Raum hinausreichenden Schweif bilden.

Jenseits von Pluto hat man in den letzten Jahrzehnten zahlreiche **Zwergplaneten** bzw. TNOs (Trans-Neptun-Objekte) entdeckt. Pluto selbst, bis 2006 noch als neunter Planet des Sonnensystems gewertet, ist deren bekanntester Vertreter.

Die 1976 erfolgreich auf dem Mars gelandeten Sonden **Viking I und II** lieferten die ersten Aufnahmen der Oberfläche des „Roten Planeten". Ein Greifer entnahm zudem Bodenuntersuchungen, deren Analysen zusammen mit mehr als 4500 Fotos und drei Millionen Wetterberichten bis April 1980 zur Erde gesendet wurden.

Die am 22. Oktober 1975 sanft gelandete russischen Raumsonde **Venera 9** lieferte – noch ein Jahr vor den Viking-I-Bildern – erstmals eine Panoramaaufnahme der Venusoberfläche.

Raumsonden – die neuen Entdecker des Sonnensystems

Kein Instrument hat seit der Erfindung des Fernrohrs unser Bild des Sonnensystems derart tiefgreifend verändert wie die Raumsonden. Sie ermöglichten es den Wissenschaftlern, alle großen Planeten und Monde sowie einige Asteroiden und Kometen des Sonnensystems aus nächster Nähe zu erforschen und bei einigen sogar die Oberfläche zu untersuchen.

Schon bald nach dem Start des ersten künstlichen Erdsatelliten Sputnik im Oktober 1957 flogen Raumsonden nicht nur zum Mond, sondern auch zu den Nachbarplaneten Venus und Mars. Das Goldene Zeitalter der Erforschung des Sonnensystems mit Raumsonden brach jedoch 1970 an. Hier umkreisten sie nicht nur diese beiden Nachbarwelten, sondern landeten auch auf ihnen, wie zum Beispiel Venera 9 (UdSSR) auf der Venus 1975 und Viking I und II (USA) auf dem Mars 1976.

Bereits 1972 und 1973 waren die US-Sonden Pioneer 10 und 11 zum Jupiter aufgebrochen, um wie die 1977 gestarteten Raumsonden Voyager 1 und 2 das Sonnensystem jenseits des Asteroidengürtels zu erforschen. Diese Missionen wurden zum großen Triumph der NASA, konnte doch die Raumsonde Voyager 2 sogar bis zum Neptun vordringen. Ferner gelang es, mithilfe der Raumsonden auch einige Kometen aus der Nähe zu betrachten sowie einige Planetoiden zu untersuchen.

Arten von Planetensonden

In der Hochzeit der Planetensonden-Missionen wurden drei Arten von Sonden entwickelt und gebaut, um die großen und kleinen Welten des Sonnensystems unbemannt auf unterschiedliche Art und Weise zu erforsche:n.

Vorbeiflugsonden Diese Raumsonden passieren das Ziel mit hoher Geschwindigkeit, wobei sie so nahe wie möglich an die zu untersuchende Welt herangeführt werden. Die Zeit der größten Annäherung (Encounter), die einige Stunden oder

Panoramabild der Marsoberfläche von der Landestelle der Viking-I-Sonde, die eine rostfarbene Sand- und Gesteins-Kältewüste zeigt.

auch Tage dauern kann, wird dann für Fotos und Messungen der Oberfläche des Zielplaneten genutzt, aber auch zur Untersuchung in der Nähe des Sondenkurses stehender Monde. Berühmtes Beispiel sind die US-Raumsonden Voyager 1 und 2 und ihre Missionen zu den Riesenplaneten.

Orbitersonden Eine Orbitersonde schwenkt nach ihrer Ankunft bei einem Planeten oder Mond in eine Kreisbahn um den Himmelskörper ein. Sie wird damit zu dessen künstlichem Satelliten, um aus dieser Perspektive nähere Untersuchungen über einen längeren Zeitraum durchzuführen und eventuell einen Lander auf der Oberfläche abzusetzen. Der Orbiter arbeitet solange, bis er durch die oberen Schichten der Planetenatmosphäre angebremst wird und dann in ihr verglüht oder die technischen Systeme ihr Leben aufgeben bzw. die Sonde abgeschaltet wird, weil ihre Mission erfüllt ist. Wichtigste Aufgabe ist es, die Oberfläche genau zu kartieren, um detaillierte Kenntnisse über ihre Beschaffenheit zu erhalten oder mögliche Landeplätze zu finden. Mit der US-Raumsonde Magellan, die von 1990 bis

Die Sonden **Pioneer 10 und 11** drangen zu den äußeren Planeten des Sonnensystems vor und verließen dieses als erste von Menschenhand gebaute Flugkörper. «

Spritsparen dank Swing-By

Energie sparen Auch wenn in Filmen Raketen und Raumsonden meist mit beständig brennenden Triebwerken gezeigt werden, ist in Wirklichkeit der Treibstoff so stark begrenzt, dass er nur für sehr wichtige Manöver eingesetzt werden kann – nämlich zum Beschleunigen oder Abbremsen. Die meiste Zeit fliegen Raumsonden also antriebslos. Es gibt aber auch eine Möglichkeit, Raumsonden zu beschleunigen, ohne dass dabei Treibstoff verbraucht wird. Dazu lässt man den Raumflugkörper nahe an einem Planeten vorbeifliegen, sodass er durch dessen Schwerkraft zusätzlichen Schwung bekommt; dabei wird gleichzeitig aber auch die Flugrichtung geändert. Dieses sogenannte Swing-by-Manöver ist im Grunde nichts anderes als eine Art kosmisches Billardspiel. Mithilfe dieser Methode wurde beispielsweise der Flug von Voyager 2 zum Planeten Neptun deutlich beschleunigt.

1992 die Venus umkreiste und deren Oberfläche mit Radar abtastete, gelang es beispielsweise, erstmals eine globale Karte des wolkenumhüllten Planeten zu erstellen.

Landesonden Sie stellen das Nonplusultra der Planeten- oder Monderkundung dar. Bisher sind Sonden weich auf dem Mond, Venus, Mars und dem Saturnmond Titan niedergegangen. Derartige Missionen erfordern höchste technische sowie navigatorische Präzision, weil der Landevorgang wegen der großen Entfernung und damit langen Laufzeit der Funksignale (vom Mond einmal abgesehen) nicht in Echtzeit gesteuert werden kann. Daher muss er durch entsprechende Computerprogramme mit Fallschirmen, Bremsraketen oder Airbags vollkommen automatisch und autonom abgewickelt werden. Spektakulärstes Beispiel ist die Cassini-Huygens-Mission zum Saturn. Die Landekapsel Huygens ging 2005 auf dem Saturnmond Titan weich nieder und lieferte für 72 Minuten Bilder sowie Messdaten der bis dahin wegen der dichten Atmosphäre unbekannten Mondoberfäche.

Eine Variante dieses Sondentyps sind die sogenannten Eintauchsonden. Diese Sonden sollen erst gar nicht auf der Oberfläche eines Planeten landen, weil sie wie bei den Riesenplaneten in zu großer Tiefe liegt oder wegen zu hohem Druck unerreichbar ist. Vielmehr sollen die Sonden während ihres Abstiegs durch die Atmosphäre Messdaten über deren Aufbau und physikalische Verhältnisse übermitteln, bevor sie infolge der extremen Atmosphärenverhältnisse zerstört werden. Dabei fungiert der sie transportierende Orbiter als Relaisstation. Auch der Orbiter kann zur Eintauchsonde umfunktioniert werden. Bekannte Eintauchsonden sind die vier der 1978 durchgeführten Pioneer-Venus-2-Mission. Eine der vier Tochtersonden überlebte sogar den 35 Stundenkilometer schnellen, harten Aufschlag und sendete danach noch 67 Minuten lang Daten.

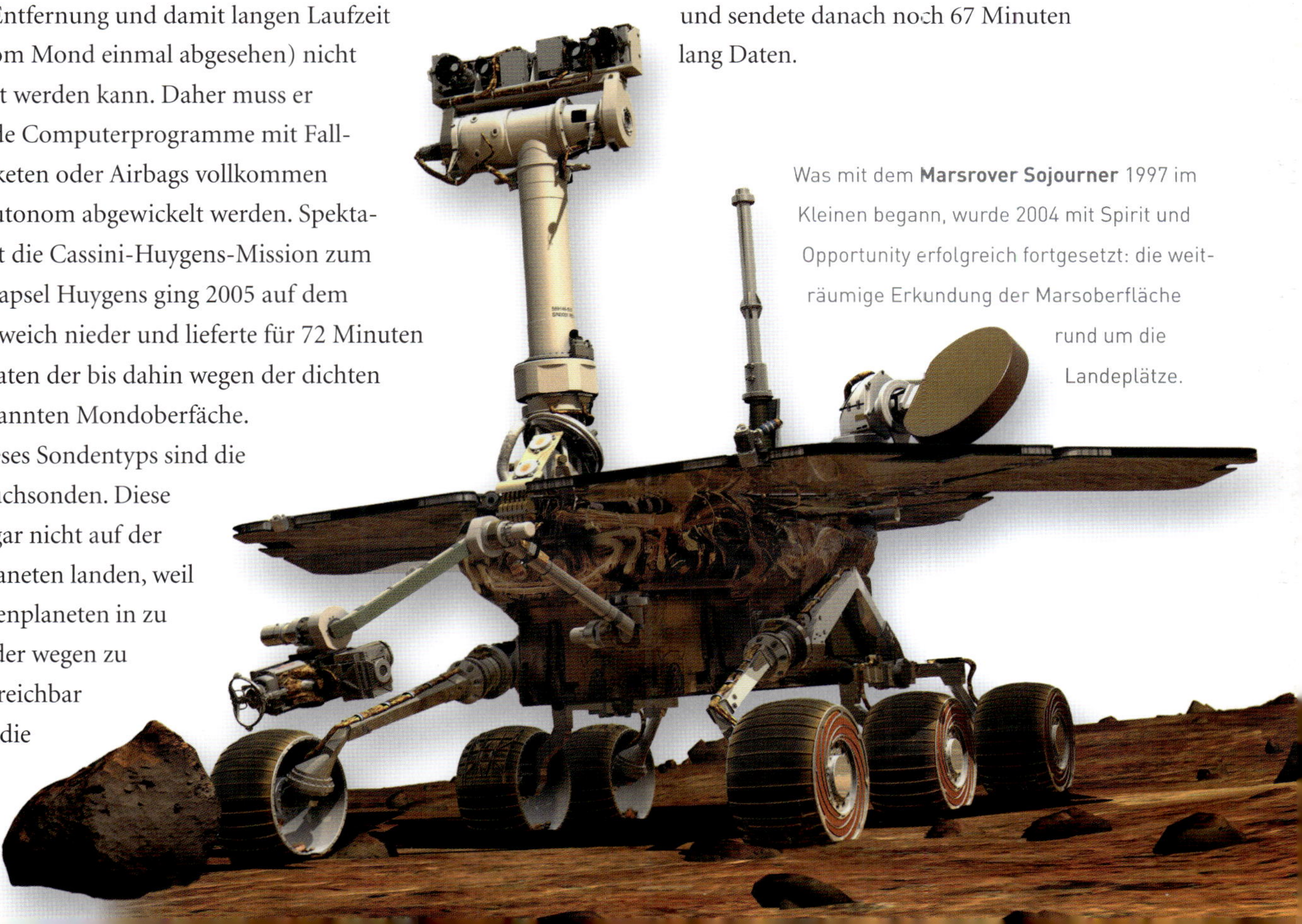

Was mit dem **Marsrover Sojourner** 1997 im Kleinen begann, wurde 2004 mit Spirit und Opportunity erfolgreich fortgesetzt: die weiträumige Erkundung der Marsoberfläche rund um die Landeplätze.

Der Blaue Planet

Unsere Erde, von der Sonne aus gesehen der dritte Planet, ist etwas Besonderes unter den Planeten des Sonnensystems: Sie hat eine sauerstoffreiche Atmosphäre, und nirgendwo sonst gibt es so viel freies Wasser im flüssigen, festen und gasförmigen Zustand. Nicht umsonst wird die Erde auch „Blauer Planet" genannt, und ist Heimstatt des Lebens.

Steckbrief Erde

Mittlere Entfernung von der Sonne: 149,6 Millionen km
Durchmesser: 12 756 km
Masse (Erde = 1): 1,00
Mittlere Dichte: 5,52 g/cm^3
Oberflächentemperatur (Durchschnitt): 15 °C
Schwerkraft auf der Oberfläche: 1,00
Rotationszeit: 23 Stunden 56 Minuten
Umlaufszeit: 365,26 Tage
Atmosphäre: 78,1 % Stickstoff, 20,94 % Sauerstoff, 1,0 % Spurengase
Anzahl der Monde: 1

Kein anderer Planet besitzt so viel freies **Wasser** wie unsere Erde. Außer in den Ozeanen, Meeren, Seen und Flüssen zeigt es sich noch in den Wolken sowie als Eis an den Polen und Gletschern der Hochgebirge

Wie die anderen Mitglieder des Sonnensystems wurde die Erde vor 4,5 Milliarden Jahren aus einer rotierenden Gas- und Staubwolke geboren. Dabei wurde auch ihre Zusammensetzung aus Stein und Metall festgelegt; und die Gliederung in eine feste Kruste, einen zähflüssigen Mantel und einen Kern entstand. Die Temperatur des Kerns beträgt rund 5500 Grad Celsius, was der Oberflächentemperatur der Sonne entspricht. Die Oberfläche der Erde ist durch Prozesse in ihrem Innern, in den Weltmeeren und in der Atmosphäre ständigen Veränderungen unterworfen.

Habitable Zone

Zwar gibt es noch drei andere Planeten mit einem ähnlichen inneren Aufbau (weshalb sie zur Gruppe der „terrestrischen Planeten" zusammengefasst werden), doch sie sind leblose Welten. Denn im Gegensatz zu Merkur und Venus steht die Erde weder zu nahe an der Sonne noch zu weit von ihr entfernt, wie das beim Mars der Fall ist. Sie umläuft unseren Stern in rund 150 Millionen Kilometern (1 Astronomische Einheit) Entfernung, einem Bereich, der „habitable Zone" genannt wird.

Der Bereich des Lebens Die Bezeichnung (früher Ökosphäre) benennt einen Abstandsbereich, in dem sich ein Planet von seinem Zentralgestirn befinden muss, damit er, weil Wasser dauerhaft in flüssiger Form vorliegt, Leben hervorbringen kann, aber nicht muss. Primär hängt dieser Bereich von der Temperatur und Leuchtkraft des Sterns ab, um den der Planet kreist. Diese können sich im Lauf der Zeit verändern, und auch der Planet selbst kann sich drastisch wandeln, beispielsweise indem es auf ihm zu einem sich selbst verstärkenden Treibhauseffekt kommt, der das Wasser in den Weltraum entweichen lässt. Für die Entwicklung von Leben ist deshalb wichtig, dass der Planet lang genug in dieser Zone verbleibt, und zwar mindestens 4 bis 6 Milliarden Jahre. Im Sonnensystem liegt die innere Grenze der habitablen Zone bei 0,95 und die äußere bei 1,37 bis 2,4 Astronomischen Einheiten.

Lebensnotwendige Eigenschaften Daneben weist die Erde eine Fülle weiterer lebensnotwendiger Eigenschaften auf: Sie hat die richtige Masse, denn diese legt die Schwerkraft an der Oberfläche, die Zusammensetzung der Atmosphäre und die Höhe des Luftdrucks fest. Die Rotation ist nicht zu schnell und nicht zu langsam, wodurch keine zu extremen Temperaturunterschiede entstehen. Die Erdachse ist nicht zu stark geneigt und

Wälder wie der **tropische Regenwald** sind nicht nur Wasserspeicher und Sauerstoffproduzenten, sondern sie reduzieren auch das Kohlendioxid in der Atmosphäre. Doch dieses Ökosystem ist immer mehr gefährdet.

Das viele freie **Wasser** – hier in Form einer Riesenwelle vor der Küste Hawaiis – ist nicht nur ein Freizeitspaß für Surfer, sondern auch Geburtsstätte und Garant des Lebens auf unserer Erde sowie auch wichtige Nahrungsquelle.

schwankt nur wenig, und auch die Umlaufbahn um die Sonne verändert sich kaum, wozu vor allem der ungewöhnlich große Mond beiträgt – beides garantiert erträgliche klimatische Verhältnisse. Die Bewegung der Krustenplatten erzeugt den Vulkanismus, wodurch genug Wasserdampf als Grundlage für das Leben produziert wird. Das Magnetfeld hält die gefährlichen Teilchen des Sonnenwindes ab und die Ozonschicht schützt das Leben an Land vor gefährlicher Strahlung.

Vulkane wie hier auf **Hawaii** zeigen mit ihren Eruptionen, dass unsere Erde im Innern immer noch nicht erkaltet ist.

Woher kam das Wasser? Das für das Leben so wichtige Wasser stammt sowohl aus dem All als auch aus dem Innern der Erde. Im All entsteht es in der rotierenden Gas- und Staubwolke bei der Geburt von Sternen, die zum großen Teil aus Wasserstoff bestehen. In den entstehenden Planeten wird es „eingebaut". Hier gelangt es durch Vulkanismus an die Oberfläche und sammelt sich in den Becken. In der Frühzeit der Erde ist das Wasser sofort wieder verdunstet, aber als sich der Planet allmählich abkühlte, setzte der Wasserkreislauf ein. Gleichzeitig sorgte der Vulkanismus weiterhin für Nachschub. Ferner könnten auch auf der Erde einschlagende Kometen Wasser geliefert haben. Sie waren in der Frühzeit des Sonnensystems in dessen inneren Bereichen viel häufiger, wodurch es auch mehr Einschläge gab. Doch um das zu beweisen, sind noch zahlreiche Untersuchungen notwendig.

Erdaufbau und Plattentektonik

Die Erde als größter fester Körper des Sonnensystems hat sich während ihrer Entstehung durch die sogenannte „gravitative Differenzierung" in Kern und Mantel geteilt. Dabei sanken die schwersten Elemente (vor allem Eisen) in Richtung des

Planetenschwerpunktes, wobei auch Wärme freigesetzt wurde. Dagegen stiegen die leichten Elemente, vor allem Sauerstoff, Silizium und Aluminium, nach oben, wo sich aus ihnen hauptsächlich silikatische Minerale bildeten, aus denen auch die Gesteine der Erdkruste bestehen. Da sich die Erde vorwiegend aus Eisen und Silikaten aufbaut, hat sie wie alle terrestrischen Planeten eine recht hohe mittlere Dichte von 5,52 Gramm pro Kubikzentimeter.

Die innere Wärme der Erde hat sich bis heute erhalten und ist groß genug, dass ein Teil des Eisen-Nickel-Kerns noch immer geschmolzen ist. Der Durchmesser des Kerns beträgt etwa 7000 Kilometer, und er gliedert sich in den festen inneren sowie einen flüssigen äußeren Teil. Um den Kern liegt der etwa 2800 Kilometer dicke magnesium- und eisenreiche Mantel aus flüssigem Gestein. Das Gestein zirkuliert in riesigen Konvektionszellen und hält so die in sieben große und viele kleinere tektonische Platten zerbrochene Erdkruste (bis in etwa 100 bis 300 Kilo-

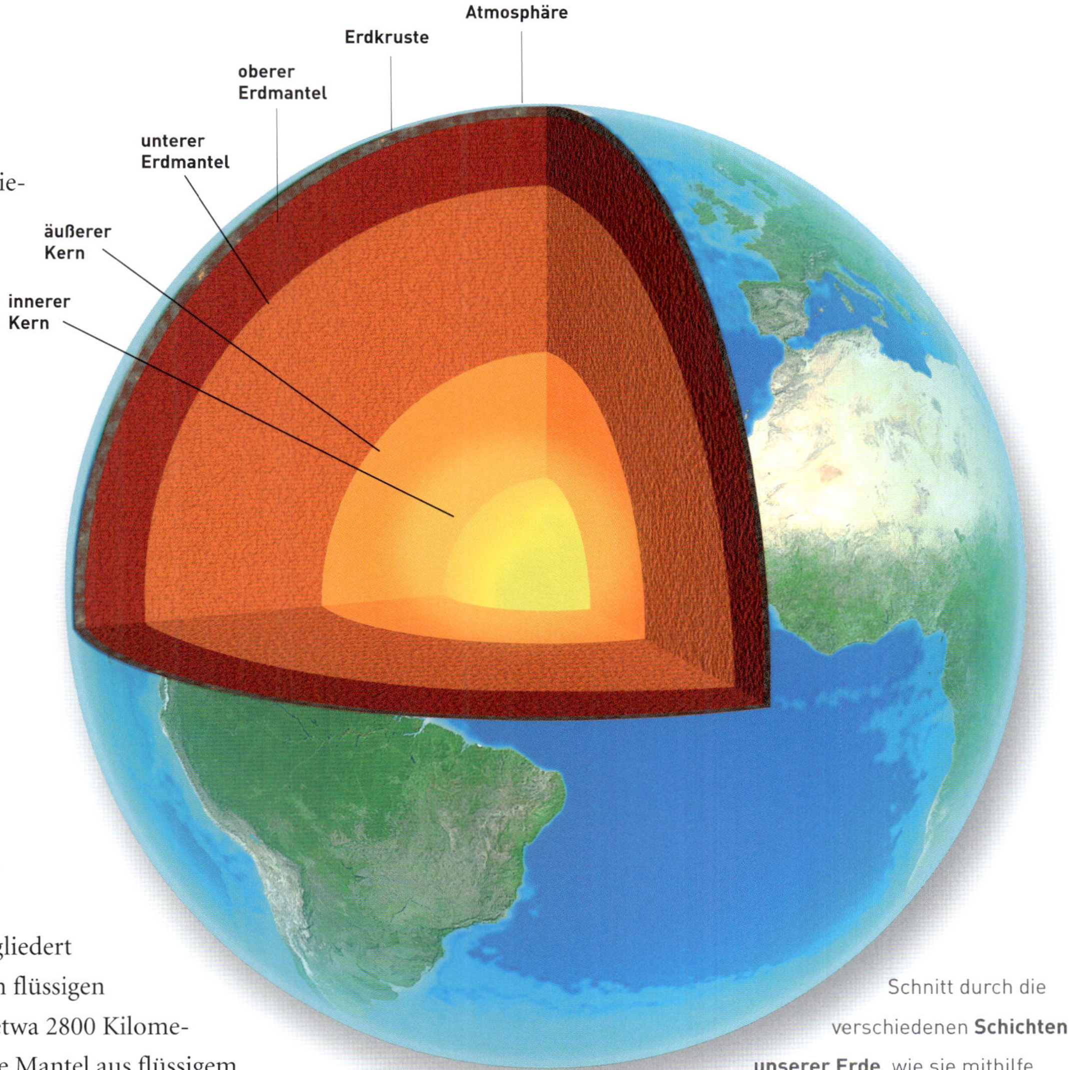

Schnitt durch die verschiedenen **Schichten unserer Erde**, wie sie mithilfe seismischer Wellen erforscht werden können. Die Kruste ist nur eine dünne Haut, vergleichbar der Schale eines Apfels.

meter Tiefe) sowie ihren äußeren Mantel in ständiger Bewegung. Dadurch kommt es zu Kollisionen und Rissen, wodurch Gebirge, Vulkane sowie neue Meeresböden entstehen.

Die Kontinentdrift Der deutsche Meteorologe Alfred Wegener (1880–1930) trat 1912 mit der Theorie an die Öffentlichkeit, dass die heutigen Kontinente einst in einem Urkontinent vereinigt gewesen seien. Er sei dann auseinandergebrochen und die einzelnen Schollen drifteten an ihre heutige Position. Leider konnte Wegener noch keine überzeugende Ursache für die Drift nennen, und so wurde die Theorie mit Hohn und Spott abgelehnt.

Erst die 1960er-Jahre brachten Wegeners Rehabilitierung. Geomagnetische Untersuchungen bestätigten nicht nur die von ihm postulierte Kontinentverschiebung, sondern führten zur heute grundlegenden geowissenschaftlichen Theorie der Plattentektonik, mit der auch Vulkanismus, Erdbeben und Gebirgsbildung erklärt werden können.

Danach steigt aus Tiefseegebirgsspalten, die das Zentrum der weltumspannenden mittelozeanischen Gebirgsrückensysteme bilden (Rifts) und Plattengrenzen markieren, glutflüssiges Mantelmaterial an die Oberfläche. Es lagert sich zu beiden Seiten an und schiebt so die Platten voran. Das ist zum Beispiel im Atlantik der Fall und auf Island direkt an der Oberfläche zu sehen: Im Gebiet der im Þingvellir-Nationalpark gelegenen Almannagjá oder der Silfra-Spalte rücken die Eurasische und Nordamerikanische Kontinentalplatte jährlich um rund sieben Millimeter auseinander.

Dagegen schiebt sich auf der anderen Seite im Pazifik die schwere ozeanische Platte unter die leichtere kontinentale, wird in den Erdmantel hinabgezogen – wobei Wasser die Rolle eines Schmiermittels übernimmt – und aufgeschmolzen. Als Folge dieser sogenannten Subduktion kommt es am

Besonders eindrucksvoll lässt sich die Trennung der Europäischen von der Amerikanischen Platte im isländischen Nationalpark Þingvellir erleben, wo durch tektonische Verschiebungen die **Almannagjá-Schlucht** entstand.

Sonderfälle der Plattentektonik

Gefährliche Platten Besondere Phänomene der Plattentektonik können beispielsweise im Himalaja, an der San-Andreas-Spalte in Kalifornien und auf den Hawaii-Inseln beobachtet werden. Im Gebiet des Himalaja stoßen zwei kontinentale Platten zusammen: die Indische und Eurasische. Das Gestein wird gestaucht und geschoben, wodurch sich dieses riesige Gebirgsmassiv immer weiter auftürmt. An der San-Andreas-Spalte in Kalifornien, die als gewaltiger Riss die Landschaft durchzieht, gleiten dagegen zwei Platten aneinander vorbei und verhaken sich, sodass sich gewaltige Spannungen aufbauen. Werden sie ruckartig frei, kommt es zu heftigen Erdbeben, wie 1906 in San Francisco. Bei Hawaii gleitet eine Krustenplatte über einen heißen, aufsteigendes Magma enthaltenen Fleck (Hotspot), der sie wie die Nadel einer Nähmaschine durchlöchert.

Anschaulicher als auf diesem Foto aus der Erdumlaufbahn lässt sich nicht zeigen, was für ein dünner Saum die **Atmosphäre** unseres Planeten ist. Sie enthält nicht nur die Luft, die die Erdbewohner zum Atmen brauchen, sondern schützt uns auch vor der tödlichen Strahlung aus dem All.

Kontinentalrand zu Erdbeben, Vulkanausbrüchen und Gebirgsauffaltungen wie beispielsweise in den Anden. So gleicht unsere Erde mit ihrem System der Krustenplatten einem Tennisball mit Nähten, auf dem ein gewaltiges Förderband abrollt. Auf den anderen terrestrischen Planeten gibt es keine Plattentektonik.

Die Atmosphäre der Erde

Die Erde ist von einer dünnen Schicht aus Gasen umgeben, die im Vergleich zur Größe des Planeten nicht dicker als die Schale eines Apfels ist. Dennoch schützt die Atmosphäre die Erdoberfläche vor den Gefahren des Weltraums – vor allem vor den verschiedenen harten Strahlungsarten, aber auch vor kleineren Meteoriden sowie großen Temperaturstürzen, sodass eine mittlere Temperatur von 15 Grad Celsius herrscht und flüssiges Wasser, die Grundlage des Lebens, existieren kann.

In der untersten Atmosphärenschicht spielt sich auch das Wetter ab, zum Beispiel in Form von **Hurrikanen**.

Die irdische Atmosphäre besteht hauptsächlich aus Stickstoff und Sauerstoff. Diese Zusammensetzung hat sich in der Vergangenheit aber immer wieder verändert, wobei das Aufkommen sauerstoffproduzierender Pflanzen die einschneidendste Änderung mit sich brachte. Infolge der unterschiedlichen Erwärmung durch die Sonne und wegen der Erddrehung wird die Luft ständig verwirbelt. Auf diese Weise entsteht das planetare Windsystem mit seinen verschiedenen Gürteln; neben den Hauptwindströmungen gibt es aber auch rotierende Hoch- und Tiefdruckgebiete.

Stockwerke Die Dicke der Erdatmosphäre beträgt rund 600 Kilometer, wobei sie nach außen ohne feste Grenze in den Weltraum übergeht. Dabei ist sie in verschiedene Schichten gegliedert: Die Troposphäre als „unterstes Stockwerk" reicht an den Polen bis in 8 Kilometer Höhe, über dem Äquator sind es 18 Kilometer. In der Troposphäre spielt sich das Wettergeschehen ab, hier entstehen die meisten Wolken und Stürme. In der darauf folgenden Stratosphäre, die sich von der Tropopause (zwischen Troposphäre und Stratosphäre) bis auf 50 Kilometer Höhe erstreckt, liegt die Ozonschicht. In der sich anschließenden 50 bis 90 Kilometer hoch reichenden Mesosphäre sinken die Temperaturen auf minus 100 Grad Celsius und machen sie zur kältesten Schicht. Dagegen wird im nächsten „Stockwerk", der Thermosphäre in 90 bis 500 Kilometer Höhe, infolge der Röntgenstrahlung der Sonne eine Temperatur von 1000 Grad Celsius erreicht. Mit der Exosphäre in über 500 Kilometern Höhe ist bereits der freie Weltraum erreicht; hier entweichen auch einzelne Gasteilchen ins All.

Selbst der Gipfel des 8848 Meter hohen **Mount Everest** liegt knapp unterhalb der Stratosphäre, der zweiten Schicht der Atmosphäre.

Das Erdmagnetfeld

Außer der Atmosphäre schützt zusätzlich ein starkes Magnetfeld unseren Planeten, die Magnetosphäre. Man nimmt an, dass das irdische Magnetfeld durch die Bewegungen im flüssigen Anteil des Erdkerns entsteht, die einen Dynamoeffekt hervorrufen. Es lässt sich mit dem Feld eines großen, in die Erde gesteckten Stabmagneten vergleichen, der allerdings gegenüber der Rotationsachse gekippt ist.

Magnetische Pole Die Magnetfeldlinien laufen an zwei Punkten des Erdkörpers zusammen, die als magnetischer Nord- und Südpol bezeichnet werden. Diese Pole befinden sich nicht immer an derselben Stelle, sondern verlagern sich langsam. So liegt der magnetische Nordpol derzeit nördlich von Kanada im Nordpolarmeer, der magnetische Südpol befindet sich etwas nördlich der Ostantarktis, im Schelfbereich des Südpolarmeeres. Aus der Untersuchung eisenreicher Minerale der Erdkruste weiß man, dass sich das Erdmagnetfeld von Zeit zu Zeit umkehrt, wobei die Intervalle von weniger als 100 000 bis zu mehreren Millionen Jahren schwanken. Dieser Umpolung geht eine Zeit der Abschwächung voraus, für die es derzeit Anzeichen gibt.

Die Magnetosphäre Die Wirksamkeit des Erdmagnetfeldes als Schutzschild beginnt in 100 Kilometern Höhe und reicht bis in eine Entfernung von 600 000 Kilometern. Von außen betrachtet, hat die Magnetosphäre die Form eines langgezogenen Tropfens: Zur Sonne hin ist sie kugelförmig und an der Vorderseite eingedellt, während sich die der Sonne abgewandte Seite schweifartig bis zu mehrere Hunderttausend Kilometer weit in den Raum hinauszieht. Dieser Schutzschild ist einem ständigen Bombardement schneller elektrisch geladener Teilchen des Sonnenwindes, aber auch der kosmischen Strahlung ausgesetzt. Er lenkt sie zum großen Teil ab, aber ein kleinerer entgeht dem und bewegt sich spiralförmig in zwei die Erde umgebende Gürtel, die seit ihrer Entdeckung 1958 Van-Allen-Gürtel genannt werden.

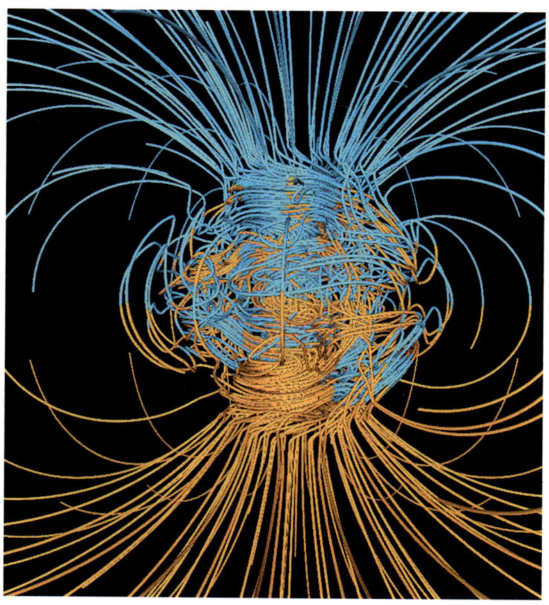

Das Magnetfeld der Erde wird auf dieser Computergrafik eindrucksvoll sichtbar, Feldlinien verbinden die beiden Pole miteinander.

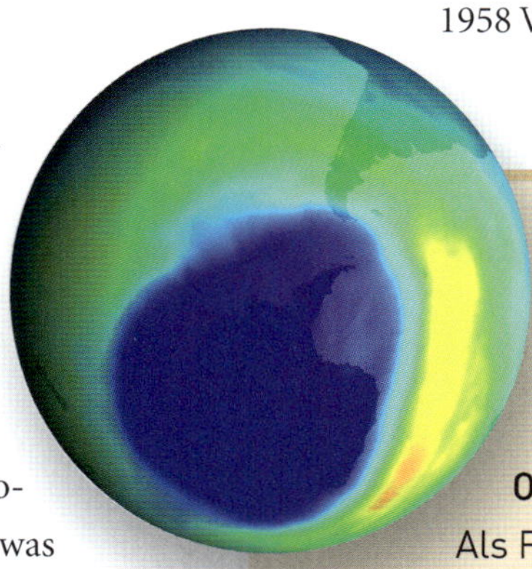

Klimaprobleme

Ozonloch und globale Erwärmung

Als Folge der Industrialisierung machen Menschheit und Erde zwei Probleme zu schaffen: das Ozonloch und der anthropogene (vom Menschen verursachte) Treibhauseffekt. Die Ozonschicht ist eine in der Stratosphäre liegende Gashülle, die die Erde vor den gefährlichen UV-Strahlen der Sonne schützt. Seit 1980 wurde ein Ozonverlust über der Südpolarregion, seit 1990 über der Nordpolarregion beobachtet. Erstmals 1985 kam es über der Antarktis, 2011 über der Arktis zu einem Ozonloch. Ursache sind die vom Menschen zusätzlich in die Atmosphäre eingebrachten, als Treibgas und Kältemittel verwendeten Fluorchlorkohlenwasserstoffe (FCKW). Aufgrund des Verbots dieser Stoffe dürfte sich das antarktische Ozonloch 2068, das nordpolare 2050 wieder geschlossen haben. Zudem findet eine immer größere Aufheizung der Atmosphäre durch den Ausstoß von zusätzlichem Kohlendioxid statt, das von der Verbrennung fossiler Energieträger, der Abholzung der Regenwälder und den Methangasen der Viehzucht stammt. Dies führt nach verschiedenen Modellen bei einer globalen Erwärmung zwischen 1,5 bis 4,5 Grad Celsius zu unkontrollierbaren Klimaveränderungen. Nach internationalen Vereinbarungen sollte deshalb eine globale gesteigerte Durchschnittstemperatur von 2 Grad Celsius nicht überschritten werden.

Im Weltraum bildet das Magnetfeld der Erde in Form des **Van-Allen-Gürtels** die sogenannte Magnetosphäre unseres Planeten. Hier werden die hochenergetischen solaren und kosmischen Teilchen eingefangen.

Van-Allen-Gürtel Der Van-Allen-Strahlungsgürtel ist ringförmig und besteht im Wesentlichen aus zwei Strahlungszonen: einer inneren, die sich etwa 700 bis 6000 Kilometer über der Erdoberfläche befindet und hauptsächlich hochenergetische Protonen enthält, sowie einer äußeren, die sich in einer Höhe von etwa 15 000 bis 25 000 Kilometern erstreckt und die vorwiegend Elektronen enthält. Wird der Gürtel überladen, wie das bei Sonnenstürmen der Fall ist, dann streifen die Partikel vor allem über den Polen, wo die Magnetfeldlinien sozusagen in den Erdkörper hineinlaufen, die obere Erdatmosphäre und regen sie zum Fluoreszieren an, wodurch das Polarlicht entsteht.

Die Bahn der Erde

Die Erde umrundet die Sonne mit einer Durchschnittsgeschwindigkeit von ungefähr 108 000 Stundenkilometern, und zwar auf einer fast kreisförmigen Ellipsenbahn, weshalb die Sonne nicht genau den Mittelpunkt der Bahn bildet. Daher schwankt im Verlauf eines Jahres auch der Abstand der Erde zur Sonne, und zwar vom sonnennächsten Punkt (Perihel) im Abstand von 147,1 Millionen Kilometern bis zum sonnenfernsten (Aphel) im Abstand von 152,1 Millionen Kilometern. Dabei ist die Rotationsachse der Erde, um die sie sich im Verlauf von 23,93 Stunden einmal dreht, um 23,5 Grad gegenüber der Bahnebene (Ekliptik) geneigt. Diese Neigung wird bei einem Umlauf beibehalten, was zu unterschiedlicher Sonneneinstrahlung auf beiden Hemisphären und damit der Entstehung der Jahreszeiten führt.

Abweichungen Erdbahn und Erdachse sind jedoch keine unveränderlichen Größen. Sie verändern sich durch äußere Einflüsse, wie der Gravitation anderer Himmelskörper. So schwankt die Exzentrizität der Erdumlaufbahn, also die Abweichung von der Kreisform, in einem Zyklus von rund 100 000 Jahren, und die Drehachse ändert ihre Lage etwa alle 42 000 Jahre. Zusammen mit der durch die Einwirkung von Sonne und Mond hervorgerufenen Kreiselbewegung (Präzession), die einen Zeitraum von 25 800 Jahren umfasst, werden diese Schwankungen für langfristige Klimaveränderungen auf unserem Planeten verantwortlich gemacht.

Die Jahreszeiten

Auf jedem Planeten, der eine Atmosphäre besitzt und dessen Achse geneigt ist, kommt es infolge der unterschiedlich intensiven Bestrahlung seiner Hemisphären durch die Sonne zur Entstehung von Jahreszeiten – und nicht etwa durch den unterschiedlichen Abstand vom Zentralgestirn. Die Jahreszeiten zeigen sich in der Veränderung der Temperatur, die wiederum von der Länge des Tages und dem Sonnenhöchststand zur Mittagszeit abhängig ist. Besonders auf der Erde sind die Jahreszeiten von Bedeutung, da sich das Leben, vor allem auf dem Land, nach ihnen ausgerichtet hat. Deutlich sichtbar wirken sie sich in den gemäßigten Breiten aus, und zwar durch das Verhalten der Vegetation, genauer gesagt das Blühen und Ruhen der Pflanzen. Der Mensch musste sich, um seine Ernährung zu sichern, darauf einrichten.

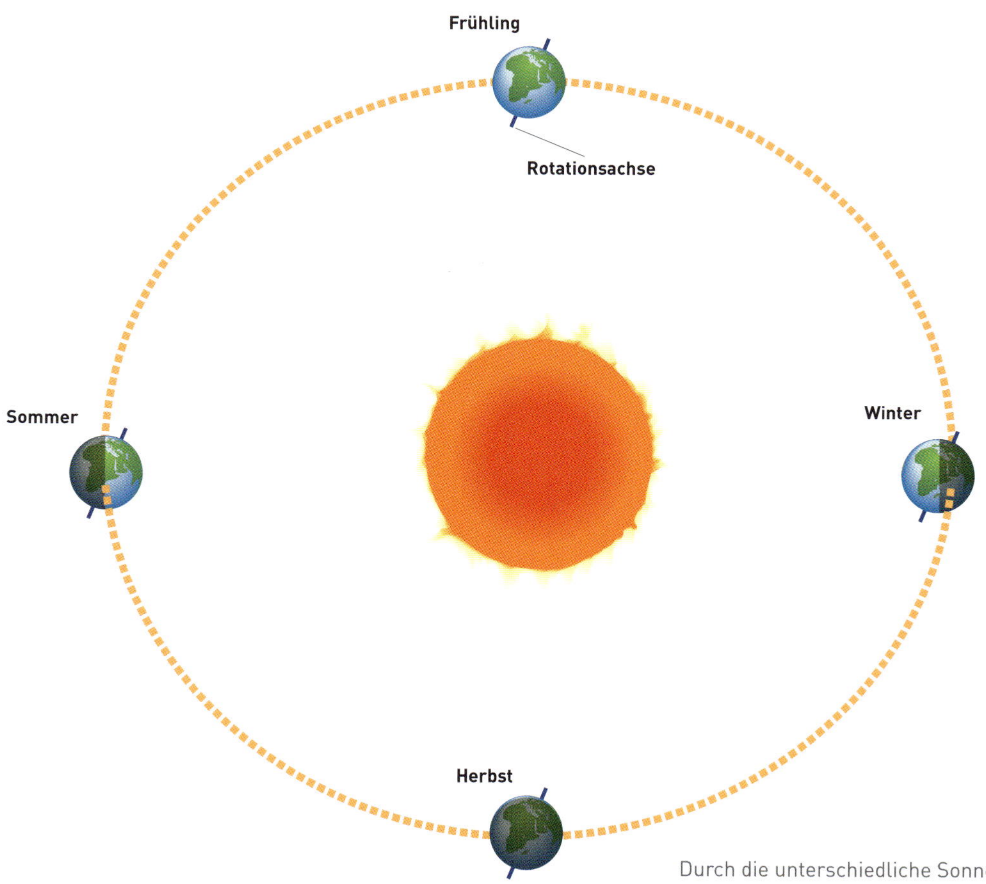

Durch die unterschiedliche Sonneneinstrahlung auf beiden Erdhälften entstehen die **Jahreszeiten**.

Eine Welt im Vorhof der Sonne

Merkur, der innerste Planet des Sonnensystems, ist wegen seiner Sonnennähe nur schwer zu beobachten. Er umkreist die Sonne auf einer sehr langgestreckten Bahn und dreht sich dabei äußerst langsam um seine Achse. Der so entstehende Temperaturunterschied zwischen Tag (430 Grad Celsius) und Nacht (–180 Grad Celsius) gleicht einem Wechsel zwischen Feuer und Eis.

Künstlerische Darstellung der Raumsonde **MESSENGER**, die seit 2008 den der Sonne am nächsten gelegenen Planeten detailliert erforscht und die „Aufnahmelücken" der Raumsonde Mariner 10 von 1974/75 ergänzt.

Flink wie der geflügelte griechische Götterbote Hermes, dessen römischen Namen er trägt, scheint sich der Planet Merkur auch am Himmel zu verhalten, indem er verhältnismäßig schnell vor der Sonne vorbeizieht. Deren gleißendes Licht ist es auch, das eine aussagekräftige Beobachtung seiner Oberfläche von der Erde aus verhindert und den Blick auf Merkur selbst für das Hubble-Weltraumteleskop tabu sein lässt, da das Sonnenlicht die empfindlichen Instrumente beschädigen würde.

Merkur-Raumsonden

Erst den mit Schutzschilden versehenen Raumsonden Mariner 10 und MESSENGER gelang es, detaillierte Fotos des Planeten zu machen. So passierte Mariner 10

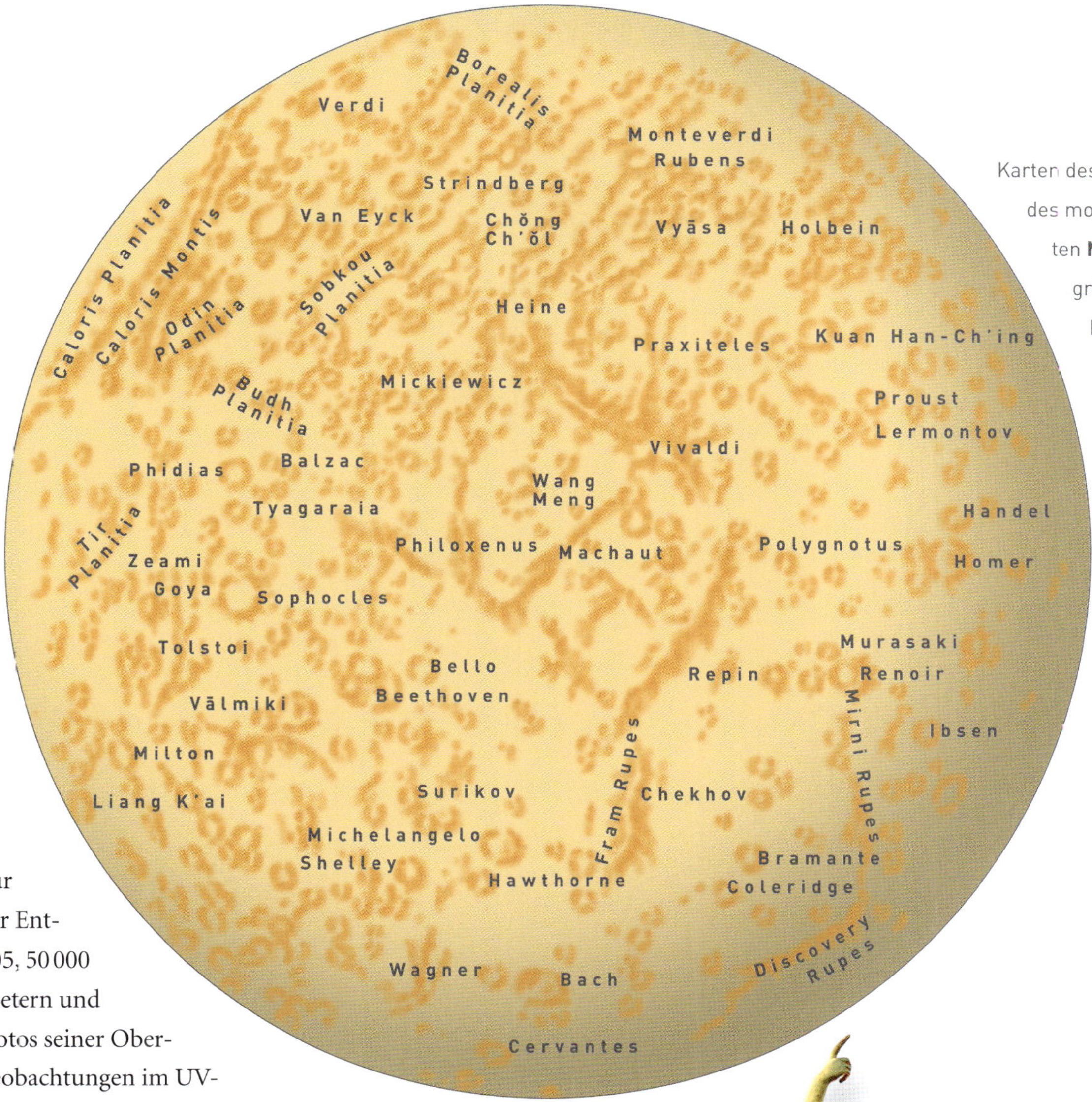

Karten des bekannten Teils des mondähnlichen Planeten **Merkur** mit dem größten Einschlagbecken Carolis.

1974/75 Merkur dreimal in einer Entfernung von 705, 50 000 und 327 Kilometern und machte 9000 Fotos seiner Oberfläche sowie Beobachtungen im UV-Licht. Allerdings konnte sie wegen der besonderen Flugbahn Merkurs nur 45 Prozent der Planetenoberfläche kartografieren. Das änderte sich mit dem Flug der Raumsonde MESSENGER ab 2004. Während zwei ihrer drei Vorbeiflüge im Januar und Oktober 2008 sowie im September 2009, bei denen sie Merkur in 200 Kilometern Abstand passierte, konnten bis zu 95 Prozent der Merkuroberfläche erfasst werden. Dieser Wert dürfte sich durch MESSENGERS seit 2011 eingeschlagenen Orbit um den Merkur noch weiter erhöhen und zu einer vollständigen Karte dieses Planeten führen.

Ein Planet voller Krater

Dass die Oberfläche des Merkurs von Kratern übersät sein und auch in anderen Aspekten der Mondoberfläche ähneln könnte, hatten Wissenschaftler schon lange vermutet – denn als Welt im Vorhof der Sonne musste Merkur in der Frühzeit des Sonnensystems dem damals heftigen Planetoiden- und Meteoritenbombardement sehr stark ausgesetzt gewesen sein. Die dadurch erzeugten Krater reichen von kleinen schüsselähnlichen Formen bis hin zum gewaltigen Caloris-Becken.

Bildsäule des römischen **Gottes Merkur**. Der von den Griechen Hermes genannte Gott war der Götterbote, aber auch Schutzpatron der Händler und Diebe.

Caloris-Becken Das Caloris-Becken hat einen Durchmesser von 1550 Kilometern und nimmt damit nahezu ein Drittel der Breite des Planeten ein. Wegen seiner Ringgebirge ähnelt es einer versteinerten gigantischen Zielscheibe. Das Caloris-Becken entstand im Endstadium des Asteroiden-Bombardements vor rund 3,85 Milliar-

Steckbrief Merkur

Mittlere Entfernung von der Sonne: 58,6 Millionen km
Durchmesser: 4878 km
Masse (Erde = 1): 0,06
Mittlere Dichte: 5,427 g/cm^3
Oberflächentemperatur: +467 °C (Tagseite)
−183 °C (Nachtseite)
Schwerkraft auf der Oberfläche (Erde = 1): 0,37
Rotationszeit: 58 Tage 15 Stunden 36 Minuten
Umlaufszeit: 87,968 Tage
Atmosphäre: Sehr dünn: Sauerstoff 42 %, Natrium 29 %, Wasserstoff 22 %, Helium 6,0 %, Spurengase 1,0 %

den Jahren. Ein Meteorit von rund 150 Kilometern Durchmesser schlug auf dem Merkur auf und bildete das Becken. Dieser Einschlag wirkte sich auf den gesamten Planeten aus und prägt dessen Oberfläche bis heute. Der Meteorit drang mit 50 Kilometern pro Sekunde vermutlich tief in die Merkurkruste ein. Am Ort des Aufschlags wurden mehrere konzentrische Ringwälle aufgeworfen, und aus dem Innern des Planeten ergoss sich Lava an die Oberfläche.

Die Bezeichnung „Caloris" leitet sich von dem lateinischen Wort „*calor*" ab und bedeutet so viel wie „Wärme, Hitze". Sie trägt dem Umstand Rechnung, dass die Sonne senkrecht über diesem Becken steht, wenn sich Merkur im sonnennächsten Punkt seiner Bahn befindet, und Caloris dann einer der heißesten Orte des Planeten ist.

Chaotisches Terrain Darüber hinaus hatte dieser Einschlag planetare Fernwirkungen: Durch die Energie des Aufschlags wurden Schockwellen ausgelöst, die den Planeten durchliefen und auf der gegenüberliegenden Seite ein ungefähr 500 000 Quadratkilometer großes Gelände aufbrachen. Es kam zu massiven Hebungen, durch die bis zu 1,8 Kilometer hohe und 5–10 Kilometer breite Bergrücken entstanden, außerdem Senken und Täler. Das ganze Gebiet erscheint heute chaotisch und irgendwie zertrümmert.

Krater Die zahllosen Krater, die große Gebiete des Merkurs bedecken, lassen diesen Planeten ebenso pockennarbig wie den Erdmond aussehen und gleichen den Mondkratern auch vom Erscheinungsbild her. Was jedoch die Form und ihre Verteilung angeht, so unterscheiden sich die Merkurkrater doch in einigen Punkten von den Mondkratern. Die Unterschiede sind sicher auf die größere Schwerkraft des Planeten zurückzuführen, die etwas mehr als doppelt so hoch ist. Die Merkurkrater liegen manchmal so dicht beieinander, wie es nur noch im Fra-Mauro-Hochland auf dem Mond der Fall ist. Die Abmessungen reichen von kleinen Gruben mit 100 Metern Durchmesser bis zu massiven Ringen, die ungefähr 1000 Kilometer durchmessen können.

Zwischenkraterebenen Zwischen diesen kraterreichen Gebieten erstrecken sich Regionen, in denen große Krater weniger gehäuft auftreten, dafür aber sehr viele Krater mit 5–10 Kilometern Durchmesser. Diese Gebiete werden als Zwischenkraterebenen bezeichnet. Sie sind wahrscheinlich die häufigste Geländeformation des Merkurs.

Rupes

Außerdem ist die Merkuroberfläche von zahlreichen Steilhängen durchzogen: den sogenannten „Rupes". Diese tekto-

Das von Hügeln und Tälern zerschnittene **Chaotische Terrain** bildet nur eine der vielfältigen Landschaftsformen auf Merkur.

nischen Gebilde gibt es nur auf dem Merkur und sie durchschneiden manchmal ganze Krater. Wahrscheinlich handelt es sich bei den Rupes um geologische Verwerfungen – also Gebiete, wo Druck von beiden Seiten die Kruste aufgebrochen und Teile davon übereinandergeschoben hat.

Schrumpfender Planet Vielleicht kam der Druck durch das Schrumpfen des Planeten nach seiner Abkühlung zustande, bei der der Kern um bis zu 4 Kilometer kleiner wurde. Dabei kühlte auch der Mantel ab, und so bildeten sich an der Merkuroberfläche Risse und Buckel wie auf der Haut einer eingetrockneten Frucht.

Aufbau der Atmosphäre

Unter dieser „verschrumpelten" und mit Kratern bedeckten Kruste liegt wie bei den anderen terrestrischen Planeten ein Mantel, der wiederum einen sehr großen Eisen- und Nickelkern umschließt. Der Kern erzeugt durch seine Masse auch das Magnetfeld des Merkurs, das allerdings einhundertmal schwächer ist als das irdische. Die Dichte der aus Helium und Natrium bestehenden Merkuratmosphäre erreicht sogar nur ein Billiardstel der Erdatmosphäre. Die Atmosphäre wird zwar ständig mit Gasen des Sonnenwindes aufgefüllt, doch die geringe Anziehungskraft des Merkurs kann sie nicht für längere Zeit halten, sodass sie sehr instabil ist.

Doppelter Sonnenaufgang Merkur braucht fast 59 Tage für eine Drehung um seine Achse, dagegen umkreist er die Sonne in nur 88 Tagen. Daraus ergibt sich für einen Beobachter auf diesem Planeten eine Tageslänge, die 176 Erdtagen entspricht. Er könnte folgendes Naturschauspiel beobachten: Am Morgen erhebt sich die Sonne über dem Horizont, doch wegen der sehr langsamen Rotation des Planeten im Verhältnis zum Sonnenumlauf geht sie nach kurzer Zeit wieder unter, bevor sie von neuem erscheint. Dieser „Sonnenaufgang auf Raten" vollzieht sich innerhalb eines kurzen Abschnittes eines Merkurtages, nimmt aber mehrere irdische Tage in Anspruch.

Erst Aufnahmen der Raumsonde Mariner 10 bestätigten die lange aufgestellte Vermutung, dass Merkur eine ähnliche **Oberfläche** wie der Mond hat.

Schwesterplanet der Erde

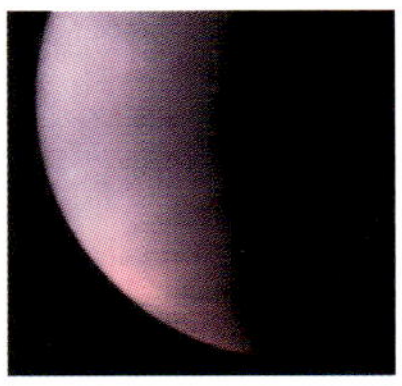

Von der Sonne aus gesehen ist die Venus der zweite Planet im Sonnensystem. Da sie fast die gleiche Größe und den gleichen inneren Aufbau wie die Erde hat, wird sie auch als deren Schwesterplanet bezeichnet. Aber wegen ihrer dichten Wolkendecke unterscheidet sie sich doch sehr von unserem Heimatplaneten. Diese Wolken machen aus diesem Planeten eine dunkle und heiße Welt.

Die **Venusoberfläche**, wie sie sich durch Radaruntersuchungen zeigt. Wegen der extremen Verhältnisse glüht sie ständig dunkelrot.

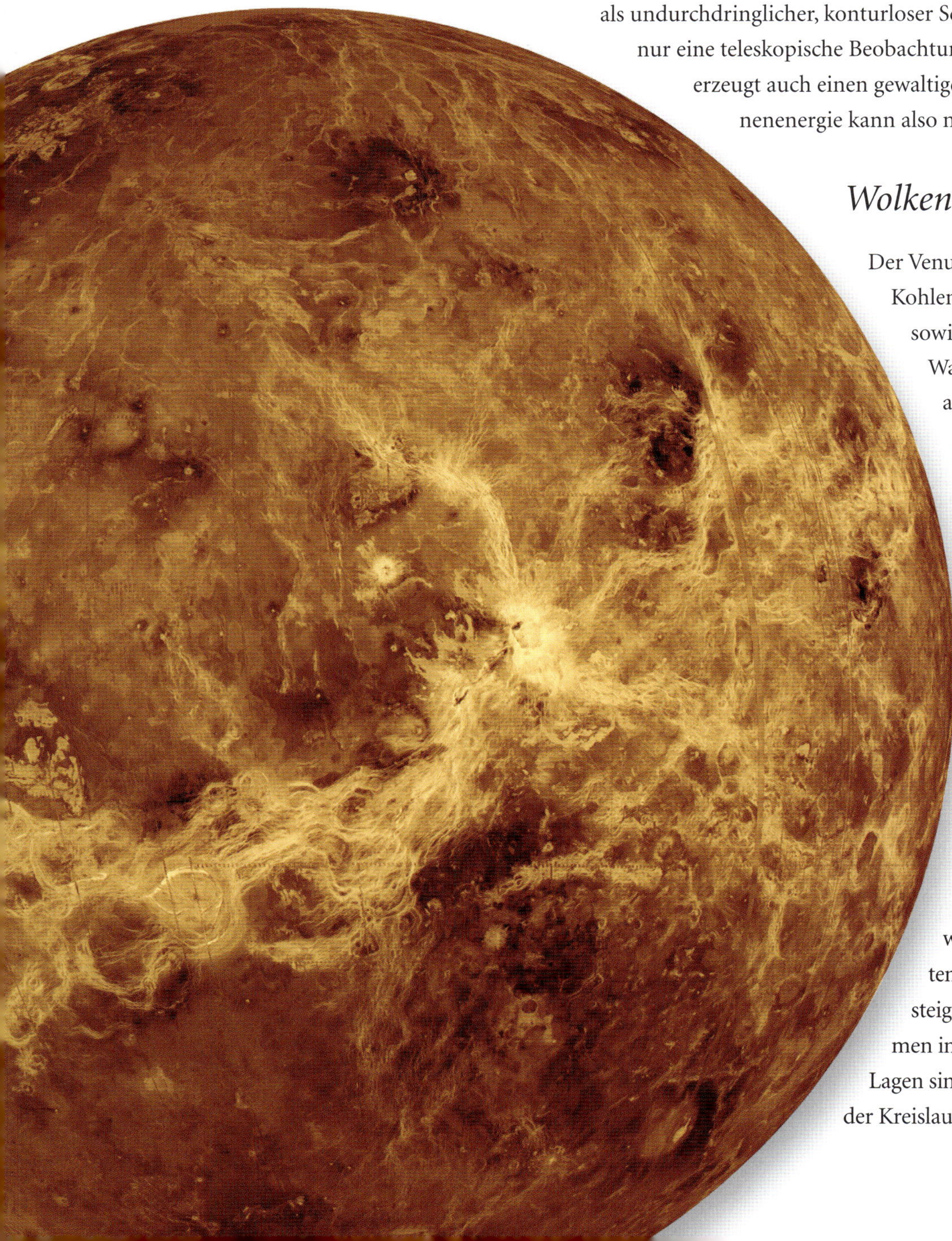

Am Boden der Venus herrschen Temperaturen von durchschnittlich 464 Grad Celsius, womit sie zum heißesten aller Planeten unseres Sonnensystems wird. Dazu kommt ein Druck wie er auf der Erde erst in 900 Metern Meerestiefe anzutreffen ist. Schuld an diesen beiden Extremen ist die dichte Wolkenhülle, die den Planeten als undurchdringlicher, konturloser Schleier umgibt. Die Wolken machen nicht nur eine teleskopische Beobachtung der Venusoberfläche unmöglich, sondern erzeugt auch einen gewaltigen Treibhauseffekt – die eingestrahlte Sonnenenergie kann also nicht zurück ins Weltall entweichen.

Wolken über Wolken

Der Venusatmosphäre besteht hauptsächlich aus Kohlendioxid; hinzu kommen 3,5 Prozent Stickstoff sowie Spuren von Schwefeldioxid, Argon und Wasser. Das glänzende Äußere der Venus, das auch auf Raumsondenfotos eindrucksvoll zu sehen ist, ist auf das große Rückstrahlvermögen (Albedo) ihrer stets geschlossenen Wolkendecke zurückzuführen. 75 Prozent des auftreffenden Sonnenlichtes werden reflektiert, während es bei der Erde nur 30,6 Prozent sind. Die dichte Wolkenhülle, die sich in drei verschiedene Schichten gliedert, ist 20 Kilometer dick und beginnt rund 50 Kilometer über dem Boden.

Wolkenbewegungen Wie auf der Erde ist auch auf der Venus die Wärme der Sonne für die Wolkenbewegungen verantwortlich. Fast die gesamte Gashülle des Planeten bildet große Konvektionszellen. Am Äquator steigen die Gase durch die Erwärmung auf, strömen in die kühleren Polargebiete, wo sie in tiefere Lagen sinken und zum Äquator zurückfließen, womit der Kreislauf von Neuem beginnt. Deshalb zeigen die im

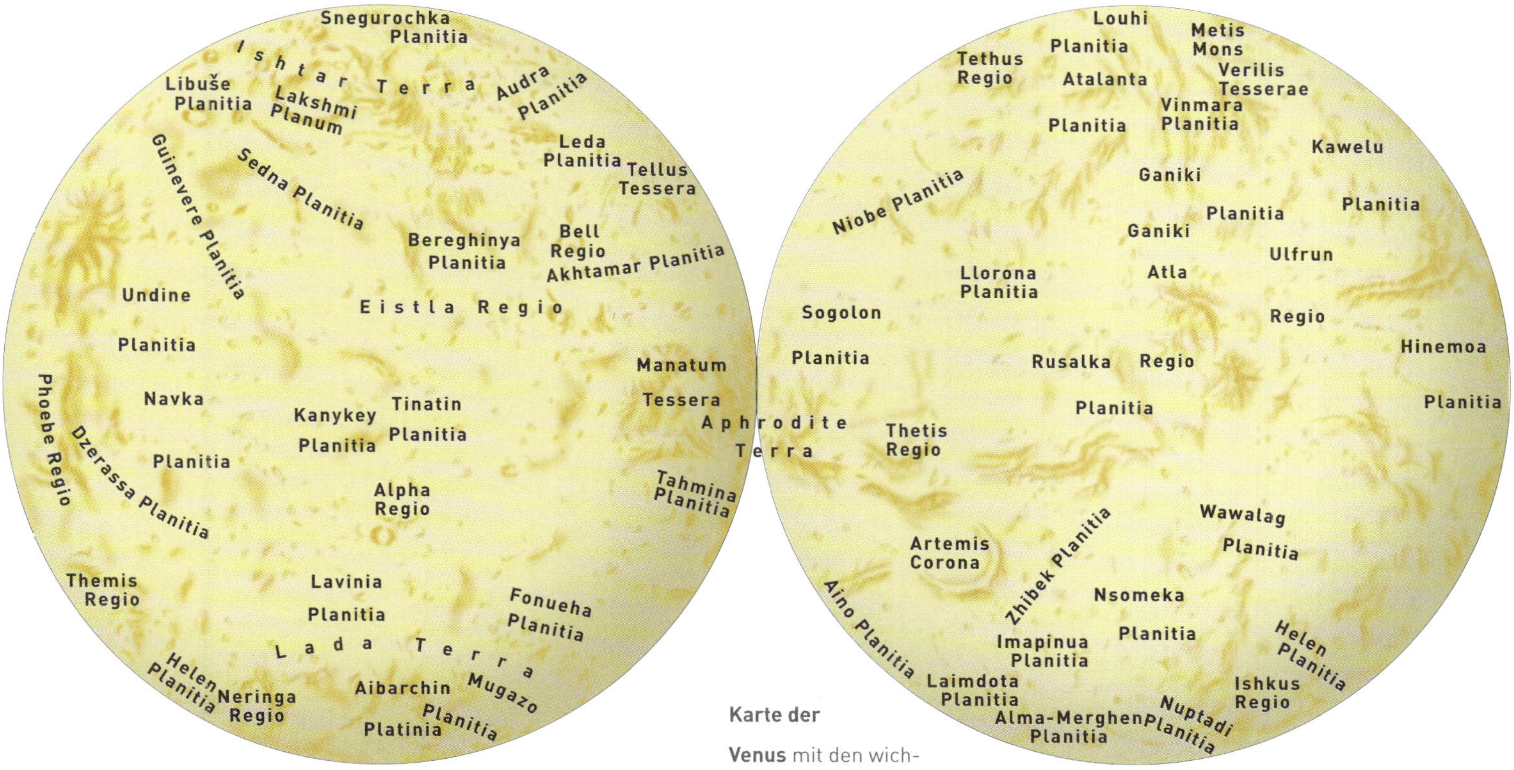

Karte der Venus mit den wichtigsten Oberflächenformationen, die nach einer Konvention der IAU überwiegend weibliche Namen tragen.

ultravioletten Licht sichtbaren Strukturen der Wolkendecke die Form eines in Richtung der Rotation liegenden Ypsilon.

Superrotation Die Atmosphäre rotiert sehr schnell um den Gesteinsplaneten, und zwar in Ost-West-Richtung in nur vier Tagen. Dabei erreichen die obersten äquatorialen Wolkenschichten, wie UV-Aufnahmen zeigen, eine Geschwindigkeit von etwa 360 Stundenkilometern, womit sie ungefähr sechzigmal schneller sind, als sich der Planet dreht. Diese Erscheinung wird „Superrotation“ genannt. Dagegen sind die atmosphärischen Bewegungen in den tieferen Schichten der Atmosphäre wesentlich langsamer. An der Oberfläche erreichen die Windgeschwindigkeiten nur noch 10 Stundenkilometer.

Schwefelsäureregen Die Wolken der Venusatmosphäre bestehen aus Tröpfchen konzentrierter Schwefelsäure und ferner aus chlor- sowie phosphorhaltigen Aerosolen (ein Gasgemisch aus festen oder flüssigen Teilchen), von denen die größeren herabregnen. Die Tropfen erreichen aber höchstens die Unterseite der Wolkendecke, weil sie wegen der extrem hohen Temperaturen sehr schnell wieder verdampfen. Dabei zersetzen sie sich zu Schwefeldioxid, Wasserdampf und Sauerstoff. Diese Gase steigen wieder bis in die obersten Wolkenbereiche auf, wo sie erneut zu Schwefelsäure kondensieren. Eine untere und obere Dunstschicht, über der dann noch einmal eine 20 Kilometer hohe klare dünne Schicht liegt, umgibt die Wolkendecke und lässt es am Boden so hell bzw. dunkel wie an einem verregneten Tag auf der Erde sein.

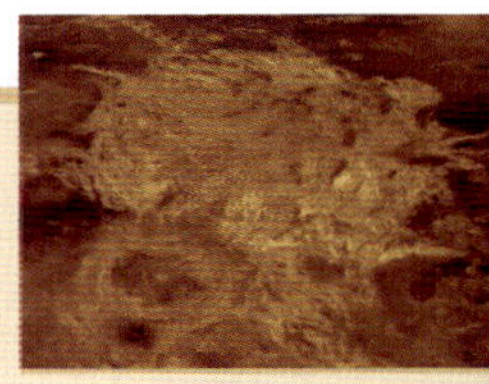

Steckbrief Venus

Mittlere Entfernung von der Sonne: 108,2 Millionen km
Durchmesser: 12 104 km (etwa 95 % des Erddurchmessers)
Masse (Erde = 1): 0,82
Mittlere Dichte: 5,243 g/cm^3
Oberflächentemperatur (Wolken): 464 °C
Schwerkraft auf der Oberfläche (Erde = 1): 0,91
Rotationszeit: 243 Tage 27 Minuten
Umlaufszeit: 224,701 Tage
Atmosphäre: 96,5 % Kohlendioxid, 3,5 % Stickstoff, 0,1 % Spurengase
Anzahl der Monde: 0

Die Oberfläche der Venus

Erst seit Radaruntersuchungen von der Erde, aber vor allem von Raumsonden aus möglich sind, ist die Oberflächengestalt der Venus bekannt und man kann Karten des Planeten anfertigen. Die Untersuchungen enthüllten einen weitgehend ebenen, von Vulkanismus geprägten Planeten: 90 Prozent der Erhebungen sind niedriger als 3 Kilometer; und vulkanische Tieflandebenen, auf den Karten als „Planitia“ bezeichnet, prägen 85 Prozent der Oberfläche. Der Rest besteht aus Hochländern, die „Terrae“ oder „Regio“ heißen, und durch Bewegungen der Planetenkruste entstanden.

Hochländer Die Hochländer werden hauptsächlich von zwei ausgedehnteren Formationen gebildet: Aphrodite Terra und Ishtar Terra. Aphrodite Terra ist ungefähr so groß wie Südamerika und erstreckt sich über 6000 Kilometer in Form eines Skorpions längs über ein Drittel des Venus-Äquators. Im westlichen Teil sind nur wenige Spuren des Vulkanismus vorhanden, im Osten dagegen liegt die große Vulkanerhebung Alta Regio mit Spalten und Vulkankegeln, wie dem Maat Mons.

Eine größere Strecke nordwestlich von Aphrodite liegt Ishtar Terra. Dieses Hochland ist so groß wie Australien und ähnelt am ehesten einem irdischen Kontinent. Auf ihm ragen unter anderem die Maxwell-Berge bis zu 10 800 Meter in die Höhe. Hier liegt auch der Einschlagkrater Cleopatra, der mit einem Durchmesser von 104 Kilometern die achtgrößte Impaktstruktur auf der Venus ist.

Einschlagkrater Insgesamt wurden bisher 963 Einschlagkrater auf der Venusoberfläche nachgewiesen – auf der Erde wurden bisher nicht einmal halb so viele enteckt. Der Durchmesser der Venuskrater schwankt zwischen einem und 300 Kilometern. Für ihre geringe Zahl sind sie erstaunlich gleichmäßig über die Oberfläche verteilt, und kein Krater hat einen kleineren Durchmesser als 1,5 Kilometer. Dies ist nicht weiter verwunderlich, denn nur größere Meteoriten können die dichte Atmosphäre durchdringen. Der mit Abstand größte Einschlagkrater auf der Venus heißt Mead und misst 270 Kilometer.

Aus Radardaten entstand dieses dreidimensionale Bild des 8 Kilometer hohen Venusvulkans **Maat Mons**.

Wie auf allen terrestrischen Planeten gibt es auch auf der Venus **Einschlagkrater**, wenngleich wegen der dichten Atmosphöre der Venus nur große Meteoriten bis zur ihrer Oberfläche durchdringen.

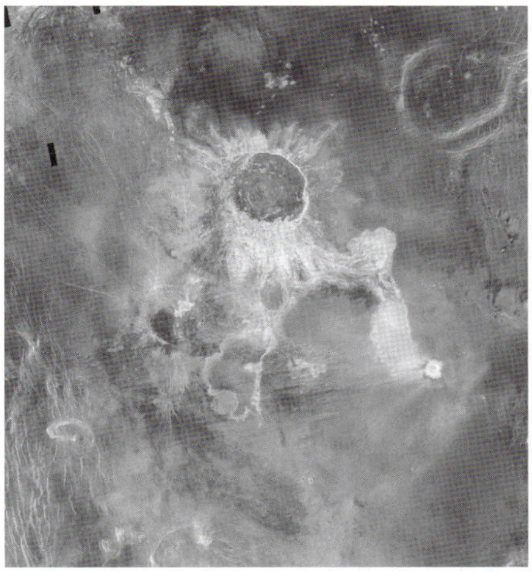

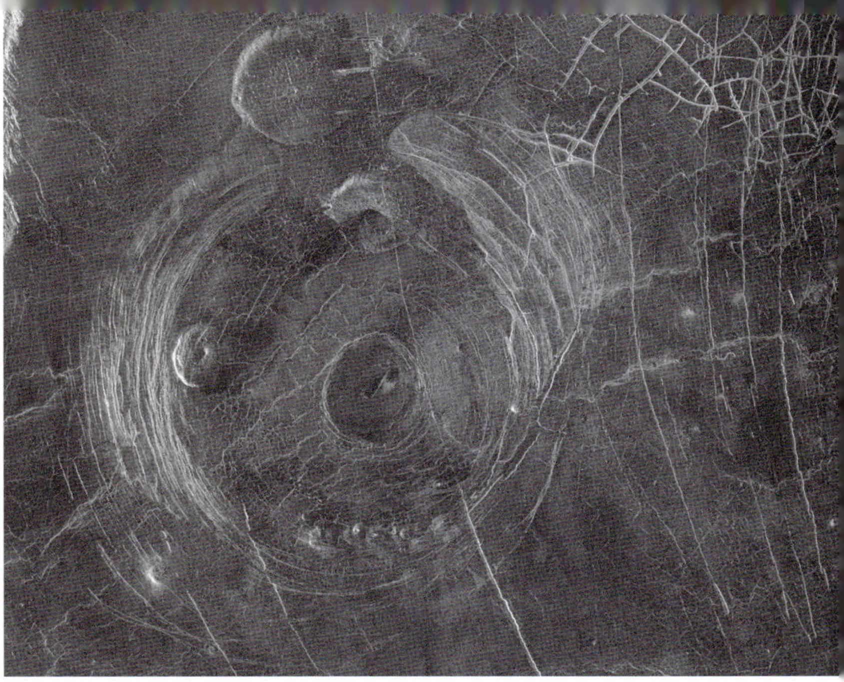

Die **Coronae** sind eine besondere Oberflächenform auf der Venus. Wahrscheinlich sind sie aus Mantel-Plumes (aufquellendem Magma) entstanden.

Coronae Die „Coronae" (lateinisch „Kronen") sind die charakteristischsten Oberflächenformen auf der Venus. Diese einzigartigen kreisförmigen und ovalen Gebilde finden sich zu Hunderten in den Ebenen. Sie häufen sich in der Äquatorzone, wo sie große Teile von Aphrodite Terra prägen. Ihr Äußeres erweckt den Eindruck eingesunkener und deformierter Vulkane, weshalb sie mitunter auch als Einbruchkrater bezeichnet werden. Die Coronae beinhalten ein flaches, unter dem Umgebungsniveau liegendes, welliges Becken, das von einem niedrigen, breiten und leicht gewölbten Rand begrenzt wird. Dieser Rand wiederum ist von einem breiten Graben mit konzentrischen Brüchen und Gebirgskämmen umgeben.

Vulkanbauten Vulkane sind auf der Venus mindestens so zahlreich wie auf der Erde. So gibt es ganze Felder von Schildvulkanen und Felder mit Hunderten kleinerer Vulkankegel und

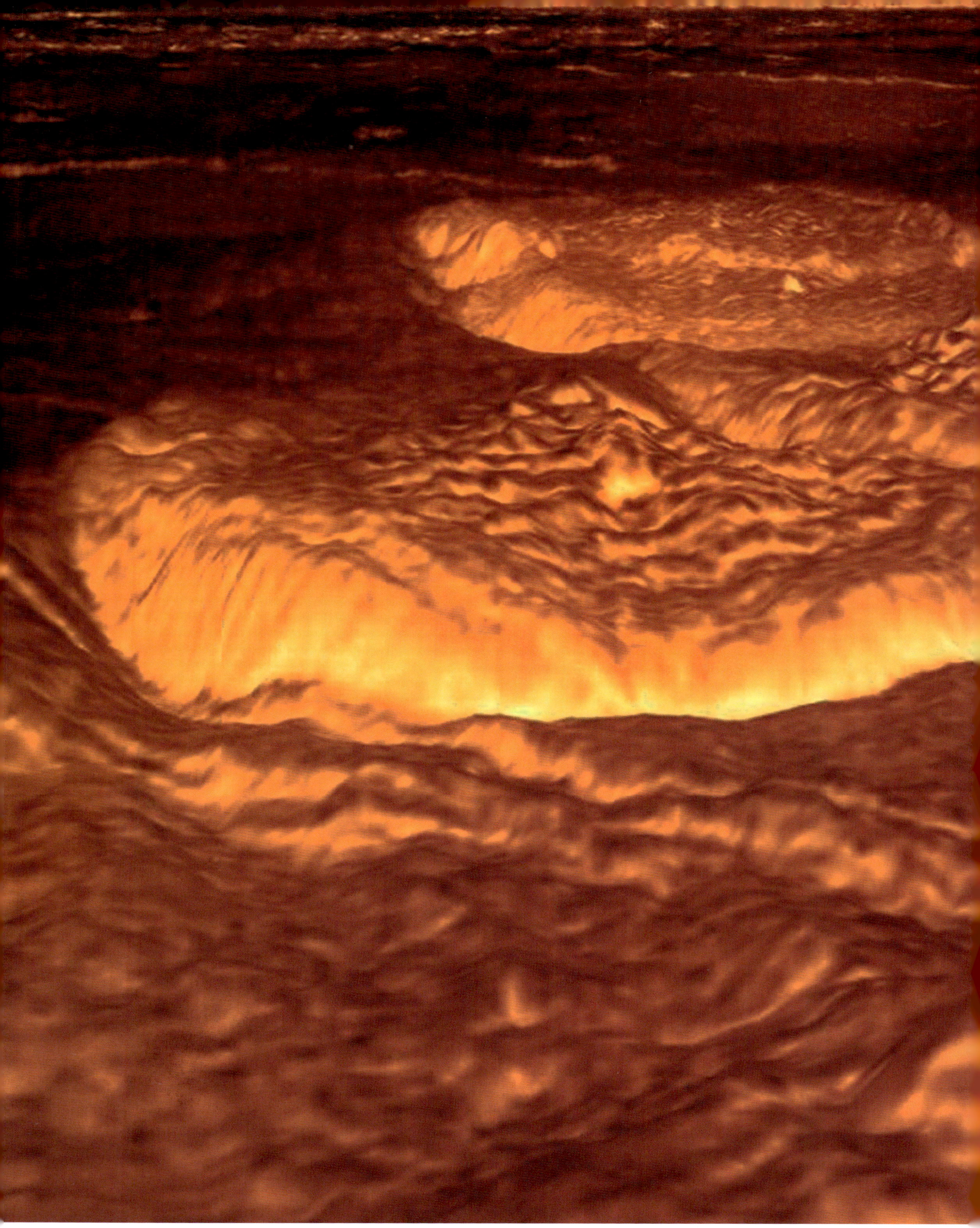

Wie die Oberfläche der Erde ist auch die der Venus durch Vulkanismus gestaltet worden; so gibt es zum Beispiel **Lavaflüsse**, wie dieses Radarbild zeigt.

Keine Plattentektonik

Das fehlende Schmiermittel Wie auf dem Mars gibt es auch auf der Venus keine beweglichen Krustenschollen. Der Grund liegt im fehlenden Wasser. Sicherlich hat es in der Anfangszeit der Venus für kurze Zeit viel davon gegeben – vielleicht sogar so viel, dass die Venusoberfläche ursprünglich mit einem 10 Meter tiefen Ozean bedeckt war; aber wegen der großen Nähe zur Sonne verdampfte das Wasser zum einen und wurde zum anderen durch die UV-Strahlung in seine Bestandteile Wasserstoff und Sauerstoff zerlegt. Dabei entwichen die Wasserstoffatome in den Weltraum, während die Sauerstoffatome im Oberflächengestein gebunden wurden. Dieses Fehlen von Wasser als „Schmiermittel" einer möglichen Plattenbewegung verhinderte und verhindert eine planetare horizontale Krustenverschiebung. Die Venus- und Marslithosphären haben sich dadurch wie ein Motor ohne Öl „festgefressen".

-kuppen, von denen weit über 50 000 existieren. Die Zahl der Vulkane mit einer mindestens 100 Kilometer durchmessenden Basis beträgt nicht weniger als 167. Zu den größten Lavabergen gehören mit Höhen von 2 oder 3 Kilometern und 300 oder 250 Kilometern Basisdurchmesser die Schildvulkane Sif Mons und Gula Mons. Sie werden jedoch alle vom 8 Kilometer hohen, aber an seiner Basis lediglich 200 Kilometer durchmessenden Maat Mons übertroffen, der genau auf dem Venusäquator liegt. Wegen der fehlenden Plattentektonik können die Vulkane nur durch Hot Spots entstanden sein, wie es auf dem Mars und zum Teil auch auf der Erde der Fall ist.

Lavaflüsse Vulkanismus kann auch zu großen Lavaüberflutungen führen. Sie sind in den Ebenen der Venus anzutreffen. Hier gibt es erstarrte Lavaströme mit einer Breite von mehreren Hundert Kilometern und von über 1000 Kilometern Länge sowie sehr lange 1,5 Kilometer breite gewundene Rinnen. Die größte von ihnen trägt den Namen Hildr Fossa und übertrifft mit 6800 Kilometern Länge sogar um 100 Kilometer den Nil, den längsten Strom der Erde.

Gräben Andere Graben- oder Talformationen ähneln Canyons und tragen die Bezeichnung „Chasma". Ihr beeindruckendster Vertreter ist Diana Chasma auf Aphrodite Terra. Diana Chasma ist etwa 280 Kilometer breit und fällt am Fuß der höchsten, es einfassenden Bergrücken etwa vier Kilometer tief auf ein Niveau von mehr als einem Kilometer unter dem venusianischen Nullniveau ab. Für diese Struktur gibt es auf der Erde kein vergleichbares Beispiel, weshalb sie meist mit dem noch gewaltigeren Talsystem Valles Marineris auf dem Mars verglichen wird. Wie dieser Supercanyon dürfte wohl auch Diana Chasma durch tektonische Aktivitäten entstanden sein; beide Gräben erstrecken sich zudem fast parallel zum Äquator.

Der rostige Wüstenplanet

Von allen Planeten des Sonnensystems ist Mars der Erde am ähnlichsten. So dauert ein Marstag nur wenig länger als ein irdischer; und die weißen Polkappen des Planeten zeigen durch ihre Veränderung, dass es auch auf dem Mars Jahreszeiten gibt. Sie sind darüber hinaus eindrucksvollster Beweis für das Vorhandensein von Wasser auf dieser von Wüsten geprägten, rot leuchtenden Welt.

Die Illustration zeigt die Raumsonde **Mars Global Surveyor** über dem Olympus Mons. Von 1999 bis 2006 nahm sie hochauflösende Fotos der Marsoberfläche auf. »

Dieses Bild des **Victoria-Kraters** wurde vom Marsrover Opportunity aus aufgenommen; zu sehen ist die Duck Bay. Wie bei vielen anderen Fotos auch sind deutlich die zahlreichen Winderosionsspuren zu erkennen.

Der Mars ist der einzige Planet, den Wissenschaftler vom Ende des 19. bis in die ersten Jahrzehnte des 20. Jahrhunderts als möglichen Standort für außerirdisches Leben ernsthaft in Betracht gezogen haben. Erst die Raumsonden zeigten, dass dieser Wüstenplanet dafür zu extreme atmosphärische Verhältnisse aufweist und seine Oberfläche mit ihren Wüstenebenen, Bergen, Vulkanen, tiefen Schluchten und vor allem zahlreichen Kratern mehr der des Mondes gleicht – obwohl es Hinweise auf eine lebensfreundliche Vergangenheit des roten Nachbarplaneten gibt.

Eine Kältewüste

Der Mars ist von einer sehr dünnen Atmosphäre umgeben. Ihr Druck beträgt etwa 6 Millibar und damit weniger als ein Prozent des irdischen Luftdrucks. Sie besteht hauptsächlich aus Kohlendioxid (95 Prozent); dazu kommen 2,7 Prozent Stickstoff und 1,6 Prozent Argon sowie Sauerstoff, Wasserdampf und Kohlenmonoxid als Spurengase. Wegen des Dunstes aus Eisenoxiden (Rost) erscheint die Marsatmosphäre pinkfarben. In großer Höhe kann man in der Atmosphäre gelegentlich

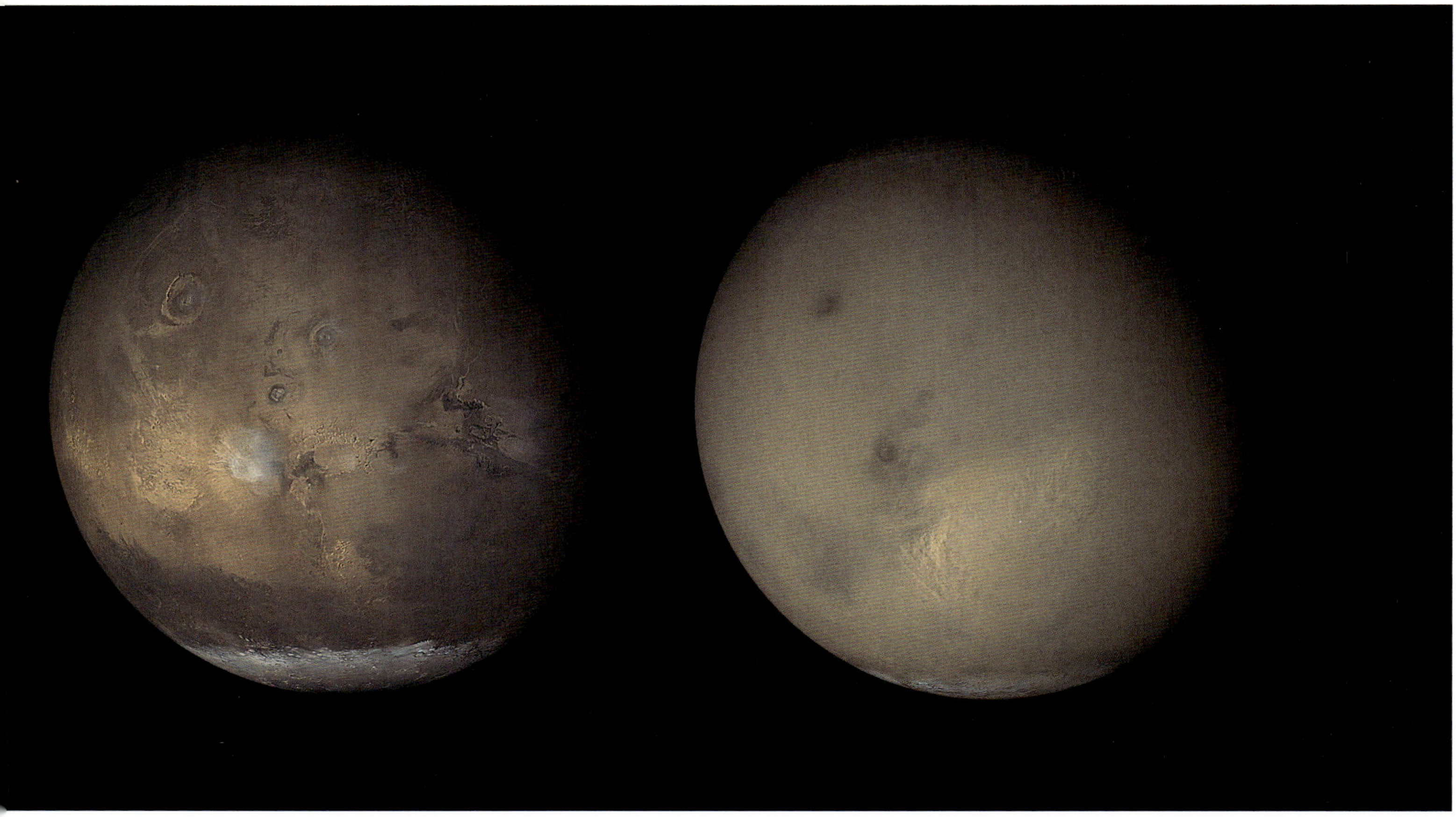

Staubstürme sind auf dem Mars ein gängiges Phänomen. Sie können den ganzen Planeten verhüllen, weshalb dann nur noch einige markante Oberflächenformen sichtbar sind. Hier ein klarer Planet am 10. Juni 2001 (links), dann verhüllt am 31. Juli (rechts).

Steckbrief Mars

Mittlere Entfernung von der Sonne: 227,9 Millionen km
Durchmesser: 6792 km
Masse (Erde = 1): 0,11
Mittlere Dichte: 3,933 g/cm³
Oberflächentemperatur (Durchschnitt): –63 °C
Schwerkraft auf der Oberfläche (Erde = 1): 0,83
Rotationszeit: 24 Stunden 37 Minuten
Umlaufzeit: 686,980 Tage
Atmosphäre: 95,3 % Kohlendioxid, 2,7 % Stickstoff, 1,6 % Argon, 0,4 % Spurengase
Anzahl der Monde: 2

weiße Wolken aus gefrorenem Kohlendioxid und Wassereis beobachten.

Globale Staubstürme Bereits mit kleineren Teleskopen ist zu erkennen, dass es in der Marsatmosphäre sehr dynamische Wettersysteme gibt. Eindrucksvollster Beweis dafür sind die Staubstürme, die häufig auf dem Mars zu sehen sind. Dabei gibt es Jahre, in denen sie über das ganze Jahr verteilt auftreten, dann wieder nur zu bestimmten Zeiten – so nur für einen Tag, wenn es am Nordpol Sommer wird und die zunehmende Sonnenwärme am Rand der Eiskappe Stürme erzeugt. Einmal wüten sie in ganz bestimmten Gebieten, dann wieder über den gesamten Planeten.

Auslöser der Stürme sind warme Luftströmungen, die im Frühling und Sommer von der Südhalbkugel zur Nordhalbkugel wehen, wenn Kohlendioxideis durch die Sonneneinstrahlung verdampft und heftige Winde erzeugt. Sie wirbeln Staub auf und verteilen ihn auf dem ganzen Planeten. Die Staubwolken können sich bis zu 1000 Meter hoch auftürmen.

So sah die Raumsonde Mariner 9, als sie 1971 den Mars erreichte, wegen eines wütenden globalen Staubsturms wochenlang nichts – außer den Spitzen der höchsten Vulkane; und als die Raumsonde Mars Global Surveyor im Juni 2004 den Planeten umlief, entdeckte sie einen lokalen Sturm, der sich binnen weniger Wochen über den ganzen Planeten ausbreitete. Darüber hinaus gibt es Staubhosen, die zehnmal größer als die auf der Erde sind, und andere heftige oberflächennahe Winde, die wie Sandstrahler wirken und die Landschaft formen.

Zweigeteilte Welt

Die marsianischen Staubstürme toben sich über einem Planeten aus, der deutlich zweigeteilt ist: Einer Nordhalbkugel mit teilweise relativ tief gelegenen vulkanischen Ebenen steht eine von Hochländern geprägte Südhalbkugel gegenüber. Mit ihren zahlreichen Kratern gilt sie als der ältere Teil des Mars.

Die eindrucksvollsten und faszinierendsten Oberflächenmerkmale liegen in einem Bereich 30 Grad nördlich und südlich des Äquators. Hier ist das bedeutendste marsianische Vulkangebiet angesiedelt – die Tharsis-Region mit dem Olympus Mons – sowie ein den Planeten quer durchschneidendes Canyonsystem, die Valles Marineris.

Olympus Mons – der marsianische Götterberg Mit einer Höhe von 24 Kilometern, einem Basisdurchmesser von 648 Kilometern und einem Volumen, das fünfzigmal mehr als der größte irdische Schildvulkan umfasst, stellt der marsianische Schildvulkan Olympus Mons einen Rekord im Sonnensystem auf. Der mit drei weiteren 18, 14 und 12 Kilometer hohen Vulkanen zur Tharsis-Region gehörende Berg ist fast dreimal so hoch wie der Mount Everest und übertrifft bei Weitem den Vulkankomplex auf den Hawaii-Inseln; denn der dortige Mauna Kea ragt „nur" 10 205 Meter empor, und zwar vom Meeresboden aus gemessen.

Das komplexe Grabensystem der **Valles Marineris** (Täler der Mariner-Sonden) zählt zu den eindrucksvollsten Formationen der Marsoberfläche.

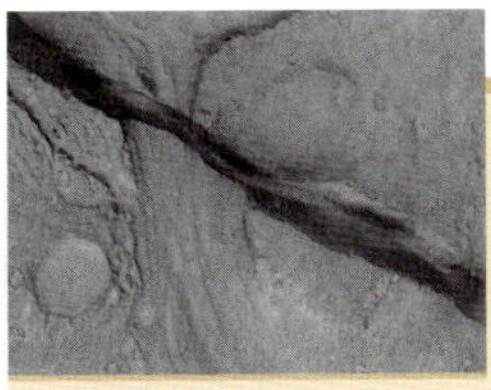

Auf der Suche nach dem Wasser

Feuchte Vergangenheit Es ist inzwischen sicher, dass es auf dem Mars früher fließendes Wasser, wenn nicht sogar einen Ozean gegeben haben muss. Marswasser existiert immer noch im gefrorenen Zustand im Boden (Permafrost) sowie in den Eiskappen der Pole. Ferner gibt es Hinweise auf fließendes Wasser in sehr tief gelegenen Regionen. Der Grund, weshalb das freie flüssige Wasser verschwunden ist, liegt im Ausdünnen der einst dichten und warmen Atmosphäre. Die geringe Gravitation des Mars konnte sie nicht halten; und auch der Vulkanismus, der neben Wasser die Temperatur steigernden Treibhausgase freisetzte, kam zum Erliegen. Ebenso nahm die radioaktive Wärme des Planeten immer mehr ab. Schließlich verminderten sich auch die Kometen- und Meteoriteneinschläge, die Wasser mitbrachten bzw. beim Einschlag auftauten.

Mit einer Höhe von 24 Kilometern hat der Marsvulkan **Olympus Mons** eine Spitzenstellung im Sonnensystem. Deutlich ist neben der Caldera und Steilstufe seine Form als Schildvulkan zu erkennen.

Der marsianische Berg der Götter zeigt sich aus dem All als fast kreisrunde Form, die an einen gigantischen Schild erinnert. Auf der Erde sind von den rund 1500 aktiven, d. h. in den letzten 10 000 Jahren ausgebrochenen Vulkanen 176 Schildvulkane. Sie entstehen über einem sogenannten Hotspot und fördern basische, relativ dünnflüssige Lava. Dieser Lavatyp kann relativ weite Strecken zurücklegen, was die weiträumige Ausdehnung und flachen Hänge solcher Vulkanbauten hervorruft.

Die eindrucksvolle Erscheinung des Olympus Mons wird noch durch eine 4 bis 6 Kilometer hohe Böschung oder Steilwand betont, die ihn deutlich über die Umgebung hervorhebt, sowie durch eine 52 Kilometer durchmessende Gipfelcaldera. Der letzte Ausbruch des Vulkangiganten liegt nach Daten, die von der Raumsonde Mars Global Surveyor gewonnen wurden, 10 bis 25 Millionen Jahre zurück. Die gigantischen Dimensionen von Olympus Mons können nur durch die geringere Anziehungskraft des Mars erklärt werden, denn sonst würde der Berg unter seinem eigenen Gewicht zusammensacken.

Keine Marsvulkan-Gebirgsketten Während die überwiegende Zahl der aktiven irdischen Vulkane entlang der Plattengrenzen oder über Hotspots liegt, erheben sich die Vulkane auf dem Mars locker verteilt auf der nördlichen Westhalbkugel. Der Grund dafür liegt im Fehlen einer Plattentektonik, durch die auf der Erde im Bereich der

Diese **Marsansicht** suggeriert auf den ersten Blick eine verkraterte Oberfläche und eine mondähnliche Welt.

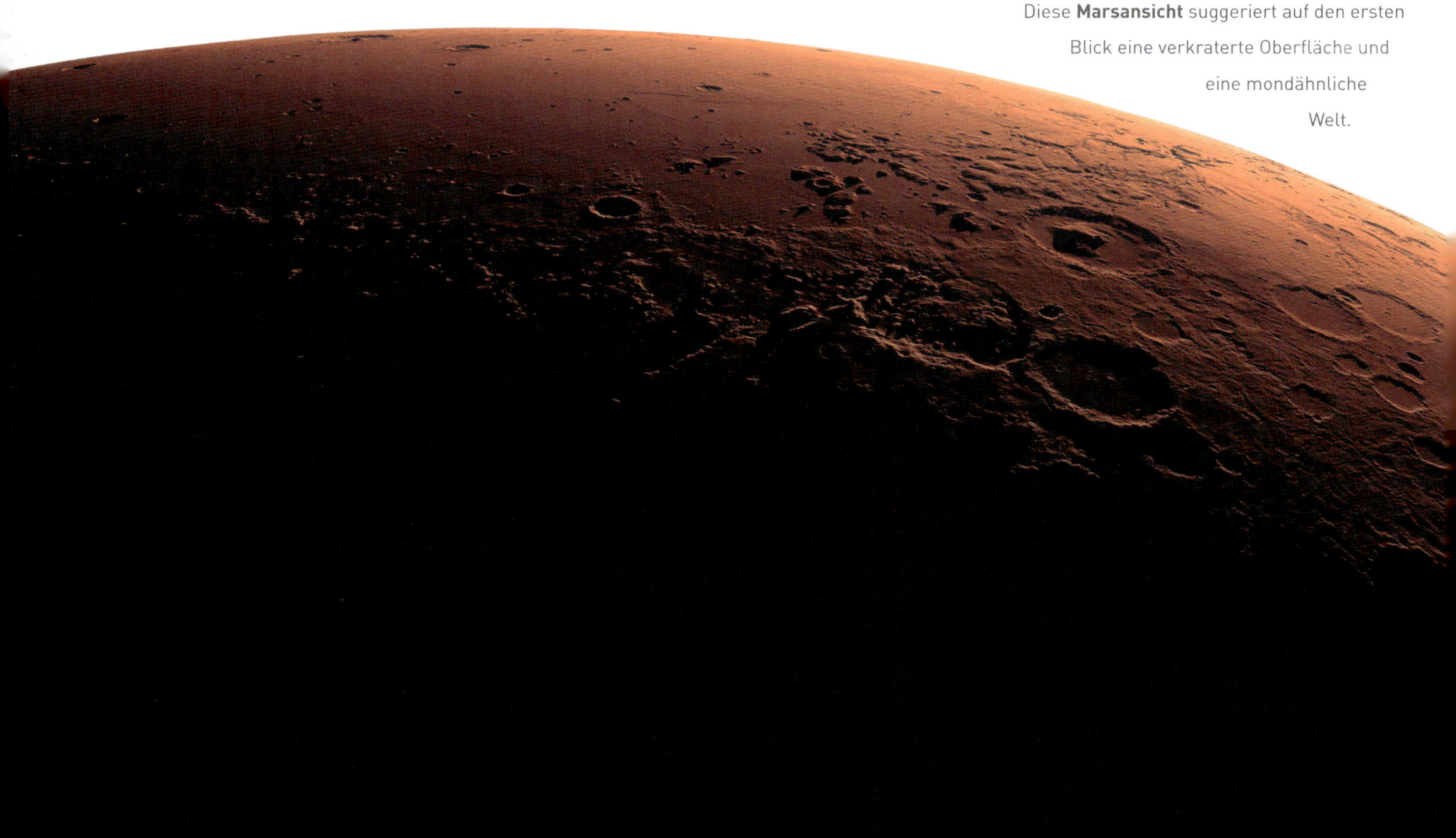

Die Suche nach Leben

Kleine grüne Männchen? Auch wenn höher entwickeltes Leben auf dem Mars wegen der unwirtlichen Bedingungen ausgeschlossen werden muss, bedeutet das nicht, dass der rote Planet völlig leblos ist, bietet er doch eine ganz wichtige Voraussetzung für Leben: Wasser. Zumindest bakterielles Leben wäre also theoretisch möglich. Danach suchten dann auch die beiden 1976 gelandeten NASA-Viking-Sonden, indem sie versuchten, Gase von Organismen aufzuspüren. Dazu gaben sie Bodenproben in zwei Laborbehälter, wobei ihnen in dem einen Nährstoffe zugesetzt und sie im anderen mit einer Lampe bestrahlt wurden. Die freigesetzten Gase zeigten jedoch keine Hinweise auf Leben. Auch die in dem Marsmeteoriten ALH 84001 enthaltenen Röhren, die Fossilien von bakterienähnlichen Organismen sein könnten, sind ein sehr umstrittenes Indiz.

Tiefseegräben altes Krustenmaterial vernichtet und neues im Gebiet der Mittelozeanischen Rücken entsteht. Mars wie auch Venus werden im Gegensatz zur Erde als „One-Plate-Planet" bezeichnet, deren Kruste also nicht in verschiedene Platten zerfällt. Daher konnten auch keine Lithosphärenplatten über Hotspots hinwegwandern, um so Vulkanketten wie die Hawaii-Inseln zu bilden. Stattdessen türmten sich an einzelnen Stellen riesige Schildvulkane auf, weil dort die Lava genug Kraft erreichte, um die Kruste des Planeten zu durchbrechen.

Supercanyon Nicht weniger eindrucksvoll erscheint auf den Mars-Fotos ein langes Tal, das sich in Seitenarme verästelt. Es heißt Valles Marineris – „Täler der Mariner" –, mit dem die Marinersonden geehrt werden sollen. Die Dimensionen des Grabensystems südlich des Marsäquators sind gewaltig: 4500 Kilometer ist es lang, bis zu 700 Kilometer breit und bis zu 8 Kilometer tief. Dagegen hat der Grand Canyon in Arizona gerade einmal eine Längsausdehnung von 450 Kilometern, ist maximal 3 Kilometer breit und erreicht eine Tiefe von bis zu 2 Kilometern. Während der Grand Canyon durch einen Fluss – den Colorado – geformt wurde, der seinen Lauf in die sich hebenden Sedimentschichten hineinfräste, sind die Valles Marineris ein gigantischer tektonischer Bruch und in Zusammenhang mit den benachbarten Tharsis-Vulkanen zu sehen. Vor mehreren Milliarden Jahren wölbte sich hier die Marskruste empor. In einer ersten Phase kam es zu Vulkanismus und isosatatischer (ausgleichender) Hebung. Nachdem sie zu stark geworden war, konnte die Kruste das Gewicht nicht

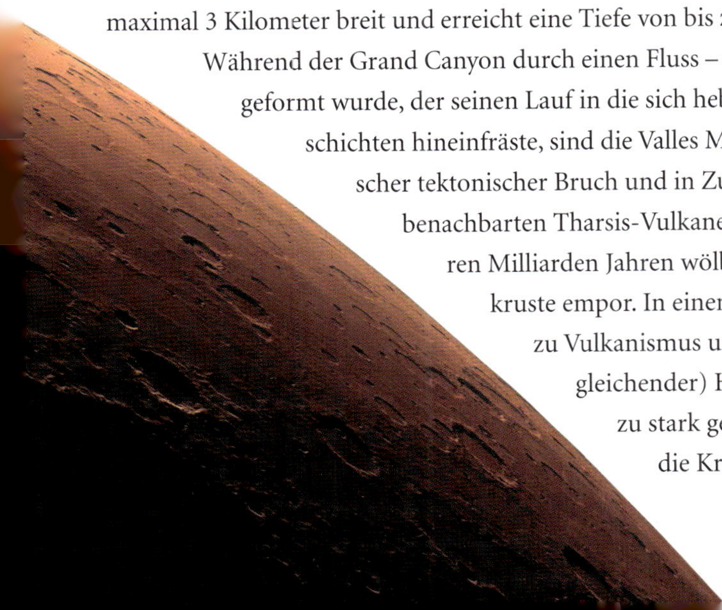

Was Wissenschaftler nach späteren Raumsondenerkundungen in Erstaunen und Faszination versetzte, sind die vielen **Erosionsspuren** längst vergangenen Wassers an der Marsoberfläche.

PLANUM BOREALE
CHASMA BOREALE
IAXARTES THOLUS
KISON THOLUS
VASTITAS BOREALIS
ORTYGIA THOLUS
LOMONOSOV
SEMEYKIN
PEREPELKIN
BARABASHOV
FOSSAE
MAREOTIS
TEMPE
SYTINSKAYA
KUNOWSKY
ACIDALIA
PLANITIA
LYOT
PROTONILUS MENSAE
RENAUDOT
MOREUX
DEUTERONILUS MENSAE
MAMERS VALLIS
RUDAUX
CYDONIA MENSAE
NILOSYRTIS MENSAE
HUO HSING VALLIS
QUENISSET
AUQAKUH VALLIS
FOCAS
SKLODOWSKA
CERULLI
MAGGINI
NILI FOSSAE
PERIDIER
FESENKOV
KASEI
SHARONOV
CHRYSE
VALLIS
CURIE
ARABIA
FLAMMARION
BALDET
Viking 1 Landing Site
CASSINI
ANTONIADI
McLAUGHLIN
BECQUEREL
PLANITIA
Pathfinder Landing Site
RUTHERFORD
PASTEUR
LUNAE
RADAU
GILL
SYRTIS
ISIDIS
TROUYELOT
TICHONRAVOV
MAJOR
PLANUM
MARTH
HENRY
PLANUM
ARAGO
ECHUS CHASMA
SHALBATANA VALLIS
SIMUD VALLIS
ARES VALLIS
GALILAEI
TERRA
DA VINCI
CROMMELIN
HEBES CHASMA
JUVENTAE CHASMA
TERRA
TEISSERENC DE BORT
JANSSEN
80°
60°
40°
20°
0°
340°
320°
300°
280°
TITHONIUM CHASMA
MERIDIANUM
SCHIAPARELLI
SCHROETER
FOURNIER
CANDOR CHASMA
OPHIR CHASMA
MARGARITIFER SINUS
GANGIS CHASMA
TERRA
SABAEA
IUS CHASMA
MÄDLER
DAWES
JARRY-DESLOGES
MELAS CHASMA
COPRATES CHASMA
CAPRI CHASMA
EOS CHASMA
BEER
FLAUGERGUES
OUDEMANS
VALLES MARINERIS
WISLICENUS
BOUGUER
DENNING
HUYGENS
TERRA
SINAI
JONES
PLANUM
VINOGRADOV
LAMBERT
PLANUM
Mars 6 Landing Site
LASSELL
HOLDEN
NEWCOMB
BAKHUYZEN
TYRRHENA
ERYTHRAE
SCHAEBERLE
NIRGAL VALLIS
MILLOCHAU
NIESTEN
SOLIS
RITCHEY
NOACHIS
BOND, G.
TERBY
HALE
VOGEL
PLANUM
HARTWIG
LE VERRIER
BOSPOROS
LOHSE
BABAKIN
TERRA
HELLAS
LAMPLAND
NEREIDUM MONTES
HELMHOLTZ
HOOKE
WIRTZ
KAISER
RABE
CLARITAS
PLANUM
ARGYRE
HELLESPONTUS MONTES
PLANITIA
MAUNDER
PROCTOR
GALLE
GREEN
FOSSAE
HALLEY
CHARITUM THOLUS
RUSSELL
AUSTRALIS THOLUS
PLANITIA
CHARITUM MONTES
DARWIN
DOUGLASS
SLIPHER
LOWELL
PENEJ PATERA
AMPHITRITES PATERA
MARALDI
WEGENER
GLEDHILL
ARGYRE DORSUM
VON KÁRMÁN
PHILLIPS
DALY
LYELL
COBLENTZ
BARNARD
SPALLANZANI
DANA
FONTANA
DU TOIT
JOLY
MITCHELL
BIANCHINI
SOUTH
AGASSIZ
SCHMIDT
GILBERT
MAIN
HOLMS
CHASMA AUSTRALE
VISHNIAC
PLANUM AUSTRALE

Die **Karten des Mars** zeigen deutlich die vielfältigen Oberflächenformen: zahlreiche Meteoritenkrater, riesige Schildvulkane, ausgedehnte Talsysteme, in denen einmal Wasser geflossen ist, und die eisbedeckten Polargebiete. Schließlich tritt die Zweiteilung des roten Nachbarplaneten deutlich hervor: Einer von vulkanischen Tiefebenen geprägten Nordhalbkugel steht eine von Hochländern dominierte Südhalbkugel gegenüber.

Krater mit Eis auf der Marsoberfläche zeigen, dass der Planet trotz des Verschwindens flüssigen Wassers der Planet immer noch genügend Wasser besitzt – wenn auch in gefrorenem Zustand.

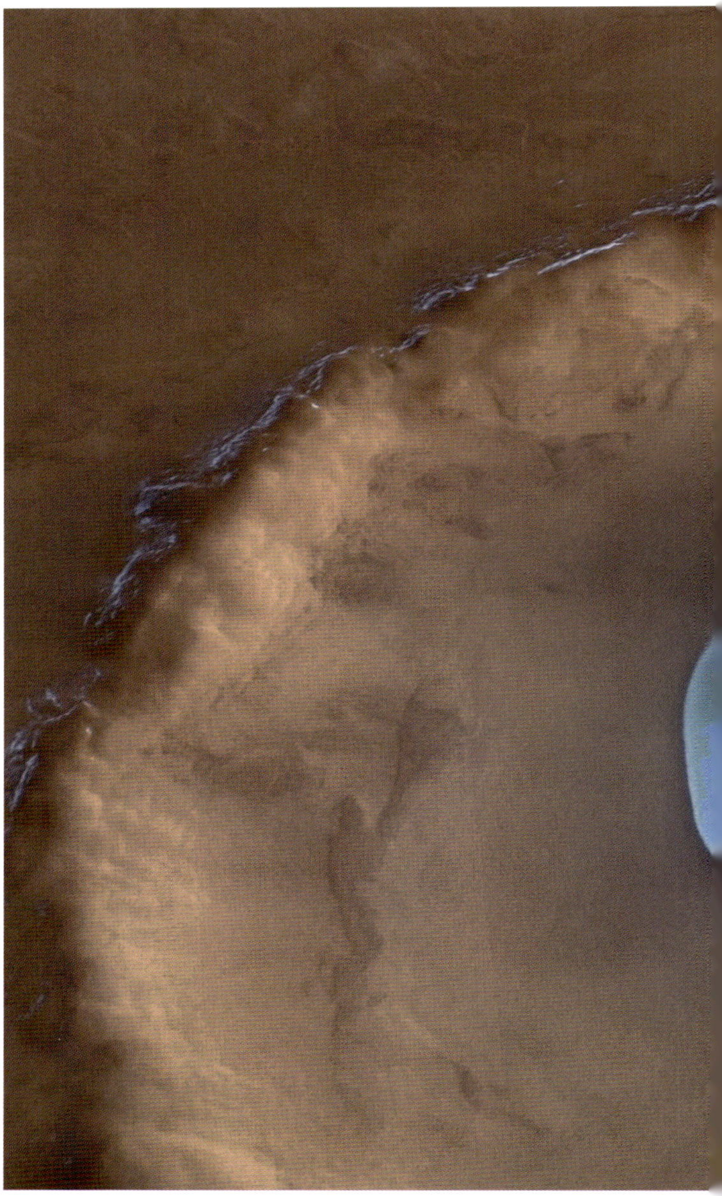

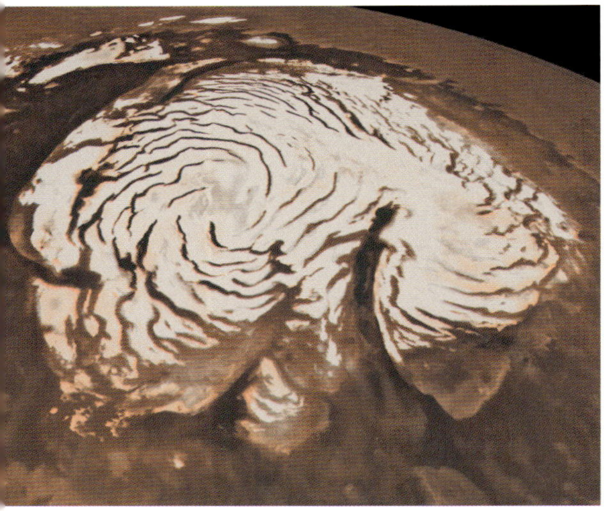

Der **Nordpol** des Planeten Mars besteht aus einer weißen und dauerhaften Wassereiskappe, die sich im Nordsommer über ausgedehnte Sand- und Gesteinsschichten erhebt.

länger tragen und brach teilweise ein, wobei sich ein weitläufiges Grabenbruchsystem bildete. In einer weiteren Phase steigerte sich der Vulkanismus, verschob jedoch sein Aktivitätsgebiet. Dadurch aber verstärkte sich auch das Ungleichgewicht, sodass die Marskruste an dieser Stelle vollständig zusammenbrach und das Valles Marineris hervorbrachte.

Die Polkappen Wie die Erde ist auch der Mars von zwei Polkappen bedeckt. In ihnen ist der größte Teil des noch vorhandenen Wassers gebunden und ihre Ausdehnung ändert sich wie bei den irdischen Gegenstücken im Wechsel der Jahreszeiten. Die nördliche Polkappe ist etwa 2 Kilometer hoch, besteht aus gefrorenem Wasser und bildet von oben gesehen ein auffälliges Wirbelmuster. Das ganze Gebiet hat einen Durchmesser von rund 900 Kilometern.

Im Nordwinter, wenn es in den polaren Breiten ständig dunkel ist, lagert sich Kohlendioxideis auf der Wassereiskappe ab: Die Temperaturen sinken in dieser Zeit auf bis zu –125 Grad Celsius ab, wodurch das Kohlendioxid der Atmosphäre als Schnee ausfällt, der das Polargebiet dann bis zu 65 Grad nördlicher Breite bedeckt. Wird die Region sechs Monate später von der Sonne wieder erwärmt, verdunstet das Kohlendioxid, und die Kappe schrumpft wieder. Die Polkappe besteht zu etwa 90 Prozent aus Eis, der Rest ist Sand und Staub.

Auch die südliche Polkappe, die in ihrer geringsten Ausdehnung rund 420 Kilometer misst, ist ein Hügel, der mit einer dicken Grundschicht dauerhaftem Wassereises und einer etwa 8 Meter hohen Schicht aus Kohlenmonoxideis bedeckt ist. Im Winter wird auch sie mit Schnee aus Kohlendioxid bedeckt.

Krater auf dem Mars Die Marsoberfläche ist mit Zehntausenden von Kratern übersät. Die meisten sind Teil jenes ausgedehnten Hochlandes, das nicht nur fast die gesamte Südhalbkugel bedeckt, sondern auch noch teilweise auf die nördliche übergreift. Hier sind zudem noch die ältesten Krater zu finden. Die Bandbreite der Einschlagkrater reicht von einfachen schüsselförmigen, weniger als 5 Kilometer großen Formen bis zu riesigen, mehrere hundert Kilometer messenden Becken, von denen Hellas das gewaltigste ist. Einige Krater konnten von den Marsrovern Spirit und Opportunity, die am 4. und 25. Januar 2004 auf dem Mars gelandet waren, erforscht werden. Dazu gehört der 166 Kilometer große Gusev-Krater.

Die Marsmonde Phobos und Deimos

Der Mars wird von zwei kleinen Monden namens Phobos und Deimos begleitet. Sie wurden 1877 entdeckt und umkreisen den Planeten in östlicher Richtung in 9240 Kilometern und 23 400 Kilometern Entfernung. Der 22 Kilometer große Phobos braucht für einen Umlauf 7,66 Stunden und der nur 6 Kilometer durchmessende Deimos 30,3 Stunden. Die irreguläre Form der beiden Himmelskörper legt den Verdacht nahe, dass es sich um eingefangene Asteroiden handelt. Beide Trabanten gehören zu den dunkelsten Körpern im Sonnensystem, denn sie reflektieren nur äußerst wenig Licht. Ihre Dichte ist geringer als die des Mars und sie sind sehr kraterreich.

Die Marsmonde **Phobos** (rechts) und **Deimos** (links) wurden erstmals zusammen 2009 von der Raumsonde Mars Express fotografiert. Wahrscheinlich handelt es sich um eingefangene Planetoiden.

Der König unter den Planeten

Jupiter, von der Sonne aus gesehen der fünfte Planet, ist zu Recht nach dem höchsten römischen Gott benannt, denn er ist der größte Planet im Sonnensystem. 1300 Erdkugeln hätten in ihm Platz, und seine Masse ist 2,5-mal so groß wie die aller anderen Planeten zusammen. Er ist ein riesiger Gasball, begleitet von zahlreichen Monden und umgeben von einem dünnen Ring.

Das 1979 aufgenommene Bild zeigt **Jupiter** mit seinen vielfarbigen Wolkenschichten und dem berühmten Wirbelsturm »Großer Roter Fleck« sowie zwei seiner Galileiischen Monde: Europa links, Io rechts.

Steckbrief Jupiter

Mittlere Entfernung von der Sonne: 778,6 Millionen km
Durchmesser: 142 984 km (etwa 11,2 Erddurchmesser)
Masse (Erde = 1): 317,83
Mittlere Dichte: 1,326 g/cm^3
Oberflächentemperatur (Wolken): –108 °C
Schwerkraft auf der Oberfläche (Erde = 1): 2,36
Rotationszeit: 9 Stunden 55 Minuten
Umlaufszeit: 11,869 Jahre
Atmosphäre: 89,6 % Wasserstoff, 10,1 % Helium, 0,3 % Methan und andere Spurengase
Anzahl der Monde: 63 (Stand: 2012)

Jupiter untscheidet sich also sehr von den inneren Planeten, gleichzeitig ähnelt er den weiter außen liegenden, weshalb diese als Jupiter- oder Riesenplaneten oder auch als Gasriesen bezeichnet werden. Was man im Fernrohr als seine von hellen und Streifen geprägte Oberfläche wahrnimmt, auf der ein großer roter Fleck hervorsticht, ist nichts anderes als die ausgedehnte dichte Atmosphäre. Sie besteht vor allem aus Wasserstoff und Helium, wobei Methan und Wasserstoffverbindungen ihr die rotbraun-gelbliche Farbe verleihen.

Wirbelnde rasende Wolkenschichten

Es gibt nur wenige Gebiete im Sonnensystem, wo es noch turbulenter zugeht als in der Jupiteratmosphäre. Was der Beobachter sieht, ist ihre stürmische äußerste Schicht. Da Jupiter sich in gerade einmal knapp zehn Stunden um seine Achse dreht, werden durch die sogenannte Corioliskraft die von Süd nach Nord strömenden Luftmassen anders als auf der Erde nicht zu Wirbeln, sondern in Ost-West-Richtung zu den charakteristischen farbigen Streifen verzogen.

Zonen, Bänder, Sturmovale Hierbei steigen in den hellen Zonen Gase auf und bilden weiße Ammoniakwolken, während sie als Ammoniumhydrosulfid in den dunklen Bändern rotbraune Wolken formen. Ihre Obergrenzen liegen rund 20 Kilometer tiefer als die der hellen Zonen. An den Grenzen beider Bereiche, unter denen sich noch eine Schicht aus Wasserwolken befindet, kommt es zu Stürmen, die Windgeschwindigkeiten von bis zu 650 Stundenkilometern erreichen können. Zudem gibt es auch Wolkenovale, ähnlich irdischen Wirbelstürmen. Nach neueren Erkenntnissen sind diese Wirbelstürme (Zyklone und Antizyklone) Ausdruck eines 70-jähren Klimazyklus, dem Jupiter unterliegt. Zu den Wirbelstürmen gehört auch der Große Rote Fleck.

Polare Ansicht der Wolkenstrukturen des Planeten Jupiter: Deutlich sind die unterschiedlichen hellen und dunklen Zonen zu erkennen, ferner verschiedene weiße Ovale, bei denen es sich um kleinere Sturmgebiete handelt.

Der Große Rote Fleck

Der Große Rote Fleck (kurz GRF) ist die bekannteste Wolkenwirbelstruktur und wird schon seit mehr als 300 Jahren beobachtet. Er ist ein Hochdruckgebiet, fast doppelt so groß wie die Erde und der größte bekannte Sturm des Sonnensystems. Die rote Farbe seines Zentrums wird durch Material hervorgerufen, das aus tieferen Atmosphärenschichten aufsteigt und durch ultraviolettes Sonnenlicht seine Zusammensetzung ändert.

Roter Fleck junior Im Herbst 2005 erschien ein zweiter großer rötlicher Sturm auf der Südhemisphäre des Jupiters, der den Namen Roter Fleck Junior erhielt. Er ist halb so groß wie sein Nachbar und ist aus drei weißen ovalen Stürmen hervorgegangen, die sich zwischen 1998 und 2000 vereinigt hatten. Der älteste von ihnen war seit neunzig Jahren bekannt. Im Mai 2008 erweiterte sich die Zahl der roten Flecke auf drei. Ein weiterer Roter Fleck war aus einem bisher weißlichen, ovalförmigen Sturmgebiet entstanden. Von ihm wurde zuerst angenommen, er würde im August mit dem GRF zusammentreffen. Doch der größte Wirbelsturm des Jupiters hatte ihn bereits Mitte Juli verschlungen.

Bei diesem Bild der Spiralwirbel des **Großen Roten Flecks**, der ihn umgebenden Wolken und anderer kleinerer Sturmwirbel sind die Farben verstärkt wiedergegeben, um so die Turbulenzen hervorzuheben. »

Raumsonde Galileo

Beobachter Die nach dem italienischen Erfinder und Naturwissenschaftler benannte Raumsonde Galileo wurde am 18. Oktober 1989 gestartet, um den Jupiter dauerhaft zu umkreisen und ihn sowie seine Monde für längere Zeit zu untersuchen. Die 15,5 Meter lange, 5,3 Meter hohe und 2715 Kilogramm schwere Sonde bestand aus einem Orbiter und einer Atmosphärensonde. Der Orbiter wurde vor dem Eintreffen am Jupiter abgekoppelt und tauchte in die Atmosphäre ein, wobei er verschiedene Daten über Temperatur, Druck, Windgeschwindigkeit und chemische Zusammensetzung über die als Relaisstation dienende Muttersonde zur Erde funkte. Von 1995 bis 2003 umkreiste die Muttersonde 35-mal den Jupiter und erforschte auch die Galileischen Monde. Nach dem Ende der Mission wurde die Raumsonde auf Kollisionskurs mit Jupiter gebracht.

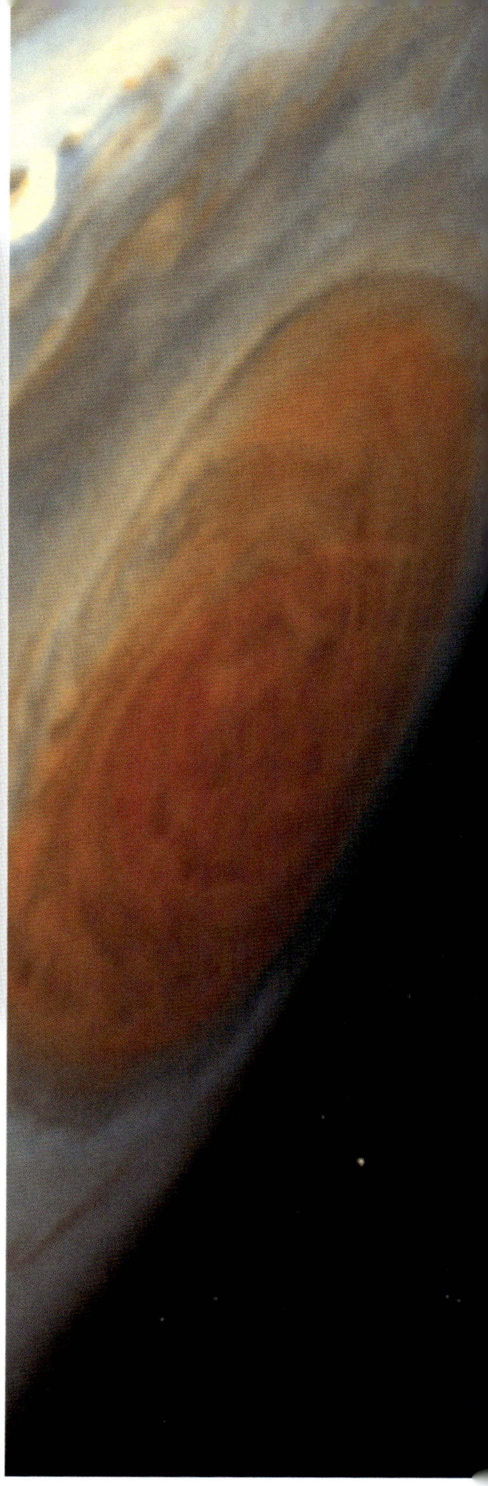

Die vier **Galileiischen Monde** (von hinten nach vorn) Io, Europa, Ganymed und Kallisto auf einer Fotomontage mit der Jupiteroberfläche und dem Großen Roten Fleck.

Das dunkle Ringsystem

Nachdem man sowohl beim Saturn als auch beim Uranus Ringsysteme beobachtet hatte, lag die Vermutung nahe, dass auch Jupiter ein Ringsystem besitzen könnte. Die Richtigkeit dieser Annahme bewies schließlich die Raumsonde Voyager 1. Als sie am 5. März 1979 in den Jupiterschatten eintauchte, konnte sie die Ringe im Gegenlicht fotografieren. Sie lieferte damit gleichzeitig die Erklärung, weshalb die Ringe von der Erde aus nicht aufgespürt werden konnten: Die Gebilde bestehen aus Staubkörnchen, die zum Teil nicht größer sind als die Partikel des Rauches einer Zigarette. Außerdem sind sie nahezu schwarz und daher kaum sichtbar, denn ihre Albedo beträgt lediglich 5 Prozent, was bedeutet, dass sie 95 Prozent des auftreffenden, dort ohnehin schon schwachen Sonnenlichts verschlucken.

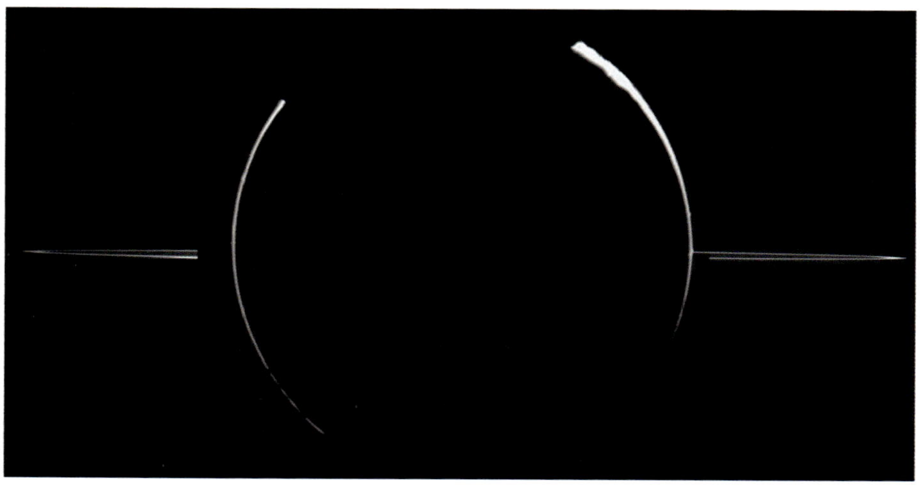

Der **Hauptring des Jupiters**, aufgenommen von der Sonde Galileo zu einem Zeitpunkt, als sich die Sonne hinter dem Planeten befand – nur so sind kleine Teilchen im Ring und in der oberen Atmosphäre des Planeten zu sehen.

Die Jupitermonde

Schon in einem kleinen Fernrohr sind vier Jupitermonde zu erkennen, die täglich ihre Position gegenüber dem Planeten verändern und den Anblick eines Sonnensystems im Kleinen bieten. Das war für ihren Entdecker Galileo Galilei 1610 auch der Beweis für die Richtigkeit des kopernikanischen Weltbildes, das die Sonne und nicht die Erde in den Mittelpunkt des Sonnensystems stellt. Die Monde Io, Europa, Ganymed und Kallisto werden nach ihrem Entdecker auch als „Galileiische Monde" bezeichnet. Sie sind zur selben Zeit wie der Jupiter entstanden, kreisen eng um ihn und sind große, eigene Welten. Bei den restlichen Monden dürfte es sich wohl eher um eingefangene Planetoiden handeln.

Vulkanmond Io Io, mit 3643 Kilometern Durchmesser drittgrößter Jupitermond, ist der vulkanisch aktivste Ort des Sonnensystems. Er kreist in nur 42 Stunden und 30 Minuten um den Jupiter. Auf Raumsondenfotos zeigt sich dieser dem Jupiter am nächsten stehende Trabant als eine farbige Welt aus vulkanischen Kratern, Schloten, Lavaströmen und hoch aufsteigenden Rauch- und Aschesäulen. Bislang wurden mehr als 400 Vulkanschlote entdeckt. Hinzu kommen über 100 Bergmassive, Gipfel, Grate und Hochebenen. Die geförderte Lava besteht aus geschmolzenem Silikatgestein, das mit Schwefel und Schwefeldioxid versetzt ist. Das heiße Schwefeldioxid unter der Oberfläche bahnt sich seinen Weg durch die Kruste, reißt dabei Lava mit sich und schießt mit Geschwindigkeiten von bis zu 1 Kilometer pro Stunde in

Io ist der drittgrößte Jupitermond und der vulkanisch aktivste Mond im Sonnensystem. Das Foto zeigt eine farbige Welt aus vulkanischen Kratern, Schloten, Lavaströmen und aufsteigenden Rauch- und Aschesäulen.

den Himmel, wo alles zu kaltem Gas und Eis abkühlt. Wegen der geringen Schwerkraft des Mondes kann die Eruptionswolke bis in 300 Kilometer Höhe aufsteigen und sich wegen der fehlenden Atmosphäre pilzförmig ausbreiten. So fällt das kalte Material herab, wo es runde oder ovale Eisablagerungen bildet. Die vulkanische Aktivität auf Io wird von der starken Schwerkraft des Jupiters und die durch sie erzeugten Gezeitenkräfte verursacht. Sie lassen zwei Gezeitenwölbungen entstehen, die während eines Umlaufs 100 Meter steigen und fallen. Ihre Reibung knetet das Innere Ios regelrecht durch und heizt es dadurch auf, sodass ein Magmareservoir für die Eruptionen entsteht.

Eismond mit Ozean Europa ist der viertgrößte Jupitermond und mit 3122 Kilometern Durchmesser etwas kleiner als der Erdmond. Für eine Umrundung des Jupiters braucht er 3,5 Tage, wobei er sich in derselben Zeit um seine Achse dreht. Seine Oberfläche gleicht einer zerkratzten Billardkugel. Sie ist von einem Netzwerk kreuz und quer verlaufender dunkler Gräben und Furchen überzogen, die stark den Rissen und Verwerfungen auf irdischen Eisfeldern ähneln. Da es kaum Krater gibt, ist die Oberfläche vermutlich nur etwa 50 Millionen Jahre alt und erneuert sich ständig: Weite Gebiete der Eiskruste brechen auf, große Krustenblöcke verschieben sich, und die Risse füllen sich mit Eis, während die Kämme durch wärmeres, von unten aufsteigendes Eis oder Wasser gebildet werden. Diese Vorgänge sind also Auswirkungen des sogenannten „Kryovulkanismus“ (Kältevulkanismus), wie er auch auf dem Neptunmond Triton anzutreffen ist.

Während an der Oberfläche Europas eine Temperatur von –170 Grad Celsius herrscht, ist es durch die von Jupiters Anziehungskraft verursachten Gezeiten darunter so warm, dass das Wasser flüssig ist. So bildet es einen riesigen Ozean, der doppelt soviel Wasser enthält wie alle Meere der Erde zusammen.

Ein Riesenmond Mit 5262 Kilometern Durchmesser ist Ganymed der größte Mond im Sonnensystem. Seine eisige Kruste weist auffällige helle sowie dunkle Gebiete auf, wobei die dunklen viele Krater und Furchen enthalten. Diese lang gezogenen Formationen entstanden vermutlich durch geologische Spannungen, als die Kruste des Mondes erstarrte, noch bevor große Planetoideneinschläge die Krater formten.

Unter der Kruste liegt ein Schicht aus flüssigem Wasser und warmem, weichem Eis, der dann eine Gesteinsschicht und ein Kern aus flüssigem Eisen folgen.

Callisto mit Walhalla Die Oberfläche des äußersten und zweitgrößten Jupitermondes Callisto (Durchmesser 4821 Kilometer) ist zwar nicht durch tektonische Spannungen oder Vulkanismus geprägt, dafür aber von so vielen Kratern von Planetoideneinschlägen übersät, dass sie wie eine pockennarbige Haut erscheint. Ihre auffallendste Formation ist ein 3000 Kilometer großer Krater namens Walhalla.

Die Oberfläche des viertgrößten Jupitermondes **Europa** ist mit einer von zahlreichen Rissen überzogenen Eiskruste bedeckt.

Die **Raumsonde Galileo** über der Oberfläche des Jupitermondes Io und einem ausbrechenden Vulkan – die große Parabolantenne ließ sich nicht öffnen.

Die Druckwellen des Einschlags, durch den dieser gigantische Krater entstanden ist, hätten eigentlich genauso wie beim Caloris-Becken auf dem Merkur auf der gegenüberliegenden Seite des Mondes ein zerfurchtes und hügliges Gelände entstehen lassen müssen, was aber nicht der Fall ist. Man vermutet daher, dass die Energie der Druckwellen durch flüssiges Wasser unter der Kruste Kallistos gedämpft wurde.

Planet der Ringe

Saturn ist der zweitgrößte Planet des Sonnensystems. Er ist auch der äußerste der mit dem bloßem Auge beobachtbaren Planeten und war bis zur Entdeckung des Planeten Uranus die Grenze des Sonnensystems. Von allen anderen Planeten unterscheidet er sich dadurch, dass er in der Äquatorebene von einem prächtigen Ringsystem umgeben ist.

Die Illustration zeigt die Ankunft der Raumsonde **Cassini** am Saturn. Seit dem 1. Juli 2004 erforscht sie den Ringplaneten und hat während dieser Mission auch einen Lander auf dem Mond Titan abgesetzt.

Wie Jupiter gehört Saturn zu den Gas- oder Riesenplaneten, ist aber doppelt so weit von der Sonne entfernt wie sein größerer innerer Nachbar Jupiter und braucht fast 29,5 Jahre für einen Umlauf. Er hat die geringste Dichte aller Planeten. Sie beträgt im Durchschnitt nur 70 Prozent der Dichte von Wasser, sodass Saturn in einem Ozean schwimmen würde.

Der goldene Planet

Saturn erscheint am Himmel als heller, gelblicher Stern, doch im Fernrohr zeigt sich seine Planetenscheibe goldgelb verschleiert und wenig strukturiert. Wie bei allen Gasplaneten ist das, was wir als Oberfläche sehen, die obere Atmosphäre. Sie besteht vor allem aus Wasserstoff mit etwas Helium und bildet parallel zum Äquator homogene blasse Bänder. Je mehr es jedoch in die Tiefe und auf den Kern aus Gestein und Eis zugeht, umso mehr steigen Temperatur, Dichte und Druck. Deshalb wird das atmosphärische Wasserstoff- und Heliumgas in diesen Regionen zunächst flüssig und noch weiter im Innern verhalten sich die beiden Gase wie geschmolzene Metalle.

Stürmischer Planet Auch wenn sehr hohe Dunstschleier dem Saturn den Anschein geben, die Atmosphäre sei sehr ruhig, so wüten in ihr doch heftige Stürme und Gewitter. Es ist die schnelle Rotation des Planeten, die gemeinsam mit der aus dem Innern aufsteigenden Wärme hohe Windgeschwindigkeiten erzeugt – in Äquatornähe treten Windgeschwindigkeiten von etwa 1800 Stundenkilometern auf. Die Stürme sind als helle, farbige Wolken sichtbar.

Im Jahr 2004 wurden zum Beispiel neun große Stürme beobachtet – darunter der wochenlang starke Radiostrahlung aussendende Drachensturm. Wahrscheinlich erzeugte sein Niederschlag Elektrizität, wie sie auch bei Gewittern auf der Erde auftritt – aber viel heftiger. Eines der Unwetter produzierte Blitze, die 10 000-mal stärker als irdische waren.

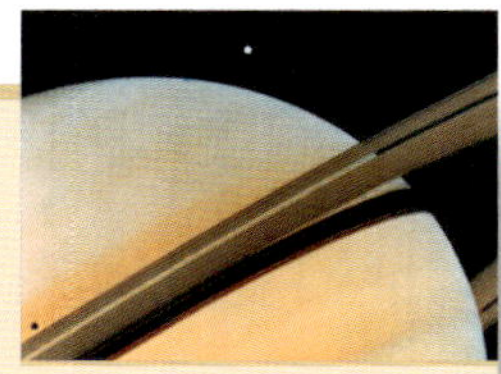

Steckbrief Saturn

Mittlere Entfernung von der Sonne: 1433,5 Millionen km
Durchmesser: 120 536 km (etwa 9,4 Erddurchmesser)
Masse (Erde = 1): 95,16
Mittlere Dichte: 0,687 g/cm³
Oberflächentemperatur: –139 °C
Schwerkraft auf der Oberfläche (Erde = 1): 0,92
Rotationszeit: 10 Stunden 39 Minuten
Umlaufszeit: 29,46 Jahre
Atmosphäre: 96,3 % Wasserstoff, 3,2 % Helium, 0,5 % Methan und andere Spurengase
Anzahl der Monde: über 60

In der **Saturnatmosphäre** entwickeln sich Stürme, welche die ganze Hemisphäre des Planeten erfassen.

Die Polargebiete

Folgt man dem Verlauf der Bänder in der Saturnatmosphäre, zeigt sich, dass sie sich spiralförmig zu den Polen winden, über denen jeweils große Sturmwirbel liegen. So lagert über dem Nordpol ein Wirbel von der Form eines Sechsecks, dessen Durchmesser fast 25 000 Kilometer beträgt. Er besteht aus sechseckigen Bändern – eine aufgelockerte Wolkenschicht – und reicht in mindestens 75 Kilometer Höhe.

Auch am Südpol gibt es einen ortsfesten hurrikanähnlichen Sturm mit 8000 Kilometer Durchmesser. Er erinnert an ein riesiges Auge, und sein rund 1500 Kilometer großes,

Am **Südpol** des Saturn liegt ein ortsfester hurrikanähnlicher Sturm mit einem wolkenfreien, etwa 1500 Kilometer großen Auge.

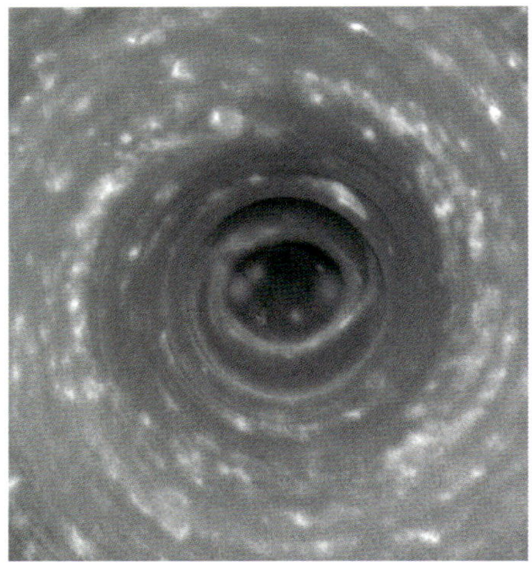

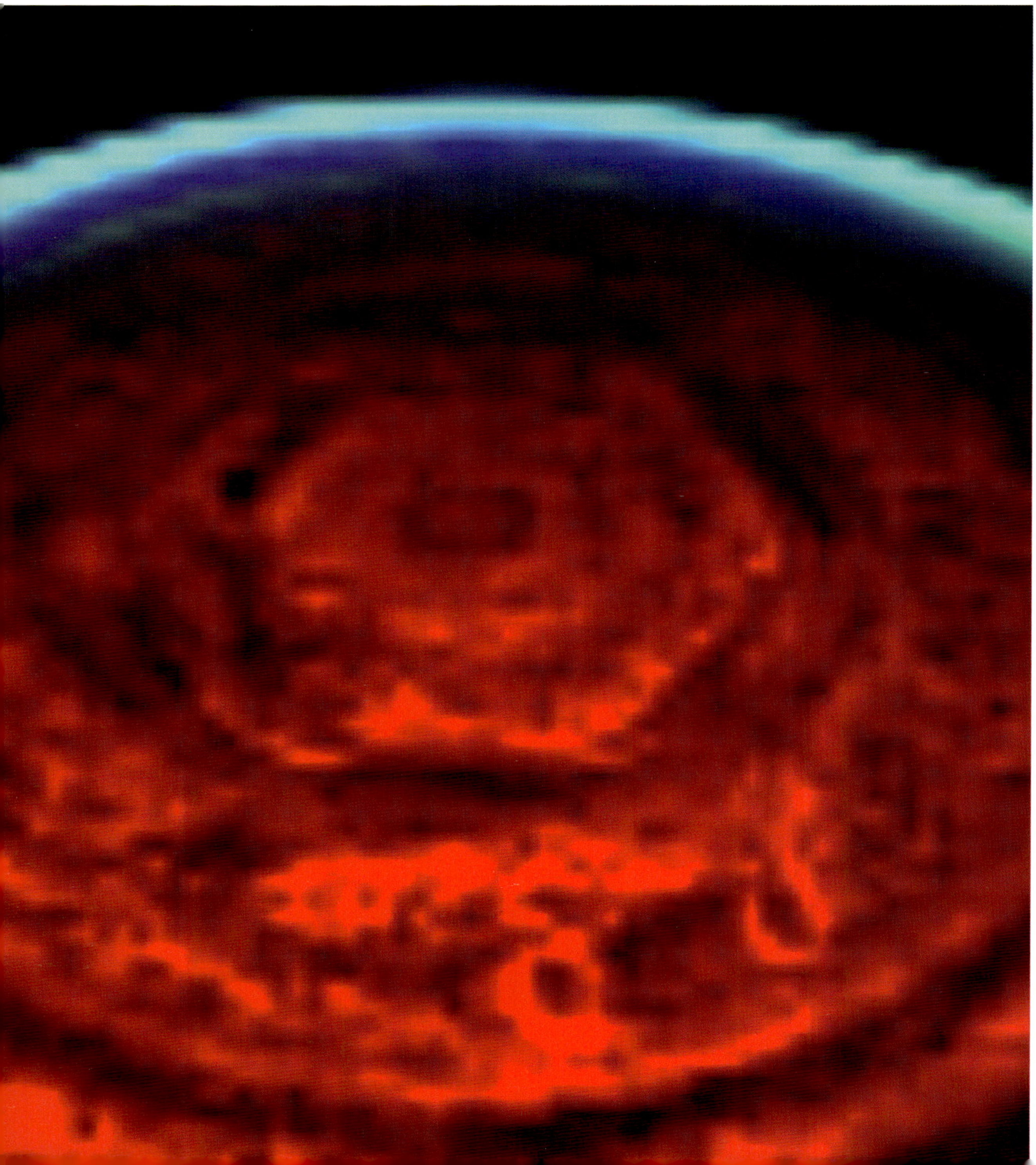

Der **Saturn-Nordpol** mit dem blau leuchtenden Polarlichtring und den rot eingefärbten Wolkenschichten der darunterliegenden Atmosphäre.

Die **Polarlichter** in der Atmosphäre des Saturns zählen mit zu den beeindruckendsten Phänomenen und dauern Stunden oder gar Tage, wobei sie im ultravioletten oder infraroten Licht leuchten.

wolkenfreies Zentrum ist von Wolkenwänden umgeben. Von diesem Ring, um den Winde mit 550 Stundenkilometern wehen, winden sich zwei Spiralarme nach außen.

Hot Spots Durch Beobachtungen mit dem Keck-Teleskop auf Hawaii entdeckten Wissenschaftler am Südpol des Saturns einen Hot Spot (eine im Vergleich zur Umgebung warme Stelle). Das gleiche Phänomen entdeckten die Astronomen drei Jahre später mit der Raumsonde Cassini auch am Nordpol des Saturns, obwohl es dort schon jahrelang dunkel ist. Durch diese beiden Hot Spots unterscheidet sich Saturn zusätzlich von allen anderen Planeten – denn dort liegen in den Polargebieten die kältesten Orte. Verursacht werden die Hot Spots durch sich bewegendes Atmosphärengas, das in Richtung der Pole strömt. Auf seinem Weg dorthin wird es komprimiert und aufgeheizt und sinkt schließlich am Pol in Form eines Wirbels in die Tiefen der Saturnatmosphäre hinab. Beide Wirbel scheinen langlebige Strukturen zu sein.

Polarlichter Beobachtungen der Raumsonde Cassini und des Hubble-Weltraumteleskops zeigen, dass es im Gebiet der beiden Saturnpole wie auf der Erde Polarlichter gibt. Dieses Phänomen entsteht durch die Teilchen des Sonnenwinds, die mit Gasen in der oberen Atmosphäre wechselwirken, sodass Blitze aus Licht und Radiowellen entstehen. Während auf der Erde die Reaktion mit den Stickstoff- und Sauerstoffatomen das Polarlicht hervorbringt, ist es auf dem Saturn die Reaktion mit dem Wasserstoff, die dieses Leuchten erzeugt. Hier spielt es sich in mehr als 1600 Kilometern über der Wolkendecke ab, und zwar im ultravioletten oder infraroten Licht. Das Phänomen kann sich über Stunden oder Tage hinziehen. Dagegen dauern auf der Erde die Polarlichter nur Minuten und leuchten im sichtbaren Bereich.

Im Januar 2004 dokumentierte das Hubble-Weltraumteleskop die **Veränderungen des Polarlichts**; zu sehen sind die Aufnahmen vom 24. (unten), 26. (Mitte) und 28. Januar (oben).

Die Saturnringe

Die Saturnringe sind die größten, kompliziertesten und beeindruckendsten Ringe, die einen Planeten des Sonnensystems in der Äquatorebene umgeben. Sie sind bereits mit einem Fernglas zu erkennen und werfen Schatten auf den Planeten, wie auch umgekehrt der Planet auf seine Ringe. Zwar war schon vor den Voyager-Missionen bekannt, dass sich das Ringsystem des Saturns aus mehreren Einzelringen zusammensetzt, die durch zwei Lücken getrennt werden (Cassini- und Encke-Teilung). Doch erst die Raumsonden zeigten, dass es sich um mehr als 100 000 einzelne Ringe unterschiedlicher Zusammensetzung und Farbe handelt, die durch scharf umrissene Lücken voneinander abgegrenzt sind.

Bezeichnungen und Dimensionen Die größten sieben Ringe sind in der Reihenfolge ihrer Entdeckung mit Buchstaben bezeichnet, also von innen nach außen mit D, C, B, A, F, G und E, die Lücken sind nach Astronomen benannt. Breite und Dicke sind unterschiedlich – beispielsweise ist der B-Ring nur etwa 10 Meter dick. Das ist im Verhältnis zu seinem Durchmesser dünner als ein Blatt Papier.

Der innerste Saturnring beginnt bereits etwa 7000 Kilometer über der Oberfläche des Saturns und hat einen Durchmesser von circa 134 000, der äußerste von 960 000 Kilometern. Hinzu kommen seit 2006 ein weiterer vom Saturn-Orbiter Cassini entdeckter schwacher Staubring zwischen den Ringen F und G und ein vom Spitzer-Weltraumteleskop 2009 weit außerhalb des Ringsystems entdeckter großer gewölbter Ring. Wegen seiner geringen Materiedichte und der schwachen Reflexion des Sonnenlichts wurde dieses Gebilde nur wegen seiner Infrarotstrahlung gefunden. Es erstreckt sich über einen Saturnabstand zwischen sechs und zwölf Millionen Kilometern und ist etwa zwanzigmal so

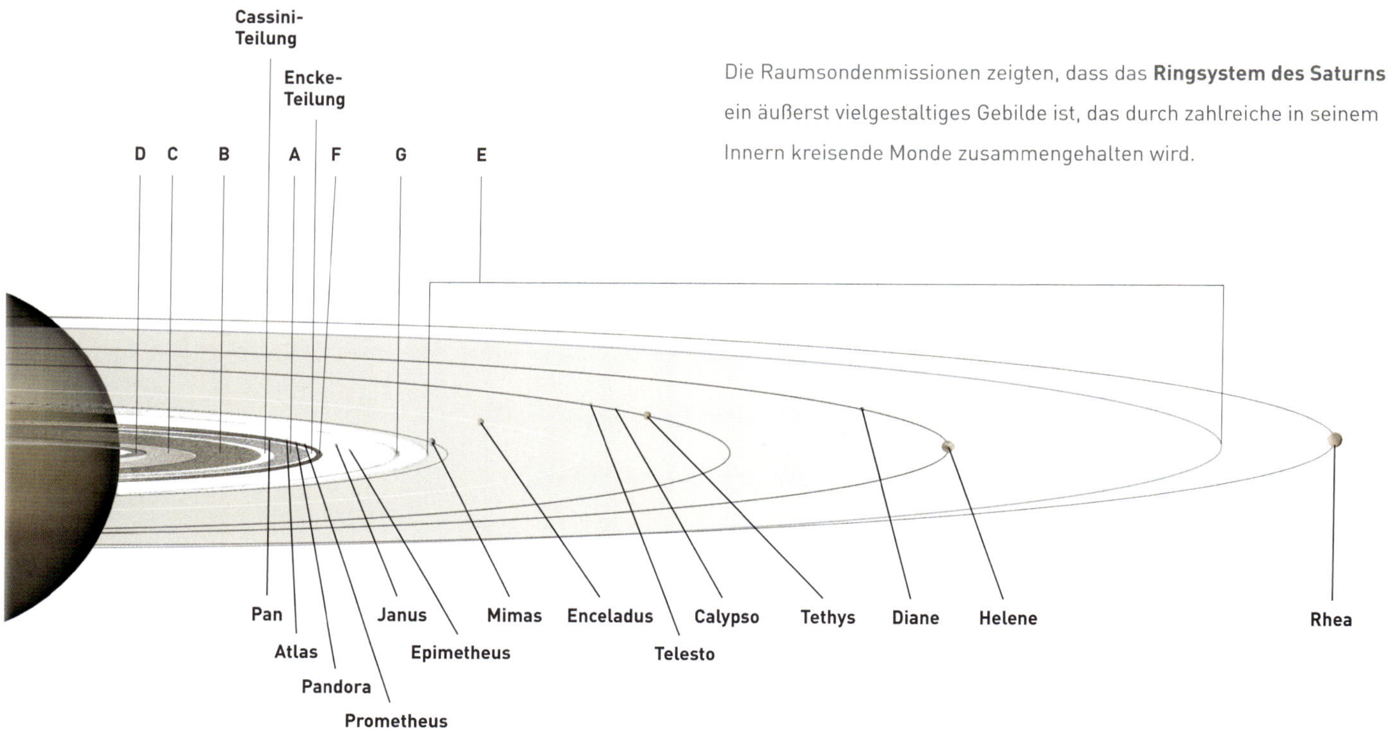

Die Raumsondenmissionen zeigten, dass das **Ringsystem des Saturns** ein äußerst vielgestaltiges Gebilde ist, das durch zahlreiche in seinem Innern kreisende Monde zusammengehalten wird.

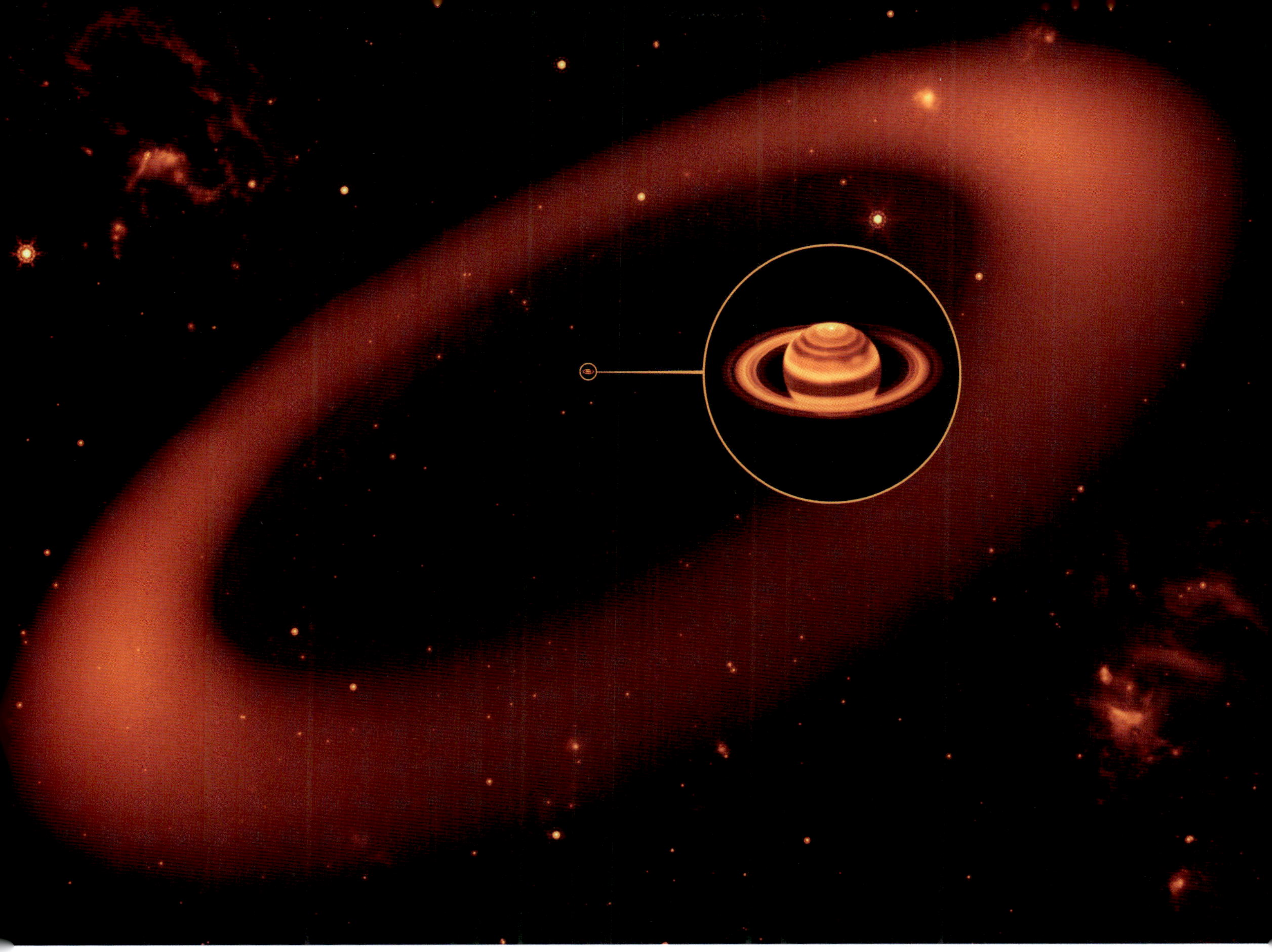

Im Jahr 2009 wurde ein großer **Staubring** um den Saturn entdeckt, hier dargestellt durch eine Computergrafik. Er beginnt 6 Millionen Kilometer entfernt vom Saturn (der in der Bildmitte vergrößert wiedergeben ist).

dick wie der Planet. Die Erde fände dort rund eine Milliarde Mal Platz. Wäre dieser Ring von der Erde aus sichtbar, würde er doppelt so groß wie der Vollmond erscheinen.

Ein dynamisches System Zwar erscheinen die Ringe auf den ersten Blick wie stabile Scheiben, doch würden derartige Gebilde schnell von den Gezeitenkräften des Planeten zerrissen. Tatsächlich handelt es sich bei den Saturnringen um ein aktives, veränderliches System aus Eis- und Staubteilchen, deren Größe von

winzigen Körnern bis zu metergroßen Brocken reicht. Monde, die innerhalb dieses Systems kreisen und als Schäferhund- oder Hirtenmonde bezeichnet werden, fangen ständig Teilchen ein und erhalten so die Ringe und die Teilungen. Die Umlaufzeit der inneren Ringe beträgt sechs bis acht, die der äußeren zwölf bis vierzehn Stunden.

Die Saturnmonde

Mehr als 60 Monde umkreisen den Saturn, wobei sie sich in Größe und Entfernung vom Planeten unterscheiden. Einige bewegen sich innerhalb der Ringe, andere außerhalb. Die meisten Saturnmonde sind klein und irregulär geformt, die sieben Hauptmonde Titan, Rhea, Japetus, Dione, Tethys, Enceladus und Mimas sind nicht nur größer als die anderen, sondern zudem noch kugelförmig. Alle Trabanten sind kalte Welten aus Eis und Gestein, die mit Kratern übersät sind. Nur Titan bildet eine Ausnahme – nicht nur hinsichtlich seiner Größe (mit 5150 Kilometern Durchmesser etwas größer als Merkur), sondern auch durch die Tatsache, dass er als einziger Mond im Sonnensystem eine Atmosphäre hat.

Verschleierter Titan Die Gashülle des Titans besteht zu 98 Prozent aus Stickstoff, ist viele Hundert Kilometer tief

Seltsame Speichen

Spukgestalten Ein seltsames Phänomen in den Saturnringen sind radiale, speichenartige Strukturen. Sie verlaufen von innen nach außen über die Saturnringe, sind ungefähr 100 Kilometer breit und erreichen eine Länge von bis zu 20 000 Kilometern. Ab 1998 waren sie verschwunden, tauchten jedoch ab September 2005 wieder auf. Als Ursache wurde zunächst eine kurzlebige Wechselwirkung mit dem Magnetfeld des Saturns angenommen. Seit 2006 wird das Phänomen jedoch so erklärt, dass winzige Staubpartikel in ihrer Flugbahn vom UV-Licht der Sonne so beeinflusst werden, dass sie durch elektrostatische Kräfte – vielleicht Blitze in der oberen Saturnatmosphäre – in einen Schwebezustand gebracht und angehoben werden. Je nach Sonneneinstrahlung sind sie dann als dunkle Streifen sichtbar oder verschwinden für sechs bis sieben Jahre.

Keine Raumsonde hat den Saturn so lange und intensiv erforscht wie die Sonde **Cassini** und ihr Lander **Huygens**. Bis 2017 ist ihre Mission verlängert worden.

Mit dem Lander Huygens war es möglich, die dichte Atmosphäre des **Titans** zu durchdringen und Bilder von der Oberfläche zu erhalten. »

und viermal so dicht wie die Erdatmosphäre, was auf die sehr tiefe Temperatur von –178 Grad Celsius zurückzuführen ist, die auf dem Titan herrscht. Das honigfarbene Aussehen der Titanatmosphäre wird durch einen gelben, smogartigen Dunst in den oberen Bereichen hervorgerufen, aber auch darunter liegen weitere Dunstschichten. Daneben gibt es Wolken aus Methan und Ethan, die sich, wenn auch sehr selten, abregnen.

Erst durch die Raumsonde Cassini und ihre Vorbeiflüge sowie die Daten ihrer im Jahr 2005 auf der Titanoberfläche abgesetzten Landesonde Huygens haben die Wissenschaftler erfahren, dass es unter der dichten Dunst- und Wolkenschicht, die nur sehr wenig Sonnenlicht durchlässt, Gebirge, Seen und Sanddünen gibt. Außerdem wurden auf dem Mond Anzeichen von Kryovulkanismus gefunden.

Ein neuer Planet

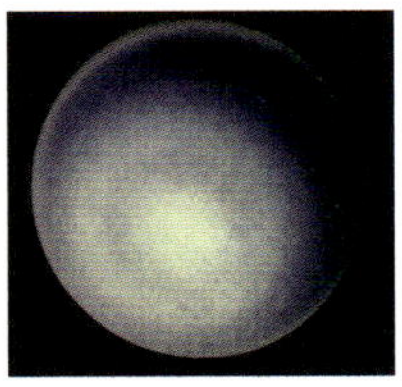

Uranus war der erste Planet, der nach der Antike neu entdeckt wurde, und zwar von dem deutsch-englischen Astronomen Wilhelm Herschel (1738–1822) in der Nacht des 13. März 1781. Er sah Uranus durch ein Teleskop. Als Namen schlug Herschel „Georgsstern" vor, um seinen König George III. zu ehren; doch in Fortsetzung der bisherigen Tradition der Planetenbenennung erhielt der neu entdeckte Planet den Namen des griechischen Himmelsgottes Uranos.

Uranus ist nicht nur ein Planet mit einer strukturlosen Atmosphäre, sondern es umgibt ihn auch ein nur sehr schwacher dunkler Ring.

Mit dem Auffinden des Uranus, der sich in Fernrohren ab 10 Zentimeter Durchmesser als grünes Scheibchen zeigt, war die Grenze des bisherigen Sonnensystems um das Doppelte der Saturnentfernung nach draußen verschoben worden. Sehr bald erkannten die Astronomen, dass es sich beim Uranus um einen weiteren Gasriesen handelt, der zwar kleiner als Jupiter und Saturn, aber viermal so groß wie die Erde ist. Außerdem weist Uranus gegenüber allen anderen Planeten eine Besonderheit auf: Seine Achse ist so extrem stark gegen die Bahnebene (98 Grad) geneigt, dass Uranus nicht um die Sonne kreiselt, sondern rollt.

Ein rollender, konturloser Gasriese

Warum die Achse von Uranus derart geneigt ist, ist noch unklar. Möglicherweise wurde Uranus während seiner Entstehung von einem anderen Objekt angestoßen. Auf jeden Fall hat diese Achsenlage zur Folge, dass jeder der Pole des Uranus, während er in 84 Jahren um die Sonne kreist, die Hälfte dieser Zeit auf das Zentralgestirn und die andere Hälfte von ihm weg zeigt. Jeder Pol liegt also 42 Jahre im Licht der schon recht fernen Sonne, wodurch sehr lange Jahreszeiten entstehen. Die Sonne lässt dem jeweiligen Pol aber nur wenig Energie zukommen, sodass sich die Sommer- und Wintertemperaturen nur um 2 Grad Celsius unterscheiden. Danach folgen 42 Jahre Dunkelheit. Außerdem stehen die Ebenen der Monde und der 1977 entdeckten Ringe, die in der Äquatorebene des Planeten liegen, fast rechtwinklig zur auf der Bahn liegenden Rotationsachse. Das bedeutet wiederum, dass wir alle 42 Jahre auf die Kante der Ringe blicken, wie das 2007 der Fall war. So können auch die dunkelsten Mitglieder des Uranus-Ringsystems erkannt werden, denn in der Kantenstellung erscheinen sie heller, weil ihr Material zu einem dünnen Band verschmilzt.

Der blau-grüne Planet Als Voyager 2 am 24. Januar 1986 nach einer Reisezeit von fast achteinhalb Jahren den Uranus besuchte und in einem Abstand von 81 600 Kilometern über dessen Wolkendecke hinwegflog, zeigten die übermittelten Fotos den verblüfften Wissenschaftlern eine uniform blaugrüne Welt. Der Grund für dieses Aussehen liegt einmal in den Methankristallen der wasserstoffreichen und mit einem Heliumanteil versehenen Uranusatmosphäre, die die roten Wellenlängen des Spektrums absorbieren. Hinzu kommt, dass Dunst in der oberen Atmosphäre Wolkenbänder und damit Anzeichen für Dynamik verhüllt. Voyager 2 konnte nur ein paar kleine Wolken entdecken, aus denen auf Windgeschwindigkeiten von bis zu 300 Stundenkilometern geschlossen werden kann.

Das Innere Zum Kern hin nehmen Dichte und Temperatur des Materials zu, womit es auch in einen anderen Aggregatzustand übergeht. So liegen unterhalb des Dunstes dickere Wolkenschichten, denen vermutlich ein Meer aus flüssigem Wasser folgt, das auch den Mantel bildet. Hier, ungefähr 10 000 Kilometer vom dichten und festen Kern entfernt, erzeugen elektrische Ströme das planetare

Steckbrief Uranus

Mittlere Entfernung von der Sonne: 2872,5 Millionen km
Durchmesser: 51 118 km (etwa 4 Erddurchmesser)
Masse (Erde = 1): 14,54
Mittlere Dichte: 1,27 g/cm^3
Oberflächentemperatur: –215 °C
Schwerkraft auf der Oberfläche (Erde = 1): 0,86
Rotationszeit: 17 Stunden 24 Minuten
Umlaufszeit: 84,67 Jahre
Atmosphäre: 82,5 % Wasserstoff, 15,2 % Helium, 2,3 % Methan und andere Spurengase
Anzahl der Monde: um die 27

Der innere **Aufbau des Uranus** ähnelt dem der drei anderen Riesenplaneten. Er ist ein flüssiger Planet mit einer gasförmigen oberen Schicht oder Atmosphäre.

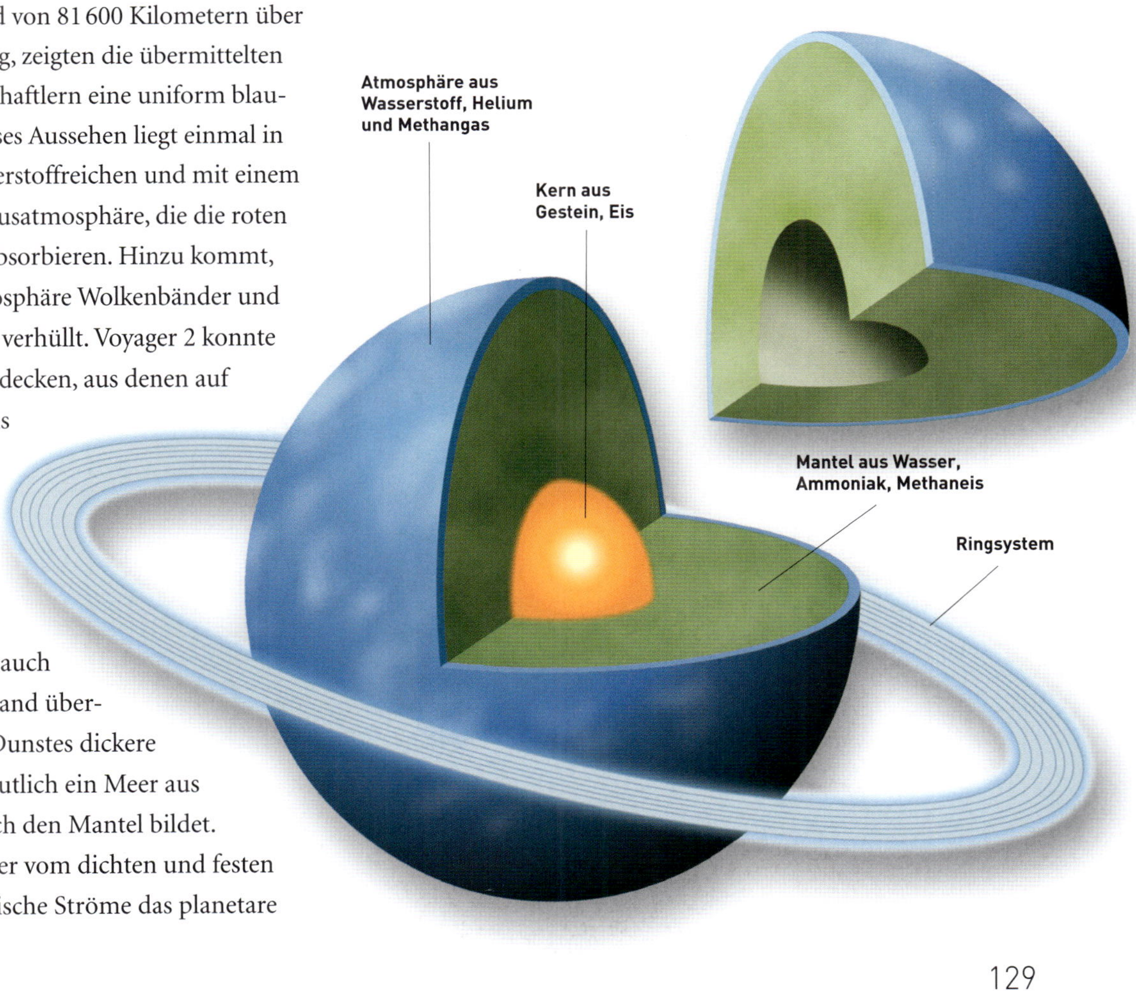

Magnetfeld. Seine Stärke ähnelt dem irdischen, doch ist die magnetische Achse um einen Winkel von 60 Grad zur Rotationsachse geneigt, was auf der Erde einer Lage des magnetischen Nordpols in Marokko entspräche.

Anders als die restlichen Gasriesen erzeugt Uranus kaum oder nur sehr wenig Wärme, was darauf schließen lässt, dass der Planet sich nicht wie Jupiter zusammenzieht.

Die Ringe

Als Wissenschaftler am 10. März 1977 an Bord des Kuiper Airborne Observatory die Bedeckung des Sterns SAO 158687 durch Uranus beobachten wollten, um dessen Atmosphäre und Durchmesser zu untersuchen, machten sie die überraschende Entdeckung, dass Uranus wie Saturn und Jupiter von einem Ringsystem umgeben ist. Wie das Ringsystem des Jupiters ist es sehr fein und dunkel. Wie beim Saturn besteht es sowohl aus groben Partikeln und Brocken mit bis zu 10 Metern Durchmesser, aber auch aus feinem, jedoch anteilsmäßig viel geringerem Staub.

Schmale Bänder Im Unterschied zu den Ringen der anderen Gasplaneten sind die Uranusringe meist schmal, aber scharf begrenzt und offenbar durch große Leerräume getrennt. Allerdings sind nicht alle Ringe kreisförmig oder liegen in der Äquatorebene des Uranus. Der hellste – von Uranus aus der elfte und mit dem Buchstaben Epsilon bezeichnete – ist in seinem dem Planeten nächsten Bereich 20 Kilometer breit und fast undurchsichtig. Dagegen ist sein dem Uranus fernster Abschnitt mit 96 Kilometern fünfmal breiter und fünfmal so durchsichtig. Hier kreisen auch zwei kleine Monde namens Cordelia und Ophelia, die den dichten Epsilon-Ring von innen und außen durch ihre Gravitationswirkung zusammenhalten.

Im Dezember 2005 entdeckte das Hubble-Weltraumteleskop zwei weitere Ringe. Sie befinden sich weit außerhalb der bekannten elf und werden als „Äußeres Ringsystem“

Die ersten **Ringe des Uranus** wurden 1987 entdeckt. Gebildet werden sie durch Staub und dunkle Teilchen von einigen Zentimetern bis wenigen Metern Größe.

Uranus und fünf von mindestens 27 seiner bekanntesten – weil größeren – **Monde**, aufgenommen von Voyager und in einer Fotomontage zusammengestellt (im Vordergrund Ariel).

bezeichnet. Die Farben dieser Ringe sind nach Aufnahmen des Keck-Teleskops vom April 2006 blau und rot; die inneren erscheinen grau.

Die Monde

In der „Vor-Voyager-Zeit" waren nur Oberon, Titania, Ariel, Umbriel und Miranda bekannt. Heute kennt man 27 Uranusmonde. Außer Miranda, dessen Durchmesser nur 470 Kilometer beträgt, sind diese Monde relativ groß und kugelförmig. Ihre Durchmesser reichen von 1160 Kilometern (Ariel) bis 1580 Kilometern (Titania). Die restlichen Trabanten sind kleine irreguläre Körper, wobei die meisten Uranus näher als die fünf großen Monde umkreisen, neun andere Monde sind noch weiter entfernt. Vor allem die detailliert von Voyager 2 aufgenommenen fünf Hauptmonde zeigen sich als Gesteinskörper mit eisbedeckten Oberflächen, vielen Kratern und Gräben.

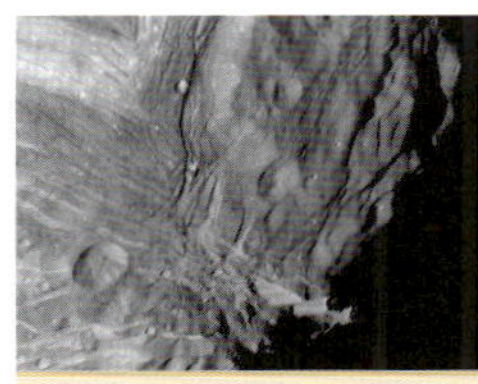

Miranda

Trümmermond? Miranda ist von Schluchten, Kratern, Klippen und Ebenen übersät. Obwohl der Mond weniger als 500 Kilometer Durchmesser hat, sind die Schluchten zehnmal so tief wie der Grand Canyon. Unter ihnen sind die „Coronae" am auffälligsten – gebogene streifenförmige Gebilde mit nur wenigen Kratern. Zunächst vermutete man, dass der Mond durch einen Zusammenstoß zerrissen wurde und sich später aus den Trümmern neu aufgebaut hatte. Heute glaubt man, dass Miranda durch den Einfluss der beiden Uranusmonde Ariel und Umbriel in den Einflussbereich des Mutterplaneten geriet und durch dessen Gezeitenkräfte innen teilweise aufgeschmolzen wurde. Der so verursachte Aufstieg warmen Wassers habe dann tektonische Prozesse in Gang gesetzt, die zu den heutigen Oberflächenstrukturen führten.

Entdeckung am Schreibtisch

Neptun, der achte und derzeit äußerste Planet des Sonnensystems, wurde sozusagen am Schreibtisch entdeckt. Denn aus geringfügigen Störungen in der Bahn des Uranus schlossen Astronomen auf die Existenz eines weiteren Planeten. Die himmelsmechanischen Berechnungen zweier Mathematiker führten schließlich 1846 zu seiner Entdeckung.

Der von einer blauen Atmosphäre umhüllte Planet **Neptun** – zu sehen ist auch der „Große Dunkle Fleck" – wird heute als äußerster Planet unseres Sonnensystems gezählt.

Es waren der englische Mathematiker John Couch Adams (1818–1892) und sein französischer Kollege Urbain V. Leverrier (1811–1877), die beide unabhängig voneinander den vermutlichen Ort des gesuchten Planeten berechneten. Dem Berliner Astronomen Johann Gottfried Galle gelang es, am 23. September 1846 den Planeten nur ein Bogengrad von der vorausberechneten Position im Sternbild Wassermann zu finden. Der heute äußerste Planet des Sonnensystems erhielt den Namen des römischen Meeresgottes Neptun.

Von den Römern wurde der mit einem Dreizack bewehrte **Neptun** (griechisch: Poseidon) als Meeresgott verehrt.

Der zweite blaue Planet

Neptun ist der vierte Gasriese und nach Uranus der viertgrößte Planet des Sonnensystems. Doch wegen seiner gewaltigen Entfernung von der Erde gab er erst mit dem Vorbeiflug der Raumsonde Voyager 2 am 24. August 1989 viele seiner Geheimnisse preis. Er ist in vielem dem Uranus ähnlich, wobei seine Atmosphäre in einem noch viel intensiveren Blau leuchtet, weil das rote Licht absorbierende Methan in den oberen Schichten in viel größerer Menge vorhanden ist. So ist denn Neptun nach der Erde der zweite blaue Planet im Sonnensystem.

Turbulente Atmosphäre Schon ein flüchtiger Blick zeigt eine turbulente Atmosphäre mit verschiedenen Wetteraktivitäten. So ziehen sich lange, helle Wolken, die den irdischen Cirruswolken sehr ähnlich sehen, über einen Großteil der Planetenkugel. Allerdings bestehen diese Wolkenformationen in der –218 Grad Celsius kalten Atmosphäre aus gefrorenem Methan und weniger aus Wassereiskristallen wie auf der Erde. Hinzu kommen sehr schnelle Winde: dynamische Stürme mit über 1600 Stundenkilometern, die Spitzenwerte von bis zu 2100 Stundenkilometern erreichen können. Damit hat die Neptunatmosphäre die höchsten Windgeschwindigkeiten im Sonnensystem.

Steckbrief Neptun

Mittlere Entfernung von der Sonne: 4509 Millionen km
Durchmesser: 49 528 km (etwa 3,87 Erddurchmesser)
Masse (Erde = 1): 17,15
Mittlere Dichte: 1,638 g/cm^3
Oberflächentemperatur (Wolken): –201 °C
Schwerkraft auf der Oberfläche (Erde = 1): 1,2
Rotationszeit: 16 Stunden 7 Minuten
Umlaufszeit: 163,7 Jahre
Atmosphäre: 79,5 % Wasserstoff, 18,5 % Helium, 2,0 % Methan und Spurengase
Anzahl der Monde: 13

Am 20. August 1977 startete von Cape Canaveral eine Titan-III-EC-Centaur-Rakete mit der **Raumsonde Voyager 2**. Sie gilt als größter Erfolg der NASA, ja der Raumfahrt allgemein.

Der Große Dunkle Fleck

Bei ihrem Vorbeiflug am Neptun entdeckte Voyager 2 in der südlichen Hemisphäre den sogenannten Großen Dunklen Fleck (englisch *Great Dark Spot*, kurz GDS). Dieses Zyklonsystem, das den Planeten in 18,3 Stunden umrundete, war östlich sowie südlich von hellen Wolken umgeben, die sich innerhalb weniger Stunden veränderten. Die Wissenschaftler hielten dieses Hochdruckgebiet mit einer Ausdehnung von der Größe Eurasiens anfangs für eine Wolke, einigten sich aber später auf ein Loch in der sichtbaren Wolkendecke.

Allerdings wurde der GDS am 2. November 1994 vom Hubble-Weltraumteleskop nicht mehr wiedergefunden. Die Gründe dafür sind unbekannt, doch es wird vermutet, dass die vom Planetenkern ausgehende Hitze das atmosphärische Gleichgewicht gestört und existierende umlaufende Strukturen zerrissen hat. Möglicherweise hat sich der GDS auch einfach aufgelöst oder er wird inzwischen von anderen Teilen der Atmosphäre verdeckt. Stattdessen hat man einen neuen, dem GDS ähnelnden Sturm in der nördlichen Hemisphäre entdeckt.

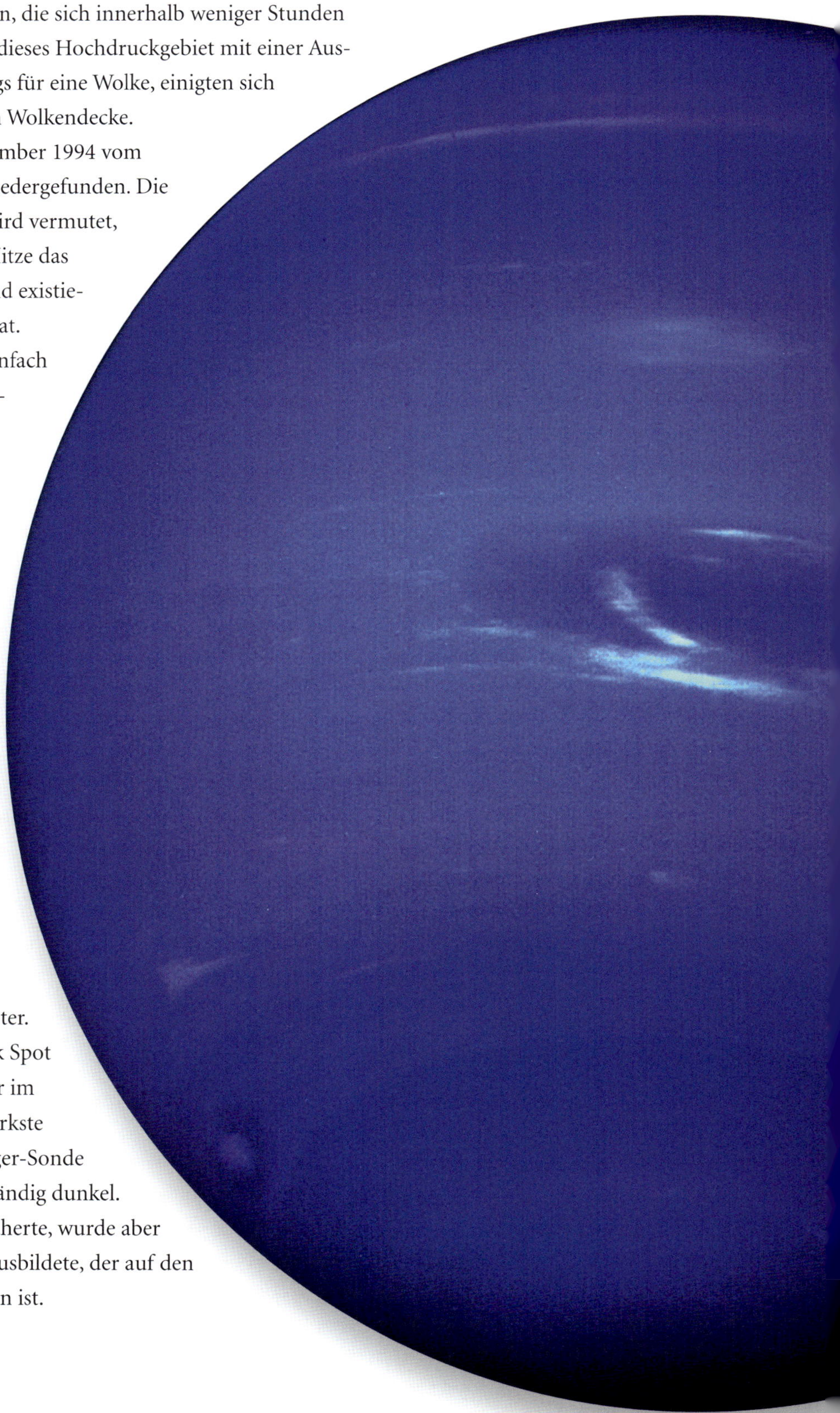

Scooter und Small Dark Spot Ein weiteres Sturmgebilde, das 1989 kurz vor der Ankunft der Sonde gesehen wurde, bekam den Namen Scooter, da es sich so schnell bewegte – viel schneller als der GDS. Es bildet weiße Wolkengruppen südlich des GDS und läuft in 16 Stunden einmal um Neptun. Beim Scooter könnte sich um eine Rauchfahne handeln, die aus tieferen Schichten aufsteigt. Auf den nachfolgenden Bildern fand man dann Wolken, die sich noch schneller bewegten als der Scooter. Ferner wurde ein sogenannter Small Dark Spot entdeckt – ein südlicher Zyklonsturm, der im Uhrzeigersinn rotiert. Er war der zweitstärkste Sturm während der Begegnung der Voyager-Sonde mit Neptun. Anfangs war der Fleck vollständig dunkel. Während sich Voyager 2 dem Planeten näherte, wurde aber beobachtet, dass sich ein heller Kern herausbildete, der auf den meisten hochauflösenden Bildern zu sehen ist.

Neptuns Ringe

Bei Neptuns Verwandtschaft mit Uranus und den beiden anderen Riesenplaneten wäre es verwunderlich gewesen, wenn er nicht ebenfalls ein Ringsystem besäße.

Nicht weniger eindrucksvoll war der südlich des Großen Dunklen Flecks liegende **Scooter**. Wahrscheinlich handelte sich um eine Rauchfahne aus den tieferen Schichten der Neptunatmosphäre. »

Der **Große Dunkle Fleck (GDS)** in der Atmosphäre des Planeten Neptun, fotografiert 1989 von Voyager 2, zählt wie der Große Rote Fleck des Jupiters zu den bekanntesten Wirbelsturmgebieten im Sonnensystem. Er war fast so groß wie die Erde und wurde bis 1994 beobachtet.

Und tatsächlich wurde es in den 1980er-Jahren durch Sternverdunklungen entdeckt. Es ist sehr fein und azurfarben und besteht aus mehreren ausgeprägten Ringen sowie Ringbögen, die im äußeren, dem sogenannten Adams-Ring zu finden sind. Alle Ringe tragen Namen jener Astronomen, die bedeutende Beiträge zur Neptun-Forschung geliefert haben, während die Hauptbögen im Adams-Ring Liberté, Égalité und Fraternité (Freiheit, Gleichheit und Brüderlichkeit nach dem berühmten Motto der Französischen Revolution) heißen. Unterschieden wird zwischen einem inneren und äußeren Ringsystem.

Neptuns dünne, spärlich besetzte **Ringe**, benannt nach Astronomen der Neptunforschung, wurden 1989 von der Raumsonde Voyager 2 aus einer Entfernung von 280 000 Kilometern fotografiert.

Triton – der besondere Neptunmond

Neptun wird von 13 Monden in unterschiedlich großen Abständen umkreist. Bei den meisten seiner Trabanten handelt es sich um kleine irreguläre Körper. Nur Triton bildet eine Ausnahme: Er ist eine 2707 Kilometer durchmessende Kugel aus Eis und Gestein und erreicht damit etwa drei Viertel der Größe des Erdmondes. Er umkreist den Mutterplaneten in fast sechs Tagen und dreht sich dabei gleichzeitig mit derselben Periode um seine eigene Achse. Durch diese gebundene Rotation und die Neigung seiner Achse gegen die Bahnebene zeigen Tritons Pole abwechselnd zur Sonne, ähnlich den Polen des Planeten Uranus.

Als Voyager 2 diesen Mond passierte, war dessen Südpol der Sonne zugewandt, während die Nordpolregion seit rund 30 Jahren im Schatten lag und dort deshalb

Temperaturen von bis zu –237,6 Grad Celsius herrschten. Triton ist deshalb – zum Teil auch wegen seines hohen Rückstrahlvermögens (Albedo) von 76 Prozent des Sonnenlichtes – der kälteste bekannte Ort im Sonnensystem. Die Temperaturen an seiner Oberfläche sind so tief, dass Triton trotz seiner geringen Schwerkraft eine Atmosphäre an sich binden kann, die zu 99 Prozent aus Stickstoff und zu einem Prozent aus Methan besteht.

Vulkane aus Eis Tritons mit Schnee und Eis bedeckte Oberfläche zeigt ein Netzwerk von Verwerfungen, an denen die Eiskruste deformiert und zerbrochen wurde, wobei nur wenige Einschlagkrater zu entdecken sind.

Die große Überraschung auf den Voyager-Fotos war aber die Entdeckung verschiedener Geysire. Sie eruptieren ein Gemisch aus flüssigem Stickstoff und mitgerissenen Gesteinsstäuben, die bis in acht Kilometer Höhe geschleudert werden und auf den Bildern als dunkle Rauchfahnen zu erkennen sind. Dieses Phänomen wird höchstwahrscheilich durch Kryovulkanismus verursacht, wie er auch schon auf anderen Monden im Sonnensystem, beispielsweise auf dem Jupitermond Europa, entdeckt wurde. Auf Triton wird der Kryovulkanismus durch die jahreszeitliche Erwärmung hervorgerufen, die auf die Sonneneinstrahlung zurückzuführen ist. Trotz ihrer geringen Intensität reicht die Wärme bereits aus, um gefrorenen Stickstoff zu verdampfen. Die ausgestoßenen Partikel setzen sich auf der Oberfläche ab, wo sie Schichten aus gefrorenem Methan und Silikaten bilden. Durch die Sonneneinstrahlung wandelt sich das Methan in andere organische Verbindungen um, die dann als dunkle Streifen und Schlieren sichtbar werden.

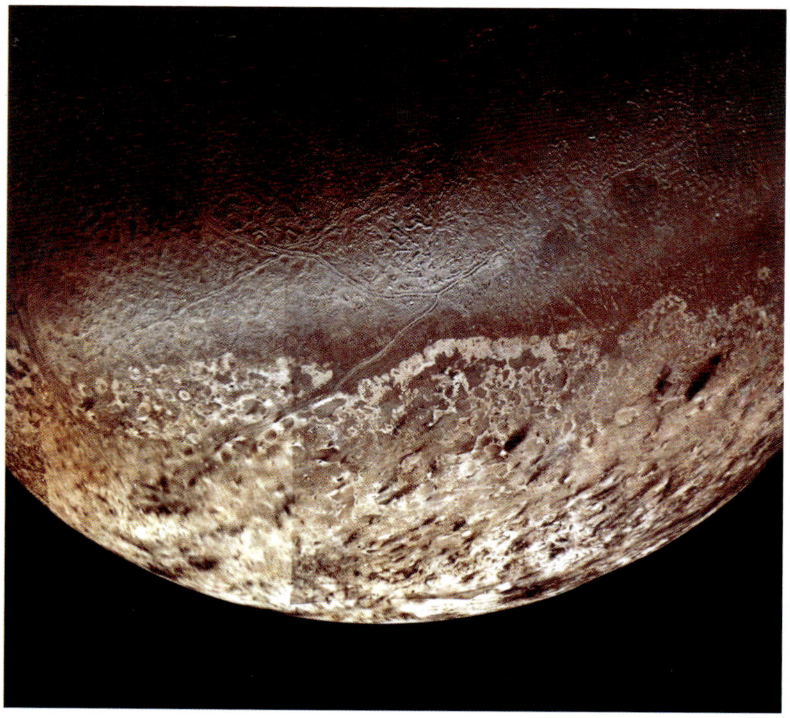

Triton, hier mit seiner beleuchteten Südpolarkappe, ist der größte Mond des Planeten Neptun und besteht aus Eis und Gestein.

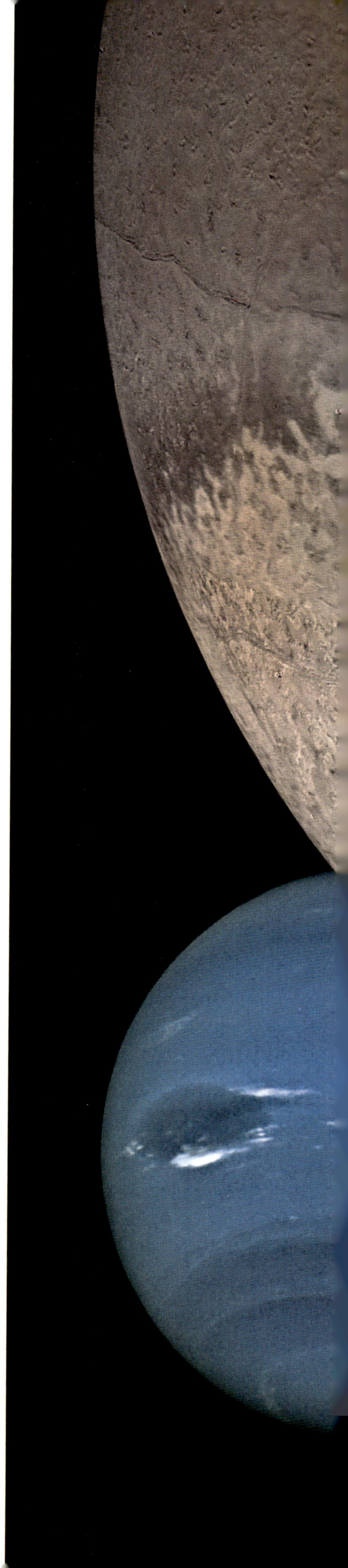

Deutlich sind auf der Südpolarkappe **Tritons** die dunklen Rauchwolken der Geysire zu erkennen, die aus flüssigem Stickstoff und Gesteinsstäuben bestehen (im Hintergrund als Fotomontage Neptun). »

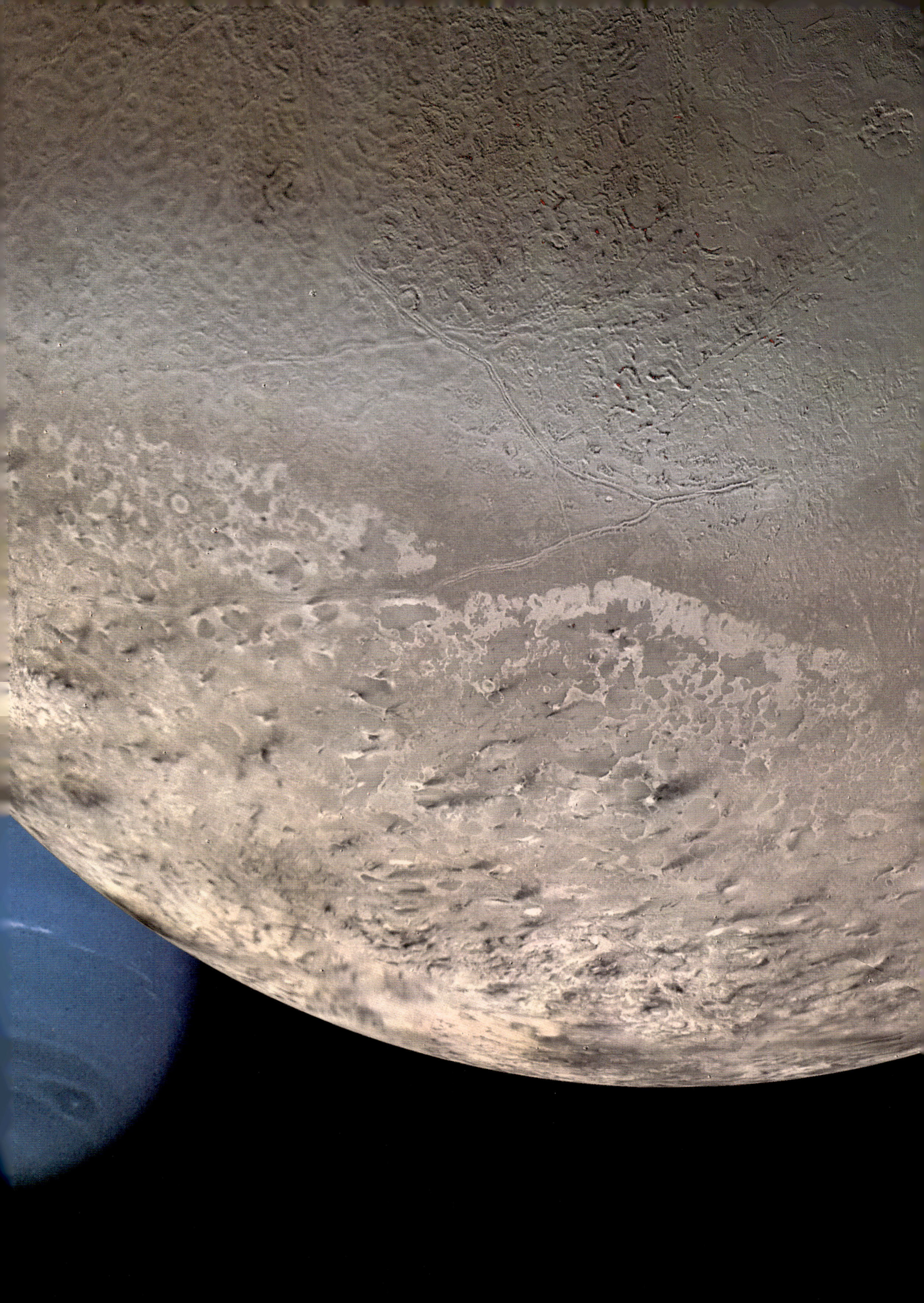

Eine neue Klasse kleiner Welten

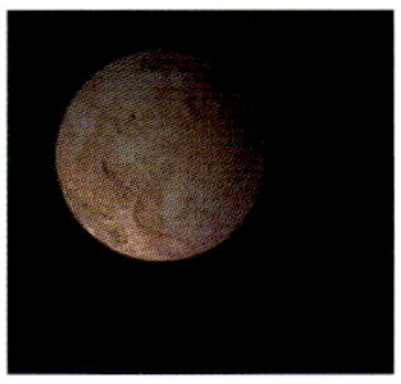

Seit dem 24. August 2006 ist unser Sonnensystem um eine neue Klasse von Welten reicher: die der Zwergplaneten. Sie wandern nicht nur jenseits der Neptunbahn, sondern auch auf der Bahn des Planeten Pluto sowie fern von ihr, wodurch Pluto seinen Planetenstatus verlor.

Eris (hier in einer künstlerischen Darstellung) ist der massereichste bekannte Zwergplanet unseres Sonnensystems. Er zählt zur Unterklasse der Plutoiden, die jenseits der Neptunbahn die Sonne umrunden.

Fast 76 Jahre lang galt Pluto als Grenzplanet des Sonnensystems, aber als sehr seltsamer. Hinsichtlich seiner Dimensionen passte er überhaupt nicht in die Gruppe der Riesenplaneten des äußeren Teils des Sonnensystems, und auch von der Zusammensetzung gehörte er eigentlich zu den sonnennahen terrestrischen Planeten. Zudem ist seine Umlaufbahn extrem gegen die Ebene der Ekliptik geneigt und weist Störungen auf. War Pluto nur ein „entlaufener" Mond des Planeten Neptun und gab es vielleicht sogar einen Transpluto, der die Reststörungen verursachte?

Ein zweiter Gesteinsgürtel

Bereits 1949 und 1951 hatten der irische Astronom Kenneth E. Edgeworth (1880 bis 1972) und der US-amerikanisch-niederländische Astronom Gerard Kuiper (1905 bis 1973) vermutet, dass es jenseits des Planeten Neptun eine Art zweiten Asteroiden-/

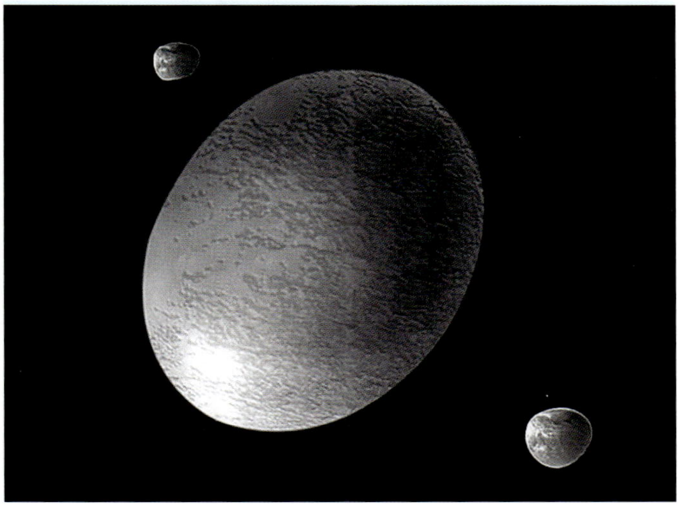

Der Zwergplanet **Haumea** mit seinen beiden Monden Namaka und Hi'iaka wurde nach einer hawaiianischen Fruchtbarkeitsgöttin benannt.

Planetoidengürtel geben müsse. Doch die damaligen Beobachtungsinstrumente ließen keinen direkten Beweis zu und erst 1992 wurde das erste Objekt jenseits der Plutobahn entdeckt, das den unromantischen Namen QB 1 erhielt. Ihm folgten ab 1993 die ersten der späteren Plutoiden: Eris (2600 Kilometer Durchmesser), Haumea (1436 Kilometer), Makemake (1500 Kilometer), Sedna (1700 Kilometer), Orcus (1600 bis 1800 Kilometer), Quaoar und Varuna (je 900 Kilometer).

Der Edgeworth-Kuiper-Gürtel Diese Himmelskörper bewegen sich in einer Entfernung zwischen 30 und 50 Astronomischen Einheiten außerhalb der Neptunbahn nahe der Ekliptik um die Sonne. Tausende Objekte, darunter schätzungsweise über 70 000 mit mehr als 100 Kilometern Durchmesser, bilden hier einen zweiten Gesteinsgürtel. In diesem Gürtel ist Pluto nur eine kleine Welt unter vielen ähnlichen und mit 2390 Kilometern Durchmesser nicht einmal die größte. Zu Ehren der beiden Wissenschaftler wurde dieser Bereich Transneptunischer Objekte (TNOs) „Edgeworth-Kuiper-Gürtel" genannt.

Zwergplaneten

Nun standen die Astronomen vor der Entscheidung, entweder die Zahl der bisher bekannten Planeten um mindestens sechs zu erweitern – wozu dann auch der im Asteroidengürtel kreisende größte Planetoid Ceres gehören würde – oder ihre Zahl auf acht zu reduzieren, also Pluto den Status eines „ordentlichen" Planeten abzuerkennen. Auf der Sitzung der Internationalen Astronomischen Union am 24. August 2006 in Prag wurde eine entsprechende Entscheidung gefällt und gleichzeitig die neue Klasse der Zwergplaneten geschaffen. Es sind Himmelskörper, die sich auf einer Umlaufbahn um die Sonne bewegen, aber im Unterschied zu Planeten ihren Weg nicht von anderen Objekten freigeräumt haben. Ihre Masse ist so groß, dass sie durch die eigene Schwerkraft eine annähernd kugelförmige Gestalt besitzen. Kreisen die Zwergplaneten jenseits der Neptunbahn, erhalten sie zusätzlich die Bezeichnung Plutoiden.

Pluto Dieser Himmelskörper gehört zu den prominentesten Mitgliedern unter den Zwergplaneten und zu den am besten erforschten. 1930 war er von dem US-Astronomen Clyde Tombaugh (1906–1997) entdeckt worden. Pluto ist mit einem Durchmesser von 2304 Kilometer kleiner als der Erdmond und benötigt für eine Sonnenumrundung 247,68 Jahre. Bei seinem Weg um die Sonne läuft er während seines Perihel (sonnennächster Punkt) für gewisse Zeit innerhalb der Bahn des Neptun und steht der Sonne näher als der achte Planet. Zuletzt war das vom 7. Februar 1979 bis 11. Februar 1999 der Fall.

Vermutlich besteht Pluto aus rund 70 Prozent Gestein und 30 Prozent Wassereis und ähnelt dem noch größeren, kälteren Neptunmond Triton. Pluto ist von einer dünnen, rötlichen Atmosphäre umgeben, die zum größten Teil Stickstoff enthält. Die Temperatur an der Oberfläche liegt wohl bei ungefähr –230 Grad Celsius.

Als Mitglied des Kuipergürtels dürfte Pluto einem dauernden Bombardement von Minimeteoriten ausgesetzt sein, die Staub- und Eispartikel herausschlagen. Das gilt auch für die vier Monde Charon (1207 Kilometer Durchmesser), Nix, Hydra und S/2011, der erst 2011 gefunden wurde.

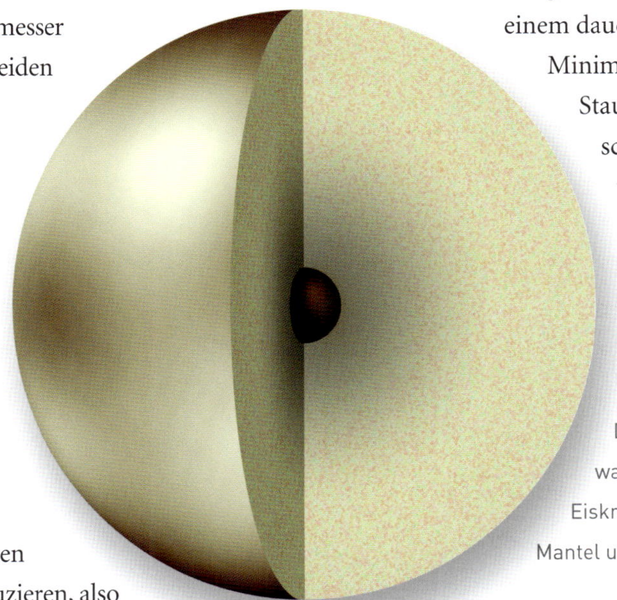

Der Zwergplanet **Pluto** besteht wahrscheinlich aus einer dünnen Eiskruste, einem an Wassereis reichem Mantel und einem Gesteinskern.

Pluto von seinem Mond **Charon** aus gesehen, in der Ferne einige weitere Zwergplaneten. »

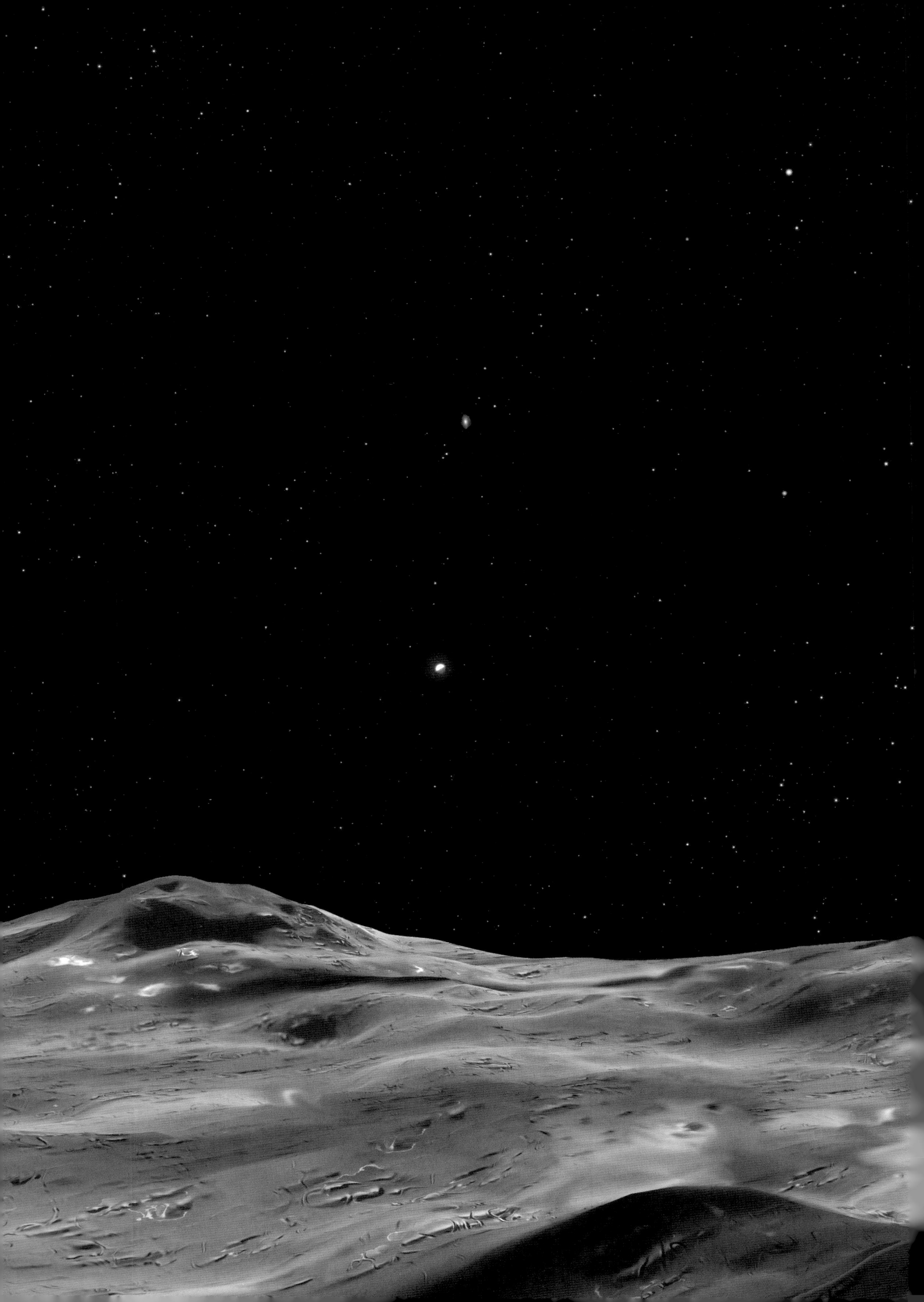

Zwischen Mars und Jupiter

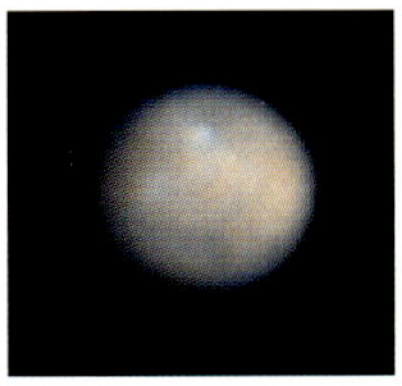

Seit sie mit Fernrohren das Sonnensystem erforschten, wunderten sich die Astronomen darüber, dass zwischen den Planeten Mars und Jupiter eine große Lücke klaffte – ihren Berechnungen nach hätte dort ein weiterer Planet kreisen müssen. Diesem Rätsel konnte der katholische Priester Giuseppe Piazzi allerdings am 1. Januar 1801 ein Ende bereiten: Er entdeckte den Kleinplaneten Ceres, das erste Mitglied des Planetoiden- oder Asteroidengürtels.

Gedenkblatt für den italienischen Astronomen **Giuseppe Piazzi** (1746–1826), das anlässlich seiner Entdeckung des ersten Planetoiden Ceres 1801 gedruckt wurde.

Der **Planetoid Gaspra**, fotografiert 1991 von der Raumsonde Galileo.

Ein Ring von Gesteinstrümmern

Durch die Entdeckung weiterer Objekte, denen man die Namen Pallas, Juno, Vesta und Astraea gab, fand man heraus, dass es sich hier um eine Vielzahl von kleinen Planeten handeln müsse, die wie ein Ring oder Gürtel die sonnennahen terrestrischen Planeten umgeben und sie von den Gasriesen trennen. Dieser sogenannte Asteroiden- oder Planetoidengürtel enthält zahlreiche Brocken unterschiedlichster Größe. Seine hellsten Mitglieder weisen Durchmesser zwischen 20 und 1000 Kilometern auf, wobei Ceres mit einem Durchmesser von 952 Kilometern die Spitzenstellung einnimmt und heute als Zwergplanet geführt wird. Seine Kugelform ist aber untypisch für einen Asteroiden. Nur Planetoiden von über 300 Kilometern Durchmesser sind Kugeln; und nur zehn im Asteroidengürtel erreichen mehr als 250 Kilometer Durchmesser. Die meisten sind viel kleiner und von irregulärer Form.

Bauschutt Beim Asteroidengürtel handelt es sich quasi um „Bauschutt" aus der Frühzeit des Sonnensystems und nicht, wie man lange vermutete, um die Trümmer eines zerplatzten Planeten. Jupiters schnell wachsende Masse hatte durch ihre Gravitation verhindert, dass sich aus diesem Material ein weiterer Planet bilden konnte. Die Gesamtmasse der im Asteroidengürtel beheimateten Objekte beträgt etwa fünf Prozent der Masse des Erdmondes und entspricht damit einem Drittel des Zwergplaneten Pluto.

Hauptgürtel Heute sind die Bahnen von mehr als 400 000 Planetoiden bekannt. Die Gesamtzahl der Kleinkörper zwischen Mars und Jupiter wird aber auf weit über eine Milliarde geschätzt. Sie können aus Gestein, Metall oder einer Mischung aus Eis und Gestein bestehen und umlaufen unsere Sonne in einer Zeit zwischen drei und sechs Jahren

Auf derselben Mission passierte Galileo auch den **Planetoiden Ida**. Wie Gaspra ist er voller Krater.

Die Raumsonde **Near Earth Asteroid Rendezvous** mit dem Beinamen „Shoemaker" erforschte 1997 den Planetoiden Mathilde und 2000 Eros.

in einem Abstand zwischen 315 und 480 Millionen Kilometern. Dieser Bereich wird deshalb auch Hauptgürtel genannt. Einige der Planetoiden wurden inzwischen von Raumsonden besucht – so 1991 der Asteroid Gaspra von Galileo und 1997 der Asteroid Mathilde sowie 2000 Eros von Near Earth Asteroid Rendezvous (NEAR), die sogar auf ihm landete.

Verteilung Obwohl sie in einem Gürtel konzentriert sind, ist der Raum zwischen den Asteroiden fast leer, wie die Pioneer- und Voyager-Raumsonden bei ihren Flügen zu den Riesenplaneten bewiesen. Außerdem sind die Asteroiden nicht gleichmäßig verteilt, was auf Bahnstörungen vonseiten des Jupiters zurückzuführen ist. Diw Störungen führen zu Lücken im Hauptgürtel, die 1866 von dem US-amerikanischen Astronomen Daniel Kirkwood (1814–1895) entdeckt wurden. Diese Kirkwood-Lücken unterteilen den Hauptgürtel in drei Bereiche mit verschiedenen Familien oder Gruppen, die gemeinsame Bahnelemente und eine ähnliche Zusammensetzung aufweisen: der Innere Hauptgürtel, der Mittlere Hauptgürtel, zu dem Ceres gehört, und der Äußere Hauptgürtel.

Trojaner und Ausreißer-Planetoiden

Allerdings wandern etwa zehn Prozent der Kleinplaneten nicht im Hauptgürtel um die Sonne. So gibt es zwei Gruppen, die dem Planeten Jupiter auf seiner Bahn vorauseilen und folgen, und zwar von der Sonne aus gesehen in einem Winkel von 60 Grad. Diese unter dem Namen Trojaner zusammengefassten Planetoiden liegen nahe der beiden sogenannten Lagrange-Punkte. An diesen Punkten heben sich die Anziehungskräfte von Jupiter und Sonne gegenseitig auf, sodass sich die Asteroiden dort in einer Gleichgewichtslage befinden.

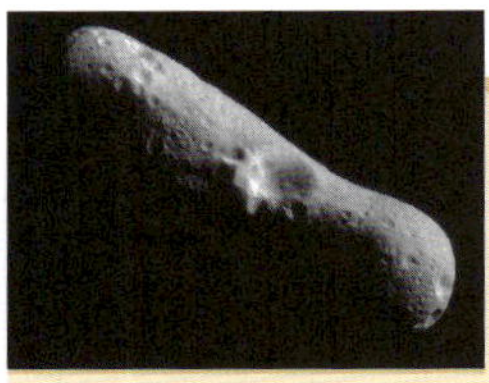

NEOs

Gefährliche Objekte Rund 3000 „Ausreißer-Planetoiden" Richtung Erde sind bekannt, weshalb für sie die Bezeichnung „Near-Earth Objects" (NEOs) geprägt wurde. Jeder Sechste kann der Erde potenziell gefährlich werden, weil seine Bahn schon jetzt bis auf weniger als 7,5 Millionen Kilometer an sie heranführt. Dabei treten immer wieder Bahnstörungen auf, die im Lauf von Jahrtausenden auch eine Kollision mit der Erde heraufbeschwören können. Da die Durchmesser dieser gefährlichen Objekte größer sind als 175 Meter, wäre bei einem Treffer mit mehr als lokaler Zerstörung zu rechnen.

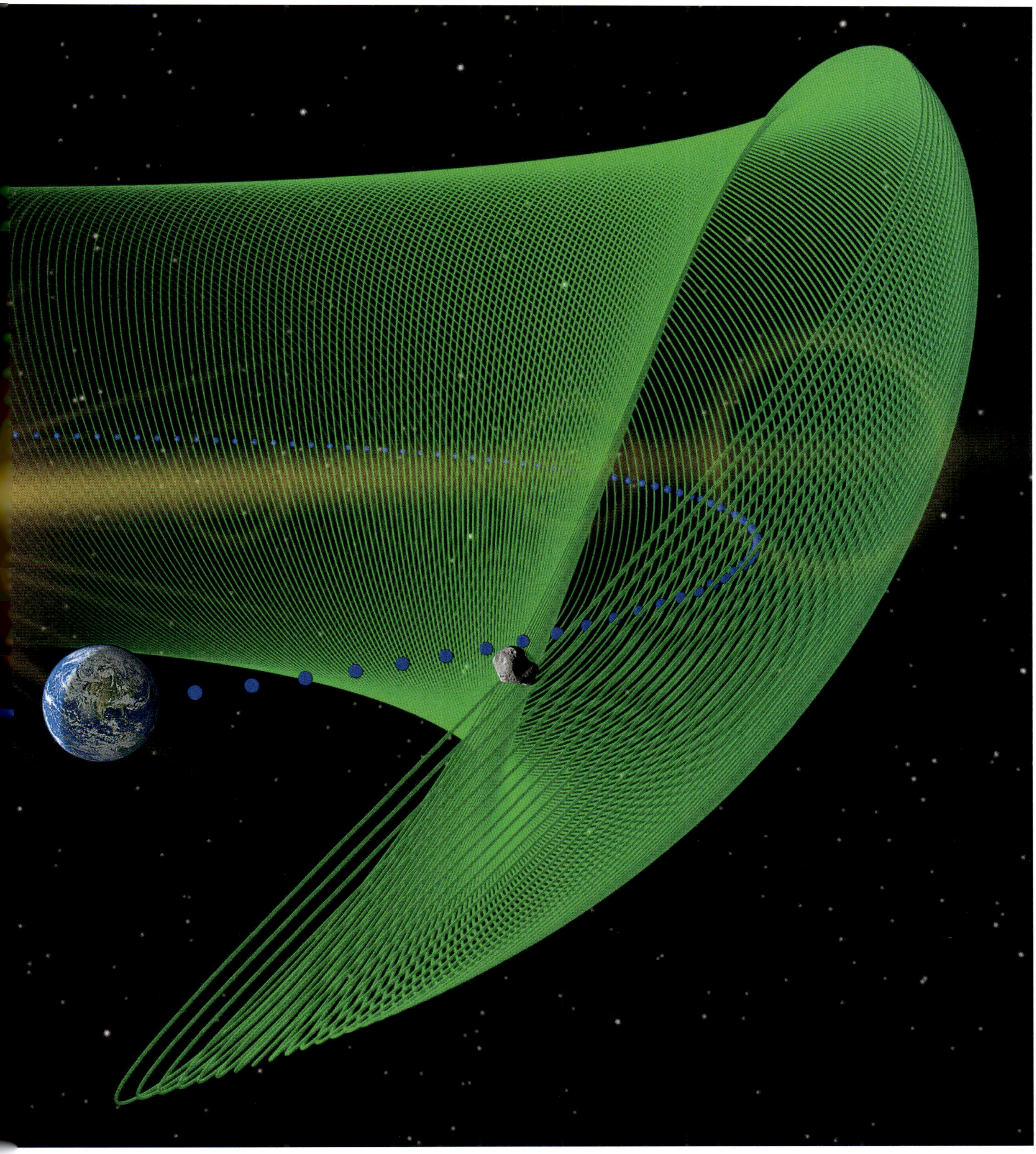

Die sogenannten **Trojaner** sind Asteroiden, die einem Planeten auf seiner Bahn vorauseilen. Im Juli 2011 wurde ein erster Erdtrojaner entdeckt; seine extreme Bahn ist grün dargestellt, die der Erde mit blauen Punkten.

Erdbahnkreuzer Andere Kleinplaneten verlassen jedoch diese Zonen und wandern entweder bis in die äußersten Bereiche des Planetensystems oder in die inneren wie die Apollo-Planetoiden. Hier können sie die Bahn der Erde kreuzen und dabei unserem Planeten verhältnismäßig nahekommen, was ihnen auch den Namen „Erdbahnkreuzer" eingetragen hat. Einige von ihnen – die Aten-Planetoiden – haben eine kürzere Umlaufzeit als die Erde.

Kosmische Vagabunden

Kometen werden oft als kosmische Vagabunden oder auch als Schweifsterne bezeichnet. Beides trifft die besonderen Eigenschaften dieser Kleinkörper des Sonnensystems sehr genau: ihr scheinbar plötzliches Auftauchen und das gleichermaßen geheimnisvolle Verschwinden sowie der viele Millionen Kilometer lange, oft prächtige Gasschweif.

Der kurzperiodische Komet Halley als böses Omen, der die Eroberung Englands durch die Normannen im Jahr 1066 ankündigt – zu sehen auf dem berühmten **Wandteppich von Bayeux**.

Unglücksbringer

In früheren Zeiten, in denen die Menschen die Erscheinungen am Himmel als Omen sahen, galten die Kometen als Unglücksbringer. Sie wurden als „Zuchtruten" oder „Schwerter Gottes" gesehen. Selbst die Astronomie tat sich schwer, die Natur dieser seltsamen, aber eindrucksvollen Himmelskörper zu verstehen, auch wenn sie ihre Bahnen berechnen konnte. Erst Raumsonden wie Giotto (1986), Deep Space 1 (2001), Stardust (2004), Deep Impact (2005) sowie Stardust Next (2011) konnten manche ihrer Geheimnisse lösen.

Kometenbahnen Kometen wandern auf langgestreckten Bahnen in Richtung Sonne. Das kann auf einer Hyperbel-, Parabel- oder Ellipsenbahn geschehen. Dabei kreuzen sie die Wege aller acht Planeten, um dann um unser Zentralgestirn herumgelenkt und wieder in die fernen Regionen des Sonnensystems geschickt zu werden – es sei denn, dass sie vorher durch einen der Riesenplaneten auf dieser Wanderung gestört und eingefangen werden. Nur die Ellipsenbahn garantiert die

Die Bahn eines Kometen ist extrem lang gestreckt. Dank zahlreicher Raumsonden ist der **Halleysche Komet** am besten erforscht.

Wiederkehr eines Kometen, wobei die meisten periodischen Kometen Umlaufzeiten von mehr als 200 Jahren haben. Andere erscheinen nach kürzerer Zeit. Der bekannteste ist der Halleysche Komet. Er kommt alle 76 Jahre in Erdnähe. Das letzte Mal war es 1986 der Fall, das nächste Mal wird es 2062 sein.

Ein Körper aus Staub und Schnee

Ein Komet gliedert sich im Grunde in zwei Teile: den Kopf und den Schweif. Vom Kopf gehen alle Aktivitäten aus. Er besteht aus dem Kern und der Gashülle (Koma).

Die **ESA-Raumsonde Giotto** näherte sich 1986 bis auf 600 Kilometer dem Halleyschen Kometen und fotografierte erstmals die helle Seite seines Kerns.

Der Kern Der Kometenkern ist ein unregelmäßig geformter Körper aus schmutzigem, staubigem „Schnee" mit einer Größe von wenigen Hundert Metern bis zu mehreren Kilometern. Bei dem „Schnee" handelt es sich um glasartig erstarrtes

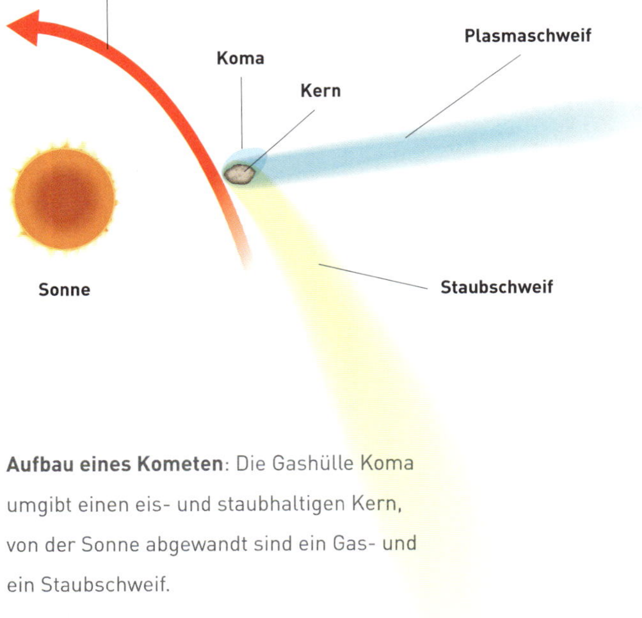

Aufbau eines Kometen: Die Gashülle Koma umgibt einen eis- und staubhaltigen Kern, von der Sonne abgewandt sind ein Gas- und ein Staubschweif.

Wasser, Trockeneis, Kohlendioxideis, Methan, Ammoniak mit Beimengungen aus kleinen Staub- und Mineralteilchen, beispielsweise Silikate und Nickeleisen. Er ist von einer isolierenden Kruste aus dunklem Staub bedekt. Sie reflektiert nur vier Prozent des Sonnenlichts und ist damit dunkler als Kohle. Kometen werden deshalb auch „Eisige Schmutzbälle" genannt und stammen aus der Frühzeit des Sonnensystems.

Auf der Oberfläche eines Kometen muss es wie auf einem Gebirgsgletscher aussehen: Sand, Geröll, mit Eis überzogene Gesteins- und Felsbrocken, dazwischen Eis- und Schneefelder, auf denen aus verschiedenen Spalten Fontänen verdampfender Kometenmaterie in den Raum schießen. Der Komet Halley setzte so jede Sekunde mehr als 25 Tonnen Wasserdampf und fünf bis zehn Tonnen Staub frei.

Koma und Schweif Diese verdampfte Materie bildet eine Art Atmosphäre um den Kern: die Koma. Dabei sublimieren die Oberflächenschichten des Kometen, das heißt sie gehen

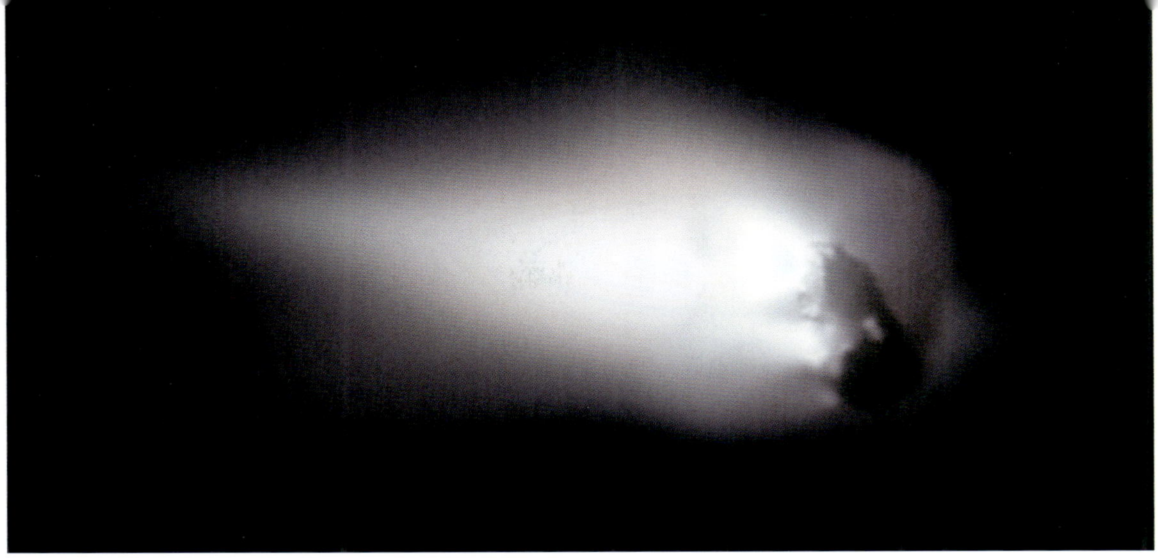

Der von Giotto fotografierte **Kopf des Halleyschen Kometen** gleicht einer riesigen rabenschwarzen Walnuss, von deren Oberfläche Gasfontänen emporschießen.

vom festen direkt in den gasförmigen Zustand über. Durch den Strahlungsdruck der Sonne und den Sonnenwind werden die Bestandteile der Koma förmlich weggeblasen. Auf diese Weise entstehen entgegengesetzt zur Sonne(nstrahlung) zwei Schweife: ein Gas- und ein Staubschweif, die viele Millionen Kilometer in den Raum hinausreichen. In Sonnennähe sind sie am größten und damit längsten sowie hellsten, um dann, wenn sich der Komet wieder von der Sonne entfernt, kürzer und schwächer zu werden, bis sie schließlich verblassen.

Komet McNaught und sein Schweif in einer 2007 fotografierten Reihenaufnahme am Abendhimmel über der chilenischen Atacamawüste.

Die Oortsche Wolke

Die Bahnen, der Aufbau und das Verhalten der Kometen lassen darauf schließen, dass sie aus sehr fernen Regionen unseres Planetensystems kommen. Dort liegt die Temperatur so weit unter dem Gefrierpunkt, dass der Bestand dieser Kleinkörper und ihrer inaktiven Oberfläche garantiert ist. Ein solcher Bereich ist die nach dem niederländischen Astronomen Jan Hendrik Oort (1900–1992) benannte Oortsche Wolke. Sie umhüllt als gewaltige Kugelschale bis in 1,6 Lichtjahre das Sonnensystem und ist die Heimat der langperiodischen Kometen, deren Zahl bis auf eine Billion geschätzt wird; dagegen stammen die kurzperiodischen aus dem Kuipergürtel.

Shoemaker-Levy 9

Spektakuläre Show Der Komet Shoemaker-Levy 9, der sich in einer Bahn um den Jupiter befand, zerbrach vermutlich bereits 1992, ein Jahr vor seiner Entdeckung. Weitere zwei Jahre später schlugen vom 16. bis 22. Juli mit einer Geschwindigkeit von 21 500 Stundenkilometern 21 Fragmente auf den Jupiter ein und färbten an den Impaktstellen die Jupiterwolken dunkel. Entgegen ursprünglicher pessimistischer Vorhersagen konnte das Ereignis von der Erde aus hervorragend mit dem gesamten modernen Instrumentarium der damaligen Zeit beobachtet werden. Der ursprüngliche Komet war wohl etwa fünf Kilometer groß, und die durch die Fragmente freigesetzte Energie entsprach 40 Millionen Megatonnen TNT-Sprengstoff.

Botschafter aus dem All

Am Nachthimmel kann man bisweilen plötzlich auftauchende dahinziehende Leuchterscheinungen sehen. Der Volksmund spricht von Sternschnuppen. Manchmal zischt aber auch eine Feuerkugel übers Firmament. Astronomen bezeichnen beide Phänomene als Meteore und sehen sie als Botschafter aus dem All.

Der 1,2 Kilometer durchmessende und 180 Meter tiefe **Barringer-Krater** in Arizona gilt wegen seines guten Zustands als Musterbeispiel eines Meteoritenkraters. »

Meteorschauer wie die Leoniden sind nach dem Sternbild benannt, in dem ihr scheinbarer Ausgangspunkt liegt. Sie zählen zu den spektakulärsten Himmelsereignissen.

Die abgesägte und polierte Scheibe eines **Steinmeteoriten**. Sie sind – verglichen mit Eisenmeteoriten – schwerer aufzufinden.

Rund 100 Tonnen Meteoritenmaterial regnen täglich auf die Erde nieder. Allerdings handelt es sich dabei vor allem um Mikrometeoriten, die auf ihrem Weg durch die irdische Lufthülle komplett verdampfen. Auch die populären „Sternschnuppen" sind nicht viel größer, nämlich in der Regel nur 1 Millimeter bis 1 Zentimeter und wiegen zwischen 2 Milligramm und 2 Gramm. Fürchten muss man dagegen die mehrere Kilo oder Tonnen schweren Meteoriten, da sie die Erdatmosphäre fast ungehindert durchdringen und beim Aufprall Krater unterschiedlicher Größe erzeugen, was heute bei unserem dicht besiedelten Planeten zu katastrophalen Schäden führen könnte.

Der 1920 in Namibia entdeckte **Meteorit Hoba-West** misst in der Breite und Länge 2,7 Meter und in der Höhe 90 Zentimeter, wiegt 66 Tonnen und ist damit der größte jemals gefundene Eisenmeteorit.

Krater Die Krater auf allen festen Welten unseres Sonnensystems beweisen deutlich, dass Kollisionen mit Meteoriten in der Frühzeit des Sonnensystems sehr häufig waren. Auch heute muss mit derartigen Ereignissen gerechnet werden, wobei die Atmosphäre nur bedingt ein Hindernis bildet. Kommt es zu einem Einschlag (Impakt), entsteht durch die Aufprallenergie ein Krater. Bei einem 30 Meter großen Meteoriten kann er 1 Kilometer Durchmesser haben. Weltweit sind bisher 175 Meteoritenkrater (Astrobleme, „Sternenwunden") aufgespürt worden. Der bislang größte gefundene Meteorit (Hoba-West) mit 66 Tonnen liegt in Namibia.

Erscheinungen am Himmel

Wissenschaftler verwenden in Zusammenhang mit den Leuchterscheinungen am Himmel drei verschiedene Begriffe: Die Leuchterscheinung selbst, die „Sternschnuppe", wird als der oder das „Meteor" bezeichnet; der durch sein Eindringen in die Atmosphäre die Leuchterscheinung erzeugende Körper wird „Meteorid" genannt, und wenn er den Erdboden erreicht – wozu seine Masse mindestens 30 Kilogramm betragen muss –, dann ist es ein „Meteorit". Helle Meteore heißen in Deutschland „Feuerkugeln" oder „Boliden".

Ursprünge

Früher glaubten die Menschen, Meteoriten seien in Brand geratene Teile der Lufthülle und damit eine Wettererscheinung – daher auch die nahe Verwandtschaft zum Wort „Meteorologie". In Wirklichkeit kommen sie von außerhalb der Atmosphäre, und zwar von Asteroiden, Kometen und sogar von den Nachbarwelten Mond und Mars.

Asteroiden So können Asteroiden, die sich in einem Gürtel zwischen Mars und Jupiter aber auch einzeln zwischen den Planeten bewegen, kollidieren, wobei Stücke abbrechen und in den Raum hinausgeschleudert werden. Gelangen diese Stücke dann in das Schwerefeld der Erde und in die Atmosphäre, beginnen sie zu leuchten.

Kometenmaterial Kometen verlieren bei ihrer Annäherung an die Sonne Materie oder können sogar auseinander-

Sehr große Meteore glühen beim Eintritt in die Atmosphäre als **Feuerkugel** (Bolide) auf und erzeugen einen Überschallknall. »

brechen. Das Material in Form von größeren Brocken oder Staub verteilt sich entlang ihrer Bahn, die ja die der Erde schneidet, als Wolke, das heißt als Meteoritenschwarm. Kreuzt ihn die Erde, dann erscheint er am Nachthimmel als Meteorschauer.

Mond- und Marsmeteorite Nicht zuletzt können Mond und Mars Ausgangspunkt der Meteorite sein. Beim Einschlag eines großen Meteoriten kann Oberflächenmaterial herausgeschlagen und ins All hinausgeschleudert werden, um schließlich irgendwann zur Erde zu gelangen. Während bei den Mondmeteoriten die Herkunft durch das von den Apollo-Astronauten mitgebrachte Gestein geklärt ist, fehlt ein solch eindeutiger Nachweis noch bei den bisher gefundenen Marsmeteoriten.

Arten

Auch wenn Meteorite außerirdischer Herkunft sind und wahrscheinlich aus der Frühzeit des Sonnensystems stammen, so bestehen sie doch zumeist aus Stoffen, die auch auf der Erde vorkommen. Allerdings sind die Mengenverhältnisse anders. So wird zwischen drei Meteoritenarten unterschieden: Steinmeteorite, die wiederum je nach Struktur in Chondrite (mit „Gesteinspfropfen") und Achondrite unterteilt sind; Eisenmeteorite, die wegen ihrer Zusammensetzung am leichtesten zu findende Art, bestehen vor allem aus Eisen und Nickel mit geringen Anteilen anderer Mineralien; sowie die sehr selten vorkommenden Eisen-Stein-Meteorite, welche sich aus geschmolzenem Eisen und Nickel sowie dem Mineral Olivin gebildet haben oder beim Einschlag aus Metall- und Gesteinsbruchstücken entstanden.

Die polierte und mit Säure angeätzte Schnittfläche eines Eisenmeteorits weist ein eigentümliches, aber typisches Muster auf: die **Widmanstätten-Figuren**.

Das Leuchten der Meteore

Meteore gehören wegen ihres plötzlichen Aufleuchtens mit zu den eindrucksvollsten und faszinierendsten Himmelserscheinungen, was dazu führt, dass Größe und Masse der verursachenden Körper oft überschätzt und ihre Reibung mit den Luftschichten für das Aufleuchten oder gar Verdampfen verantwortlich gemacht wird. Aber das ist nicht der Fall: Vielmehr heizt die Bewegungsenergie des eindringenden Objekts die umgebende Atmosphäre auf. Die Atome oder Moleküle werden ionisiert, sie verlieren also ihre Elektronen, sodass ein positiv geladenes Ion zurückbleibt. Wenn sich dann die Elektronen mit den Atomkernen wiedervereinigen, kommt es zu einem sogenannten Rekombinationsleuchten.

Die Milchstraße

Sternenband am Nachthimmel

Der Sternenhimmel

Dass unsere Sonne nicht einzigartig und keineswegs etwas Besonderes ist, zeigt sich eindrucksvoll in dunklen, klaren Nächten, wenn scheinbar unzählige Sterne am Himmel funkeln – nichts anderes als weit entfernte Sonnen. Manche sind kleiner als unsere Sonne, stehen aber verhältnismäßig nah; andere übertreffen unser Zentralgestirn um ein Vielfaches, sind jedoch unvorstellbar weit entfernt.

Der Orion mit seinen drei Gürtelsternen ist nur eines von 88 **Sternbildern**, die seit der Antike den Himmel schmücken.

Infrarotaufnahme des Zentrums unserer **Milchstraße** oder Galaxis, deren Scheibe am Nachthimmel als Sternenband erscheint. «

Sternbilder und ihre Sterne

Um sich am Himmel schnell orientieren und um für die Zeitmessung den scheinbaren Lauf der Sonne, des Mondes und der Planeten bestimmen zu können, schufen die Menschen die Sternbilder. Sie mussten den Lauf der Gestirne verfolgen, um den richtigen Zeitpunkt für Aussaat und Ernte zu ermitteln.

Die meisten Sternbilder, die wir hierzulande kennen, gehen auf die alten Babylonier und Ägypter zurück. Die Figuren oder Gegenstände, mit deren Namen diese Völker die Sternbilder versahen, entstammten ihrer Mythologie. Die Griechen und Römer übernahmen diese Anschauungen und Kenntnisse in den wichtigsten Elementen, um sie abgewandelt und den eigenen Vorstellungen angepasst zu verbreiten.

Auch anderswo glaubte man, im Sternenmeer Figuren zu erkennen. So legten die indianischen Hochkulturen Mittel- und Südamerikas, die alten Chinesen oder die Aborigines ebenfalls Sternbilder fest. Allerdings haben sich ihre Figuren wegen der globalen Ausbreitung und Dominanz der europäischen Kultur international nicht durchsetzen können. Sie werden jedoch lokal bis heute verwendet und sind Gegenstand intensiver kulturhistorischer Forschungen.

Sternbildnamen Heute gibt es international 88 anerkannte Sternbilder. Ihre Namen und Grenzen wurden 1922 von der Internationalen Astronomischen Union verbindlich festgelegt. Danach sind die Namen der Sternbilder des Nordhimmels und die der in Europa und im Orient sichtbaren Teile des Südhimmels babylonisch-griechischen Ursprungs. Dagegen tragen die erst in der Neuzeit durch die Entdeckungsfahrten bekannt gewordenen Sternbilder der südlichsten Teile des Südsternhimmels teilweise technische Namen (beispielsweise „Luftpumpe", „Teleskop" oder „chemischer Ofen") oder die von einstmals exotischen Tieren wie „Pfau", „Tukan" oder „Fliegender Fisch".

Sternbildsage

Mythischer Kampf Um die Sternbilder „Perseus" und „Andromeda" rankt sich eine berühmte Geschichte: Andromeda war die einzige Tochter des äthiopischen Königs Kepheus und der Kassiopeia. Diese hatte behauptet, selbst die Nereiden an Schönheit zu übertreffen. Die so geschmähten Meeresnymphen wandten sich an den Meeresgott Poseidon. Er sandte ein Untier aus, den Walfisch. Es verwüstete die Küste von Kepheus' Reich, um die Eitelkeit Kassiopeias zu bestrafen. Nur das Opfer ihrer Tochter, so der Rat der Priester, könne das Ungeheuer besänftigen. Dazu wurde Andromeda an einen Felsen gekettet. Wie sie nun ihr Schicksal erwartete, erschien der Held Perseus, der das Untier erschlug. Zum Lohn erhielt er Andromeda zur Frau.

Das **Sternbild Leier** ist das Instrument des Gottes Apoll; der **Schwan** eine der vielen Verkleidungen des Gottes Zeus.

Der **Winterhimmel** – hier das bekannteste Sternbild Orion – lässt sich wegen seiner klaren Luft und tiefen Dunkelheit am besten beobachten. »

Die Nebelregion im Orion enthält ausgedehnte leuchtende **Gasnebel** und markante **Dunkelwolken** wie den Pferdekopfnebel.

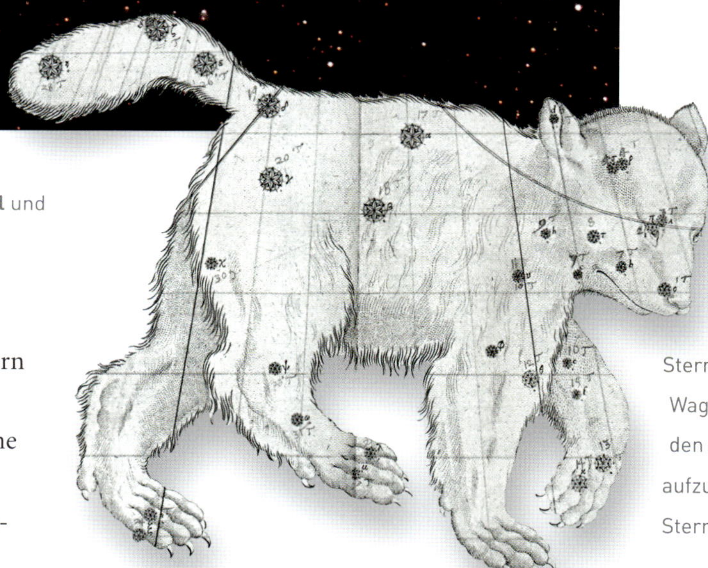

Der **Große Bär**, reduziert auf die sieben Sterne des Großen Wagens, zählt zu den am einfachsten aufzufindenden Sternbildern.

Sternbezeichnungen In einer klaren Nacht fern der Großstädte, also im Hochgebirge oder auf offener See, kann man rund 3000 bis 4000 Sterne erblicken; in einer Stadt dürften es wegen der zunehmenden künstlichen Aufhellung des Himmels nur noch halb so viele sein.

Manche der hellsten Sterne eines Sternbildes tragen seltsame Namen, wie beispielsweise der Stern Rigel im Orion oder Mizar/Alkor im Großen Wagen. Diese Namen stammen aus dem Arabischen, denn die Araber übernahmen nach dem Untergang der griechisch-römischen Kultur deren astronomisches Wissen, übersetzten deren Werke wie die des Ptolemäus und gaben dabei den hellsten Sternen eines Sternbildes ihre eigenen Namen, die sich bis heute erhalten haben.

Auf Sternkarten findet man neben den Namen der Sterne eines Sternbildes außerdem einen kleinen griechischen Buchstaben, mit dem auch die anderen namenlosen Sterne des Sternbildes versehen sind. Zu diesem Hilfsmittel musste nach der Erfindung des Fernrohrs gegriffen werden. Entsprechend ihrer Helligkeit, also Größenklasse, wurden die Sterne mit den Buchstaben des gesamten griechischen Alphabets benannt. Als das nicht mehr ausreichte und die Sternkarten immer detaillierter sowie die Kataloge immer umfangreicher wurden, erhielten die Sterne Nummern.

Himmelskoordinaten Um den genauen Ort eines Objekt oder Ereignisses, wie das Aufleuchten einer Supernova-Explosion, am Himmel beschreiben zu können, haben die Astronomen ähnlich wie die Geografen die Erde mit einem Netz von

Das **Kreuz des Südens** ist eines der bekanntesten Sternbilder des Südhimmels, weil sich mit seiner Hilfe auch die Südrichtung ermitteln lässt.

Linien, dem Gradnetz, überzogen. Dabei hat man einfach das Gradnetz der Erde an die Himmelskugel projiziert.

So gibt es zwei Himmelspole (die Punkte am Himmel, auf die die Erdachse zeigt), um die sich der Sternenhimmel zu drehen scheint, ferner einen Himmelsäquator, ebenso wie Breiten- und Längengrade mit einer Nulllinie. Während der Himmelsnordpol durch den Polarstern markiert ist, fehlt ein solch deutliches Kennzeichen bei seinem Gegenstück.

Nord- und Südhimmel Wegen der Kugelgestalt der Erde erscheint auch der Sternenhimmel dem Betrachter wie eine (Hohl-)Kugel, von der er immer nur eine Hälfte und damit ganz bestimmte Sternbilder sehen kann. So wird der Sternenhimmel wie die Erdkugel in einen Nord- und Südhimmel unterteilt, die sich durch ganz bestimmte Sternbilder auszeichnen. Ein typisches Sternbild des Nordhimmels ist der Große Wagen – ein Teil des Sternbildes Großer Bär. Ein typisches Sternbild des Südhimmels ist das Kreuz des Südens. Den Himmel der nördlichen Halbkugel schmücken 32, den der südlichen 47; und 9 Sternbilder erstrecken sich teilweise über beide Himmelshälften, so der Skorpion oder der Orion.

Sternbilder im Lauf der Jahreszeiten Aber egal, auf welcher der beiden Himmelshälften sich der Beobachter bewegt: Der Anblick des Nachthimmels wechselt im Verlauf eines Jahres. So hat jede der vier Jahreszeiten ihre eigenen Sternbilder, vor allem, was die Bereiche beiderseits des Himmelsäquators betrifft – rund um die Pole bleiben sie dagegen gleich; die Sternbilder hier gehen im Jahresverlauf nicht unter, sie sind zirkumpolar. Der Grund dafür liegt im Umlauf der Erde um die Sonne. Er beschert der Nachtseite einen sich verändernden Blick ins All und so gibt es die Frühlings-, Sommer-, Herbst- und Wintersternbilder.

Tierkreis und Ekliptik Unter diesen Sternbildern gibt es nun zwölf, die sich in einer schmalen Zone (9 Grad) beiderseits eines gegenüber dem Himmelsäquator um 23,5 Grad geneigten Großkreises aufhalten. Es ist die Ekliptik, also jene scheinbare Bahn, auf der unsere Sonne im Lauf eines Jahres den Himmel umwandert; in Wirklichkeit ist es jedoch die Erde, die diesen Weg beschreibt. Daher wird die Ekliptik auch „Erdbahnebene“ genannt.

Die schmale Zone zu beiden Seiten der Ekliptik wird von alters her in zwölf Bereiche mit den zuvor genannten Sternbildern eingeteilt. Dabei handelt es sich um Figuren aus der babylonisch-griechischen Sagenwelt, die zu den ältesten Sternbildern gehören: Widder, Stier, Zwillinge, Krebs, Löwe, Jungfrau, Waage, Skorpion, Schütze, Steinbock, Wassermann und Fische. Da die Tiere überwiegen, heißt dieser Ekliptik-Hintergrund Tierkreis oder Zodiac(us).

Der **Tierkreis** und seine 12 Sternbilder sind Hauptbestandteile vieler astronomischer Uhren wie zum Beispiel am Torre Orologio am Markusplatz in Venedig.

Weil es sich nicht um zirkumpolare Sternbilder handelt, unterliegen die Tierkreissternbilder einem jahreszeitlichen Sichtbarkeitswechsel. So sind beispielsweise während der Wintermonate Dezember, Januar, Februar beim Blick nach Süden von Ost nach West Löwe, Krebs, Zwillinge, Stier, Widder und Fische zu sehen. Wer wissen möchte, in welchem Tierkreissternbild sich die Sonne derzeit aufhält, der muss das Ende der Nacht abwarten, um dann kurz vor Sonnenaufgang in der Morgendämmerung zu erkennen, welches Tierkreissternbild gerade noch über dem Ost-Horizont steht; das dann folgende bildet den augenblicklichen Aufenthaltsort der Sonne.

Das **Tierkreissternbild** des **Skorpions** ist zum kleinen Teil auf der Nord-, zum größten aber auf der Südhalbkugel zu sehen.

Wie Sterne erscheinen

Betrachtet man die Sterne eines Sternbildes, so leuchten die einen heller, die anderen schwächer, aber alle scheinen gleich weit vom Beobachter entfernt zu sein. Doch dieser Eindruck täuscht. Das nahe Beieinanderstehen der Sterne eines Sternbildes, aber auch der Sternbilder untereinander geht auf denselben Effekt zurück, der die Häuser einer Skyline, die man von einem weit entfernten Punkt aus sieht, dicht zusammenrückt.

Entfernungen Die meisten Sterne eines Sternbildes haben keinerlei physikalischen Zusammenhang und sind in Wirklichkeit oft weit voneinander entfernt, und zwar so weit, dass das Maß des Kilometers nicht ausreicht, um die gewaltigen

Abstände fassbar auszudrücken. Die Astronomen verwenden deshalb verschiedene Entfernungsmaße. Das bekannteste Entfernungsmaß ist das Lichtjahr, also jene Strecke, die das Licht (mit einer Geschwindigkeit von 300 000 Sekundenkilometer) in einem Jahr zurücklegt: 9,5 Billionen Kilometern (9,5 mal 10^{12} Kilometer). Der uns nächste Stern Alpha Centauri, ist beispielsweise 4,3 Lichtjahre entfernt.

Scheinbare Helligkeiten Auch die unterschiedlichen Helligkeiten der Sterne täuschen. Sie entsprechen nicht den wahren Helligkeiten, die sich aus der Leuchtkraft der Sterne ergeben. So muss ein besonders hell leuchtender Stern nicht unbedingt riesige Ausmaße haben; er kann sogar kleiner als unsere Sonne sein, aber durch seine geringe Entfernung viel heller leuchten. Dagegen ist ein anderer Stern vielleicht in Wirklichkeit wesentlich größer als unser Zentralgestirn, aber so weit entfernt, dass er nur schwach oder nicht mehr zu erblicken ist.

Größenklassen Das aber wussten die antiken Astronomen noch nicht, als sie für die Beschreibung der Helligkeiten (abgekürzt durch den hochgestellten Buchstaben m) sechs Größenklassen einführten, die (angepasst und erweitert) auch heute noch verwendet werden. Hierbei wurden die hellsten Sterne der „1. Größe" zugeteilt; Sterne bis zur 3. Größe gibt es etwa 150 und bis zur 6. Größe bereits 5000. Ein Stern der 1. Größe ist 100-mal so hell wie ein Stern 6. Größe. Jeder Sprung in der Größenklasse entspricht einem Anstieg der Helligkeit um den Faktor 2,5. Objekte, die heller sind als 1. Größe erhalten negative Größenordnungen (Sonne: -26^m).

Während für das bloße Auge die Beobachtung bei Sternen der 6. Größenklasse endet, lassen sich mit Teleskopen auch Sterne erfassen, die jenseits dieser Grenze liegen. Mit einem guten Fernglas sind Sterne bis 10^m erkennbar. Mit großen Teleskopen werden Sterne bis 26^m beobachtet, also Objekte, die etwa 100 Millionen Mal lichtschwächer sind als die schwächsten, dem menschlichen Auge zugänglichen Sterne der 6. Größenklasse.

Sternfarben Eine weitere Klassifizierungsmöglichkeit für Sterne ergibt sich mithilfe ihrer Farbe. Beim genaueren Betrachten fällt auf, dass manche Sterne (wie Beteigeuze im Orion) rötlich leuchten, andere (wie Rigel) dagegen bläulich.

Sterne wie die des Orions erscheinen uns unterschiedlich hell am Himmel, was jedoch nichts über ihre wahre **physikalische Größe** aussagt.

Der Stern Proxima (im roten Kreis), im südlichen **Sternbild des Centauren** gelegen, ist mit 4,2 Lichtjahren Entfernung die uns am nächsten stehende Sonne.

Die zehn hellsten Fixsterne

Name	Sternbild	Entfernung (in Lichtjahren)	Scheinbare Helligkeit
Sirius	Großer Hund	8,6	$-1{,}46^{m}$
Kanopus	Schiffskiel	312,6	$-0{,}62^{m}$
Alpha Centauri	Zentaur	4,34	$-0{,}27^{m}$
Arktur	Bootes	36,7	$-0{,}05^{m}$
Wega	Leier	25,3	$0{,}03^{m}$
Kapella	Fuhrmann	42,2	$0{,}08^{m}$
Rigel	Orion	772,5	$0{,}12^{m}$
Procyon	Kleiner Hund	11,4	$0{,}40^{m}$
Achernar	Eridanus	143,7	$0{,}50^{m}$
Beteigeuze	Orion	142,3	$0{,}50^{m}$

Schon dem bloßem Auge fällt die rote Farbe der Riesensonne **Beteigeuze** im Orion auf.

Die verschiedenen Farben sind ein Maß für die Temperatur auf der Oberfläche. So weist blauweißes Licht, wie es der Stern Spica in der Jungfrau aussendet, auf 25 000 Grad Celsius Oberflächentemperatur hin; Sirius im Großen Hund leuchtet weiß und hat 10 000 Grad Celsius; unsere Sonne mit ihrer gelben Farbe liegt bei 6000 Grad Celsius; der orangefarbene Arktur im Bärenhüter bringt es auf 4000 Grad Celsius und die rote Riesensonne Beteigeuze „nur" auf 3000 Grad Celsius.

Die Milchstraße

Wegen der Lichtverschmutzung in den Städten sind dort nur wenige Sterne zu sehen – und auch das matt schimmernde Band von Sternen, das wegen seines milchigen Aussehens „Milchstraße" genannt wird, ist nicht mehr zu entdecken. Dabei handelt es sich um die Ebene unseres scheibenförmigen Sternsystems, in das unser Sonnensystem eingebettet ist. Deshalb legt sich dieses Band wie ein Gürtel um die Himmelskugel und umspannt die Erde. Es ist also sowohl auf der Nord- als auch auf der Südhalbkugel zu sehen.

Auch das Erscheinungsbild der Milchstraße wechselt im Verlauf eines Jahres. So liegt sie im Frühjahr abends tief über dem nordwestlichen Horizont und fällt so kaum auf. Im Sommer (Juni bis September) steht sie höher über dem Horizont, und zeigt sich mit ihrem helleren Teil. Dann ist die Nachtseite der Erde den dichteren Regionen um das galaktische Zentrum zugewandt. Dagegen verläuft die Milchstraße im Herbst und Winter zwar hoch am Himmel, ist aber etwas weniger hell. Im Winter blicken wir zum Rand der Galaxis und im Frühjahr und Herbst senkrecht zur Milchstraßenebene. Dort sind nur wenige Sterne zu sehen, aber dafür gelangt unser Blick weit in den Weltraum außerhalb der Milchstraße.

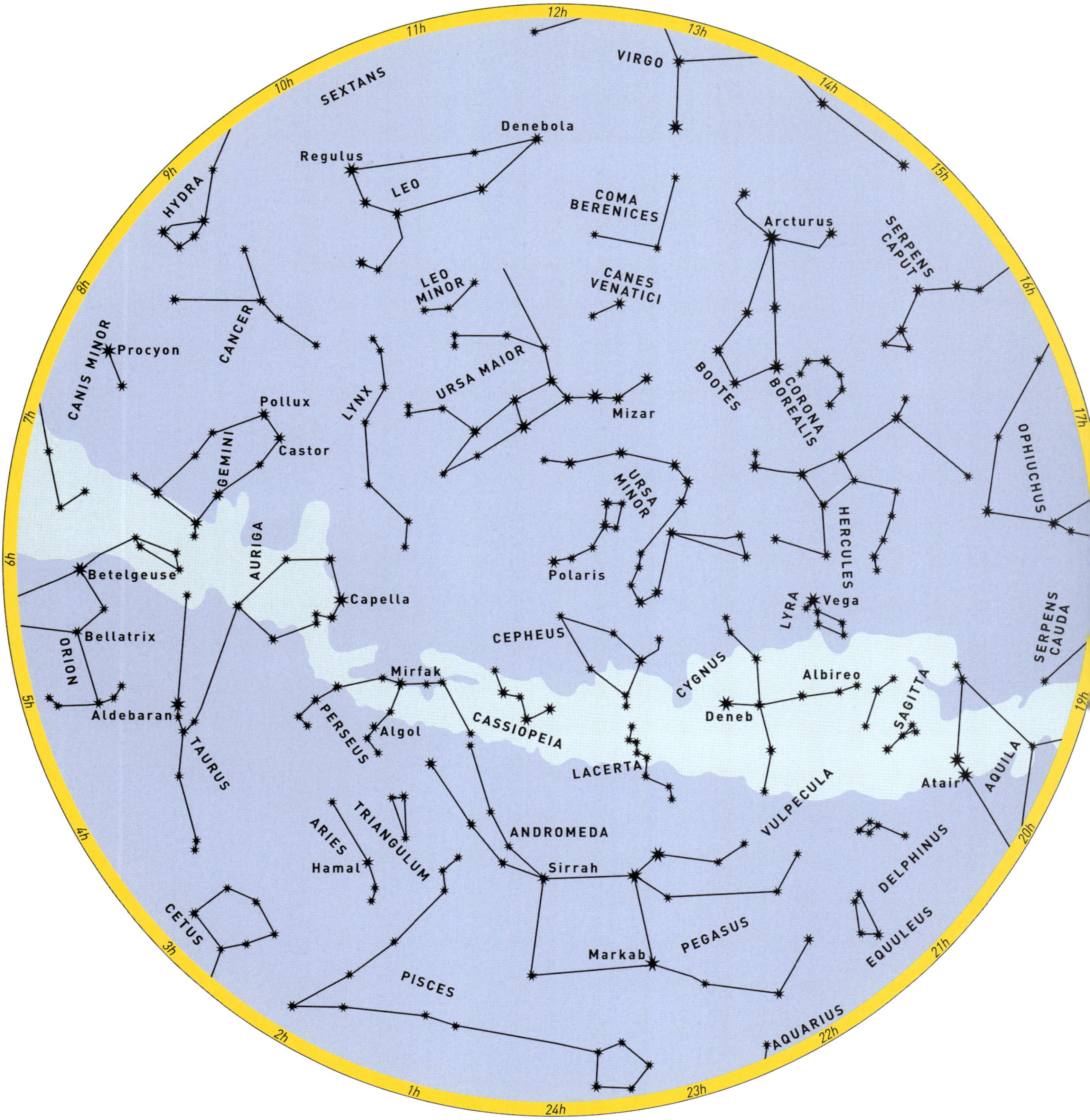
12h
13h
14h
15h
16h
17h
18h
19h
20h
21h
22h
23h
24h
1h
2h
3h
4h
5h
6h
7h
8h
9h
10h
11h
VIRGO
SEXTANS
Denebola
Regulus
LEO
HYDRA
COMA BERENICES
Arcturus
SERPENS CAPUT
LEO MINOR
CANES VENATICI
CANCER
CANIS MINOR
Procyon
URSA MAIOR
LYNX
BOOTES
CORONA BOREALIS
Mizar
Pollux
Castor
GEMINI
OPHIUCHUS
URSA MINOR
HERCULES
AURIGA
Betelgeuse
Capella
Polaris
LYRA
Vega
SERPENS CAUDA
Bellatrix
ORION
CEPHEUS
Mirfak
CYGNUS
Albireo
Deneb
SAGITTA
Aldebaran
PERSEUS
Algol
CASSIOPEIA
TAURUS
LACERTA
Atair
AQUILA
VULPECULA
ARIES
TRIANGULUM
ANDROMEDA
Hamal
Sirrah
DELPHINUS
CETUS
PEGASUS
EQUULEUS
Markab
PISCES
AQUARIUS

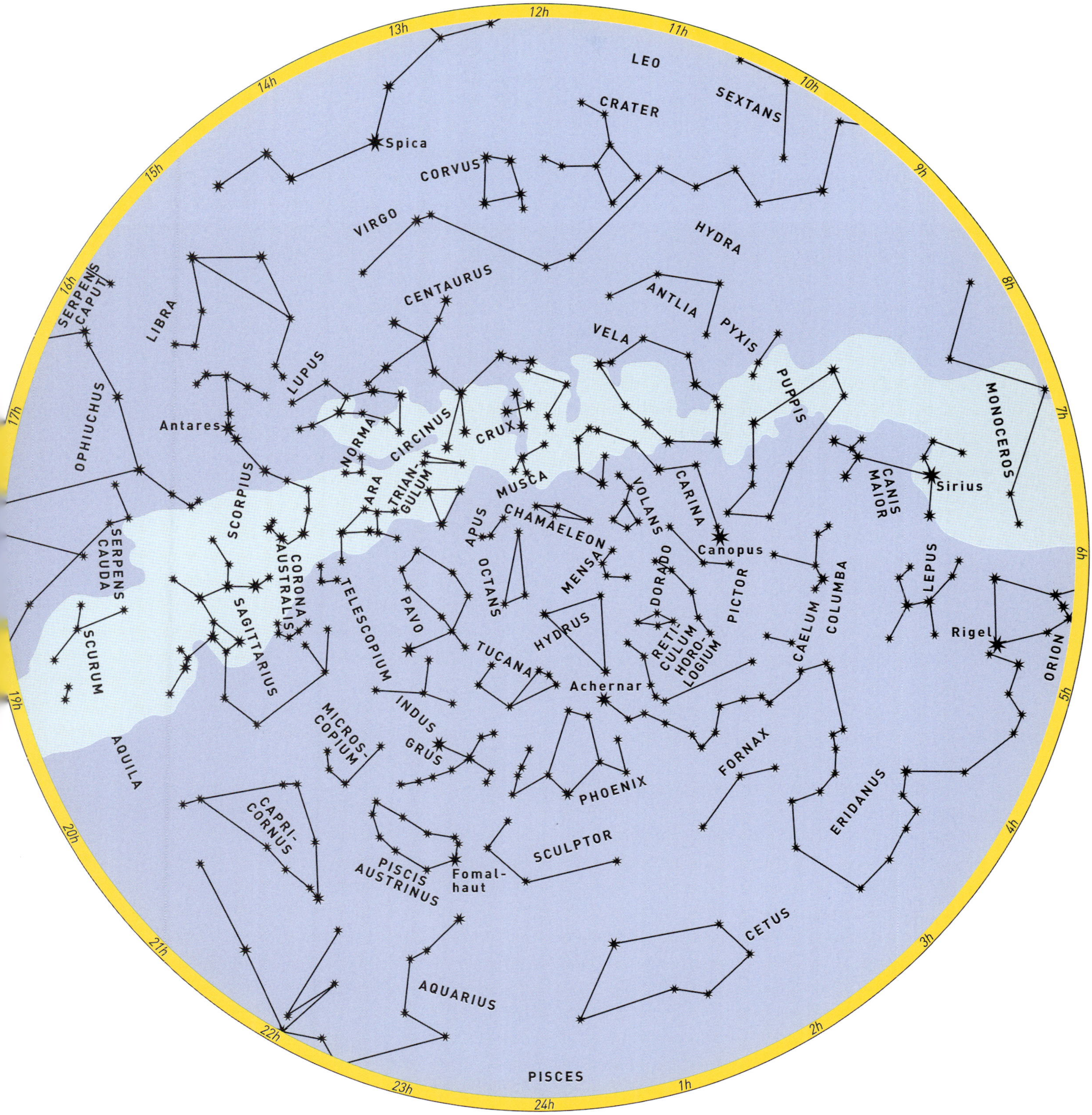

Eine vereinfachte Sternkarte des **nördlichen und südlichen Sternenhimmels** mit den von der IAU (Internationale Astronomische Union) anerkannten Sternbildern und den international gebräuchlichen lateinischen Bezeichnungen. Die Sternbildnamen sind in Großbuchstaben wiedergegeben, die Namen der Hauptsterne in Kleinbuchstaben. Eingezeichnet ist außerdem das Band der Milchstraße.

Eine Scheibe aus Licht

Die Milchstraße ist unsere Heimat im Universum. Könnten wir sie von außen betrachten, erschiene sie wie eine gewaltige, hell erleuchtete Stadt. Was hier in den unterschiedlichsten Farben strahlt, sind einmal die etwa 200 Milliarden Sterne, zu denen auch unsere Sonne gehört, sowie riesige Gas- und Staubwolken, die das Baumaterial neuer Sterne bilden.

Die Straße der Sterne

Was die Milchstraße tatsächlich ist, wusste man lange Zeit nicht, geschweige denn, welchen Anblick sie von außen bietet. Lange Zeit musste deshalb der Mythos als Erklärung herhalten. Bei den Germanen hieß die Milchstraße „Iringsstraße" – nach dem Gott des Lichtes Heimdall oder Iring; die Chinesen nannten sie „Tien ho", den himmlischen Fluss; ebenso sahen sie die Ureinwohner Australiens oder die Indios in Peru. Der poetischste und damit schönste Name stammt allerdings von den afrikanischen San: „das Rückgrat der Nacht."

Zwar konnte Galileo Galilei das Band der Milchstraße im Fernrohr als Erster in Einzelsterne auflösen und Wilhelm Herschel 1785 aus Sternzählungen die linsenförmige Gestalt der Milchstraße ableiten, doch erst der amerikanische Astronom Harlow Shapley (1885–1972) erkannte zwischen 1915 und 1920 die wahre Größe der Milchstraße – und, als er die Verteilung einzelner Sterne und Kugelsternhaufen aufzeichnete, auch die Position unser Sonne.

Zwei von **Galileo Galilei** selbstgebaute Fernrohre, mit denen er nicht nur die vier hellsten Jupitermonde fand, sondern auch das Milchstraßenband in Einzelsterne auflöste.

Während in unserer eigenen Galaxis die Spiralstruktur nur im Radiobereich zu beobachten ist, erlauben andere Galaxien wie **NGC 2997** den direkten Blick von oben.

Göttermilch

Verspritzte Milch Die Griechen sahen in dem Sternenband der Milchstraße die Spur verspritzter Milch. Der Sage nach hatte der Göttervater Zeus sich wieder einmal ein Liebesabenteuer mit einer Sterblichen namens Alkmene geleistet. Aus dieser Verbindung war der muskulöse Held Herkules hervorgegangen. Zeus wollte nun, dass seinem unehelichen Sohn Unsterblichkeit verliehen wurde. Deshalb ließ er das Kind heimlich zum Olymp schaffen und dort an die Brust seiner schlafenden Frau Hera legen. Doch der Kleine saugte so stark, dass die Göttermutter erwachte. Sie stieß das Kind voller Abscheu von sich, und die göttliche Milch spritzte über den Himmel, wo sie seitdem als „kyklos galaxias" (Milchkreis) diffus leuchtet. Von dieser Bezeichnung ist auch der heutige Fachbegriff „Galaxis" abgeleitet.

21-Zentimeter-Radiostrahlung Weitere Details zu diesem Sternensystem konnten aber erst mithilfe der Radioastronomie in der zweiten Hälfte des 20. Jahrhunderts herausgefunden werden. Damals gelang es, die 21-Zentimeter-Radiostrahlung des in der Milchstraßenebene konzentrierten neutralen Wasserstoffgases zu kartografieren. Auf diese Weise konnten die Rotation und die Spiralarme unserer Galaxis erkannt und die Tiefen der Milchstraße ausgelotet werden. Das Raumfahrtzeitalter mit seinen Satelliten, die die Milchstraße

auch im UV-, Infrarot-, Röntgen- und Gammabereich des elektromagnetischen Spektrums erforschten, tat ein Übriges, sodass wir heute ein recht genaues Bild dieses gewaltigen Sternensystems zeichnen können.

Aufbau und Dimensionen

Vereinigt man die Himmelsaufnahmen der nördlichen und südlichen Hälfte des Milchstraßenbandes, dann ist zumindest das Aussehen des Milchstraßensystems von der Seite her gut zu erkennen. Aus dieser Perspektive ähnelt es mit seiner Scheibe und der Verdickung im Zentrum (Bulge) zwei mit der Unterseite aneinandergeklebten Spiegeleiern.

Von oben gleicht es dagegen dank der unterschiedlich leuchtenden Farben seiner Milliarden Sterne einem gewaltigem Feuerrad. So sind die Sterne im Zentrum relativ dunkel und leuchten vorwiegend rot oder gelb, während die Farben und die Strahlkraft der Sterne im äußeren Bereich der Scheibe sehr unterschiedlich ausfallen. Die meisten blauweiß leuchtenden Sterne befinden sich in den Spiralarmen und lassen sie damit deutlich hervortreten. Die Astronomen klassifizieren unser Milchstraßensystem als zweiarmige Balkenspirale – das heißt, die beiden Arme ziehen sich scheinbar von beiden Enden eines 27 000 Lichtjahre langen zentralen Balkens nach außen.

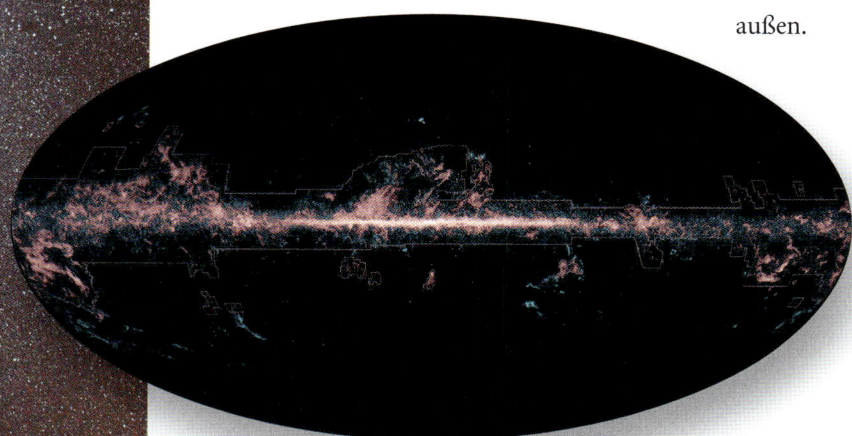

Ein **Übersichtsbild unserer Galaxis** im Infrarotlicht, aufgenommen von Flugzeugobservatorien, zeigt Objekte wie junge, von dichten Staubhüllen umgebene Sterne oder auch kühle Riesensterne.

Nur noch in abgelegenen und damit nicht von künstlichen Lichtquellen erhellten Regionen lässt sich die **Milchstraße** mit ihren unzähligen Sternen sowie ausgedehnten Staubwolken erkennen.

Steckbrief Milchstraße

Durchmesser: ca. 100 000 Lichtjahre
Dicke: ca. 3000 Lichtjahre
Maße der Bulge: ca. 27 000 Lichtjahre lang, 15 000 Lichtjahre breit, 16 000 Lichtjahre dick
Maße des Halos: ca. 165 000 Lichtjahre
Masse (sichtbar): ca. 3,6 x 10^{41} kg
Sterne: ca. 100–200 Milliarden
Interstellare Materie: 600 Millionen bis einige Milliarden Sonnenmassen
Alter: mehr als 13 Milliarden Jahre
Abstand der Sonne vom Zentrum: ca. 26 000 Lichtjahre
Umlaufzeit der Sonne um das Zentrum: 220–240 Millionen Jahre
Umlaufgeschwindigkeit: 961 200 km/h oder 267 km/s

Im Sternbild **Sagittarius** (Schütze) liegt das nur von der Südhemisphäre aus sichtbare Zentrum der Milchstraße, verborgen hinter dichten Gas- und Staubwolken.

Die Scheibe Die meisten Sterne und Nebelwolken der Milchstraße konzentrieren sich in der Scheibe. Dieses Gebilde hat einen Durchmesser von 100 000 und eine Dicke von 1000 Lichtjahren. Die galaktische Scheibe ist an den Rändern nicht flach, sondern gekrümmt wie die Krempe eines Schlapphutes: Der äußere Rand ist um etwa 5000 Lichtjahre von der Hauptebene weggebogen. Verursacht wird dies durch die Anziehungskraft der Kleinen Magellanschen Wolke sowie der Sagittarius-Zwerggalaxie, die gerade von den Gezeitenkräften der Milchstraße zerrissen und von ihr einverleibt wird. Dieses Schicksal steht auch den beiden Magellanschen Wolken als kleinen Begleitgalaxien der Milchstraße bevor.

Schwarzes Loch im Zentrum Den Mittelpunkt der galaktischen Scheibe bildet die zentrale Aufwölbung (Bulge). Sie ist etwa 27 000 Lichtjahre lang, 15 000 Lichtjahre breit und 6000 Lichtjahre dick. Diese Region im Sternbild Schütze enthält eine sehr helle Radioquelle namens Sagittarius A (Sgr A*), die aus einem sehr kleinen Gebiet strahlt. Sie besteht aus einem blasenförmigen Supernovaüberrest (Sagittarius A Ost), einer komplexen Gruppe von Gaswolken (Sagittarius A West) und der in ihr liegenden starken, kompakten Radioquelle

Die **Große Magellansche Wolke** (GMW) ist eine Begleitgalaxie der Milchstraße. In ihrem **Tarantelnebel** (NGC 2070) entstehen die meisten Sterne der Lokalen Gruppe.

Illustration der **Milchstraße** von oben gesehen mit ihren verschiedenen Spiralarmen sowie dem nach neuestem Forschungsstand kugelförmigen Zentrum, von dem zwei Balken abgehen.

Der **Rho-Ophiuchi-Nebel** im Sternbild Schlangenträger zeigt junge Sterne des Typs T-Tauri, die von dichten interstellaren Wolken umgeben sind.

Sagittarius A*. Nach derzeitigem Forschungsstand handelt es sich um ein supermassives Schwarzes Loch mit rund 4,3 Millionen Sonnenmassen. Es ist derzeit inaktiv, das heißt: Es saugt keine Materie an, die dann als Jet ins All geblasen würde. Um das Loch fliegen zahlreiche Sterne, dicht gepackt mit hohen Geschwindigkeiten, zwischen denen es weit mehr als in anderen Teilen der Galaxis zu Kollisionen und Verschmelzungen kommt. Daher gibt es hier auch große Sternhaufen mit sehr massereichen Sternen. Die Sterne in der dieses Zentrum umgebenden Scheibe haben meist einen hohen Anteil schwerer Elemente und gehören zur sogenannten Population I.

Spiralarme Von ober- und unterhalb der Milchstraßen-Scheibe aus könnte man erkennen, dass sie sich in verschieden ausgeprägte und lange Spiralarme gliedert. Ferner gibt es in den Spiralarmen große Mengen interstellaren Wasserstoffs sowie die H-II-Regionen genannten Sternentstehungsgebiete.

Nach neuen Forschungsergebnissen hat die Milchstraße neben den beiden Hauptspiralarmen (dem Scutum-Crux-Centaurus-Arm und dem Perseus-Arm) mehrere kleinere Arme: den ganz innen liegenden 3–Kiloparsec-Arm, gefolgt vom Norma-Arm, dem sich der Sagittarius-Arm anschließt, der in Richtung des Sternbildes Schütze und damit zum Zentrum hin angeordnet ist. Sein uns nächstgelegener Teil besteht vor allem aus großen Nebeln und dichten Materiewolken, wie dem Adler-, Trifid- und Lagunen-Nebel sowie dem Carina-Komplex, die ein riesiges Sternentstehungsgebiet bilden. In dieser Region gibt es aber auch Schwarze Löcher. Nahe des Zentrums überwiegen dann die Molekülwolken.

Jenseits des Sagittatrius-Armes liegt der Orion- oder Lokale Arm, an dessen Innenseite – zum galaktischen Zentrum hin – unsere Sonne zu finden ist. Zuletzt folgen der Carina- und der Perseus-Arm, benannt nach dem Sternbild Perseus. Er verläuft aber nicht als Ganzes um das Galaxienzentrum, sondern besteht aus einzelnen Gruppen junger Sterne und Nebel. Durch die in ihm zahlreich vorhandenen Supernova-Überreste wird er zu einer Art Sternenfriedhof.

Position der Sonne Im Orion- oder Lokalen Arm, rund 26 000 Lichtjahre vom galaktischen Zentrum entfernt, sitzt

Der auch unsere Milchstraße umhüllende, aber schwer beobachtbare **Halo** – sozusagen die galaktische Atmosphäre – mit seinen Kugelsternhaufen, Sternen der Population II und Gas von sehr geringer Dichte zeigt sich eindrucksvoll in der Aufnahme der Galaxie M104.

Spiralstruktur

Sternenwirbel Wie die Spiralstruktur der Milchstraße entstand und erhalten wird, ist noch nicht eindeutig geklärt. Sie wird wahrscheinlich durch zwei Mechanismen hervorgerufen: Einmal laufen Dichtewellen, die von der Schwerkraft anderer Galaxien ausgelöst werden, durch die Scheibe und erzeugen so eine leichte Materieverdichtung. Dabei lösen sie die Entstehung neuer Sterne aus. Wenn die Sterne dann so hell sind, dass sie zum Spiralmuster beitragen, sind die Dichtewellen bereits weitergezogen und lösen neue Sternengeburten aus. Die jungen Sterne altern schließlich und verblassen, wobei aber die massereichen Sterne – wie Beteigeuze im Sternbild Orion – an ihrem Lebensende als Supernova explodieren und dabei ihrerseits Druckwellen aussenden, die erneut Sternenbildungen auslösen können.

unsere Sonne in einer Art Blase aus ionisiertem heißem Wasserstoffgas. Diese Blase ist von einer Wand aus kälterem und dichterem, neutralen Wasserstoff umgeben. Es ist ein zylinderförmiges Gebiet mit 300 Lichtjahren Durchmesser und gehört zu einer Art Kamin, der sich durch die galaktische Scheibe bis in den Halo erstreckt. In unserer Nachbarschaft werden oft Sterne geboren, vor allem in der Region des Sternbildes Orion, dem Nordamerika- und dem Rho-Ophiuchi-Nebel. Es überwiegen somit junge Sterne und Molekülwolken, aber es sind auch Reste der Sterne anzutreffen, deren kurzes Leben beendet ist.

Sphärischer Halo Bulge und Scheibe sind von einem riesigen sphärischen Halo umgeben. Er bildet eine Art galaktische „Atmosphäre" und enthält rund 200 Kugelsternhaufen sowie weitere alte und damit an schweren Elementen arme Sterne (Population II), ferner Gas von sehr geringer Dichte. Dazu kommen noch große Mengen der geheimnisvollen Dunklen Materie, die um den Halo eine Korona bildet. Halo und Korona zeigen die ursprüngliche Größe der Milchstraße, als sie noch eine Gaskugel war.

Rotation

Da es im Weltall keinen Stillstand gibt, rotiert auch die Milchstraße. Dabei verhält sie sich jedoch nicht wie eine feste Scheibe. Vielmehr folgen ihre Sterne eigenen Bahnen um das galaktische Zentrum. Je näher sich ein Objekt beim galaktischen Mittelpunkt befindet, desto weniger Zeit braucht es für einen kompletten Umlauf.

Unsere Sonne braucht bei einer Geschwindigkeit von etwa 961 200 Kilometern in der Stunde für einen Umlauf 220 bis 240 Millionen Jahre. Seit ihrer Geburt vor etwa 5 Milliarden Jahren hat sie mit ihrem Planetensystem etwa 20 galaktische Umläufe vollendet.

Kosmische Weiten

Trotz ihrer unterschiedlichen Helligkeit lässt sich die Entfernung der Sterne von der Erde weder mit bloßem Auge noch beim Blick durch ein Teleskop annähernd abschätzen. Dies ließ die Astronomen natürlich nicht ruhen, doch erst ab 1838 waren sie in der Lage, Entfernungen im Kosmos zu bestimmen und dessen Größe allmählich zu verstehen.

Das **Band der Milchstraße** lässt sich am besten im Gebirge beobachten. Die galaktische Scheibe mit ihrer Konzentration an Sternen, Gas und dunklen Staubwolken kommt hier am stärksten zur Geltung.

Gewaltige Distanzen

Der an der Königsberger Sternwarte forschende Astronom **Friedrich Wilhelm Bessel** bestimmte als Erster die Entfernung eines Sterns.

Im Jahr 1838 gelang es dem Königsberger Astronomen Friedrich Wilhelm Bessel (1784–1846) erstmals, eine kosmische Entfernung zu bestimmen. Mit einem besonders ausgerüsteten Fernrohr untersuchte er die Position des Sterns 61 Cygni im Schwan und maß dessen Parallaxe mit 0,35 Bogensekunden, was einer Entfernung von knapp 9,6 Lichtjahren entspricht (heute gültiger Wert: 11,4 Lichtjahre).

Astronomische Einheit Die Maßeinheiten, die für Entfernungen auf der Erde verwendet werden, sind für astronomische Distanzen völlig ungeeignet, weshalb in der Astronomie eigene Einheiten eingeführt wurden. Innerhalb des Sonnensystems ist es die Astronomische Einheit (AE). 1 AE entspricht der mittleren Entfernung zwischen Erde und Sonne, also rund 149,6 Millionen Kilometer (genau: 149,59787 Millionen Kilometer). Die meisten Entfernungen im Sonnensystem werden in AE angegeben. So ist beispielsweise Neptun 30,14 AE (ungefähr 4509 Millionen Kilometer) von der Sonne entfernt. Das rund 300 000 Kilometer pro Sekunde schnelle Licht braucht von der Sonne bis zum Neptun fast 7 Stunden, bis zur Erde nur 8,3 Minuten.

Lichtjahr Außerhalb des Sonnensystems ist als Entfernungseinheit das Lichtjahr in Gebrauch. Ein Lichtjahr ist jene Strecke, die das Licht in einem Jahr zurücklegt – fast 9,5 Billionen Kilometer. Der nächste Stern (Proxima Centauri) ist von der Sonne 4,34 Lichtjahre entfernt; unsere Sonne steht in einem Abstand von rund 27 000 Lichtjahren vom Mittelpunkt der Milchstraße, und unsere Galaxis selbst misst von einem Ende zum anderen rund 100 000 Lichtjahre.

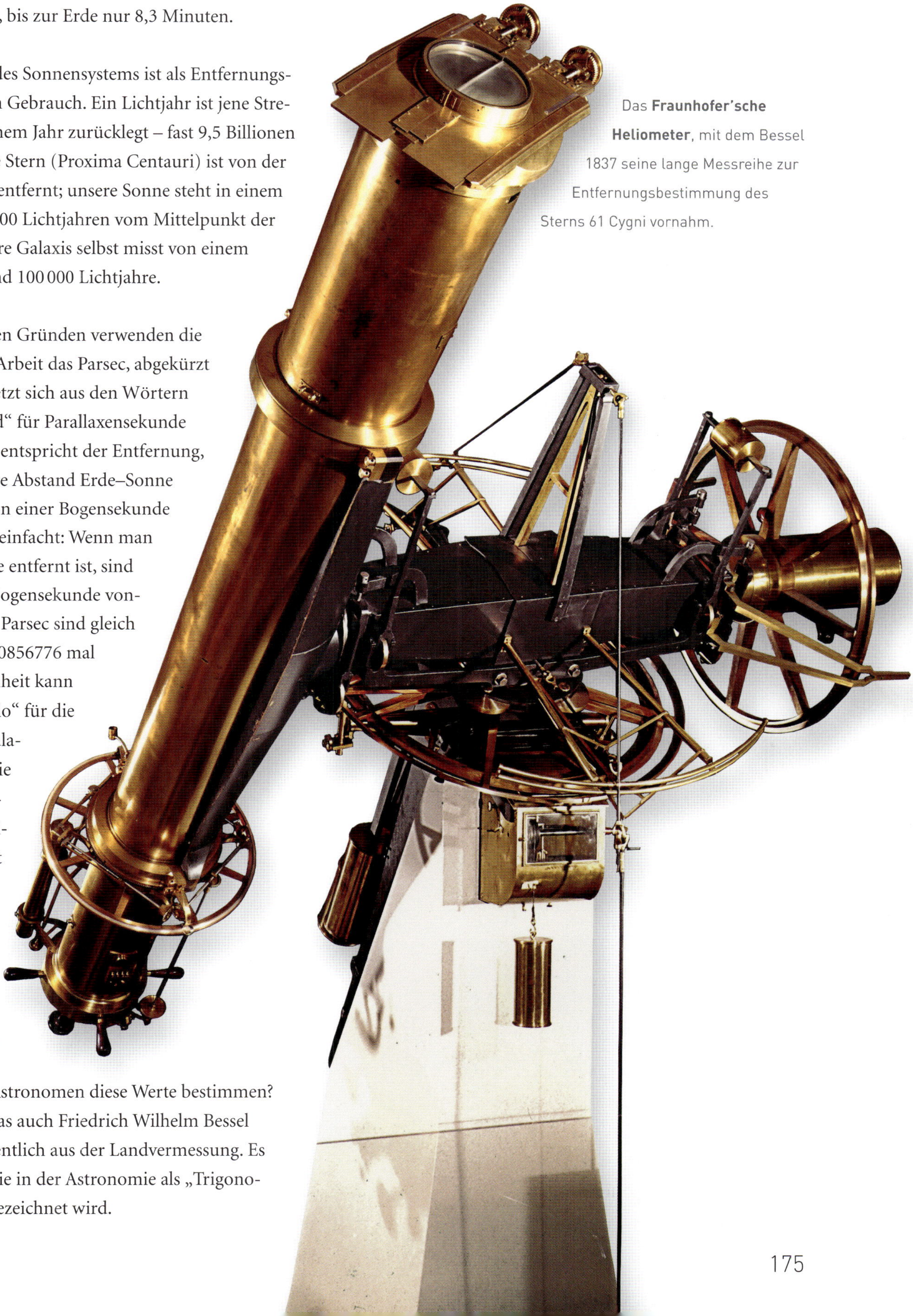

Das **Fraunhofer'sche Heliometer**, mit dem Bessel 1837 seine lange Messreihe zur Entfernungsbestimmung des Sterns 61 Cygni vornahm.

Parsec Aus praktischen Gründen verwenden die Astronomen bei ihrer Arbeit das Parsec, abgekürzt pc. Die Bezeichnung setzt sich aus den Wörtern „parallax" und „second" für Parallaxensekunde zusammen. Ein Parsec entspricht der Entfernung, von der aus der mittlere Abstand Erde–Sonne unter einem Winkel von einer Bogensekunde erscheint oder sehr vereinfacht: Wenn man ein Parsec von der Erde entfernt ist, sind Erde und Sonne eine Bogensekunde voneinander getrennt. Ein Parsec sind gleich 32,6 Lichtjahre oder 3,0856776 mal 10^{13} Kilometer. Die Einheit kann durch die Vorsätze „Kilo" für die typische Größe von Galaxien und „Mega" für die Ausdehnung von Galaxienhaufen noch gesteigert werden. So beträgt der Durchmesser unserer Milchstraße 34 Kiloparsec.

Vermessung des Weltraums

Wie aber können die Astronomen diese Werte bestimmen? Das Verfahren dafür, das auch Friedrich Wilhelm Bessel anwandte, stammt eigentlich aus der Landvermessung. Es ist die Triangulation, die in der Astronomie als „Trigonometrische Parallaxe" bezeichnet wird.

Trigonometrische oder jährliche Parallaxe Bei diesem Verfahren wird die Himmelsposition eines nahen Sterns im Vergleich zu einigen viel ferneren Sternen im Hintergrund gemessen, und zwar im Abstand eines halben Jahres. Nach dieser Zeit steht die Erde auf der entgegengesetzten Seite ihrer Bahn um die Sonne. Die beiden Beobachtungspunkte sind dann 300 Millionen Kilometer voneinander entfernt, was dem Durchmesser des Erdorbits um die Sonne entspricht. Für den Beobachter hat der Stern zu dieser Zeit seine Position gegenüber den entfernteren Hintergrundsternen geändert.

Da der Abstand Erde–Sonne bekannt ist und auch der kleine Winkel, um dessen Betrag der Stern seine Position zwischen den beiden Beobachtungen verändert hat, lässt sich nun mithilfe einfacher Trigonometrie aus dem Dreieck, das von Sonne, Erde und Stern gebildet wird, die Entfernung bestimmen. Das größte Problem der Parallaxenmethode liegt in den enormen Entfernungen der Sterne und der Winzigkeit der Winkel. Deshalb wird sie nur bei Sternen bis zu 100 Parsec (326 Lichtjahre) angewendet.

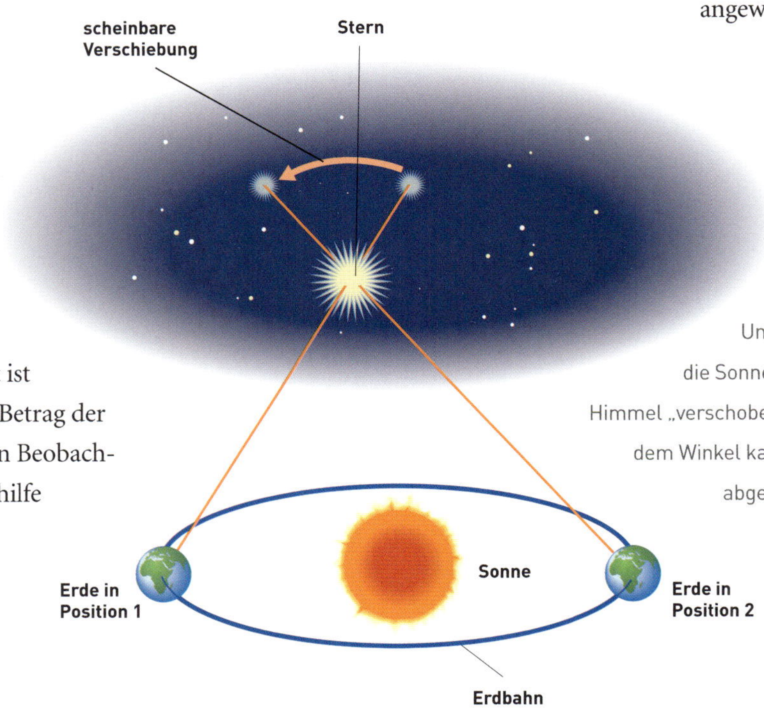

Die **Parallaxenmethode** basiert darauf, dass durch den Umlauf der Erde um die Sonne ein Stern am Himmel „verschoben“ erscheint. Aus dem Winkel kann die Entfernung abgeleitet werden.

Der **Polarstern** als Orientierungspunkt am Nordhimmel ist rund 431 Lichtjahre von der Erde entfernt. Um ihn scheint sich, so zeigt es die Langzeitaufnahme, der gesamte Himmel zu drehen.

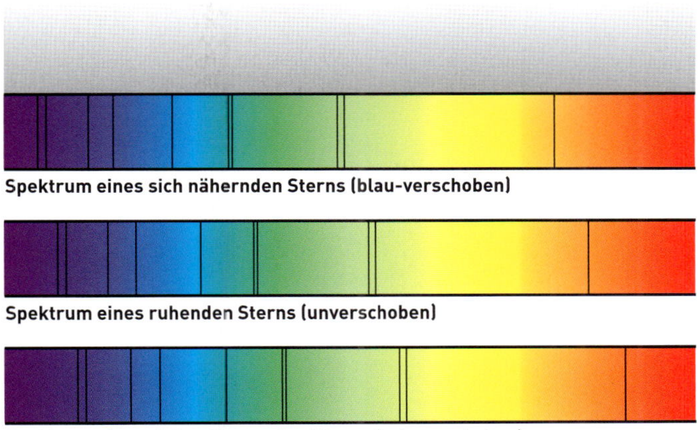

Die **Rotverschiebung** der dunklen Linien eines Spektrums, vergleichbar dem An- und Abschwellen eines Tones (Dopplereffekt), wird zur Entfernungsbestimmung im Kosmos verwendet.

In großem Maßstab stetzte man die Methode bei der Mission des ESA-Satelliten Hipparcos (1989–1993) ein.

Andere Methoden Will man aber weiter entfernte Sterne im ganzen Gebiet der Milchstraße und sogar darüber hinaus vermessen, nutzen die Astronomen die Helligkeit des Sterns. Allerdings ist das, was wir von einem Stern sehen, nur seine scheinbare Helligkeit, denn ein sehr heller Stern, der weit entfernt ist, und ein sehr naher Stern, der nur schwach leuchtet, können von der Erde aus betrachtet beide gleich hell erscheinen. Daher ist es notwendig, die sogenannte absolute Helligkeit des Sterns zu kennen, also seine auf eine Einheitsentfernung bezogene Helligkeit. Aus dem Unterschied lässt sich dann die Entfernung ermitteln.

Ideale Kandidaten dafür sind die Cepheiden, Sterne mit einem äußerst regelmäßigen Lichtwechsel (Veränderliche), dessen Periode mit der absoluten Helligkeit verknüpft ist. Misst man die Periode von einem Maximum zum nächsten, kennt man die absolute Helligkeit und kann aus der bekannten scheinbaren Helligkeit die Entfernung berechnen.

Grundlage für diese Methode ist, dass 1912 die US-amerikanische Astronomin Henrietta Leavitt (1868–1921) ihre Erkenntnis veröffentlichte, dass zwischen der Leuchtkraft der veränderlichen Sterne und ihren Perioden ein enger Zusammenhang besteht: Je länger die Periode ihrer Helligkeitsschwankung ist, desto leuchtkräftiger der Stern. Um darauf basierend Entfernungen zu ermitteln, benötigte man als Arbeitsgrundlage zunächst genügend trigonometrisch bestimmte Distanzen von Veränderlichen deren absolute Helligkeit man dank ihrer Periode ermitteln konnte. Zusammen mit der scheinbaren Helligkeit dieser Sterne hatte man nun genug Vergleichswerte, um die Entfernungen weiter entfernter Sterne zu ermitteln. Dieses Verfahren ermöglicht Entfernungsmessungen von bis zu mehr als 20 Millionen Lichtjahren.

Rotverschiebung Ferne Galaxien sind Millionen oder Milliarden Lichtjahre entfernt. Oft erscheinen in den Fernrohren nur ihre energiereichen Zentren als sternartige Objekte, sogenannte Quasare. Hier ist es ihr Spektrum, und zwar die Verschiebung der dunklen Linien in den roten Bereich (Rotverschiebung), die zur Entfernungsmessung herangezogen werden kann; denn im sich ausdehnenden Kosmos gibt die Geschwindigkeit, mit der sich ein Objekt entfernt, Aufschluss darüber, wie weit es entfernt ist. So lassen sich Distanzen bis über 13 Milliarden Lichtjahre ermitteln, was der Grenze und damit dem Beginn des Universums entspricht.

Hipparcos

Datensammler Der 1989 von der ESA gestartete Satellit hatte die Aufgabe, die Position, Eigenbewegung und scheinbare Helligkeit aller sonnennahen Sterne zu ermitteln. Hipparcos – sein Name bezieht sich einerseits auf den altgriechischen Astronomen Hipparchos von Nicäa, ist aber gleichzeitig ein Akronym für High Precision Parallax Collecting Satellite – war dreieinhalb Jahre lang in Betrieb. Das Ergebnis der Hipparcos-Mission ist ein 17-bändiger Sternkatalog mit 1 168 218 in bisher unerreichter Genauigkeit katalogisierten Sternen. So wurde beispielsweise die Entfernung des Sterns Wega in der Leier von 26 auf 25,3 Lichtjahre korrigiert.

Sternsteckbriefe

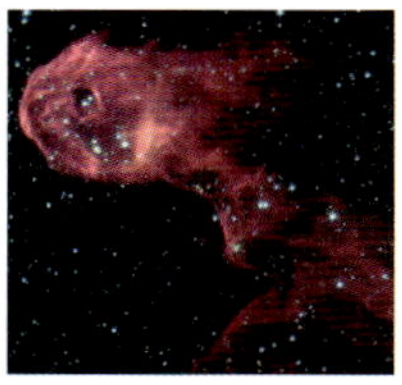

Wie die Bevölkerung einer Stadt zeigen auch Sterne ein unterschiedliches Erscheinungsbild. So gibt es mittlere Größen, aber auch Riesen und Zwerge; leichtgewichtige und schwergewichtige sowie Sterne unterschiedlicher Helligkeit, Farbe und damit Temperatur.

Der Vergleich dreier Sterne mit dem **Riesenstern R136a1** im Tarantelnebel (hinten) zeigt deutlich die unterschiedlichen Zustandsgrößen, was Farbe und Dimensionen betrifft.

Zustandsgrößen

Die Astronomen sprechen hierbei von „Zustandsgrößen". Dazu gehören die Masse, die Dichte, die Leuchtkraft, die Farbe (Temperatur), der Radius und die Metallizität (die Häufigkeit schwerer chemischer Elemente), die Rotationsgeschwindigkeit und die Eigenbewegung. So gibt es winzige Weiße Zwerge von der Größe der Erde und Überriesen, die weite Teile unseres Sonnensystems einnehmen würden. Kennt man einmal die Entfernung eines Sterns, kann man seine Leuchtkraft bestimmen und alle anderen Eigenschaften daraus ableiten. Als Maßstab dienen die Zustandsgrößen unserer Sonne. Eine weitere Möglichkeit ist die Analyse seines Spektrums, die sogenannte Spektralanalyse.

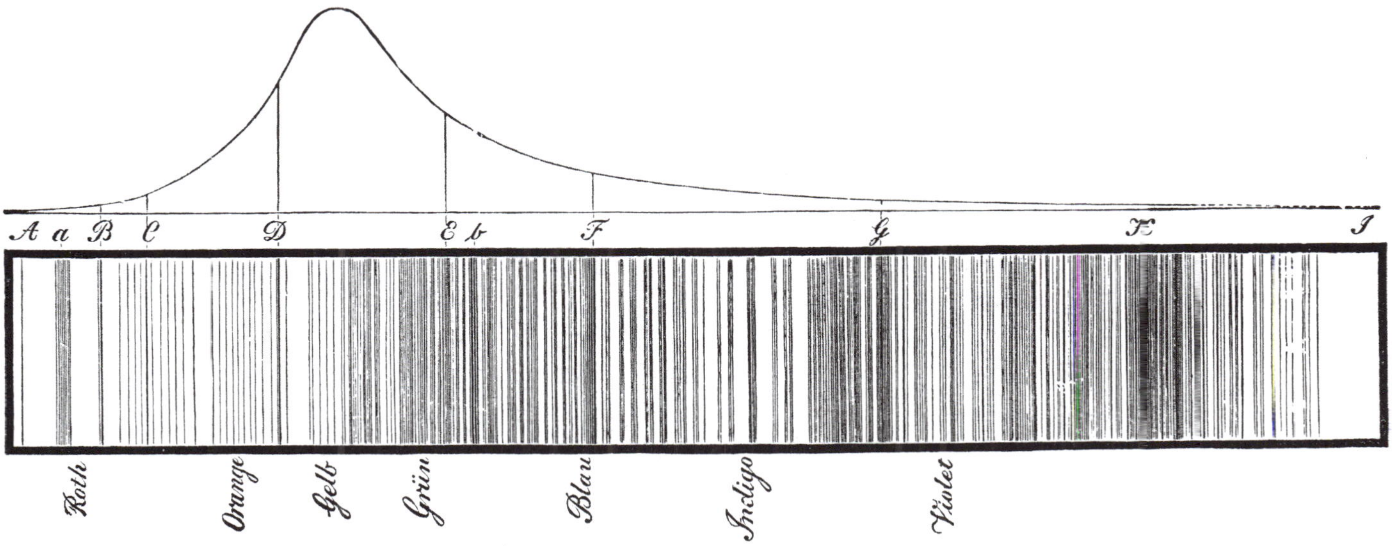

Joseph von Fraunhofers (1787–1826) akribische Zeichnung des Spektrums unserer Sonne mit den dunklen nach ihm benannten **Absorptionslinien**, die für bestimmte Elemente stehen. Fraunhofers Arbeit schuf die Grundlagen für die **Spektralanalyse** von Sternen.

Leuchtkraft und absolute Helligkeit Sterne leuchten unterschiedlich hell, aber diese Helligkeit ist nur scheinbar und sagt nichts über ihre wahre Helligkeit aus, denn ein schwach leuchtender, aber naher Stern kann ebenso hell strahlen wie ein riesiger, aber weit entfernter Stern, dessen Licht durch die Entfernung abgeschwächt wird. So müssen die Astronomen die wahre Helligkeit eines Sterns im Vergleich zur Sonne ermitteln, um so die Leuchtkraft eines Sterns feststellen zu können. Sie kann zwischen dem 100 000-fachen und 1/100 000 der Sonnenleuchtkraft liegen. Ein Maß für die Leuchtkraft eines Sterns ist seine absolute Helligkeit. Dies ist die Helligkeit oder Größenklasse, in der ein Stern in einer einheitlich festgelegten Entfernung von zehn Parsec (32,6 Lichtjahre) erscheinen würde.

Vergleich der Massen Sterne sind aus der Zusammenballung von Materie einer Gas- und Staubwolke geboren. Dabei haben sie unterschiedliche Mengen auf sich vereinigt und besitzen daher unterschiedliche Masse. Um die Massen zu vergleichen, verwendet man nicht das Gewichtsmaß Kilogramm oder Tonne, sondern nimmt die Masse unserer Sonne als Basis – man rechnet also in Sonnenmassen. So haben die leichtesten Sterne etwa ein Zehntel der Masse der Sonne, die schwersten hingegen vereinen über 50 Sonnenmassen in sich. Fakt ist, dass es unzählige kleine, aber nur sehr wenige große Sterne gibt.

Gas und Staub zwischen den Sternen ist das **Baumaterial neuer Sterne** und entscheidet über die Zustandsgrößen der Einzelsterne.

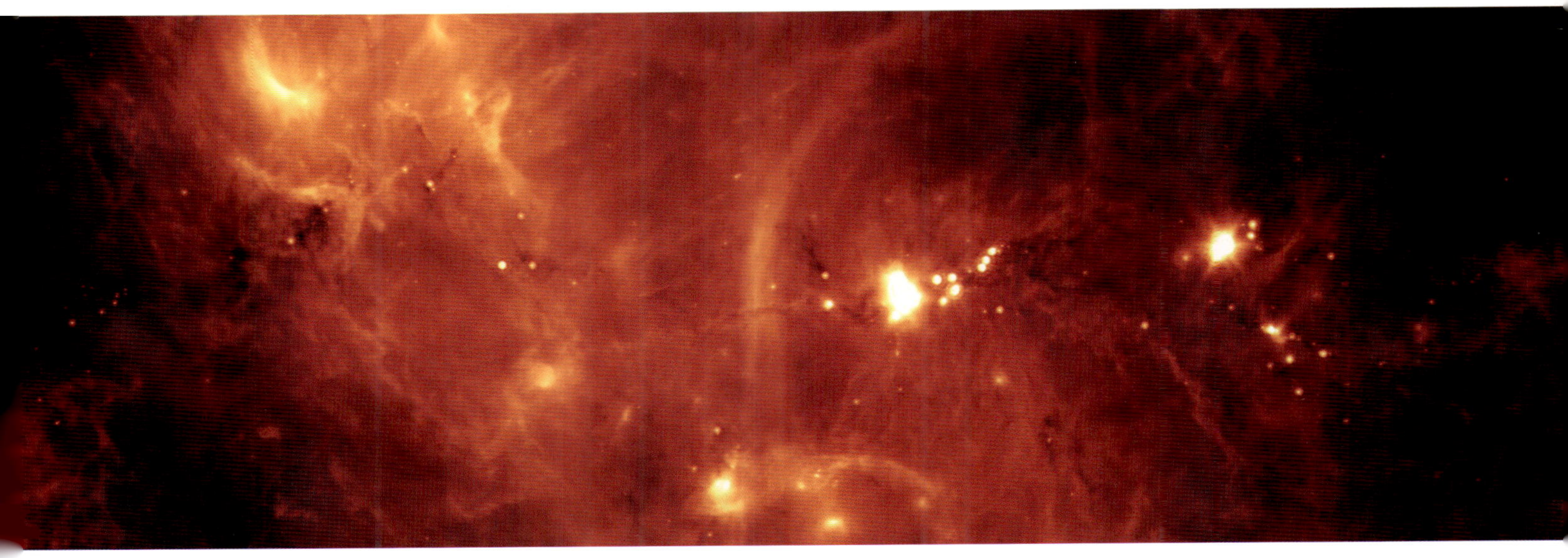

Durchschnittliche Sterngrößen Die Bandbreite der Sterngrößen reicht von Überriesen mit 300-facher Sonnengröße bis zu Neutronensternen und Schwarzen Löchern, die kleiner als die Erde sind. Ausgehend von den Dimensionen unserer Sonne hat ein Roter Riese die 30-fache Sonnengröße; ein Überriese ist ihm gegenüber 10-mal so groß. Ein sogenannter B-Typ-Stern hat die 7-fache Sonnengröße, dagegen ein M-Typ-Stern nur ein Zehntel. Gegenüber einem Weißen Zwerg ist unsere Sonne 100-mal größer, der Weiße Zwerg jedoch wiederum 500-mal größer als ein Neutronenstern.

Verschiedene Spektralklassen

Ob riesig, groß, mittel, klein oder winzig: Jeder Stern besitzt seine eigene besondere Wellenlänge, bei der er die größte Lichtmenge abgibt. Sehr heiße Sterne leuchten blau, relativ kühle dagegen rot. Ferner bestimmt die Temperatur auch die im Spektrum vorhandenen dunklen Linien. Entsprechend ihrer Anzahl und Anordnung, die auch Aufschluss über die enthaltenen Elemente gibt, lassen sich Sterne in verschiedene Spektralklassen einteilen: O, B, A, F, G, K und M – leicht zu merken mit folgendem Satz: „Oh be a fine girl. Kiss me!“ oder „Ohne Bier aus'm Fass gibt's koa Mass.“

Temperaturabfolge Diese Reihung entspricht einer Temperaturfolge von den heißesten Sternen zu den kühlen, was sich wiederum in den Farben zeigt. So sind O- und B-Sterne blau, bei Temperaturen von rund 10 000 bis 30 000 Grad Celsius, sind also die heißesten Sonnen; dagegen sind rote M-Typ-Sterne relativ kühl, liegen ihre Temperaturen doch

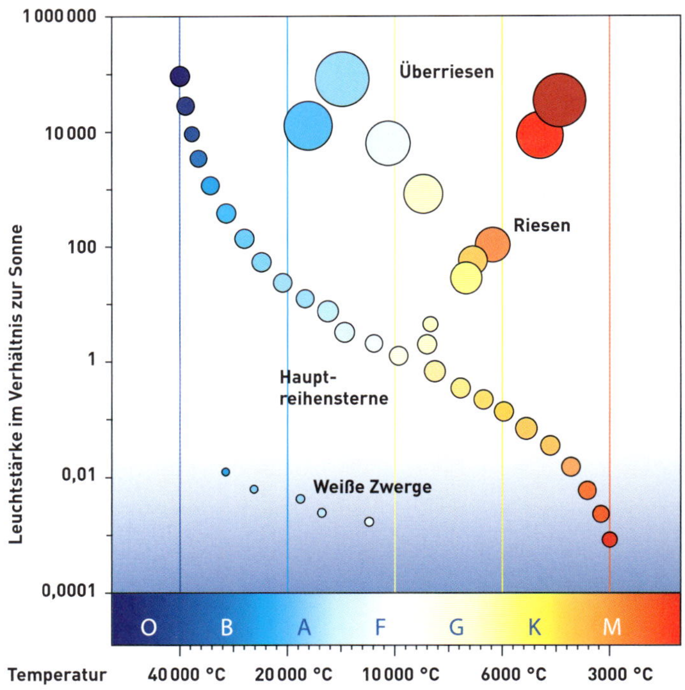

Mit dem **Hertzsprung-Russel-Diagramm** (HRD) lässt sich zeichnerisch jeder Stern mit seiner Leuchtkraft in Abhängigkeit von seiner Spektralklasse oder Oberflächentemperatur darstellen und vergleichen.

bei „nur“ 2000 Grad Celsius. Diese Spektraltypen werden nun noch in zehn Temperatur-Untergruppen aufgeteilt. Nach dieser Einteilung ist unsere gelb leuchtende, 5500 Grad Celsius heiße Sonne ein Stern des Typs G2V.

Das Hertzsprung-Russell-Diagramm

Um Sterne besser miteinander vergleichen zu können, haben Ejnar Hertzsprung 1905/07 und Henry Norris Russell 1913 unabhängig voneinander ein spezielles Farb-Helligkeitsdia-

Vergleich verschiedener Sterne mit ihren **Farben**, **Oberflächentemperaturen** und **Dimensionen**. Unsere Sonne gehört zum Spektraltyp G.

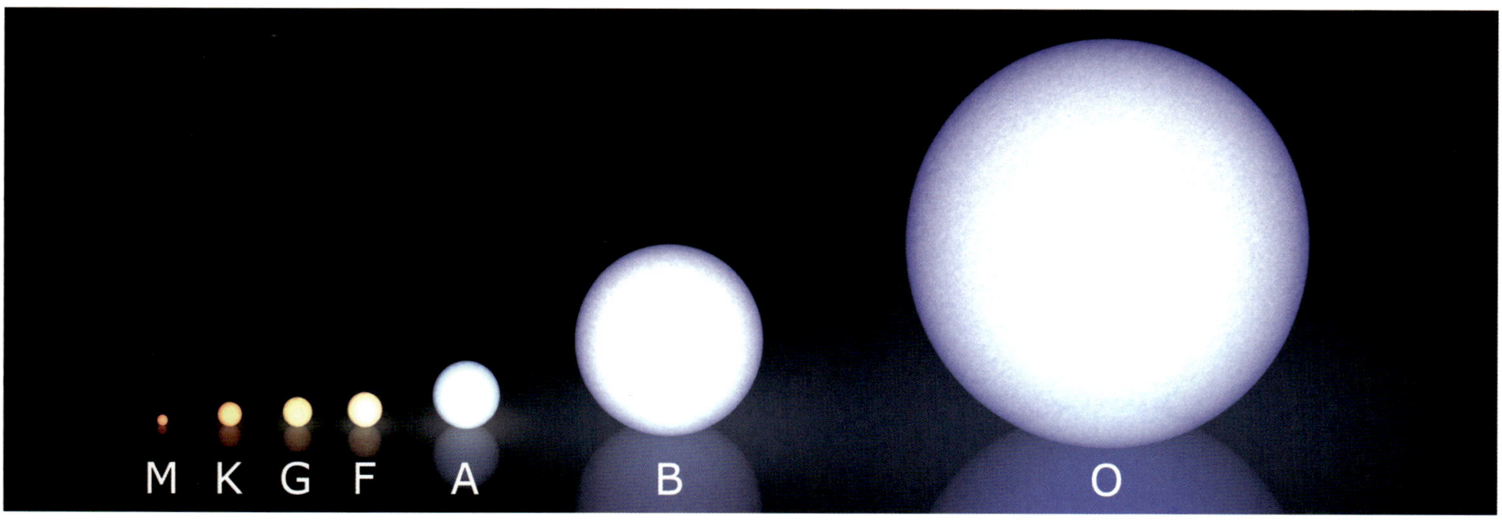

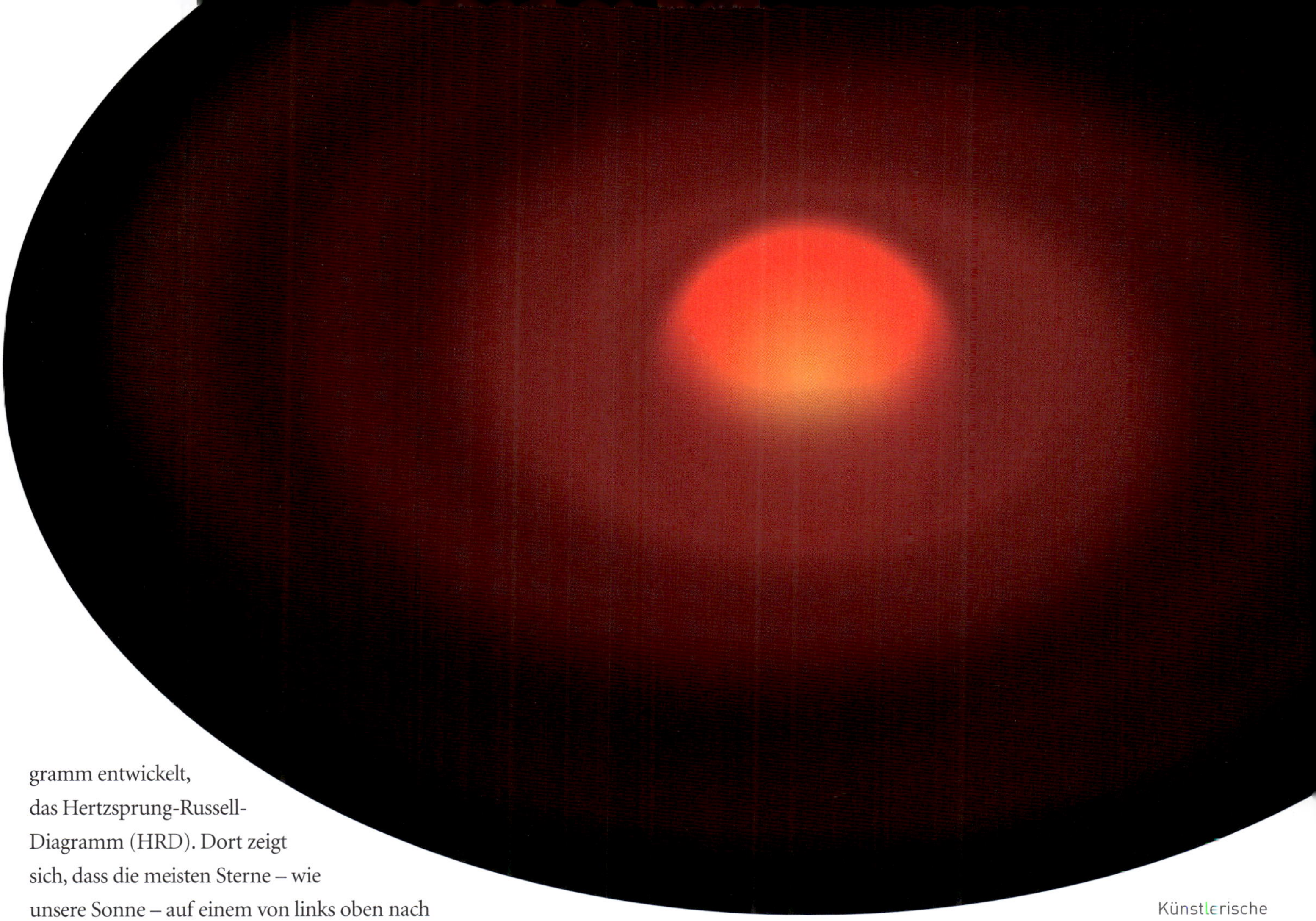

Künstlerische Darstellung eines **Protosterns**, bei dem vor kurzem die Kernfusion eingesetzt hat, der aber noch von Materieringen umgeben ist, aus denen Planeten entstehen könnten.

gramm entwickelt, das Hertzsprung-Russell-Diagramm (HRD). Dort zeigt sich, dass die meisten Sterne – wie unsere Sonne – auf einem von links oben nach rechts unten verlaufenden Band liegen, der „Hauptreihe“. Hier bleiben sie zu 90 Prozent ihres Lebens und ändern ihre Leuchtkraft sowie Temperatur kaum. Oberhalb dieser Diagonale stehen die Riesen- und Überriesen-Sterne, die mit gewaltiger Größe und hoher Leuchtkraft aufwarten. Im Gegensatz dazu sind die Sterne am unteren Rand des HRDs klein und damit nicht sehr hell. Die bekanntesten sind die Weißen Zwerge.

Lebenslauf der Sterne

Sterne werden wie wir Menschen geboren, leben ihr Leben und sterben am Ende. Doch im Gegensatz zum menschlichen Leben wird ein stellares in Millionen oder gar Milliarden Jahren gemessen und ist daher an sich schwer fassbar. Dennoch können die Astronomen die verschiedenen Sternlebenswege beschreiben. Allerdings sind sie dabei in einer ähnlichen Lage wie eine Eintagsfliege, die vor die Aufgabe gestellt wird, das Leben eines Menschen zu beschreiben. Sie können sie nur lösen, indem sie Sterne in verschiedenen Entwicklungsstadien studieren, um daraus auf das ganze Sternenleben zu schließen.

Ausgangsstoffe Am Anfang stehen immer große kalte Molekülwolken aus Staub, Wasserstoff und Helium, wie sie in den leuchtenden Gasnebeln (interstellare Materie), zum Beispiel im Orion, zu finden sind. Überschreitet die Masse der Wolke einen bestimmten Mindestwert, so ist ihre Schwerkraft größer als der von innen nach außen gerichtete Gasdruck, und es kommt zum Kollaps. Beim Verdichten zerfällt die Wolke in kleinere Teile, und zwar so lange, bis Dichte und Hitze der einzelnen Teilbereiche so hoch sind, dass eine weitere Kontraktion verhindert wird.

Nun formt sich in den einzelnen Wolken jeweils ein Protostern, womit Sterne meist in ganzen Gruppen entstehen, die dann offene Sternhaufen wie die Plejaden bilden. Allerdings bedarf es für die Verdichtung einer solchen Wolke eines Anstoßes von außen, denn Temperatur und Dichte sind nur gering. Ein solcher Auslöser sind Schockwellen einer fernen Supernova.

Protostern Um den jungen Stern bildet sich ein Kokon aus Staubteilchen, der die Sicht auf den Stern verdeckt. Allerdings kann er schon im Radio- und Infrarotbereich entdeckt werden, da der junge Stern die Teilchen aufheizt. Dabei flacht diese Hülle durch die Rotation immer weiter ab.

Lebenslauf eines Sterns mit Sonnenmasse, der nach dem Verlassen der Hauptreihe im HRD über das Rote-Riesen-Stadium als Weißer Zwerg, umgeben von einem Planetarischen Nebel, endet.

Der 7000 Lichtjahre entfernte **Adlernebel** im Sternbild Schlange ist eine leuchtende Gaswolke (Emissionsnebel), aus dem sich ein offener Sternhaufen bildet. «

Ab einer Temperatur von über zehn Millionen Grad zündet die Kernfusion – der neue Stern stößt in einer gewaltigen Explosion Gasjets zu beiden Seiten der Scheibe aus und befreit sich durch Verdampfung des Staubes auch von seinem „Kokon", wobei der Rest zu einer protoplanetaren Scheibe kondensiert, aus der sich möglicherweise Planeten bilden. So wandert er auf die Hauptreihe des Hertzsprung-Russell-Diagramms.

Masse und weiterer Lebensweg

Wie lange der Stern auf der Hauptreihe bleibt, hängt davon ab, ob er massereich oder massearm ist. Auf jeden Fall verbringen die Sterne einen Großteil ihres Lebens auf der Hauptreihe des HRDs und gewinnen durch Fusion von Wasserstoff zu Helium ihre Energie. Für Sterne von etwa einer Sonnenmasse beträgt die Aufenthaltsdauer zehn Milliarden Jahre. Für massereichere Sterne ist der Aufenthalt kürzer, weil sie ihren Brennstoff schneller verbrauchen. So geht der Brennstoff eines Sterns mit zehn Sonnenmassen nicht zehn-, sondern 5000-mal schneller zur Neige, weshalb dieser Stern bereits nach 20 Millionen Jahren ausgebrannt ist. Allerdings ist die Leuchtkraft eines solchen Sterns auch 5000-mal größer als die der Sonne. Die massereichsten Sterne entwickeln sich sogar innerhalb von einer Million Jahre zum Roten Riesen.

Riesenstadium Ist der Wasserstoff im Kern komplett in Helium umgewandelt, folgt für alle Sterne das Riesenstadium als nächste Phase. Im Kern wird nun Helium zu Kohlenstoff und Sauerstoff fusioniert. In einer etwas weiter außen liegenden Schale wird dagegen weiterhin Wasserstoff zu Helium umgewandelt. Während der Kern heißer wird, kühlen die äußeren Schichten ab, und der Stern leuchtet rötlich. Über Millionen Jahre verbleibt der Stern im Stadium Roter Riese, wobei sich immer schwerere Elemente bilden, bis schließlich ein Kern aus Eisen entsteht.

Kollaps Nun ist es dem Stern unmöglich, weitere Energie durch Kernfusionsprozesse zu erzeugen, und so besiegt letztlich die Schwerkraft den Gasdruck. Der Stern stürzt in sich zusammen und wird zu einem Weißen Zwerg. Im Laufe der Zeit wird er immer dunkler und verwandelt sich in einen Schwarzen Zwerg. Sterne mit bis zu 1,4 Sonnenmassen werden auf diese Weise ihr Leben beenden.

Auch Sterne mit zunächst etwas mehr als 1,4 Sonnenmassen können so enden. Dadurch, dass sie vor allem in ihren späteren Entwicklungsstadien viel Materie in die Umgebung abgeben, unterschreiten sie dann die Grenze von 1,4 Sonnenmassen. Die bei der Materieabgabe entstehenden Gashüllen

Ein **Weißer Zwerg** mit seiner Materiewolke, die kurz nach dem Kollaps den Reststern umgibt und sich dann als Planetarischer Nebel langsam in den Raum verflüchtigt.

Supernova-Explosionen – das Bild zeigt den Überrest der von Tycho Brahe 1572 beobachteten – zählen zum spektakulärsten Ende eines Sterns. Ihre Materie enthält die schweren Elemente des Kosmos. »

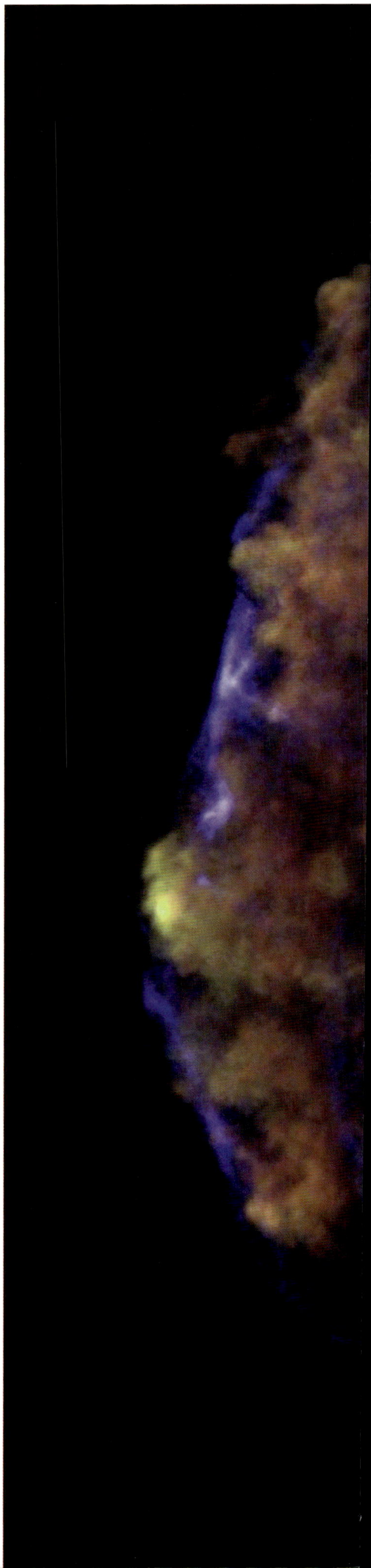

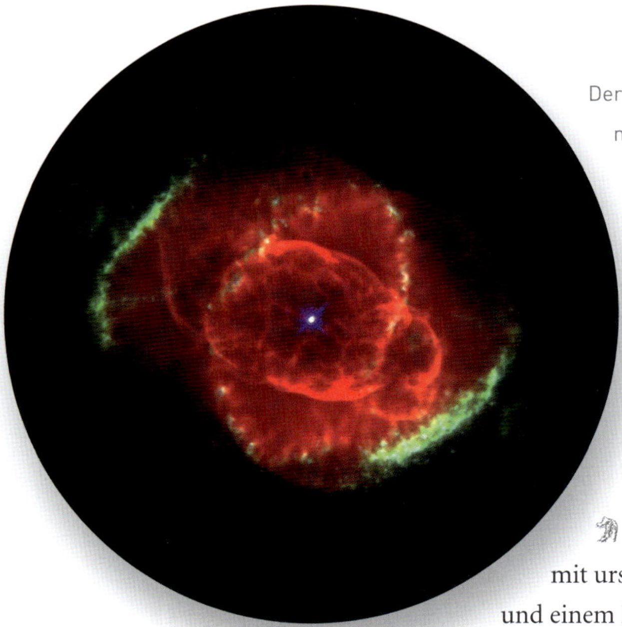

Der **Katzenaugennebel**, hier auf einer Aufnahme des Hubble-Weltraumteleskops, ist ein Planetarischer Nebel von ungewöhnlicher Form im Sternbild Drache.

nennt man Planetarische Nebel, weil sie als kleine, blassgrün leuchtende Scheiben in kleinen Fernrohren den äußeren Planeten ähneln.

Supernova und die Folgen Sterne mit ursprünglich über vier Sonnenmassen und einem Eisenkern kollabieren nach dem Roten-Riesen-Stadium viel spektakulärer und katastrophaler, nämlich in Form einer Supernova-Explosion. Was danach übrigbleibt, ist entweder ein Neutronenstern oder ein Schwarzes Loch – es bleibt aber auch Materie zur Bildung einer neuen Sterngeneration, womit sich der Kreis schließt.

Doppel- oder Mehrfachsterne

Die meisten Sterne gehören Doppel- oder Mehrfachsystemen an. Das zeigt schon ein Blick auf das bekannteste Sternpaar Mizar und Alkor in der Deichselmitte des Großen Wagens. Doch im Fernrohr zeigt sich, dass das „Reiterlein" Alkor selbst einen Begleiter hat und Mizar entpuppt sich sogar als vierfaches Sternensystem.

Doppelt und dreifach Man schätzt, dass mehr als 60 Prozent aller Sterne in der Milchstraße Doppel- oder Mehrfachsternensystemen angehören, sie sind also durch die Schwerkraft verbunden und umkreisen sich in unterschiedlichen Entfernungen. Dabei reichen ihre Umlaufzeiten von ein paar Stunden bis zu Jahrtausenden.

Ein Doppelsternsystem besteht aus zwei Sternen, die scheinbar oder wirklich am Himmel nahe beieinanderstehen. Sie kreisen wie Sonne und Planeten nach den Keplerschen Gesetzen periodisch um einen gemeinsamen Schwerpunkt. Bei unterschiedlichen Massen der Sterne (Komponenten) bewegt sich der massereichere Stern auf einer entsprechend kleineren Ellipse. Der Abstand kann so klein sein, dass es zum Materieaustausch kommt (Kontaktsystem). Dabei fließt die Materie zur massereicheren Komponente – im Extremfall ein Weißer Zwerg oder ein Schwarzes Loch.

Analog gehören zu einem Mehrfachsternensystem (oder Mehrfachstern) drei oder mehr Sterne. Meist kommt man Mehrfachsternen zunächst als Doppelstern auf die Spur. Denn oft gibt es unsichtbare Begleiter, die sich dann als Störungen der anderen Komponenten des Systems bemerkbar machen. Mehrfachsterne bestehen aus Untersystemen, die stets paarweise angeordnet sind. Die Untersysteme ihrerseits setzen sich wieder aus Einzel- oder Doppelsternen zusammen.

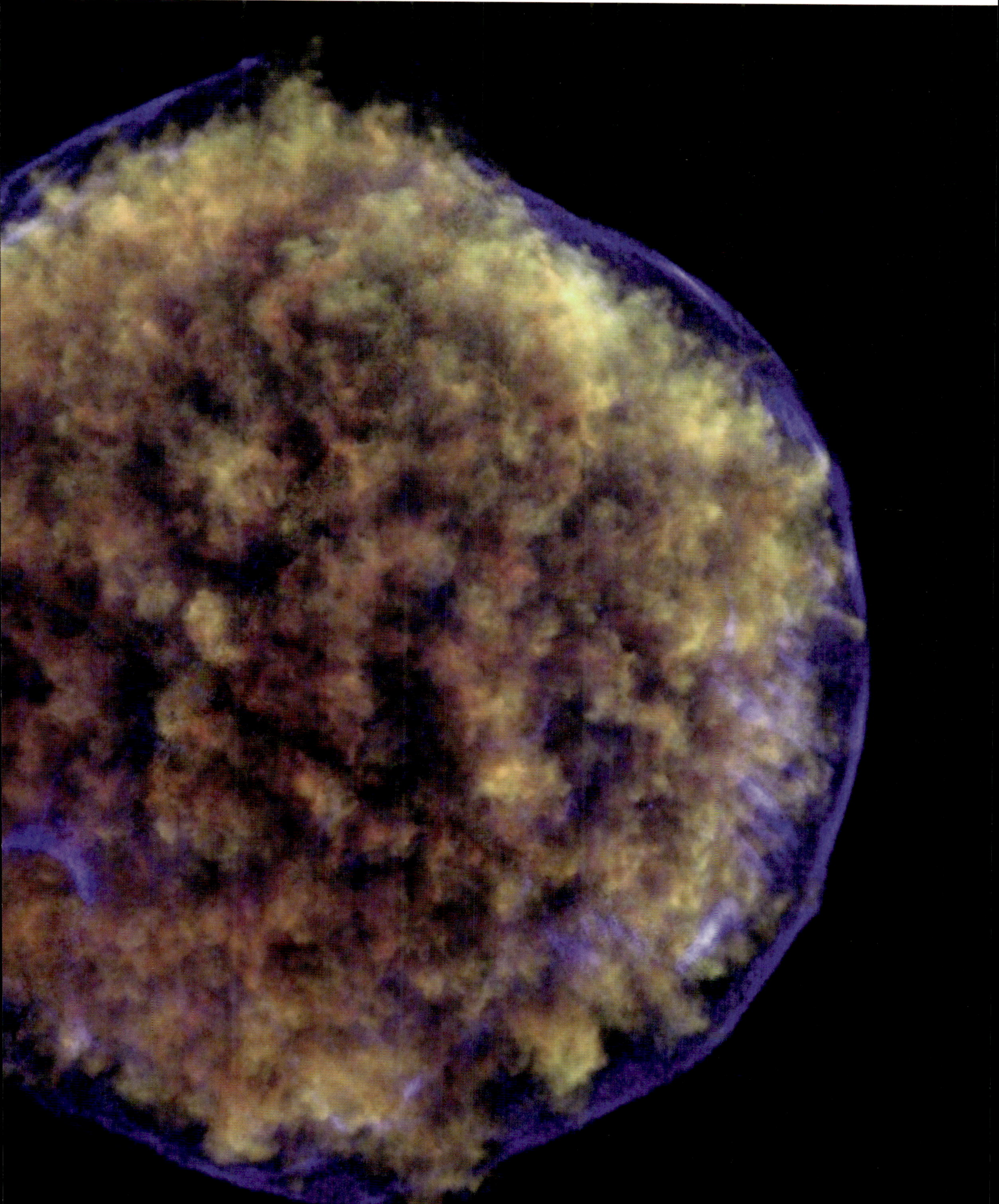

Typen von Doppelsternen

Welche Art von Doppelstern wirklich vorliegt, kann nur durch genaue Beobachtungen und Messungen festgestellt werden, und zwar durch Teleskopbeobachtung (Optische Doppelsterne), durch Untersuchung ihres Spektrums (Spektroskopische Doppelsterne), durch Analyse ihrer Helligkeit (Photometrische Doppelsterne) sowie die Messung von Positionsveränderungen gegenüber anderen Sternen (Astrometrische Doppelsterne).

Geometrische Doppelsterne Hierbei handelt es sich um Sterne, die sich zwar räumlich nahe beieinander befinden, aber wegen ihrer hohen Relativgeschwindigkeiten nicht aneinander gebunden sind und also auch nicht um einen gemeinsamen Schwerpunkt kreisen. Hier liegt das einmalige Ereignis einer Sternbegegnung vor, bei dem die beiden Sterne nur für eine begrenzte Zeit ein gemeinsames Sternensystem bilden und sich danach nie wieder treffen. Ein mögliches Beispiel eines geometrischen Begleiters ist der uns nächste und am Südhimmel stehende Stern Proxima Centauri. Er bildet mit Alpha Centauri möglicherweise nur ein geometrisches Doppelsternsystem, wobei Alpha seinerseits aber ein physischer Doppelstern ist.

Physische Doppelsterne Hier sind zwei Sterne infolge ihrer wirklichen räumlichen Nähe durch die Gravitation aneinander gebunden und kreisen um einen gemeinsamen Schwerpunkt, der entweder zwischen beiden Komponenten oder noch innerhalb der massereicheren liegt. Die meisten physischen Doppelsternsysteme bildeten sich bereits während der Sternentstehung; andere erst unter dem Einfluss mindestens eines weiteren Sterns.

Dass Sterne von einem unsichtbaren **Schwarzen Loch** begleitet werden, ist nur daran zu erkennen, dass es Materie in Form einer Akkretionsscheibe an sich zieht.

Dieser faszinierende Anblick eines Sonnenuntergangs könnte sich Bewohnern auf einem Planeten bieten, der ein **Doppelsternsystem** umkreist.

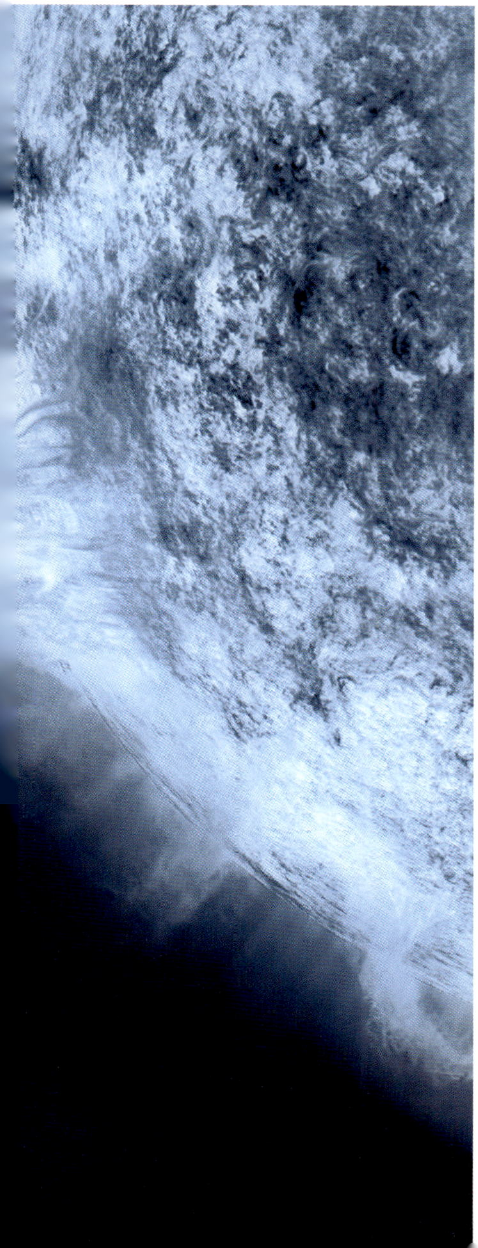

Manche physische Doppelsterne sind optisch nicht mehr zu trennen und können nur noch durch Anomalien im Spektrum des scheinbaren Einzelobjekts erkannt werden. So können sich die Spektren beider Sterne überlagern und durch ihren unterschiedlichen Typ ein einziges, zusammengesetztes Spektrum bilden. Beträgt der Helligkeitsunterschied beider Sterne mehr als eine Größenklasse, dann überstrahlt das Spektrum des Hauptsterns das Spektrum des Begleiters. Periodische Verschiebungen der Spektrallinien durch die unterschiedliche Umlaufzeit der Sterne um den gemeinsamen Schwerpunkt (Dopplereffekt) sind für die untersuchenden Wissenschaftler ein deutlicher Hinweis, dass es sich um ein Doppelsternspektrum handelt (Spektrometrische Doppelsterne).

Doppelsterne mit unsichtbaren Begleitern Andere physische Doppelsterne, die optisch nicht mehr getrennt werden können, sind sogenannte Bedeckungsveränderliche. Bei ihnen kreisen zwei Sterne so dicht umeinander, dass ihre Bahnebene in die Sichtlinie zum Beobachter fällt und sich die zwei Komponenten periodisch gegenseitig bedecken. Das führt zu einem regelmäßigen Wechsel ihrer Helligkeit. Dieser Helligkeitswechsel lässt sich mit photometrischen Methoden messen (Photometrische Doppelsterne).

Man kann diesen Doppelsternen mit ihren unsichtbaren Begleitern auch auf die Spur kommen, indem man die periodisch veränderten Positionen relativ zu anderen Sternen in der Sichtlinie des Beobachters misst (Astrometrische Doppelsterne). Sie überlagern sich mit der Eigenbewegung des beobachteten Sterns und haben ihre Ursache im Umlauf um einen gemeinsamen Schwerpunkt mit einem nicht sichtbaren Begleiter. Diese Methode wird auch zum Aufspüren extrasolarer Planeten verwendet.

Der Stern (Beta) **Albireo** im Schwan zählt zu jenen Doppelsternen, die schon in kleinen Teleskopen beobachtet werden können.

Die rote Nova **V838 Monocerotis** im Sternbild Einhorn, 20 000 Lichtjahre entfernt, zeigt eindrucksvoll die bei einer solchen Sternexplosion weggeschleuderten **Staubmassen**.

Veränderliche Sterne

Auch wenn die Sterne am Nachthimmel auf den ersten Blick gleichförmig zu leuchten scheinen, ändern doch viele ihre Helligkeit, und zwar in Perioden, die von Minuten bis zu Jahrzehnten reichen. Diese Sterne werden als „Veränderliche" oder „variable Sterne" bezeichnet. Einige wie Mira im Walfisch oder Algol im Perseus sind sogar mit dem bloßem Auge sichtbar.

(K)eine besondere Art Heute sind viele Tausend dieser helligkeitsverändernden Sterne bekannt, und jedes Jahr kommen neue hinzu. Die Veränderlichen der Milchstraße werden im General Catalogue of Variable Stars erfasst. Bis Ende 2010 waren es 46 000. Dieser Katalog enthält außerdem noch 10 000 Veränderliche in anderen Galaxien sowie über 10 000 Sterne, von denen man vermutet, dass es sich bei ihnen um Veränderliche handelt. Während veränderliche Sterne früher als etwas Besonderes galten, nimmt man heute an, dass alle Sterne im Laufe ihrer Entwicklung zeitweise Helligkeitsschwankungen zeigen – also auch unsere Sonne.

Die Ursache dieser Helligkeitsänderungen kann zum einen in physikalischen Vorgängen im Stern liegen, sodass sich dessen Leuchtkraft ändert (Intrinsische Veränderlichkeit) oder sich nur die Helligkeit in eine Richtung ändert, während sie sonst in allen anderen Raumrichtungen gleich bleibt (Extrinsische Veränderlichkeit). Das ist beispielsweise bei Bedeckungsveränderlichkeit der Fall. Im übrigen sind diese Helligkeitsschwankungen nicht mit dem Funkeln der Sterne durch die Luftunruhe (Szintillation) zu verwechseln.

Arten von Veränderlichen

Man kann die Veränderlichen auch nach der Art ihres Lichtwechsels unterscheiden und sie in zwei Gruppen einteilen. Die eine zeichnet sich durch ein regelmäßiges Schwankungsmuster aus. Zu ihnen gehören die Bedeckungs-, Pulsations- und Rotationsveränderlichen. Bei der anderen Gruppe ist das Verhalten nur schwer vorhersagbar. Es sind die kataklysmischen und eruptiven Veränderlichen, die sich auch unter dem Begriff „Bizarre Veränderliche" zusammenfassen lassen.

Bedeckungsveränderliche Manche Doppelsterne stehen so eng, dass sie als ein Stern erscheinen. Von der Erde aus beobachtet, scheinen die beiden Komponenten hintereinander vorbeizulaufen und sich dabei gegenseitig zu bedecken. Dadurch vermindert sich die ankommende Gesamtlichtmenge und man beobachtet ein Minimum. Bekannte Bedeckungsveränderliche sind Algol im Perseus und Beta Lyrae.

Pulsationsveränderliche Bei pulsierenden Veränderlichen dehnen sich die äußeren Schichten wiederholt aus und ziehen sich zusammen. Das passiert oft am Ende eines Sternenlebens. Hier versucht der gealterte Stern ständig, das Gleichgewicht zwischen der Schwerkraft einerseits sowie dem Gasdruck und der abgegebenen Strahlung andererseits zu halten. Die radiale oder nichtradiale Schwingung hat eine Leuchtkraftänderung zur Folge, da sich der Radius, die Form des Sterns und/oder die Oberflächentemperatur ändern.

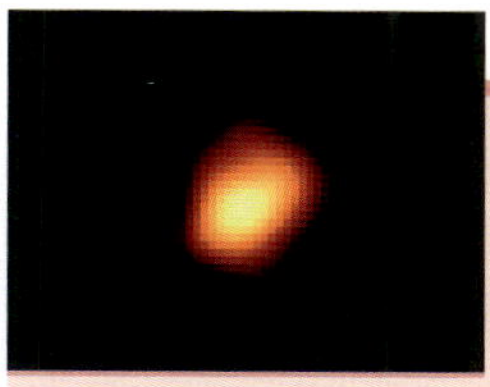

Mira

Die Wundersame Der erste Veränderliche wurde 1596 von dem Pfarrer David Fabricius entdeckt. Er gab ihm den Namen Mira, „die Wundersame". 1639 beschrieb der Astronom Johann Holwarda den zyklenartigen Lichtwechsel mit einer Periode von 331 Tagen. Im Maximum kann Mira die 2. Größenklasse erreichen, sodass sie ein auffällig heller Stern am Nachthimmel ist. Während des Minimums kann ihre Helligkeit dagegen bis auf die 9. Größenklasse absinken – dann ist Mira nur noch mithilfe eines Teleskops zu sehen. Miras mittlerer Durchmesser beträgt ungefähr 550 Millionen Kilometer (rund 400 Sonnendurchmesser); und da sie nur etwa 300 Lichtjahre von der Erde entfernt ist, kann sie mit dem Hubble Space Telescope flächenmäßig aufgelöst werden, sodass sie im Gegensatz zu anderen Sternen nicht nur als Punkt erscheint.

Der Lichtwechsel von **Algol** im Sternbild Perseus kann mit bloßem Auge beobachtet werden, weshalb Algol zu den bekanntesten veränderlichen Sternen gehört.

Dieses Bild des Hubble-Weltraumteleskops zeigt die Spiralgalaxie NGC 4603 und 36 **veränderliche Cepheiden** in rund 108 Millionen Lichtjahre Entfernung.

Anhand ihrer Perioden, Massen und ihres Entwicklungsstadiums unterscheiden die Astrophysiker mehrere Untertypen der Pulsationsveränderlichen. Ihre bekanntesten sind die Mira-Sterne: Rote Riesen, die über einen Zeitraum von 1000 Tagen pulsieren. Die Cepheiden, die auch zur Entfernungsbestimmung herangezogen werden, sind gelbe Überriesen mit einem Pulsationszyklus zwischen 1 und 50 Tagen. Und bei den RR-Lyrae-Sternen handelt es sich um blau-weiße Zwergsterne mit einem Pulsationszyklus von 0,2 bis 1,2 Tagen.

Rotationsveränderliche Diese Sterne verändern ihre Helligkeit im Verlauf ihrer Rotation. Entweder sind sie als Komponenten enger Doppelsterne ellipsoidisch verformt oder die Helligkeitsverteilung auf ihrer Oberfläche ist nicht gleichmäßig, weil es dort Flecken ähnlich den Sonnenflecken gibt. Die unterschiedlichen Fleckengruppen gelangen durch die Rotation immer wieder ins Blickfeld und führen so zu Helligkeitsschwankungen. Ein solcher Stern ist AB Doradus im Sternbild Schwertfisch am Südhimmel. Der Stern ist ein kühler Zwergstern in 65 Lichtjahren Entfernung, dessen Helligkeit sich innerhalb von 12,4 Stunden um $0{,}15^m$ ändert – die Rotationszeit des Sterns.

Kataklysmisch Veränderliche Diese Sterne zeigen plötzliche starke Helligkeitsausbrüche, die durch thermonukleare Reaktionen auf der Oberfläche oder im Sterninneren verursacht werden können. Die Ursache kann auch eine Akkretionsscheibe sein, also eine um ein zentrales Objekt rotierende Scheibe, die Materie in Richtung des Zentrums transportiert (akkretiert). Dabei kann es sich um atomares Gas oder Staub oder verschieden stark ionisiertes Gas (Plasma) handeln. Bei den meisten kataklysmisch Veränderlichen ist das zentrale Scheibenobjekt ein Weißer Zwerg. Er zieht von seinem Begleiter so lange Wasserstoff ab, bis es zu einer nuklearen Explosion kommt (Nova) – so geschehen 1975, als im Sternbild Schwan ein Stern kurzzeitig zur Nova mit 40-millionenfachem Helligkeitsanstieg wurde.

Eruptive Veränderliche Sterne, die willkürlich ihre Helligkeit verändern, werden als „Eruptivveränderliche" bezeichnet. Diese Helligkeitsänderungen entstehen durch starke Schwan-

kungen in der äußeren Atmosphäre. Die Ursache können Flares oder Sternenwinde ähnlich dem Sonnenwind und/oder Interaktion mit interstellarer Materie sein. So stoßen einige Sterne Staubwolken ab wie der Rote Überriese V838 Monocerotis, wodurch sie plötzlich dunkler werden; andere wie T Tauri sind junge Sterne, die noch auf eine stabile Größe schrumpfen und dabei Gas und Staub freisetzen.

Die Riesen unter den Sternen

Sterne erscheinen ewig, weil sie Milliarden Jahre lang Energie durch die Umwandlung von Wasserstoff zu Helium erzeugen. Aber irgendwann wird dieser Vorrat erschöpft sein, und die Kernreaktionen kommen zum Erliegen. Der Stern bläht sich zu einem Roten Riesen auf, dessen Durchmesser den der Sonne um das Hundertfache oder mehr übertrifft.

Riesenstern Beteigeuze Der rötlich leuchtende Stern Beteigeuze im Orion (Entfernung: 430 Lichtjahre) ist das bekannteste Beispiel eines roten Riesensterns. Seine Farbe steht für eine relativ niedrige Oberflächentemperatur zwischen 2000 und 4000 Grad Celsius. Mit einem rund 662-fachen Sonnendurchmesser, einer circa 10 000-mal größeren Leuchtkraft sowie einer 20-fachen Sonnenmasse gehört Beteigeuze sogar in die Klasse der sogenannten Überriesen.

Dimensionen Riesensterne gibt es in den unterschiedlichsten Größen. Sterne können schon als Riesen geboren werden, weil sie von Beginn an sehr viel Masse auf sich vereinigen konnten, wie das bei Blauen Riesen der Fall ist; oder sie werden am Ende ihres Lebens zum Riesenstern, weil sie instabil sind und sich deshalb bis zum 200-fachen Sonnendurchmesser aufblähen. Stünde ein solcher Riese im Zentrum des Sonnensystems, würde er Merkur, Venus und die Erde einschließen. Überriesen können sogar einen bis zu 1000-fachen Sonnendurchmesser erreichen.

Blaue Überriesen wie sie sich im Sternbild Orion befinden, leuchten im ultravioletten Bereich und zählen zu den Supernovae im Wartestand.

Im Zentrum des Sonnensystems stehend, würden sie dann bis zum Jupiter oder sogar bis zum Saturn reichen.

Masse als Schicksal Das Schicksal eines sterbenden Sterns wird von seiner Masse bestimmt. So nehmen massearme Sterne wie unsere Sonne an Leuchtkraft zu und werden zu Roten Riesen. Dagegen behalten massereiche Sterne (über acht Sonnenmassen) ihre Leuchtkraft weitgehend bei und werden zu Überriesen. Welche Farbe ein Riesenstern hat, hängt von seiner Oberflächentemperatur ab. Danach sind Blaue Überriesen wie der Stern Rigel im Orion am heißesten.

Das **Sternbild Orion** zählt zu den bekanntesten Wintersternbildern, weil seine Form sehr leicht den mythischen Jäger erkennen lässt.

Die Entwicklung der Riesensterne

Wenn der Wasserstoffvorrat im Kern eines Sterns zur Neige geht, wird ein Stern zum Riesen. Dabei schrumpft zunächst der zentrale Bereich des Sterns auf ein Zehntel seiner Größe – kaum mehr als die Größe der Erde. Temperaturen und Drücke sind in diesem Teil des Sterns so extrem (100 Millionen Grad Celsius), dass es zur Fusion von Helium zu schwereren Elementen wie Kohlenstoff und Sauerstoff kommt.

Schalenbrennen Unterdessen geht das Wasserstoffbrennen in der den Kern umgebenden Schale weiter und verlagert sich schrittweise nach außen. So erhitzt diese Strahlungsquelle die äußere Sternatmosphäre, worauf sich der Stern ausdehnt und abkühlt. Bei ausreichender Masse finden in der Schale weitere Kernfusionen statt, wobei chemische Elemente bis hin zum Eisen entstehen, sodass der Stern gegen Ende seiner Überriesenphase mehrere Schichten aus zunehmend schweren Elementen entwickelt.

Supernova Beteigeuze Beteigeuze wird danach irgendwann als Supernova enden – so meinen jedenfalls die Astronomen übereinstimmend. Wann das sein wird, ist stark umstritten, je nach Theorie innerhalb der nächsten 1000 Jahre oder gar frühestens in 100 000 Jahren. Auf jeden Fall wäre die Supernova auf der Erde unübersehbar und würde das ganze Firmament überstrahlen. Bei einem Roten Riesen wie Beteigeuze dürfte dann die Leuchtkraft um das 16 000-fache ansteigen. Derzeit leuchtet Beteigeuze mit etwa $0{,}5^m$. Im Falle einer Supernovaexplosion würde die scheinbare Helligkeit bis $-10{,}5^m$ steigen oder gar auf -17 bis -18^m, was der Leuchtkraft des Halbmondes oder gar des Vollmondes entspräche.

Rigel, der blaue Riese Rigel, der linke Fußstern im Orion (Entfernung rund 770 Lichtjahre), ist als Blauer (Über-)Riesenstern von der Ausdehnung her zwar vergleichbar mit einem Roten (Über-)Riesen, hat jedoch mit zehn bis 50 Sonnenmassen eine deutlich höhere Masse. Er strahlt mit der 46 000-fachen Leuchtkraft der Sonne und ist somit nach Beteigeuze (135 000-fach) und Antares (90 000-fach) der leuchtstärkste Stern innerhalb einer Entfernung von 1000 Lichtjahren.

Supernova im Wartestand Rigels hohe Masse führt zu einer hohen Dichte der Materie im Sterninnern, was wiederum eine schnelle Energieumsetzung zur Folge hat. Das Ergebnis ist eine Oberflächentemperatur von 20 000 bis 30 000 Grad Celsius, die die der Sonne deutlich übersteigt. Blaue Riesensterne wie Rigel leuchten vor allem im ultravioletten Bereich des Spektrums und rufen damit den blauen Farbeindruck hervor. Rigels Größenzunahme verläuft weniger dramatisch als bei einem Roten Riesen.

Allerdings verbleiben derartige Sterne wegen der schnelleren Energieumsetzung nur einige 10 Millionen Jahre auf der Hauptreihe (unsere Sonne dagegen circa 10 Milliarden Jahre). Danach blähen sie sich zum Roten Überriesen auf und enden in einer Supernova des Typs II. Das wird bei Rigel aber erst in 2 oder 3 Milliarden Jahren der Fall sein. Er kann also als „Supernova im Wartestand" bezeichnet werden.

Rigel als linker Fußstern im Sternbild Orion steht als Blauer (Über-)Riesenstern in einer an interstellarer Materie reichen Gegend.

Gemeinschaften im All

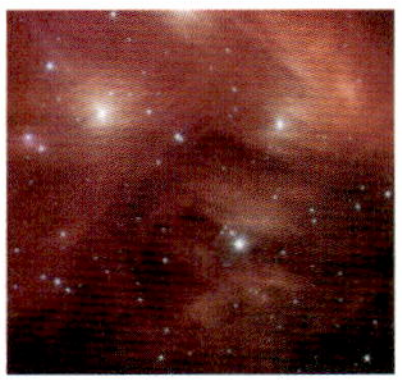

Sterne entstehen nie allein, sondern immer zu mehreren. Daher sind sie entweder zu Paaren oder Haufen angeordnet. Der wohl bekannteste Sternhaufen sind die Plejaden – auch, weil der Haufen mit bloßem Auge erkennbar ist: Sieben helle Sterne scheinen wie eine Miniaturausgabe des Großen Wagens rechts oberhalb des Sternbildes Orion zu funkeln; daher auch der Name Siebengestirn.

Die sieben Schwestern

Die Plejaden liegen ungefähr 440 Lichtjahre von der Erde entfernt im Sternbild Stier. Auch wenn nur die hellsten sieben von ihnen gut sichtbar sind (in besonders klaren Nächten sind es sogar neun), umfasst die Gruppe mindestens 120 Sterne, deren Alter etwa 125 Millionen Jahre beträgt.

Seit der Mensch den Himmel beobachtet, muss er von dieser Sternansammlung fasziniert gewesen sein. So ist sie auf den Wandmalereien in den Höhlen von Lascaux in Form von sechs Punkten oberhalb des Auerochsen zu sehen und angeblich ist sie auch auf der frühbronzezeitlichen Himmelsscheibe von Nebra dargestellt.

Griechische Mythologie Die Namen der hellsten Plejaden-Sterne entstammen der griechischen Mythologie: Es sind die sieben Töchter des Riesen Atlas und seiner Frau Plejone: Alkyone, Asterope, Kelaino, Elektra, Maia, Merope und Taygete. Es sind Nymphen, die von Dionysos und Zeus erzogen wurden. An den Himmel kamen sie – so erzählt es die Sage – durch Zeus, der sie so vor den Nachstellungen des Jägers Orion retten wollte. Aber auch dort werden sie immer noch von Orion verfolgt, dessen Sternbild sich etwa 30 Grad südöstlich der Plejaden befindet.

Der 2000 Lichtjahre entfernte **Schmetterlingshaufen** im Sternbild Skorpion liegt nahe dem Zentrum der Milchstraße und ist am Nachthimmel etwa so groß wie der Vollmond.

Offener Sternhaufen

Die Plejaden gehören zur Klasse der offenen Sternhaufen oder galaktischen Haufen. Außer ihnen sind in unserer Galaxis über 1000 offene Sternhaufen bekannt, jedoch dürfte die wirkliche Zahl bis zu zehnfach höher sein. Diese Sternhaufen konzentrieren sich in unserem Sternensystem sowie den anderen Spiralgalaxien fast ausschließlich in den Spiralarmen, weil hier wegen der höheren Gasdichte die meisten Sterne entstehen. Daher liegen die offenen Sternhaufen in unserer Galaxis in der galaktischen Ebene mit einer Ausdehnung in der Höhe von rund 180 Lichtjahren.

Dieselben Eigenschaften Die Mitglieder eines offenen Sternhaufens, dessen Ausdehnung zwischen 5 und 75 Lichtjahren liegen kann (bei den Plejaden sind es sogar 90 Lichtjahre), haben sich alle aus derselben interstellaren Gas- und Staubwolke entwickelt – eine derartige Wolke ist beispielsweise im benachbarten Sternbild des Orion unterhalb seines Gürtels zu

Der Sage nach waren die Plejaden die Töchter des **Riesen Atlas**, der das Himmelsgewölbe auf seinen Schultern trug. «

Die Sterne des **offenen Sternhaufens der Plejaden** – hier eine Aufnahme des Spitzer-Weltraumteleskops – sind noch recht junge Gebilde und zeigen, dass Sterne in ganzen Gruppen entstehen, die sich später auflösen. «

finden. Dabei entstehen in der Regel zwei oder mehr offene Sternhaufen. So geht man zum Beispiel davon aus, dass die Hyaden und der Sternhaufen Praesepe gemeinsam entstanden sind, und zwar vermutlich vor 600 Millionen Jahren. Manchmal bilden zwei Sternhaufen, die zur gleichen Zeit „geboren" wurden, sogenannte Doppelsternhaufen.

In der Astrophysik spielen offene Sternhaufen für die Untersuchung der Sternentstehung eine sehr wichtige Rolle; denn wegen ihrer gemeinsamen Entstehung haben alle ihnen angehörenden Sterne ungefähr das gleiche Alter und

Die nebeligen Schleier rot leuchtenden Wasserstoffgases, die man unter anderem im **Adlernebel** eindrucksvoll sehen kann, sind das Baumaterial der Sternentstehung, die in ganzen Gruppen stattfindet.

Die **Plejaden** im Sternbild Stier zählen mit ihren sieben hellsten Sternen (daher auch „Siebengestirn"), zu den bekanntesten **offenen Sternhaufen**, weil sie leicht mit dem bloßem Auge beobachtet werden können. »

H und Chi Perseii

Doppelsternhaufen Das bekannteste Beispiel für einen Doppelsternhaufen in der Milchstraße sind h und Chi im Sternbild Perseus. Die Haufen enthalten jeweils rund 300 Sterne und sind mit einem Alter zwischen 1 und 4 Millionen Jahren selbst für offene Sternhaufen sehr jung. Sie liegen nur 100 Lichtjahre voneinander entfernt, stehen aber in keiner physikalischen Verbindung. Die meist bläulich leuchtenden Sterne scheinen von einer Gruppe roter Sterne umgeben zu sein, die einen Halo um die beiden Sternhaufen bildet, der damit um ein Vielfaches größer ist als die eigentliche Doppel-Sternhaufen-Konzentration. Welche der rund zwei Dutzend roter Sterne zu h und Chi Perseus selbst gehören, ist bis heute nicht sicher.

dieselbe chemische Zusammensetzung. Daher fallen kleine Unterschiede der Eigenschaften viel schneller auf, als wenn man nur isolierte Sterne beobachtet.

Nebelige Schleier aus Gas

Die nebeligen Schleier, die die Plejaden einhüllen, könnten einen vermuten lassen, dass sie sich – wie viele andere junge offene Sternhaufen auch – noch immer in der Wolke befinden, aus der sie einst entstanden sind. Allerdings führt der Strahlungsdruck der Sterne dazu, dass die Wolke im Laufe der Zeit zerstreut wird. Normalerweise werden nur etwa zehn Prozent der Wolkenmasse für die Sternentstehung „verbraucht", der Rest fällt dem Strahlungsdruck zum Opfer.

Das Ende der Plejaden Bei den Plejaden-Gasschleiern handelt es sich denn auch tatsächlich nicht um einen Geburtskokon; vielmehr ist es eine Wolke im interstellaren Raum, die der Sternhaufen zur Zeit durchquert. Solche Ereignisse oder Zusammenstöße mit anderen Sternhaufen zerstören aber einen offenen Sternhaufen, sodass diese Sternansammlungen selten länger als ein paar hundert Millionen Jahre bestehen bleiben. So werden die Plejaden vermutlich noch weitere 250 Millionen Jahre existieren, bevor sich durch interstellare Einflüsse seine Mitglieder in alle Richtungen verteilen.

Der offene Sternhaufen **Praesepe** (Krippe, M44) im Krebs kann am Winter- und Frühlingshimmel schon mit dem bloßen Auge gesehen werden und ist nach den Plejaden der zweithellste Sternhaufen des Messier-Katalogs. «

M13 und die Kugelsternhaufen

Nur wenige Objekte am Himmel sind so markant wie die Kugelsternhaufen. Dabei handelt es sich um dichte Ansammlungen von einigen Zehntausend bis mehrere Millionen Sterne, die durch die Schwerkraft in Form einer Kugel aneinander gebunden sind. Sie liegen in den Außenbezirken, dem Halo, unserer Galaxis.

M13 (Messier 13) ist der hellste Kugelsternhaufen am Nordhimmel und befindet sich im Sternbild Herkules. Ein Teleskop ab etwa 20 Zentimeter Öffnung löst den Rand dieser Sternkonzentration sogar in Einzelsterne auf, wodurch dieser Kugelsternhaufen zu einem lohnenden Objekt für Amateurastronomen wird. M13 ist etwa 25 100 Lichtjahre von der Sonne entfernt, hat einen Durchmesser von 150 Lichtjahren und besteht aus mehr als 300 000 Sternen.

Kugelsternhaufen wie **M13** im Sternbild Herkules sind sehr alte Gebilde und befinden sich zumeist im Halo der Milchstraße. Bekannt wurde M13 als Ziel der berühmten Arecibo-Botschaft.

Weitere Kugelsternhaufen

Kugelsternhaufen kommen häufig vor. Sie sind durch die Gravitation an Galaxien gebunden und bewegen sich weiträumig in deren Halo. Die Haufen bestehen vor allem aus alten roten Sternen, die nur wenige schwere Elemente enthalten. Dadurch unterscheiden sie sich deutlich von den offenen Sternhaufen wie den Plejaden, die zu den jüngsten Sternkonzentrationen in Galaxien gehören. In unserer Milchstraße wurden bisher 151 Kugelsternhaufen entdeckt, und Schätzungen gehen davon aus, dass es noch 160 bis 200 weitere unentdeckte Objekte dieser Art geben könnte. Wir

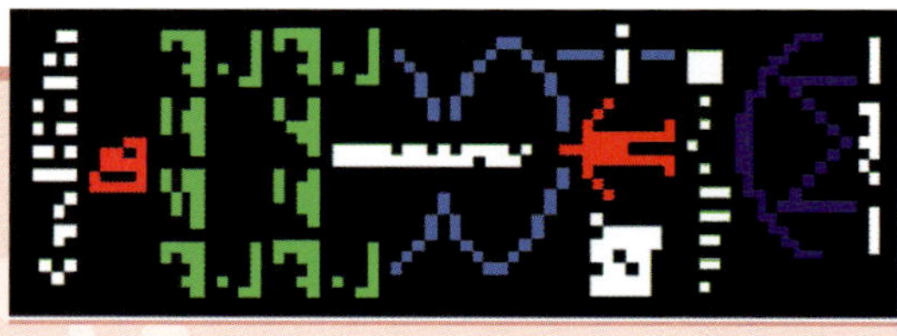

Botschaft für Aliens

Die Arecibo-Botschaft Im Jahre 1974 wurde auf Initiative des US-Astronomen und SETI-Forschers Frank Drake mit dem 304-Meter-Radioteleskop auf Puerto Rico (Arecibo-Observatorium) ein starkes Radiosignal nach M13 gesandt. Es enthielt eine codierte Botschaft und hatte zum Ziel, Kontakt zu einer eventuellen außerirdischen Zivilisation aufzunehmen. Man hatte diesen Kugelsternhaufen deshalb ausgewählt, da hier viele Sterne auf relativ engem Raum versammelt sind, was die Chance, auf eine bewohnte Welt zu treffen, erhöhen sollte. Aber auch das hohe Alter von M13 erhöht die Wahrscheinlichkeit, dass dort eine weit fortgeschrittene Zivilisation leben könnte. Bedenkt man allerdings die trotz Lichtgeschwindigkeit lange Laufzeit des Signals, so würde die Antwort einer technisch entwickelten Zivilisation frühestens nach etwa 45 600 Jahren auf der Erde eintreffen.

An der 2,5 Millionen Lichtjahre entfernten **Andromedagalaxie** lässt sich wegen ihrer Neigung sehr gut der Halo mit seinen Kugelsternhaufen beobachten. »

können sie nur deshalb nicht sehen, weil sie sich vermutlich hinter Gas und Staub der Milchstraße verbergen. Die meisten Kugelsternhaufen sind am Südsternhimmel zu finden.

Große Galaxien wie die Andromedagalaxie können noch weit mehr Kugelsternhaufen besitzen: 500 an der Zahl; und zu riesigen elliptischen Galaxien wie M87 können sogar 10 000 Kugelsternhaufen gehören. Sie umkreisen ihre Heimatgalaxie in rund 131 000 Lichtjahren oder mehr.

Sterndichte Kugelsternhaufen haben eine sehr hohe Sterndichte. Dadurch kommt es zu einer größeren gegenseitigen Beeinflussung und relativ häufigen Beinahekollisionen ihrer Sterne. So sind auch exotische Sterne wie beispielsweise Blaue Nachzügler, Millisekundenpulsare und leichte Röntgendoppelsterne viel häufiger anzutreffen. Ein Blauer Nachzügler entsteht aus zwei kollidierten Sternen – wahrscheinlich den Sternen eines Doppelsternsystems.

Wichtige Kugelsternhaufen

Name	Sternbild	Entfernung (in Lichtjahren)	Durchmesser (in Lichtjahren)	Zahl der Sterne
M4	Skorpion	7200	75	
M22	Schlangenträger	10 400	97	
47 Tucanae	Tukan	13 400	120	1 Million
Omega Centauri	Zentaur	17 300	150	10 Million
M5	Schlange	24 500	165	
M13	Herkules	25 100	150	300 000
M15	Pegasus	33 600	88	
M3	Jagdhunde	33 900	223	500 000
M2	Wassermann	36 200	150	150 000

Blick in den Zentralbereich des Kugelsternhaufens **Omega Centauri**, der als hellster Kugelsternhaufen des Himmels gilt. In seinem Zentrum liegt ein 40 000 Sonnenmassen schweres Schwarzes Loch.

Das Bild des **Sternhaufens M15** im Sternbild Pegasus zeigt deutlich die hohe Sterndichte im Zentrum sowie das Fehlen von Gas und Staub, da die Sternentstehung in M15 abgeschlossen ist.

Alter Mit einem Alter um 12,7 Milliarden Jahre gehören die Sterne eines Kugelsternhaufens zu den ältesten unserer Galaxis. Ihr Alter kann sehr leicht mit dem Hertzsprung-Russel-Diagramm ermittelt werden. Hier zeigt sich deutlich, dass es sich um alte Sterne der Population II handelt. Im Vergleich zu diesen Sternansammlungen sind offene Sternhaufen wie die Plejaden mit „nur" 10 Millionen Jahren deutlich jünger.

Da sich die Sterne eines Kugelhaufens meist alle in der gleichen Phase der Sternentwicklung befinden, haben sie sich vermutlich auch zur selben Zeit gebildet. In keinem bekannten Kugelsternhaufen entstehen noch Sterne, und deshalb enthalten Kugelsternhaufen auch kein Gas und keinen Staub mehr – diese Sternhaufen stammen aus der Zeit, als sich die ersten Sterne der Milchstraße bildeten.

Schwarze Löcher Nicht nur im Zentrum von Galaxien, sondern auch in Kugelsternhaufen suchen die Astronomen nach Schwarzen Löchern. Diese Objekte aufzuspüren ist deshalb von so großer Bedeutung, weil sie eine Zwischengröße einnehmen zwischen einem konventionellen, aus dem Untergang eines massereichen Sterns entstandenen Schwarzen Loch und den supermassiven Schwarzen Löchern, wie sie in den galaktischen Zentren, zum Beispiel dem der Milchstraße, existieren. Um Schwarze Löcher in Kugelsternhaufen zu finden, ist eine Genauigkeit notwendig, wie sie derzeit nur das Hubble-Weltraumteleskop besitzt.

Tatsächlich wurde in unabhängigen Programmen ein aus 4000 Sonnenmassen bestehendes, mittelschweres Schwarzes Loch im Kugelsternhaufen M15 und ein 20 000 Sonnenmassen schweres Schwarzes Loch im Kugelsternhaufen Mayall II in der Andromedagalaxie entdeckt. Doch trotz solcher faszinierender Erkenntnisse sind die Ursprünge der Kugelsternhaufen sowie ihre Rolle in der galaktischen Evolution immer noch nicht endgültig erforscht.

Wolken aus Gas und Staub

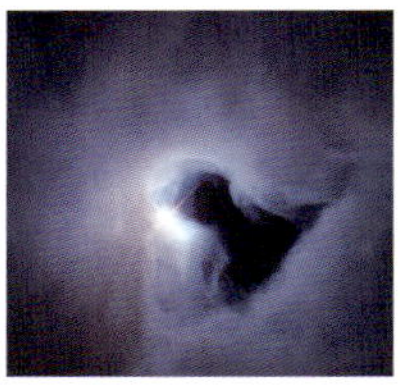

Sterne werden aus und in gewaltigen Gas- und Staubwolken geboren, die unsere Milchstraße wie Nebelschleier durchziehen. Der Orionnebel ist die wohl bekannteste Stern-Geburtsstätte; denn er liegt nicht nur unterhalb des Gürtels im wohl schönsten Wintersternbild, wo er das „Schwertgehänge" bildet, sondern ist auch mit dem bloßen Auge zu sehen.

Mit einer Ausdehnung von rund 30 Lichtjahren ist der Orionnebel oder Messier 42 (M42) für sich genommen schon ein sehr großes Objekt am Himmel, denn er würde mit seiner scheinbaren Fläche das Gebiet des Vollmondes viermal überdecken. Aber in Wirklichkeit ist der sichtbare Teil des Nebels nur der kleine Teil eines noch viel größeren, nicht leuchtenden Molekülwolkensystems, das einen Durchmesser von mehreren Hundert Lichtjahren besitzt und sich über das ganze Sternbild Orion erstreckt. Außer dem Zentralteil mit den vier Trapezsternen gehören zu ihm noch eigenständig bekannte Objekte wie Barnard's Schleife (Barnard's Loop) und der Pferdekopfnebel.

Reflexionsnebel wie der **Bumerangnebel** leuchten nur deshalb, weil sie das Licht eines nahen Sterns – hier im Zentrum der beiden „Jets" – reflektieren.

Kleine Nebelkunde

In allen Galaxien gibt es zwischen den Sternen noch eine Vielzahl von Nebelwolken (diffuse Nebel), die sie wie Schleier durchziehen. Sie liegen hauptsächlich in der Ebene dieser Welteninseln. Die diffusen Nebel werden abhängig von ihrem Verhalten gegenüber dem Licht in drei Klassen eingeteilt: in Emissionsnebel, Reflexionsnebel und Dunkelwolken.

Emissionsnebel Die hellen Emissionsnebel, zu denen auch der Orionnebel gehört, bestehen hauptsächlich aus Wasserstoff und zeichnen sich durch ihr Eigenleuchten aus. Auf Fotos haben solche Nebel stets eine rötliche Farbe, da ein Großteil des vom Wasserstoff ausgesandten Lichts in diesem Farbbereich strahlt.

Reflexionsnebel Reflexionsnebel sind dagegen kühle Wolken aus Staub und Gas, die nicht selbst leuchten, sondern lediglich das Licht von nahegelegenen Sternen streuen und reflektieren. Weil in diesem Fall mehr blaues als rotes Licht reflektiert wird, erscheinen solche Nebel meist in blauer Farbe. Der Sternhaufen der Plejaden im Sternbild Stier ist von einem derartigen Nebeltyp umgeben, der auf den Fotos ein blaues Leuchten zeigt. Emissionsnebel und Reflexionsnebel können häufig zusammen beobachtet werden. Beispiele dafür sind der Omega-Nebel M17 und der Trifid-Nebel M20 – beide im Sternbild Schütze.

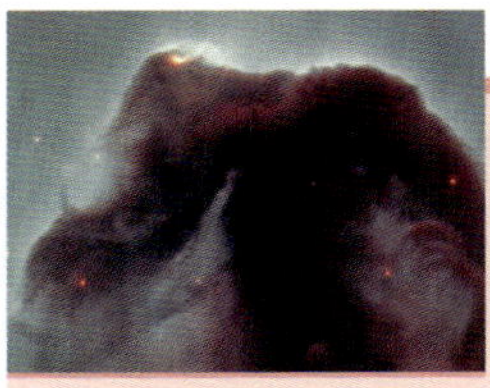

Der Pferdekopfnebel

Charakterkopf Bei einer Umfrage der NASA, welches Objekt das Hubble-Weltraumteleskop anlässlich seines 11. „Geburtstages" fotografieren sollte, war der Pferdekopfnebel der klare Sieger – und das zu Recht: Diese Dunkelwolke ist eines der schönsten Himmelsobjekte und am Nachthimmel direkt südlich des linken Sterns im Oriongürtel zu sehen. Der Pferdekopfnebel ist eine extrem dichte, kalte und dunkle Wolke aus Gas und Staub und hebt sich als Silhouette deutlich vor dem hellen Emissionsnebel IC 434 ab. Der Umriss wird zusätzlich durch die Strahlung des heißen Sterns Sigma Orionis hervorgehoben. Innerhalb dieser Dunkelwolke, aus der sich der Kopf eines Pferdes zu recken scheint, liegen junge, gerade erst entstehende Sterne. Die Streifen in dem hellen Gebiet über dem Pferdekopf werden wahrscheinlich von Magnetfeldern im Innern des Nebels erzeugt.

Der **Orionnebel** ist Teil des Jägerschwertes im Sternbild Orion und wegen seiner verhältnismäßig großen Ausdehnung am Himmel mit bloßem Auge sichtbar. «

Dunkelwolken und Emissionsnebel nebeneinander am Himmel lassen die Zusammensetzung der interstellaren Materie aus Staub und Gas deutlich werden.

Dunkelwolken Dunkelwolken stellen die dritte Nebelart dar. Bei ihnen handelt es sich um Gebiete von erhöhter Staubkonzentration, die als dunkle Flecken zwischen den Sternen oder vor leuchtenden Gaswolken (Emissionsnebeln) auftreten.

Wo befinden sich die Nebel?

Überblickfotos unseres Milchstraßensystems, aber auch Aufnahmen außergalaktischer Systeme zeigen es deutlich: Der größte Teil der leuchtenden Emissions- und Reflexionsnebel sowie der Dunkelnebel ist in der galaktischen Scheibenebene konzentriert, und zwar in den Spiralarmen ebenso wie im Zentrum. Diese Gebiete unserer Galaxis sind besonders reich an Gas und Staub. Hier werden auch die meisten neuen Sterne geboren – obwohl Sterne überall in der Milchstraße entstehen. Da aus Emissionsnebeln Sterne in Haufen hervorgehen, finden sich die neu entstandenen Sterne der offenen Sternhaufen oft in Verbindung mit dieser Nebelart. Viele spektakuläre Emissionsnebel sind in Richtung des Sternbildes Schütze zu beobachten. Hier gibt es auch zahlreiche Dunkelwolken, die sich vor dem leuchtenden Band der Milchstraße abzeichnen, aber den Blick ins Zentrum verhindern.

Sternentstehung

Durch die Verdichtung von Materie kommt es im Orionnebel zur Sternentstehung. Die neuen Sterne, darunter die sogenannten Trapezsterne, ionisieren den umgebenden Wasserstoff und regen so die Wolke zum Leuchten an. Die Sterne treiben die Gas- und Staubwolke auseinander und lassen eine sphäroide Aushöhlung entstehen, deren Inneres von der Ionisationsstrahlung erhellt wird. Im Inneren des Nebels existieren viele hochinteressante Objekte, die typisch für stellare Geburtsstätten sind: Bok-Globulen, Herbig-Haro-Objekte, T-Tauri-Sterne oder Braune Zwerge. Darüber hinaus gibt es Hinweise auf Sterne mit protoplanetaren Scheiben, aus denen Planetensysteme hervorgehen.

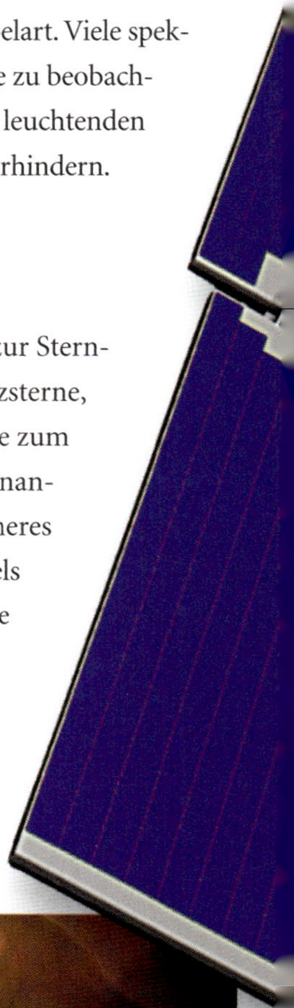

Der **Trifid-Nebel** im Sternbild Schlangenträger zeigt auf diesem Bild deutlich die ungeheuren Staubfilamente, die sein Zentrum prägen.

Löcher in den Tiefen des Alls?

Dunkelnebel wie der Pferdekopfnebel im Sternbild Orion oder der Kohlensack im Kreuz des Südens sind unheimlich und faszinierend zugleich. Man hat den Eindruck, als klaffe ein Loch im Himmel. Aber Dunkelnebel oder -wolken sind der Anfang von allem, denn in ihnen lagert das Material für neue Sterne.

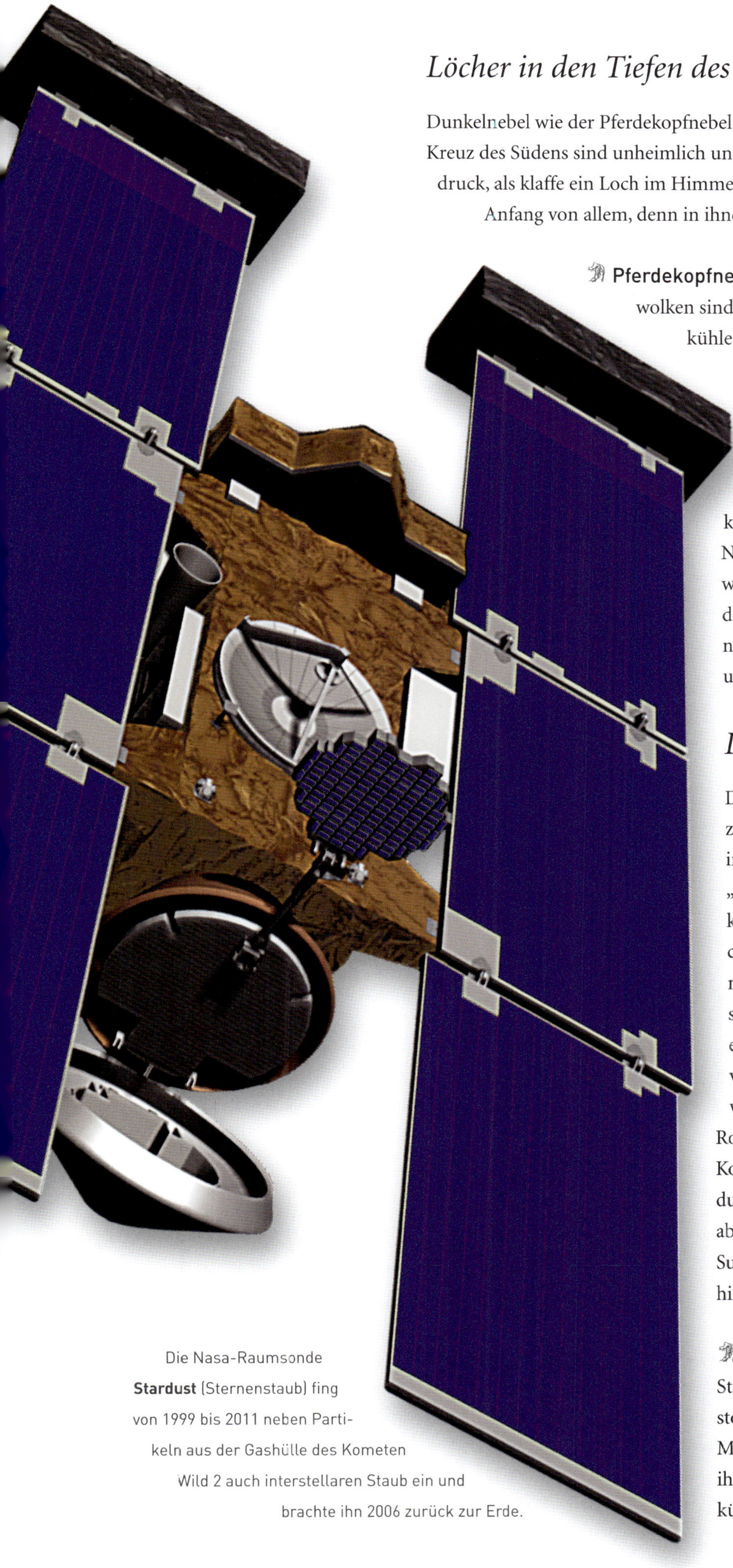

Pferdekopfnebel und Kohlensack Diese beiden Dunkelwolken sind wohl die bekanntesten Ansammlungen kühler, dichter, interstellarer Staubwolken. Dunkelnebel bilden quasi in sich abgeschlossene große Regionen in einem der hell oder schwach leuchtenden Nebel (Emissions- und Reflexionsnebel) oder in einem Sternenfeld. Manchmal durchziehen Dunkelwolken die Gebiete der beiden leuchtenden Nebelarten aber auch wie Fäden oder Spinnweben. Eindrucksvolle Beispiele dafür bilden der Trifidnebel M20 im Sternbild Schütze und natürlich die Nebel in der Scheibenebene unserer Milchstraße.

Dunkler Staub

Dunkler Staub schwebt an vielen Stellen zwischen den Sternen und ist Bestandteil der interstellaren Materie. Er wird auch als „Sternenstaub" bezeichnet; denn es sind kleine, teilweise mikroskopische Materieteilchen, die nicht in festen Gebilden wie Sternen, Planeten oder Asteroiden gebunden sind. Dass seine Ansammlungen dunkel erscheinen, liegt an der niedrigen Temperatur von bis zu –263 Grad Celsius. Diese Partikel werden in den kühleren äußeren Schichten Roter Riesen erzeugt. Hier entstehen durch Kondensation kleinste Materieteilchen, die durch den Strahlungsdruck als Sternenwind abgestoßen oder bei Novaausbrüchen und Supernovaexplosionen weit in den Raum hinausgeschleudert werden.

Die Nasa-Raumsonde **Stardust** (Sternenstaub) fing von 1999 bis 2011 neben Partikeln aus der Gashülle des Kometen Wild 2 auch interstellaren Staub ein und brachte ihn 2006 zurück zur Erde.

Zusammensetzung Häufige Elemente im Sternenstaub sind Wasserstoff, Helium, Sauerstoff, Stickstoff, Neon, Silizium, Eisen und Magnesium. Darüber hinaus kommen wegen ihrer Hitzebeständigkeit auch Edelstein-Moleküle relativ häufig vor. Typische Beispiele dafür

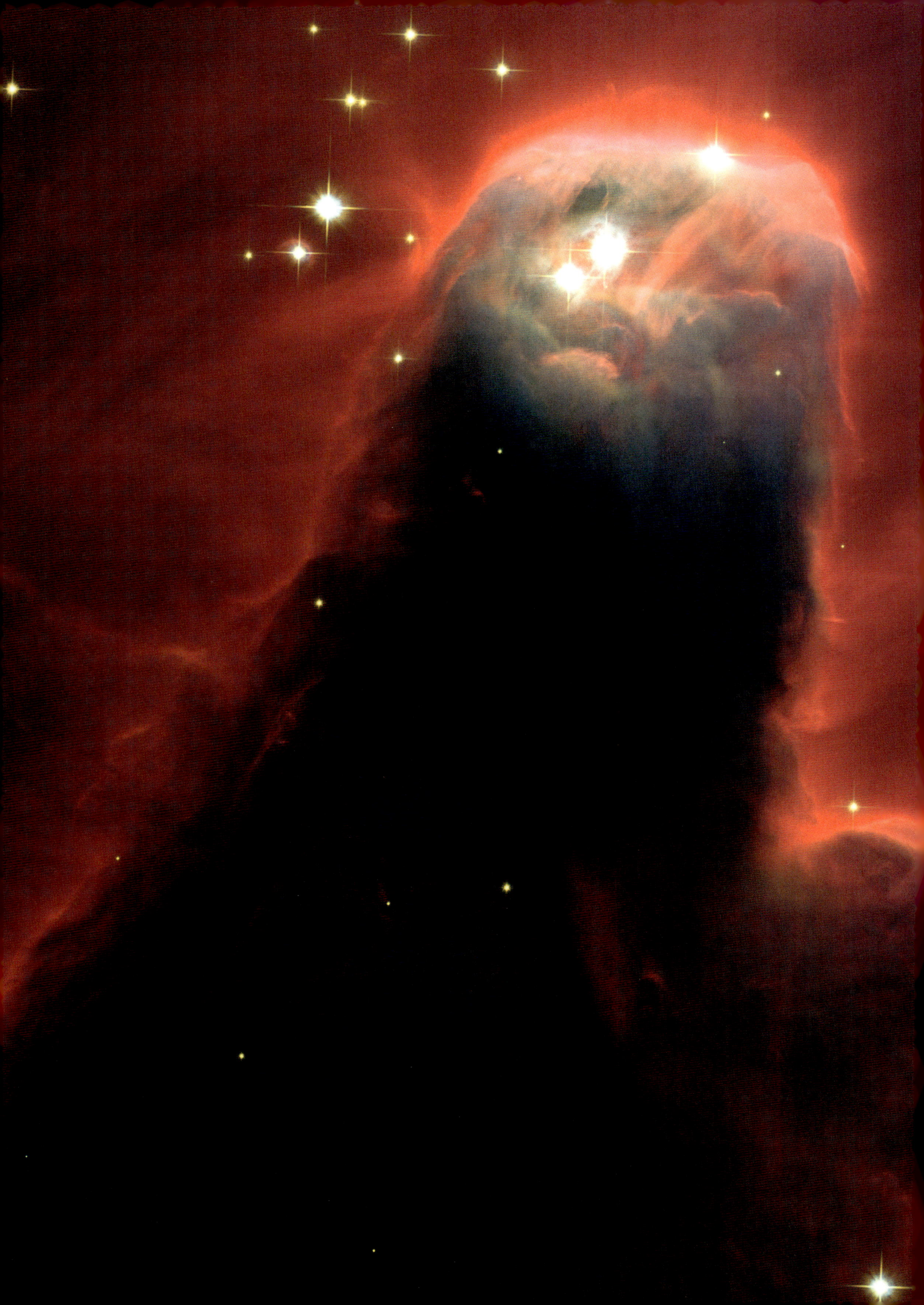

Wie ein riesiger Turm ragen die Gas- und Staubwolken des **Konusnebels** ins All. Er ist mehr als sieben Lichtjahre lang und seine obere Breite beträgt 2,5 Lichtjahre. «

sind Diamanten, Korunde (oder durch Titanium gefärbt als Saphire), Spinelle und Olivine.

Molekülwolken Außerdem spielt der Sternenstaub als Beimischung zum Wasserstoff der Molekülwolken eine große Rolle. Die größten Wolken dieses Typs, sogenannte Riesenmolekülwolken (englisch *giant molecular clouds*, GMC) haben die millionenfache Masse der Sonne (bis zu 10 Millionen Sonnenmassen) und machen einen erheblichen Anteil der Masse im interstellaren Medium aus. Diese Wolken können sich über 300 Lichtjahre erstrecken und besitzen eine durchschnittliche Dichte von 100 bis 300 Molekülen pro Kubikzentimeter sowie eine innere Temperatur von lediglich 7 bis 15 Grad Kelvin. Sie sind Grundstock der Sternentstehung. Bei Dunkelwolken mit hoher Dichte, den sogenannten Globulen, vermutetet man, dass dort im Inneren Sterne entstehen.

Planetarische Nebel und Weiße Zwerge

Auch wenn die Bezeichnung „Planetarischer Nebel“ an einen Zusammenhang mit Planeten denken lässt, hat diese Materieansammlung nichts mit ihnen zu tun. Vielmehr handelt es sich um heiße Halos aus Materie der äußeren Schichten eines sterbenden roten Riesensterns, die er in seinem Endstadium als eine expandierende Wolke abgestoßen hat.

Heiße Halos Die Bezeichnung ist historisch bedingt und somit irreführend: Da diese Nebel in den Teleskopen des 18. Jahrhunderts scheibenförmig aussahen, also an Planeten erinnerten, bezeichnete sie Wilhelm Herschel als „planetarisch“. Auch wenn der Nebel ringförmig erscheint, so ist die sichtbare Gashülle kein Ring im Raum. Es ist entweder das als kugelförmige Schale ausgestoßene stellare Material, vor dem sich eine dichte Schicht befindet, durch die wir nur die Randbereiche der Schale sehen können. Oder der Nebel ähnelt, wie andere Forscher meinen, einem schwimmreifen-

Der vom Hubble-Weltraumteleskop fotografierte **Käfer- oder Schmetterlingsnebel** im Skorpion ist einer der hellsten **Planetarischen Nebel**.

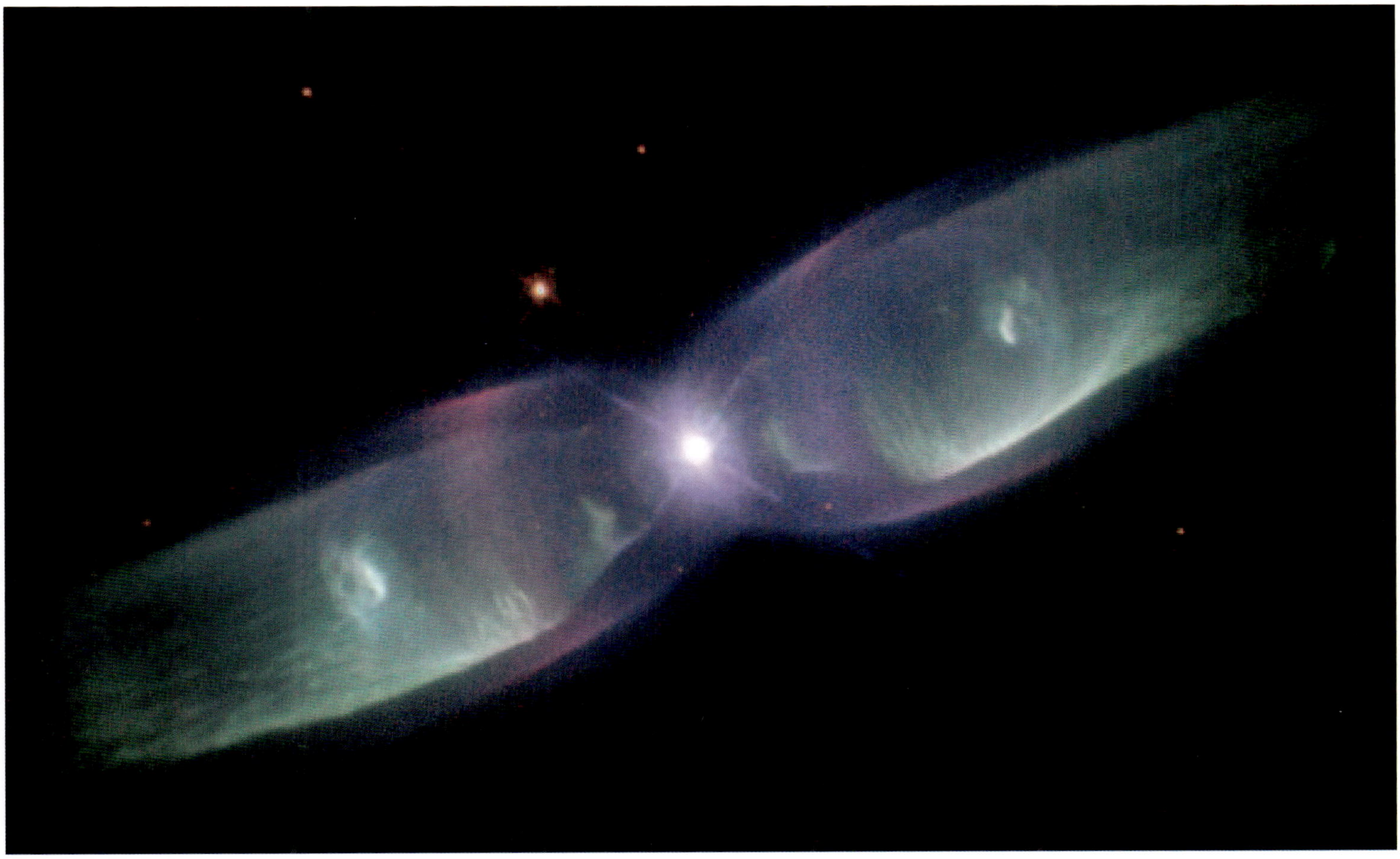

förmigen Torus, der ähnlich wie der Hantelnebel aussähe, wenn man ihn von der Seite betrachtete. Sie untermauern diese These mit einem Modell des vom Hubble-Weltraumteleskop aufgenommenen Helixnebels. Ebenso wird eine Zylinder- oder Röhrenform in Betracht gezogen.

Planetarische Nebel haben im allgemeinen eine symmetrische und ungefähr sphärische Gestalt; allerdings existieren auch sehr unterschiedliche und komplexe Formen. Die Ursachen der extremen Formenvielfalt sind bisher nicht genau bekannt und werden zur Zeit kontrovers diskutiert. Möglicherweise sind hier die Gravitationswirkungen der Begleitersterne im Spiel.

Bestandteile Typische Planetare Nebel bestehen zu etwa 70 Prozent aus Wasserstoff und 28 Prozent Helium. Den restlichen Anteil bilden hauptsächlich Kohlenstoff, Stickstoff und Sauerstoff sowie Spuren anderer Elemente. Sie werden von massereichen Sternen in ihrer Endphase als Roter Riese ausgestoßen und von der UV-Strahlung, die der Kern des sterbenden Sterns abgibt, auf 10 000 Grad erhitzt. Allerdings

Ein Mosaikbild des **Stundenglasnebels** aus verschiedenen Wellenlängen. Die Gasringe bestehen aus Stickstoff (rot), Wasserstoff (grün) und Sauerstoff (blau).

Der **Helixnebel** ist einer der größten Planetarischen Nebel. Seine äußeren Gasschichten leuchten rot im Licht der Wasser- und Sauerstoffatome, wenn sie von UV-Strahlung angeregt werden. »

führt im Laufe der Zeit die Ausdehnung des Nebels zur Verringerung seiner Dichte, sodass Planetarische Nebel meist nicht allzu lang existieren. Der Nebel verblasst nach und nach und ist nach einigen Zehntausend Jahren nur noch eine kaum sichtbare Gashülle. Der Stern, der den Nebel ausgestoßen hat, wird zu einem Weißen Zwerg.

So wie auf dieser Illustration würden Astronauten einen **Weißen Zwerg** wie Sirius A (der hellste Stern des Nordhimmels) und dessen winzigen Begleiter Sirius B im All sehen.

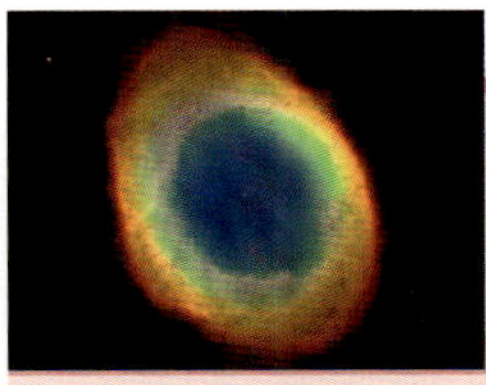

Ringnebel in der Leier

Sternenleiche Der Nebel im Sternbild Leier ist der Überrest eines Sterns. Der Stern stieß vor 20 000 Jahren in einer gewaltigen Nova-Explosion seine äußere Gashülle ab. Diese Hülle dehnt sich seitdem mit einer Geschwindigkeit von 19 Kilometern pro Sekunde aus und hat derzeit einen scheinbaren Durchmesser von etwa 118 Bogensekunden erreicht, was bei einer Entfernung von 2300 Lichtjahren einen absoluten Durchmesser von rund 1,3 Lichtjahren bedeutet. Allerdings erstreckt sich der äußere Halo über mehr als zwei Lichtjahre. Vielleicht handelt es sich bei diesem Teil des Ringnebels um den Rest des Windes des zentralen Sterns, bevor der Nebel selbst ausgestoßen wurde. Der Nebel fluoresziert, da sein zentrales Gestirn große Mengen UV-Strahlung abgibt. Der weiße Zwergstern im Zentrum des Nebels hat eine Temperatur von 70 000 Grad Celsius.

Zwerg in der Mitte Im Zentrum eines Planetarischen Nebels befindet sich immer ein winziger Stern von extremer Hitze (rund 100 000 Grad Celsius), der aufgrund seiner Temperatur im weißen Licht leuchtet und daher Weißer Zwerg genannt wird. Bei einem Weißen Zwerg handelt es sich um den ausgebrannten Kern eines früheren Roten Riesen, der als Endprodukte der Heliumfusion große Mengen an Kohlenstoff und Sauerstoff enthält. Da der Stern keine Energie mehr erzeugt, kollabierte er zu einem sehr kleinen Stern. Ein Weißer Zwerg hat etwa Erdgröße, jedoch die Masse der Sonne.

Die Materie eines solchen Sterns ist eine Million Mal dichter als Wasser, und deshalb besitzt ein Weißer Zwerg ein starkes Gravitationsfeld. Ein Mensch würde auf seiner Oberfläche 600 Tonnen wiegen, und eine Streichholzschachtel voll Materie eines Weißen Zwerges hätte das Gewicht eines ausgewachsenen Elefanten. Einer der bekanntesten Sterne, der von einem Weißen Zwerg umlaufen wird, ist Sirius im Sternbild Großer Hund, der hellste Stern des Nordhimmels. Allerdings kann der ihn begleitende Weiße Zwerg (Sirius B) nur in großen Teleskopen oder mit dem Hubble-Space Telescope gesehen werden.

Chandrasekhar-Grenze Die Masse eines Weißen Zwergs kann maximal 1,4 Sonnenmassen betragen. Diese erstaunliche Entdeckung machte 1930 der US-amerikanische Astrophysiker indischer Herkunft Subrahmanyan Chandrasekhar (1910–1995). Er zeigte, dass ein Weißer Zwerg desto mehr von seiner eigenen Schwerkraft zusammengedrückt und damit umso kleiner wird, je massereicher er ist. Wenn der ausgebrannte Kern des Sterns mehr als 1,4 Sonnenmassen aufweist (Chandrasekhar-Grenze), kollabiert er zu einem Neutronenstern oder sogar zu einem Schwarzen Loch.

Wenn Sterne sterben

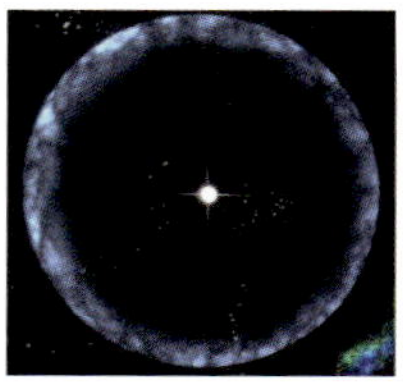

Im Sommer des Jahres 1054, so berichten alte chinesische Quellen, leuchtete ein rötlich-weißer „Gaststern" im Sternbild Stier auf, und zwar so hell wie der Vollmond. Er konnte auch am Taghimmel gesehen werden, wurde aber in den folgenden zwei Jahren wieder schwächer. Es war eine Supernova.

Der **Krabbennebel** im Stier besteht aus den Überresten eines Sterns, der im Jahre 1054 als **Supernova** explodierte.

Supernovae gehören zweifellos zu den spektakulärsten Himmelsereignissen, weil sie für den Beobachter ganz plötzlich auftauchen und dann auch noch eine derartig große Helligkeit entwickeln, die eine ganze Galaxis überstrahlen kann. Daher sind sie auch in anderen Galaxien gut zu beobachten. Es scheint, als würde ein neuer Stern geboren. Daher stammt auch der lateinische Name „Nova", was soviel wie „neuer Stern" bedeutet.

Heutiges Nova-Wissen

Die **Supernova 1994D** in der Galaxie NGC 4526 war fast so hell wie die restliche Galaxis.

„Stella nova" lautet der vollständige Name für dieses Phänomen. Doch wird hier in Wirklichkeit kein neuer Stern geboren, sondern es ist bereits einer vorhanden. Inzwischen wissen die Astronomen, dass dieser Stern aus ganz unterschiedlichen Gründen einen Helligkeitsausbruch zeigen kann, der innerhalb von Tagen oder Jahren zum Maximum ansteigt, um danach über einen Zeitraum von Wochen oder gar Jahrzehnten wieder abzuklingen und in die Ruhehelligkeit zu münden.

Klassische Nova Ein solcher Helligkeitsausbruch kann seine Ursache in einem Doppelsternsystem haben, das aus einem Weißen Zwerg und einem Hauptreihenstern wie unsere Sonne oder einem Roten Riesen besteht. Diese Sterne kreisen in geringem Abstand umeinander, wodurch es zu ganz bestimmten Wechselwirkungen kommt: Der größere Stern gibt Materie an den kleineren ab. Das kann durch Überschreiten der sogenannten Roche-Grenze geschehen (die Entfernung, in der ein Körper durch die Gezeitenkräfte, die auf ihn wirken, zerrissen wird) oder durch Überströmen von Materie (Akkretion) aus dem Sternenwind der größeren Komponente.

Dadurch steigen an der Oberfläche des Weißen Zwergs Dichte und Temperatur. Wird ein bestimmter Wert überschritten, können explosionsartige Kernreaktionen ablaufen, die zu einem plötzlichen Anstieg der Helligkeit führen (Thermonuklearer Runaway). Von daher ähneln sich Zwergnovae und Supernovae, nur dass es sich um verschiedene Phänomene handelt und die bei einer Nova freigesetzte Energie eine Million Mal geringer ist.

Helligkeiten Die Helligkeit der Nova bleibt für einen Zeitraum zwischen wenigen Tagen und einigen Monaten auf dem Maximum (zwischen –14 und -17^{m}) und fällt dann erst sehr rasch, aber danach immer langsamer, bis nach einigen Jahren das sogenannte Postnova-Stadium erreicht ist.

So wird je nach ihrem Helligkeitsverlauf neben den klassischen Novae (Helligkeitsmaximum binnen weniger Stunden) noch zwischen Zwergnovae (Helligkeitsmaximum innerhalb weniger Stunden oder Tage, das sich wiederholt) und rekurrierenden Novae unterschieden (Mittelding zwischen klassischen und Zwergnovae).

Supernova – Sternentod

Ganz andere Energien und Helligkeiten werden bei der Explosion eines Sterns von großer Masse, eines Riesen oder Überriesen, freigesetzt: Innerhalb weniger Sekunden wird so viel Energie erzeugt, wie der Stern im Laufe seiner gesamten bisherigen Existenz abgegeben hatte. Kein Wunder, dass (nahe) Supernovae auch mit bloßem Auge leicht beobachtet werden können.

Tycho Brahe und **Johannes Kepler** beschäftigten sich als erste Astronomen mit der Natur einer Nova und glaubten, es handle sich um die Geburt eines Sterns.

Supernova-Erscheinungen Weitere wichtige Supernova-Beobachtungen waren außer der des Jahres 1053 noch die von 185 n. Chr, ebenfalls von chinesischen Astronomen beobachtet, sowie die von Tycho Brahe (1572) und die von Johannes Kepler (1604) beschriebenen. Sie war auch die letzte dieser Sternexplosionen, die in unserer Milchstraße gesehen werden konnte, denn sie kommen nur selten vor: Pro Jahrhundert rechnet man in unserer Galaxis mit zwei oder drei Supernovae, wobei sie meist hinter interstellarem Staub verborgen bleiben. Allerdings sind ihre Überreste in Form farbiger, expandierender Gaswolken an vielen Stellen zu beobachten. Man kennt etwa 150 Supernova-Überreste. Der bekannteste Überrest ist der Krabbennebel (Messier 1) im Sternbild Stier.

Supernova-Typen Welche Mechanismen eine Supernova-Explosion auslösen, hängt davon ab, ob der sterbende Stern zu einem Doppelsternsystem gehört oder ein Einzelstern ist. Im ersten Fall zieht ein kleiner, dichter Weißer Zwerg Materie von einem größeren Begleitstern ab, genau wie bei einer Nova.

Aber im Fall einer „Supernova Typ I“ nimmt die Masse des Weißen Zwerges derart zu und die Materie erhitzt sich so stark, dass bei den in Gang gesetzten Kernreaktionen und dem nachfolgenden Kollaps die Explosion so gewaltig ist, dass das ganze Doppelsternsystem zerstört wird. Die Supernova Typ I erreicht immer die gleiche Helligkeit, so dass Supernovae dieses Typs zur Entfernungsbestimmung genutzt werden können.

Im zweiten Fall, der Supernova Typ II, liegt die Ursache der Explosion im Stern selbst. Es ist ein alter, massereicher Stern (Roter Riese), der in seinem Innern immer schwerere Elemente bis hin zum Eisen aufgebaut hat. Dieser Prozess ist mit der Erzeugung von Energie verbunden. Ist die Kette beim Eisen angekommen, würde für den Aufbau weiterer Elemente Energie verbraucht werden.

Übersteigt die Masse des Sterns 1,4 Sonnenmassen (Chandrasekhar-Grenze), fällt der Stern plötzlich kollapsartig zusammen und bildet einen extrem dichten Kern, der

1987A

Sterbender Stern Am 23. Februar 1987 erschien die hellste Supernova seit fast vier Jahrhunderten am Himmel, die Supernova 1987A. Sie explodierte in der unserer Milchstraße vorgelagerten Großen Magellanschen Wolke. Ihr Ursprung war der Stern Sanduleak –69° 202, ein nur in großen Teleskopen sichtbarer blauer Überriese von etwa 20-facher Sonnenmasse. Innerhalb von 85 Tagen stieg die Helligkeit des Sterns auf $2{,}8^m$ an, und der Stern war leicht mit bloßem Auge zu sehen. Im Vergleich zu Supernovae in anderen Galaxien war diese Supernova relativ lichtschwach, aber ein Ereignis, das erstmals mit modernen Instrumenten beobachtet werden konnte. Entdeckt wurde sie rein zufällig, und der Entdecker dachte erst an einen Filmfehler, bis er die Supernova mit eigenen Augen sah.

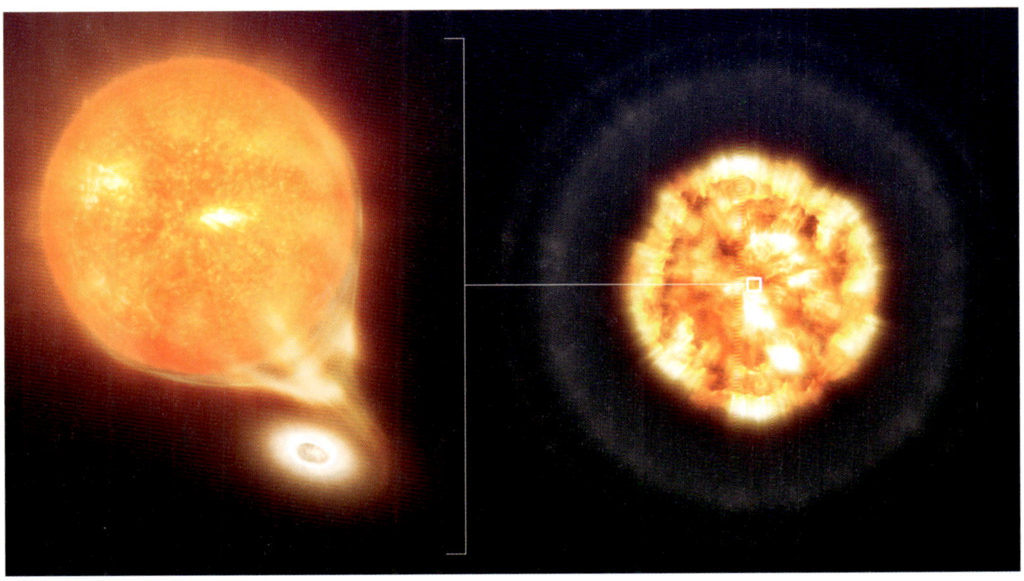

Bei einer **Supernova Typ I**, wie SN 2006X, saugt ein Weißer Zwerg derart viel Materie von einem Begleitstern ab, dass es zu seinem explosiven Kollaps kommt.

Bei der **Supernova 1987A**, die sich in der Großen Magellanscher Wolke ereignete, ist deutlich der große Helligkeitsanstieg zu erkennen, der mit derartigen kosmischen Katastrophen verbunden ist. «

Überrest der **Supernova Kassiopeia A**, deren Explosion sich Mitte des 17. Jahrhunderts ereignete, und deren in blauer Farbe gezeigten expandierenden Schockwelle.

fast nur aus Neutronen besteht. Treffen die weiterhin implodierenden Schichten nun auf diesen festen Kern, werden sie von dort mit bis zu 70 Millionen Stundenkilometern zurück ins Weltall geschleudert. Dabei werden riesige Energiemengen freigesetzt, sodass die äußeren Sternschichten völlig zerrissen werden, während sich der Sternkern zu einem Neutronenstern oder einem Schwarzen Loch zusammenzieht.

Schwere Elemente Während dieser Explosion können über das Eisen hinaus noch weitere schwere Elemente aufgebaut werden, und zwar bis hin zum Uran. Sie gelangen mit den abgestoßenen Sternschichten in den interstellaren Raum und reichern das interstellare Gas an. So erklärt sich auch, weshalb die heute im Weltall entstehenden Sterne mehr schwere chemische Elemente enthalten als ältere Sterne.

Überreste Supernovae hinterlassen eindrucksvolle Überreste in Form gasförmiger leuchtender Wolken – die abgesprengten Sternhüllen. Sie dehnen sich immer weiter aus (200 Jahre), bis sie nach einer gewissen Zeit (1000 Jahre) durch das umgebende interstellare Medium abgebremst werden und in den nächsten rund 100 000 Jahren ihre gespeicherte Energie abstrahlen. So können diese Supernova-Überreste nicht nur im sichtbaren Licht, sondern auch im Radio- und Röntgenbereich beobachtet werden.

Neutronensterne und Pulsare

Mit einer Supernova-Explosion scheint das Ende eines Sterns gekommen zu sein. Doch der Schein trügt. Wie jedes

Ende trägt auch dieses einen neuen Anfang in sich: Neben dem ins All geschleuderten Gas und Staub als Baumaterial neuer Sterne entsteht ein extrem dichter Stern: ein Neutronenstern.

Dem Röntgensatelliten CHANDRA gelang diese Aufnahme des **Neutronensterns Circinus X-1**, der einen normalen Stern mit einigen Sonnenmassen umkreist.

Extrem-Sterne Alles an einem Neutronenstern ist extrem: Die Geburt geschieht als Supernova, bei der der Kern des Sterns zu einem winzigen, extrem dichten Körper kollabiert. In ihm ist die Masse der Sonne auf einen Raum von der Größe New Yorks zusammengedrängt. Dabei ist der Druck so gewaltig, dass die Elektronen und Protonen sich in Neutronen und Neutrinos umwandeln, die den Kollaps beenden. Dieser Vorgang läuft so lange, bis ein Großteil des Kerns aus Neutronen besteht. Infolge dieses Prozesses wird die Rotationsbewegung des Sterns derart beschleunigt, dass sich ihre Periode schließlich in der Größenordnung von Millisekunden bewegt. Im Innern laufen keine Kernfusionsprozesse mehr ab, die Strahlung emittieren. Ist die Masse noch höher – über drei Sonnenmassen – entsteht ein Schwarzes Loch.

Aufbau eines Neutronensterns Ein Neutronenstern ist nicht gasförmig, sondern besteht aus fester und flüssiger Materie. Seine äußere Kruste ist aus festem Eisen, unter der eine flüssige Schicht aus vorwiegend subatomaren Teilchen liegt, den Neutronen. Die Größenordnung liegt bei 10^{15} Gramm pro Kubikzentimeter, was bedeutet, dass ein Kubikzentimeter Neutronenstern-Materie auf der Erde etwa eine Milliarde Tonnen wiegen würde. Oder noch anschaulicher: Ein Stecknadelkopf Materie eines Neutronensterns wiegt doppelt so viel wie der weltgrößte Öltanker.

Pulsare Neutronensterne geben eigentlich keine elektromagnetische Emissionen ab – und doch können von einigen elektromagnetische Impulse empfangen werden. Sie stammen von der Oberfläche dieser Sternleiche. Ursache dafür ist das extreme Magnetfeld, das millionenfach stärker ist als das der Sonne. Hier werden durch die schnelle Rotation (zwischen 0,01 und 8 Sekunden) die Elektronen und Positronen auf Lichtgeschwindigkeit beschleunigt, die dann einen Teil ihrer Bewegungsenergie in Form nichtthermischer Strahlung abgeben, die als Synchrotronstrahlung bezeichnet wird. Sie stammt aus dem Bereich der Magnetpole und wird in einem Bereich abgestrahlt, der die Form eines schmalen Kegels hat, vergleichbar dem Lichtkegel eines Leuchtturms. Jedes Mal, wenn der Strahl in der Sichtlinie zur Erde liegt, registrieren wir einen kurzen Radioimpuls – daher der Name „Pulsar" (englisch: „pulsating source of radio emission").

Pulsintervalle Der schnellste Pulsar sendet 642-mal pro Sekunde einen Impuls aus, der langsamste alle 5,1 Sekunden. Die meisten der mehr als 1700 bekannten Pulsare liegen in

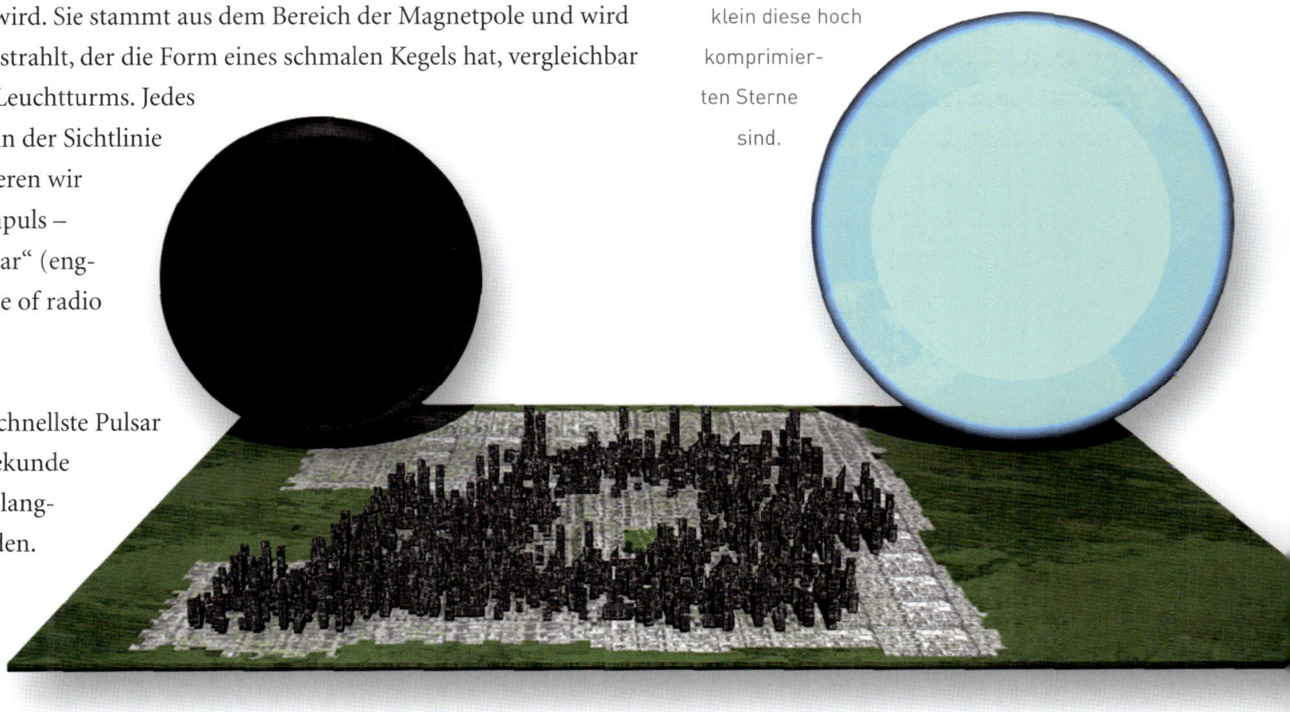

Der **Größenvergleich** zwischen einem stellaren Schwarzen Loch, einem Neutronenstern und einer simulierten Stadt auf einer quadratischen Fläche mit einer Kantenlänge von 40 km zeigt deutlich, wie klein diese hoch komprimierten Sterne sind.

unserer Milchstraße. Hier steht der bekannteste Pulsar/Neutronenstern im Zentrum des Krabbennebels, dem Überrest einer fast 1000 Jahren alten Supernova. Zwar ist ein Großteil der Sternmaterie inzwischen über ein Gebiet von 15 Lichtjahren im Weltraum verteilt, aber der kollabierte Kern ist noch immer vorhanden. Der Neutronenstern dreht sich 30-mal pro Sekunde um seine eigene Achse und sendet seine Energie nicht nur in Form von Radiostrahlung aus, sondern auch als Licht und Röntgenstrahlung, wodurch der umgebende Nebel zum Leuchten angeregt wird.

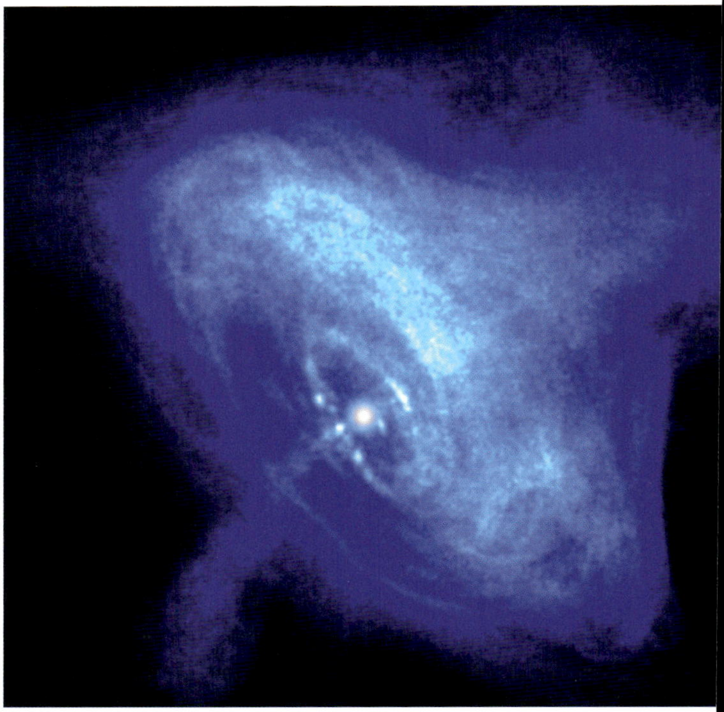

Nahaufnahme der Zentralzone des Krabbennebels mit dem **Pulsar** und den in beide Richtungen ausgestoßenen Jets beschleunigter Materie.

Verschiedene Strahlungsarten Natürlich ist der Pulsar im Krabbennebel nicht der einzige Pulsar, der neben Radiostrahlung auch noch Licht emittiert, wodurch er wirklich wie ein Leuchtturm innerhalb von Sekundenbruchteilen wieder und wieder aufblitzt. Ein weiteres Beispiel ist der Vela-Pulsar, der elfmal pro Sekunde rotiert und Lichtblitze aussendet. Pulsare dieser Art werden auch als „Optische Pulsare" bezeichnet.

Manche Pulsare emittieren mehr Röntgen- als Radiostrahlung. Dabei handelt es sich um Neutronensterne, die sich in einem Doppelsternsystem befinden. Dort kann ihr

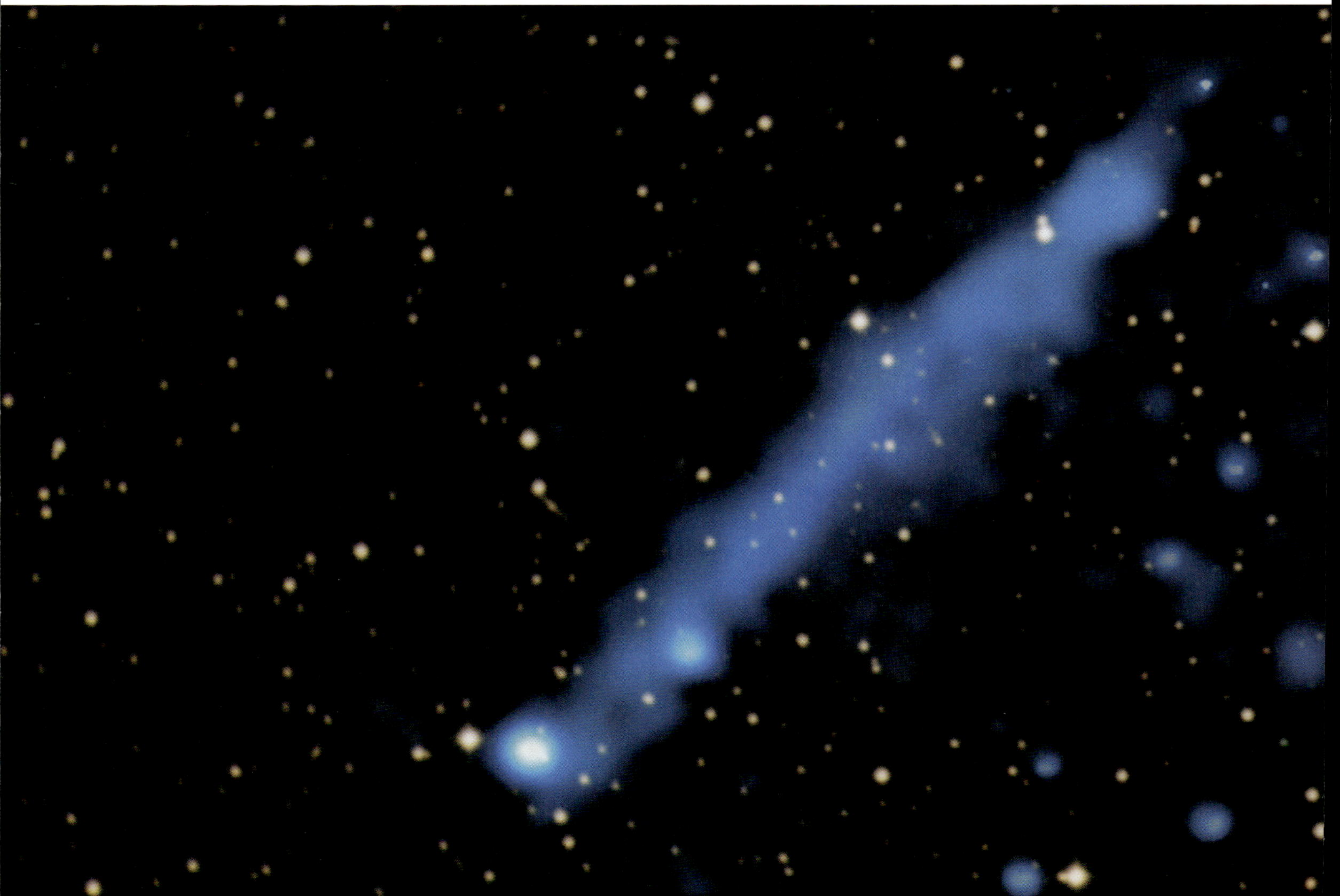

Begleiter ein normaler Stern sein, ein Weißer Zwerg oder auch ein zweiter Neutronenstern, wobei sie aufeinander zuspiralen können, um schließlich als Schwarzes Loch zu enden.

Zieht der Neutronenstern Gas von seinem „normalen" Begleitstern ab, wird das Gas vom starken Magnetfeld des Neutronensterns spiralförmig auf seine Pole abgeleitet. Wo es auf die Oberfläche trifft, entsteht ein rund 100 Millionen Grad Celsius heißes Gebiet, das Röntgenstrahlung aussendet. Jedes Mal, wenn dann diese Stelle bei der Rotation zur Erde zeigt, bemerken wir den Röntgenimpuls.

Verstummende Impulse Das Ende eines Pulsars als Schwarzes Loch ist nicht der Normalfall. In der Regel endet ein Pulsar ganz anders: Durch die dauernde Abgabe von Strahlung vermindert sich im Lauf der Zeit die Rotationsgeschwindigkeit, und der Stern wird abgebremst, sodass sich seine Pulsperiode verlängert. Nach etwa zehn Millionen Jahren ist er zu langsam, um Radioimpulse zu emittieren, und der Pulsar erlischt – wenn er nicht durch einen nahen Roten Riesen durch dessen auf ihn herabstürzende Gase als Millisekundenpulsar wiederbelebt wird.

Löcher im Weltraum

Schwarze Löcher, die auf Englisch „Black Holes" genannt werden, sind die interessantesten, faszinierendsten, aber auch geheimnisvollsten Objekte des Universums. Ihre enorme Schwerkraft lässt nicht einmal mehr das Licht entweichen, und so werden diese Orte mit ihrer exotischen Physik zu Lichtfallen, eben zu Schwarzen Löchern.

Stellarer Extremfall Ausgangspunkt für die Entstehung eines Schwarzen Lochs ist die Kernkollaps-Supernova eines massereichen Sterns, bei der die äußeren Schichten abgestoßen werden. Der Rest von bis zu drei Sonnenmassen wird durch den Gravitationskollaps meist zu einem Neutronenstern. Liegt die Masse des verbleibenden Sternenrests aber darüber, dann wird die Schwerkraft so groß, dass sich der Neutronenstern in ein Schwarzes Loch verwandelt – ein Objekt, das auf kleinstem Raum eine ungeheure Dichte besitzt.

Arten von Schwarzen Löchern Neben diesen stellaren Schwarzen Löchern mit etwa 10 Sonnenmassen werden je nach Entstehungsweise und Masse noch drei Klassen unterschieden:

Der über 4,2 Lichtjahre lange Schweif gehört zum **Neutronenstern PSR J03573205** (rechtes oberes Ende) und wurde 2009 von dem Fermi Gamma Ray Space Telescope entdeckt.

Supermassive Rekorde

Versteck im Zentrum Im Herzen unserer Galaxis wird hinter der starken Radioquelle Sagittarius A* ein supermassives Schwarzes Loch von 4,3 Millionen Sonnenmassen vermutet – und eine Gaswolke, die sich nach ESO-VLT-Beobachtungen zur Zeit auf es zubewegt, um 2036 irgendwann verschlungen zu werden, ist der eindrucksvollste Beweis für dessen Existenz. Außerdem wurde im Zentrum der Galaxie M87 ein Schwarzes Loch von 6,6 Milliarden Sonnenmassen nachgewiesen. Die aktuellen Rekorde werden durch ein Schwarzes Loch von 18 Milliarden Sonnenmassen im Quasar OJ 287 sowie eines von 21 Milliarden Sonnenmassen im Zentrum der Galaxie NGC 4889 gehalten (entdeckt 2011).

Die künstlerische Darstellung eines **Quasars**, einer extrem weit entfernten Galaxie, deren Leuchtkraft vermutlich von einem supermassiven Schwarzen Loch im Zentrum erzeugt wird.

Die sogenannten „supermassereichen oder -massiven Schwarzen Löcher" haben eine millionen- bis milliardenfache Sonnenmasse. Vermutlich befinden sich derartig gigantische Schwarze Löcher in den Zentren der meisten Galaxien. Wahrscheinlich entstanden sie durch den Zusammenbruch riesiger Gaswolken in der Frühzeit der jeweiligen Galaxie. Die enorme Schwerkraft dieser zentralen Black

Holes zieht Gas und Staub zu einer gewaltigen Akkretionsscheibe an, wo ein kleiner Teil in einem Strahl senkrecht zur Scheibe, einem sogenannten Jet, ins All entkommt. Die Akkretionsscheibe kann entweder wie in der Galaxie NGC 4261 dunkel erscheinen oder wie in den Quasaren leuchten.

Gerade junge, sich bildende Galaxien enthalten meist bereits ein Schwarzes Loch im Kern. Diese Schwarzen Löcher sind noch wesentlich aktiver als die im unmittelbaren Nachbarbereich der Milchstraße. Außerdem zeigt sich, dass die Masse der Schwarzen Löcher im Zentrum proportional ist zur Masse der sie umgebenden Galaxien. Demnach müssen sich Schwarze Löcher und Galaxien vermutlich gemeinsam und parallel entwickelt haben.

Mittelschwere Schwarze Löcher mit rund 1000 Sonnenmassen sind möglicherweise die Folge von Sternkollisionen und -verschmelzungen, verursacht beispielsweise durch die Annäherung zweier Pulsare. Allerdings ist die Existenz dieser Black-Hole-Klasse noch nicht sicher erwiesen. Ein möglicher Kandidat könnte sich im Zentrum einer Zwerg-Seyfert-Galaxie aufhalten, ferner in den Zentren der Kugelsternhaufen Omega Centauri in unserer Milchstraße sowie in Mayall II in der Andromeda-Galaxie. Welche Bedingungen für die Entstehung mittelschwerer Löcher notwendig sind, ist noch unklar.

Manche Astronomen glauben, dass es neben den durch Supernovae erzeugten Schwarzen Löchern auch winzige Schwarze Löcher gibt, die beim Urknall entstanden sind. Diese werden als primordiale Schwarze Löcher bezeichnet und sollen sich in Raumbereichen gebildet haben, in denen die lokale Masse- und Energiedichte genügend hoch war. Ebenfalls ausschlaggebend für ihre Entstehung war der Einfluss von Schwankungen der gleichmäßigen Dichteverteilung im frühen Universum ebenso wie die beschleunigte Expansion während der Inflationsphase nach dem Urknall. Die Masse dieser Mini-Black-Holes würde bei etwa 10^{12} Kilogramm liegen, obwohl sie nur die Größe von Atomen haben.

Im Kugelsternhaufen **Mayall II** in der Andromedagalaxie befindet sich möglicherweise ein mittelschweres Schwarzes Loch.

Nach Berechnungen des Astrophysikers Stephen Hawking kann durch die hohe Gravitation der primordialen Schwarzen Löcher die nach ihm benannte Hawking-Strahlung freigesetzt werden. Dadurch verlieren diese Schwarzen Löcher jedoch an Energie und Masse, und verschwinden schließlich in einem Gammablitz. So wird seit Mitte der 1990 Jahre diskutiert, ob nicht die kürzesten auf der Erde gemessenen Gammastrahlungsausbrüche aus diesen Quellen stammen könnten, denn die berechnete Lebensdauer der primordialen Schwarzen Löcher liegt in der Größenordnung des Alters des heutigen Universums.

Der Nachweis von Schwarzen Löchern Bis heute konnte noch kein einziges Schwarzes Loch direkt nachgewiesen werden – was an ihrer exotischen Natur liegt. Schwarze Löcher senden keine elektromagnetische Strahlung aus. So ist der Nachweis dieser geheimnisvollen Objekte nur indirekt möglich. Das gelingt am besten, wenn sich

Die zu den **Seyfert-Galaxien** gehörende **Circinus-Galaxie**. Man erkennt viel schwarzen Staub und aus dem Zentrum herausgetriebenes violett leuchtendes Gas.

Die sich um ein Schwarzes Loch bildenden **Akkretionsscheiben**, in denen sich Materie sammelt, ermöglichen, diese exotischen Materiekonzentrationen indirekt nachzuweisen. »

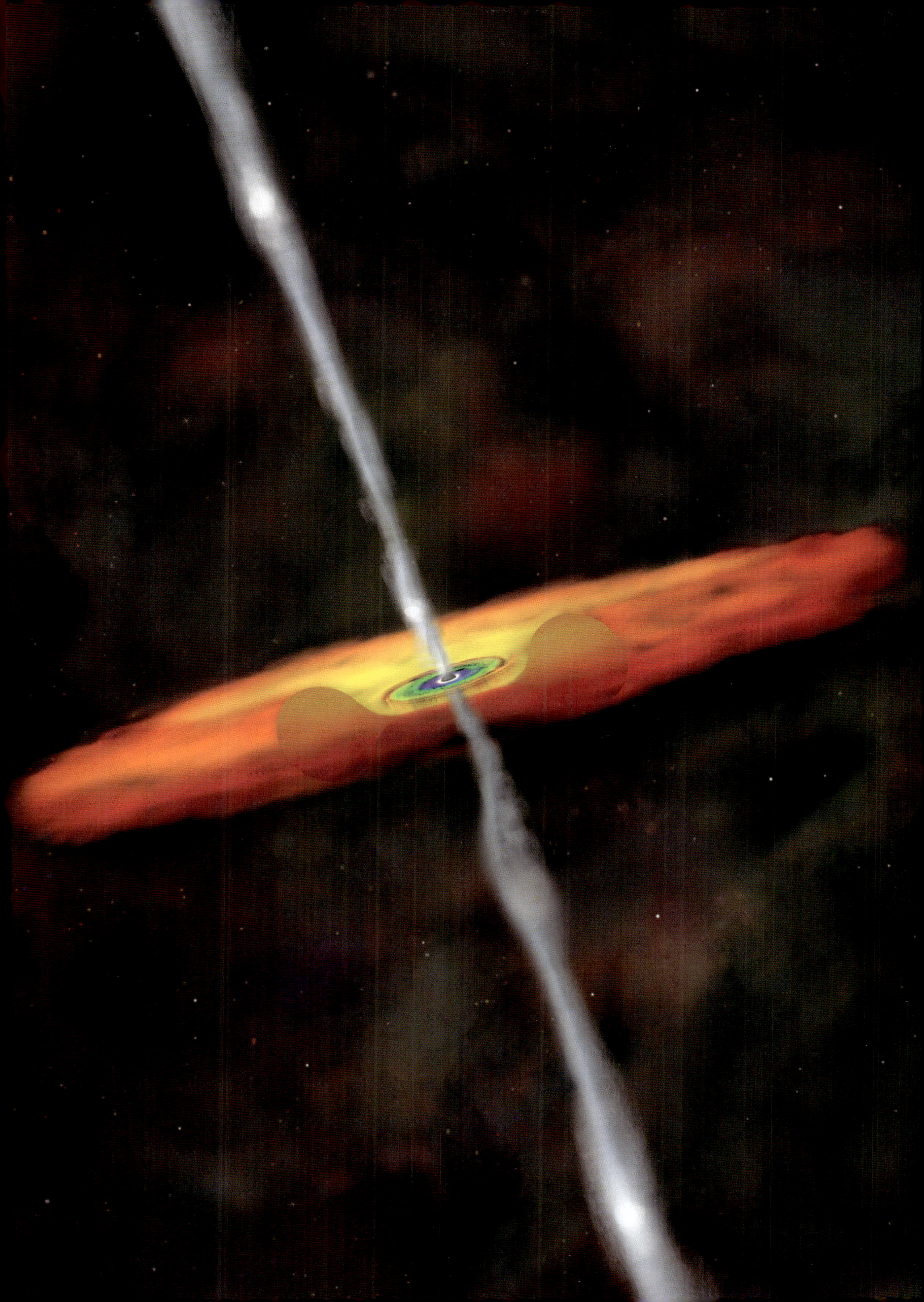

Cygnus X-1

Cygnus X-1 ist der Name eines Röntgendoppelsterns im Sternbild Schwan. Eine seiner beiden Komponenten ist nach heutigen Erkenntnissen ein Schwarzes Loch von 21±8 Sonnenmassen. Die andere ist ein normaler, wenn auch mit rund 40±10 Sonnenmassen sehr schwerer, blau leuchtender Stern. Beide umkreisen einander in nur 5,6 Tagen. Die Röntgenstrahlung entsteht dadurch, dass Masse des Begleiters zum Schwarzen Loch gezogen wird, wo sie eine Akkretionsscheibe bildet. Mit den beiden Weltraumteleskopen Hubble und Chandra wurde im Jahr 2001 nachgewiesen, dass die Materie plötzlich verschwindet. Dies ist durch das Eintauchen in den Ereignishorizont erklärbar. Die Entfernung von Cygnus X-1 kann nur schwer genau bestimmt werden. Die Angaben schwanken zwischen 6500 und 8200 Lichtjahren.

Schwarze Löcher in der Nähe eines anderen Sterns befinden. In diesem Fall zieht das Schwarze Loch infolge seiner enormen Schwerkraft mit hoher Geschwindigkeit Gasströme vom Begleitstern ab. Die Materie stürzt dann spiralförmig auf das Schwarze Loch hinab, und dabei entsteht die sogenannte Akkretionsscheibe. Durch die Reibung wird das Gas bis auf 100 Millionen Grad Celsius erhitzt und emittiert Röntgenstrahlung, die von Satelliten gemessen werden kann.

Eine andere, derzeit noch theoretische Nachweismöglichkeit ist die Messung von Gravitationswellen. Sie werden dann freigesetzt, wenn statt einer Materiewolke ein großer Stern oder ein anderes Schwarzes Loch in ein Schwarzes Loch fällt. Ähnlich wie ein ins Wasser geworfener Stein ringförmige Wellen erzeugt, würde der Sturz in ein Schwarzes Loch das Universum schwingen lassen – so jedenfalls die Behauptung der Relativitätstheorie. Derartige gewaltige Katastrophen in der Tiefe des Alls sollen mit Gravitationswellen-Experimenten gemessen werden.

Exotische Physik Es ist die extrem hohe Gravitation, die die Zustände sowie die Auswirkung der Schwarzen Löcher auf ihre Umgebung bestimmt. Ein Schwarzes Loch erzeugt eine Einbuchtung im Weltraum, ähnlich wie ein schwerer Körper in einer dünnen Gummimembran. Dabei krümmt es den umgebenden Raum und bildet ein Gravitationspotenzial, das man sich wie einen Trichter vorstellen muss.

Am Ende des Trichterrohres sitzt der zu einem unendlich kleinen und dichten Punkt kollabierte Sternkern (Singulari-

Mithilfe der Beobachtungen von Röntgenobservatorien lässt sich veranschaulichen, wie die Schwerkraft eines Schwarzen Lochs **Cygnus X-1** das Gas um es herum beschleunigt.

tät). Die Singularität ist von einer unsichtbaren Grenze umgeben, dem Ereignishorizont, innerhalb dessen nichts mehr entweichen kann und dessen Größe als „Schwarzschildradius" bezeichnet wird. Rotiert das Schwarze Loch, dann ist die Singularität ringförmig, und zur Struktur des Gebildes kommt noch ein innerer Ereignishorizont, eine sogenannte Ergosphäre (gleichsam ein „kosmischer Whirlpool"), hinzu.

Ganz gleich, ob ruhend oder rotierend: Das Schwarze Loch zieht nicht nur alles an, was am Rande und tief im Innern zu seltsamen Effekten führt, sondern es verändert sogar Raum und Zeit.

Wirkungen So werden Lichtstrahlen, die an einem Schwarzen Loch vorbeilaufen, gebogen. Dieses nicht nur von Schwarzen Löchern, sondern auch von Galaxien und Galaxienhaufen erzeugte Phänomen wird als „Gravitationslinseneffekt" bezeichnet. Als Folge kann eine hinter einer derartigen Gravitationslinse liegende Lichtquelle nicht nur für den Beobachter verschoben erscheinen, sondern auch in mehreren oder gar unendlich vielen Bildern. Die bekanntesten Beispiele für derartige Effekte sind der 1979 entdeckte, scheinbare Doppelquasar „Twin Quasar" Q0957+561 sowie das Einsteinkreuz (1985).

Schwarze Löcher können durch ihre hohe Schwerkraft als Gravitationslinsen wirken und optische Effekte wie das **Einsteinkreuz** hervorrufen.

Objekte, die einem Schwarzen Loch nahekommen, können eine Umlaufbahn um es einschlagen, werden aber bei zu großer Annäherung unweigerlich hineingezogen und fallen mit Lichtgeschwindigkeit in dessen extrem steilen „Schacht". Dabei würden sie gedehnt und rötlicher erscheinen, weil ihr Licht sich entgegen der Gravitationsrichtung ausbreitet. Am Ereignishorizont würde man sie noch lange sehen, nachdem sie hineingefallen sind, und zwar als erstarrte virtuelle rötliche Bilder. Innerhalb des Ereignishorizonts würden sie sich spiralförmig die steilen Wände des Gravitationspotenzials hinab bewegen, und das wie in einem Schacht ohne Boden, sodass eingefangene Materie und Licht für immer im Schwarzen Loch verbleiben.

Wurmlöcher

Früher glaubten Wissenschaftler, dass Schwarze Löcher Wege sein könnten, auf denen man in andere Teile des Universums oder gar in ein anderes Universum gelangen könnte, wo sich das Gegenstück befindet. Diese theoretischen Abkürzungen durch den Raum wurden scherzhaft als Wurmlöcher bezeichnet. Manche Wissenschaftler spekulierten, ob man mithilfe von Wurmlöchern vielleicht sogar Zeitreisen unternehmen könnte. Diese Schwarzen Löcher würden also wie eine Art kosmische U-Bahn funktionieren. Die Öffnung des Wurmloches besäße keinen Ereignishorizont, weshalb eine Passage in beiden Richtungen denkbar wäre. Doch nach neueren Berechnungen wäre ein solcher durch ein Schwarzes Loch erzeugter Tunnel instabil. Er könnte nur durch die Konstruktion eines künstlichen Schwarzen Loches geschaffen werden, dessen Seitenwände durch eine hypothetische „Antigravitationssubstanz" stabilisiert würden, was wohl für immer nur in Science-Fiction-Geschichten möglich sein wird.

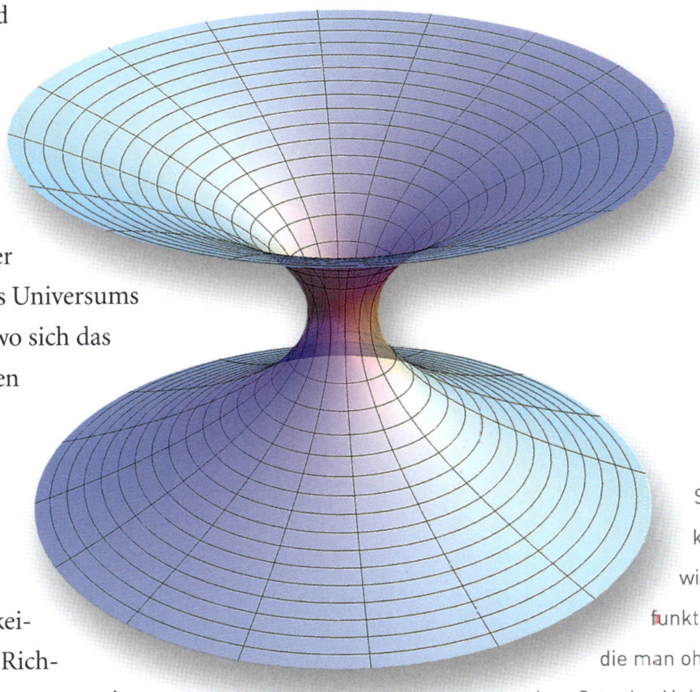

Schwarze Löcher könnten theoretisch wie **Wurmlöcher** funktionieren, durch die man ohne Zeitverzug an andere Orte des Universums oder gar in ein anderes Universum gelangt.

Die Suche nach Exoplaneten

Lange galt unser Planetensystem als einzigartig in der Milchstraße und die Astronomen konnten über die Existenz anderer Planetensysteme nur spekulieren. Doch in den letzten zwei Jahrzehnten wurden mehrere Hundert extrasolare Planeten, kurz Exoplaneten, in 562 Sonnensystemen entdeckt.

Auch wenn im letzten Jahrzehnt die Zahl der entdeckten **Exoplaneten** stark gestiegen ist, weiß bis heute niemand, welchen Anblick sie aus dem All bieten und wie ihre Oberfläche genau beschaffen ist.

Lichtschwache Begleiter

Planeten, die um andere Sterne kreisen, sind mit normalen Teleskopen nur schwer zu finden, da sie nur etwa ein Billionstel der Helligkeit ihres Zentralgestirns aufweisen. So blieb den Astronomen nichts weiter übrig, als nach Anzeichen für Planetensysteme zu suchen, wobei ihnen Infrarot-Satelliten und das 1990 gestartete Hubble-Weltraumteleskop entscheidende Hilfestellung gaben.

Protoplanetare Scheiben Bevor um eine Sonne Planeten entstehen, sammelt sich das Material in Form einer riesigen Scheibe aus Gas, Eis und Staub um den Zentralstern. Da die Scheiben sehr junge Gebilde sind, senden sie vor allem Infrarot-

Künstlerische Darstellung der möglichen Ansicht eines **extrasolaren Planeten** mit Ringsystem und Teilen der Staubscheibe im Hintergrund.

strahlung aus, was 1980 mit dem Infrarotsatelliten IRAS zu den ersten Entdeckungen wie beim Stern Wega in der Leier führte. 1994 wurden dann mit dem Hubble-Weltraumteleskop protoplanetare Scheiben im Orionnebel gesichtet: In diesem Sternentstehungsgebiet sind etwa 50 Prozent aller jungen Sterne von protoplanetaren Scheiben umgeben.

Erste Expolaneten Im Gegensatz zur lange gehegten Vermutung, nur sonnenähnliche Sterne könnten von Planeten umkreist werden, wurden die ersten Exoplaneten bei einem Pulsar (PSR 1257+12) entdeckt. Durch genaue Messungen der Wiederkehr seines Strahls, der in bestimmten Zeitintervallen die Erde erreicht, konnten 1992 drei Planeten mit 0,02, 4,3 und 3,9 Erdmassen sowie Umlaufzeiten von 25,262, 66,5419 und 98,2114 Tagen nachgewiesen werden. Ihnen folgte 1994 ein weiterer Planet um den Pulsar PSR B1620-26. Leben ist auf diesen Welten aber praktisch ausgeschlossen.

So war schließlich 1995 die Entdeckung des Planeten 51 Pegasi B in einem Orbit um einen Stern ähnlich der Sonne

Die im Infrarot strahlende **protoplanetare Scheibe** aus Gas, Eis und Staub um den Zentralstern ist der Beginn der Bildung eines Sonnensystems mit Exoplaneten.

Die Illustration ist eine spekulative Darstellung einer der drei Exoplaneten, die den **Pulsar 138 PSR B1257+12** umkreisen und von seiner Strahlung beeinflusst werden.

durch die Schweizer Astronomen Michael Mayor und Didier Queloz die große Sensation. Dieser Planet im Sternbild Pegasus umrundet den rund 40 Lichtjahre von der Erde entfernten Stern 51 Pegasi im 4,2-Tage-Takt und hat 0,46 Jupitermassen sowie eine Oberflächentemperatur von 982 Grad Celsius.

Indirekte Nachweismethoden

Auch wenn die Teleskope seit der Entdeckung der ersten Exoplaneten immer leistungsfähiger geworden sind und mit immer raffinierteren Zusatzinstrumenten für das Aufspüren der lichtschwachen extrasolaren Welten ausgerüstet wurden, konnten die meisten Exoplaneten nur indirekt nachgewiesen werden. Hierfür werden mehrere Methoden angewandt, die den Einfluss der Planeten auf den Zentralstern nutzen.

Transitmethode Die Transitmethode baut darauf, dass die Umlaufbahn eines Planeten so liegt, dass er aus der Sicht der Erde genau vor dem Stern, den er umläuft, vorüberzieht. Diese Bedeckungen erzeugen dann periodische Abschwächungen in dessen Helligkeit, die sich durch hochpräzise Messungen nachweisen lassen. Das kann mit terrestrischen Teleskopen wie SuperWASP geschehen oder noch genauer durch Satelliten wie COROT oder Kepler.

Radialgeschwindigkeitsmethode Hier wird die Tatsache genutzt, dass sich Stern und Planet(en) unter dem Einfluss der Gravitation um ihren gemeinsamen Schwerpunkt bewegen. Dabei legt der Stern wegen seiner größeren Masse wesentlich kleinere Wege zurück als der Planet. Schaut man nun von der Erde aus nicht genau senkrecht auf diese Bahn, dann hat diese periodische Bewegung des Sterns eine Komponente in Sichtrichtung (Radialgeschwindigkeit). Sie kann durch die Beobachtung der abwechselnden Blau- und Rotverschiebung (Doppler-Effekt) in den Spektren des Sterns nachgewiesen werden.

Astrometrische Methode Sie basiert darauf, dass es bei der Bewegung des Sterns mit seinen planetaren Begleitern auch Komponenten quer zur Sichtrichtung gibt. Sie sollten durch eine genaue Vermessung seiner Positionen relativ zu fernen Sternen nachweisbar sein. Mit dieser Methode wurde schon Mitte des 20. Jahrhunderts nach Exoplaneten gesucht. Doch die Beobachtungen waren zu ungenau, und behauptete Entdeckungen stellten sich später als falsch heraus. Auch der Astrometrie-Satellit Hipparcos besaß noch nicht die erforderliche Genauigkeit, um Exoplaneten aufzuspüren. Große Erwartungen setzen die Astronomen deshalb auf die Interferometrie mit dem Very Large Telescope (VLT) der ESO sowie Weltraumexperimenten wie Gaia, einen ESA-Interferometrie-Satelliten, der 2013 gestartet werden soll.

Microlensing Methode Dieses Verfahren nutzt den Effekt, den Planetensysteme auf Hintergrundsterne haben. Unter Microlensing versteht man die Verstärkung des Lichtes eines Hintergrundobjekts durch Gravitationslinsenwirkung, indem eine große Masse den Weg des Lichtes wie eine Linse beeinflusst. Wenn sich der Stern am Hintergrundobjekt vorbeibewegt, wird sein Licht verstärkt oder abgeschwächt. Dieser Helligkeitsverlauf kann durch einen Planeten des Vordergrundsterns eine charakteristische Spitze enthalten. Ein solches Ereignis wurde erstmals 2003 beobachtet.

Direkte Beobachtung

Es konnten aber auch einige Exoplaneten direkt beobachtet werden, so am 10. September 2004 beim 225 Lichtjahre entfernten Braunen Zwerg 2M1207 durch die ESO;

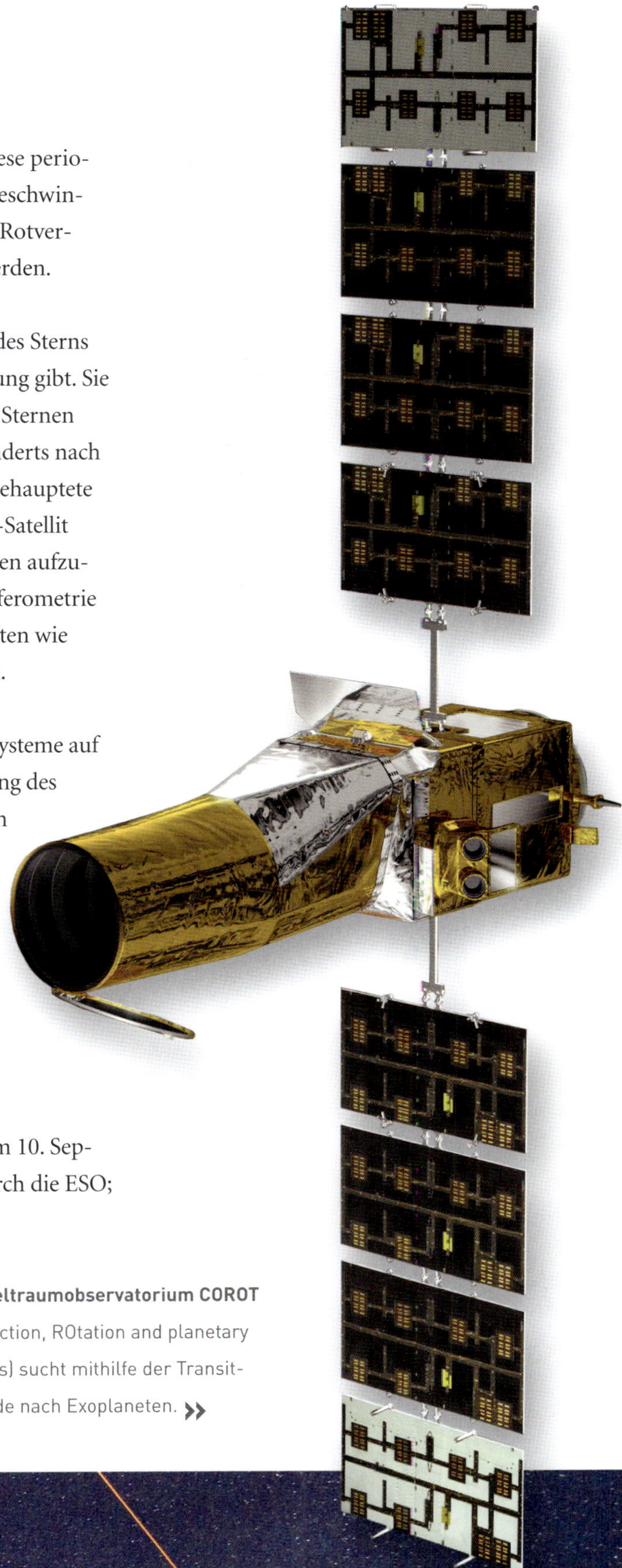

Das **Weltraumobservatorium COROT** (COnvection, ROtation and planetary Transits) sucht mithilfe der Transitmethode nach Exoplaneten. »

Großteleskope wie das **Very Large Telescope** der ESO mit seinen vier 8,5-Meter-Spiegeln – hier einer beim Aussenden eines Laserstrahls für einen künstlichen Leitstern – spielen eine wichtige Rolle bei der Exoplanetensuche.

ferner bei dem unserer Sonne ähnlichen Stern GQ Lupi 2005 ein Planet der ein- bis zweifachen Masse des Jupiters – jedoch gelang der klarste Nachweis am 14. November 2008 mit dem Hubble-Weltraumteleskop. Auf zwei seiner Fotos aus den Jahren 2004 und 2006 ist ein sich bewegender Lichtpunkt zu sehen, der eine Keplerbahn beschreibt. Es handelt sich um den Planeten Formalhaut b. Der Stern ist 25 Lichtjahre von der Erde entfernt und hat die gleiche Masse wie die Sonne; der Planet selbst besitzt etwa drei Jupitermassen und umkreist seinen Zentralstern in 113 AE Entfernung. Nach Angaben seiner Entdecker ist Formalhaut b das bisher kühlste und kleinste Objekt, das außerhalb unseres Sonnensystems abgebildet werden konnte.

Planetenarten

Dass natürlich zuerst jupiterähnliche Planeten entdeckt wurden, war wegen ihrer großen Masse klar. Auf der anderen Seite muss es gemäß der im Augenblick akzeptierten Theorie der Planetenentstehung auch Gesteinswelten geben. Was aber die Astronomen in Erstaunen versetzte, war die hohe Zahl von Riesenplaneten, die eng um ihren Stern kreisen.

Hot Jupiters Ihre Oberflächentemperaturen liegen bei 1100 Grad Celsius, sodass sie langsam in der Hitze verdampfen, weshalb sie als „Roasters", „Hot Jupiters", oder „Hot Neptuns" bezeichnet werden. Es erscheint sehr unwahrscheinlich, dass Gasriesen so nahe an ihrem Mutterstern entstehen, würde doch dessen Wärme und Strahlungsdruck das Gas auflösen. Möglicherweise folgten die Planeten zumindest am Anfang dem Standardmodell, nach dem kleine Gesteinsplaneten eher beim Zentrum, Gasriesen weiter draußen entstehen, bis dann ein Mechanismus diese Planetenart dazu bewegte, nach innen zu wandern.

Planemos Hinzu kamen überraschenderweise auch Welten, die auf stabilen Bahnen um Doppelsterne kreisen, und Planeten, die ihre Sterne in entgegengesetzter Richtung umlaufen, sowie Planeten, die an keinen Stern gebunden sind, sogenannte Planemos (englisch „planetary mass objects"). Da sie keine eigene Lichtquelle besitzen oder nicht von nahen Sternen angestrahlt werden, sind sie optisch schwer aufzuspüren. Allerdings konnten mit Infrarotteleskopen viele Planemos in der Galaxis entdeckt werden, sodass man heute davon ausgeht, dass in der Milchstraße fast doppelt so viele freifliegende Planeten wie Sterne existieren. All diese Entdeckungen zeigen, dass Regelmäßigkeiten wie im Sonnensystem wohl selten sind.

Erdgroße Exoplaneten Trotz der gewaltigen Fortschritte, die seit der Entdeckung des ersten erdgroßen Expolaneten 51 Pegasi gemacht wurden, ist die Suche nach erdgroßen Gesteinsplaneten immer noch mit großen Schwierigkeiten verbunden. Die Instrumente sind immer noch nicht empfindlich genug und so muss ein Planet, der in einer Entfernung von 1 AE um die Sonne kreist, rund 11 Erdmassen besitzen, um entdeckt werden zu können. Jedoch werden Instrumente, Verfahren und Daten ständig verbessert. Große Fortschritte werden erwartet, wenn das von der Europäischen Südsternwarte (ESO) geplante, rund 40 Meter durchmessende European Extremely Large Telescope (E-EELT) 2018 ans astronomische Beobachtungsnetz geht oder das Giga-Radioteleskop ALMA 2013 mit 66 Antennen seine endgültige Ausbaustufe erreicht hat.

Gliese 581 c Inzwischen sind auch masseärmere und kleinere Exoplaneten mithilfe der Radialgeschwindigkeit sowie durch die Microlensing- und Transit-Methode entdeckt wor-

So könnte der **Hot Jupiter Planet HD 209458b** während seines Vorüberganges am Mutterstern im Sternbild Pegasus aussehen.

Der Exoplanet **Gliese 581 c** und sein Zentralstern der Rote Zwerg Gliese 581. Er befindet sich möglicherweise in der bewohnbaren Zone seines Planetensystems.

den, zum Beispiel von Astronomen der ESO im April 2007 der zweite Begleiter des Sterns Gliese 581: Gliese 581 c in einer Entfernung von 20,45 Lichtjahren. Er hat schätzungsweise 1,5-fache Erdgröße und ist etwa fünfmal so schwer wie die Erde. Seine Oberflächentemperatur wird auf 40 Grad Celsius geschätzt, und seine Umlaufdauer und damit Jahreslänge beträgt nur 13 Erdentage. Überhaupt hat sich Gliese 581 im Sternbild Waage als Exoplaneten-Schatzkammer entpuppt, von denen sich die meisten in der habitablen Zone befinden.

Auf der Suche nach Terra II

Niemand vermag derzeit zu sagen, wann eine zweite Erde entdeckt werden wird und mit welcher Methode. Aber die Wissenschaftler sind sich sicher, dass es noch in diesem, spätestens jedoch im nächsten Jahrzehnt sein wird. Doch selbst wenn der Nachweis einer atembaren Atmosphäre und flüssigen Wassers gelänge, ist noch nichts darüber ausgesagt, ob es dort Leben gibt – und wenn ja, welche Evolutions- oder Zivilisationsstufe es erreicht haben wird, denn dafür braucht es Zeit. Bei uns auf der Erde setzte die Bildung der ersten Aminosäuren vor rund 3,8 Milliarden Jahren ein.

Auf keinen Fall wird extraterrestrisches Leben dem irdischen gleichen, und erst recht nicht uns Erdenmenschen. Allein auf der Erde hat die Evolution eine ungeheure Vielfalt geschaffen und auch wieder „verworfen“. Vermutlich weit fremdartiger müssten irdischen Betrachtern Wesen aus anderen Welten erscheinen, denn die Evolution hat auf der Erde nur einen Bruchteil aller möglichen biologischen Lebensformen „ausprobiert“.

Auf der Suche

Planetenspäher Das 2009 gestartete NASA-Weltraumobservatorium Kepler soll extrasolare Planeten finden. Kepler beobachtet einen festen Ausschnitt des Sternenhimmels mit rund 100 000 Sternen im Sternbild Schwan. Es sollen vergleichsweise kleine Planeten und damit auch potenziell bewohnbare (habitable) Welten entdeckt werden. Um die Beobachtungen möglichst ungestört durchführen zu können, befindet sich das Teleskop nicht im Erdorbit, sondern läuft in einem Sonnenorbit der Erde hinterher und entfernt sich im Lauf der Jahre immer weiter von ihr. Das Teleskop ist knapp 5 Meter hoch, 1039 Kilogramm schwer und der Durchmesser seines Hauptspiegels beträgt 1,4 Meter. Bis Dezember 2011 hat es insgesamt 2421 Planeten entdeckt, davon 207 erdähnliche, von denen 54 innerhalb der habitablen Zone liegen.

In den Tiefen des Alls

Galaxien und Kosmologie

Vielfältige Formen

Mit dem bloßen Auge betrachtet, sehen Galaxien wie die Andromedagalaxie aus wie kleine Nebelflecke. Untersucht man sie aber mit großen Teleskopen, scheinen sie wie Inseln in der tiefen Schwärze des Kosmos zu schweben. Diese aus Milliarden von Sternen sowie ungeheuren Mengen an Gas und Staub bestehenden Sterneninseln sind die Fundamente des Kosmos.

Auf diesem ESO-Foto der Elliptischen **Galaxie ESO 325-G004** sind verschiedene Galaxienarten zu sehen, so mehrere Spiralgalaxien mit unterschiedlich ausgeprägten Armen. »

Die **Radiogalaxie Centaurus A** ist eine elliptische Galaxie, die auch im sichtbaren Licht einen beeindruckenden Anblick bietet.

Die Galaxie **NGC 1672** mit den typischen Merkmalen: Zentrum, Spiralarme mit Sternen, Gas und Staub. «

Nach derzeitigem Erkenntnisstand umfasst das beobachtbare Universum mehr als 100 Milliarden Galaxien. Sie sind in Form, Größe, Masse und Helligkeit sehr verschieden und zeigen daher einen großen Formenreichtum. Die Astronomen teilen die Galaxien in folgende Klassen ein:

Elliptische Galaxien Über die Hälfte aller Galaxien sind kugelförmig bis oval und haben keine Spiral- oder Scheibenstruktur. In den elliptischen Galaxien findet man vor allem gelbe und rote, also alte Sterne, und es gibt nur wenig Gas und Staub. Deshalb entstehen in ihnen keine neuen Sterne. Da es in diesen Galaxien kaum zu nahen Begegnungen oder gar Kollisionen kommt, bleibt ihre kugelförmige Gestalt erhalten, in der jeder Stern auf einer eigenen Bahn um das Zentrum kreist.

Linsenförmige Galaxien Diese Galaxien wirken auf den ersten Blick wie Verwandte der Elliptischen Galaxien, denn auch hier dominiert ein kugelförmiger Kern aus alten roten und gelben Sternen. Aber bei ihnen ist dieses Zentrum von einer Scheibe aus Sternen, Gas und Staub umgeben, womit diese Galaxien, auch was die Größe angeht, den Spiralgalaxien ähneln. Allerdings ist ihr Kern von größerem Umfang als der von Spiralgalaxien ähnlicher Größe. Linsenförmige Galaxien unterscheiden sich von den Spiralgalaxien hauptsächlich dadurch, dass sie keine Spiralarme besitzen und kaum Anzeichen von entstehenden Sternen in der Scheibe zu finden sind.

Spiralgalaxien Diese Galaxien, zu denen unsere Milchstraße und die Andromedagalaxie gehören, haben – wie der Name schon sagt – eine Spiralstruktur. Sie prägt zwei- oder dreiarmig die Form der Scheibe, in deren Mittelpunkt eine zentrale Erhebung (Bulge) aus alten Sternen liegt, die einer elliptischen Galaxie ähnelt. In den Spiralarmen gibt es viele junge Sterne, helle Nebel und große Mengen an Gas und Staub, aus denen neue Sterne entstehen. Ober- und unterhalb der Scheibe liegt ein kugelförmiger Halo, in dem Kugelsternhaufen und einzelne Sterne umlaufen.

Die Spiralarme dieser Galaxien können unterschiedlich ausgeprägt sein. So gibt es Spiralgalaxien mit einer großen Wölbung und kaum gewundenen Armen, andere haben einen kleinen Zentralbereich und sehr weitläufige Arme. Etwa 25 bis 30 Prozent der uns nächstgelegenen Galaxien sind Spiralen.

Eine interessante Form haben die Balkenspiralgalaxien. Sie werden deshalb auch manchmal als eigene Klasse von Galaxien angesehen. Vom kugelförmigen Zentrum aus erstreckt sich ein langer Balken, an den sich dann die Spiralarme anschließen. Höchstwahrscheinlich gehört auch unsere Galaxis zu diesen besonderen Spiralgalaxien.

Hubble-Schema Die Klassifikation der Galaxien geht auf den US-amerikanischen Astronomen Edwin P. Hubble zurück. Er erarbeitete sie 1920 mit einem 2,5-Meter-Spiegelteleskop. Dieses Fernrohr war stark genug, um nicht nur die Andromedagalaxie in Einzelsterne aufzulösen, sondern auch verschiedene Typen von Galaxien zu unterscheiden. So stellte Hubble erstmals ein Klassifikationsschema auf, in das

Die linsenförmige **Galaxie M102**, die wir von der Seite sehen, zeigt neben dem kugelförmigen Kern und der Scheibe aus dunklem Staub, Gas sowie Sternen deutlich den umhüllenden Halo. «

Die **Spiralgalaxie NGC 4414** gehört nach dem Hubbleschen Klassifikationsschema zum Typ Sc und zeigt eindrucksvoll die Verteilung von Gas und Staub in den Spiralarmen.

bis heute die Galaxien eingeordnet werden. Das sogenannte Hubble-Schema (Hubble-Klassifikation) gleicht einer Stimmgabel. Dabei wird der Griff von den elliptischen Galaxien gebildet, während die Zinken von den Spiralen (oben) und Balkenspiralen (unten) eingenommen werden.

Die Elliptischen Galaxien (mit dem Großbuchstaben E versehen) bekommen nun noch eine Zahl zwischen 0 und 7, die den Grad der Abplattung angibt. So bedeutet 0 „kugelförmig" und 7 „stark abgeplattet". Dagegen erhalten die Spiralen (S) die Kleinbuchstaben a, b oder c, wobei diese angeben, wie stark der Kern gegenüber den Spiralarmen zurücktritt. Die Balkenspiralen mit den Großbuchstaben SB erhalten ähnliche Symbole. Auch hier steht „a" für einen stark ausgebildeten Kern, der von zwei dünnen Spiralarmen umgeben wird, während „c" auf einen kleinen Kern und stark ausgebildete Spiralarme hinweist.

Den „Kreuzungspunkt" der Gabel nehmen die Galaxien der Klasse SO ein. Diese Galaxien haben einen großen Kern, und die Spiralarme treten bei ihnen nur schwach oder gar nicht in Erscheinung. Die irregulären Galaxien stehen abseits des Hubble-Schemas.

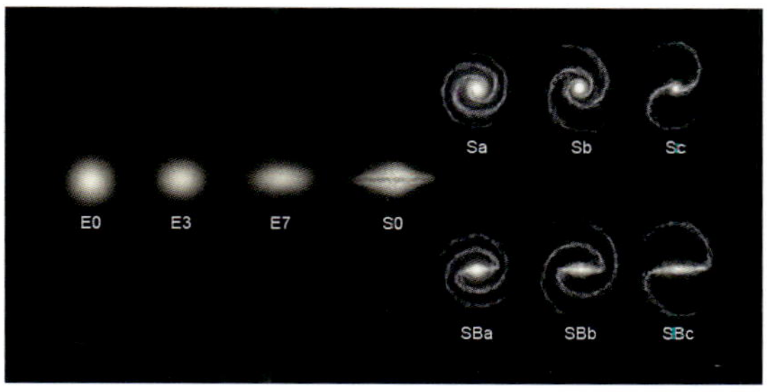

Das von Edwin Hubble 1920 erarbeitete stimmgabelförmige **Schema der Galaxien** wird auch heute noch zur Klassifizierung der verschiedenen Milchstraßensysteme verwendet.

Irreguläre Galaxien

Außenseiter Manche Galaxien lassen sich weder den elliptischen, den linsenförmigen noch den Spiralgalaxien oder den Balkenspiralen zuordnen. Darüber hinaus kollidieren einige dieser „irregulären Galaxien" sogar mit einer anderen nahen Galaxie oder werden von deren Schwerkraft verformt. Diese Galaxien enthalten meist sehr viel Gas und Staub sowie heiße blaue Sterne. Hinzu kommen oft riesige, rosafarbene Emissionsnebel aus Wasserstoff, in denen Sterne entstehen. Einige Irreguläre Galaxien lassen auch Anzeichen einer Struktur erkennen, beispielsweise zentrale Balken oder Spiralarme. Die bekanntesten Beispiele sind die Große und die Kleine Magellansche Wolke, die als Satellitensternsysteme unserer Milchstraße vorgelagert sind.

Weitere Galaxientypen

Neben den Irregulären Galaxien gibt es auch noch andere Galaxienformen, die nicht in das Hubble-Schema passen beziehungsweise es ergänzen. Unter anderem sind dies: Die Zwerggalaxien, die eine geringere Helligkeit aufweisen und eine elliptische oder irreguläre Gestalt haben. Oder die Wechselwirkenden Galaxien, bei denen sich zwei oder mehrere Welteninseln begegnen, und die entweder lange Materiearme aus Gas und Staub ausbilden oder einen Ring aus Sternen haben, der durch das Zerreißen der masseärmeren Galaxie geschaffen wurde und meist senkrecht zur Galaxienhauptebene ausgerichtet ist.

Aktive Galaxien Andere Galaxien haben einen besonders hellen Kern und werden deshalb als „Aktive Galaxien" bezeichnet (englisch auch AGN, „Active Galactic Nucleus"). Ihre hohe Leuchtkraft ist höchst wahrscheinlich auf ein aktives, massereiches Schwarzes Loch im Zentrum zurückzuführen.

Zu dieser Klasse gehören die Radiogalaxien, die sehr viel Strahlung im Bereich der Radiowellen aussenden und mithilfe der Radioastronomie untersucht werden. Dabei werden oft bis zu zwei Materieströme beobachtet (Centaurus A im Perseus, M87 in der Jungfrau). Dann gibt es die Seyfert-Galaxien mit einem sehr hellen, sternförmigen Kern. Desweiteren seien die BL Lacertae-Objekte genannt, deren Spektrum keine Absorptions- und Emissionslinien zeigt und die neben den Quasaren zu den leuchtstärksten bekannten Objekten gehören. Außerdem die Quasare selbst als die Objekte mit der größten absoluten Helligkeit, die bisher beobachtet wurden – wegen ihrer großen Entfernung ist nur deren sternförmiger Kern zu sehen. Schließlich gibt es noch die Starburstgalaxien, die eine sehr hohe Sternentstehungsrate aufweisen, mit der daraus folgenden intensiven Strahlung. Ein gut erforschtes Beispiel ist M82.

Die **Antennengalaxien** im Sternbild Rabe bilden ein Paar stark miteinander wechselwirkender, weil verschmelzender Galaxien und bestehen aus den Galaxien NGC 4038 und NGC 4039.

In der ungefähr 14 Millionen Lichtjahre entfernten Starburstgalaxie **M82** entstehen junge Sterne zehnmal häufiger als in der Milchstraße »»

Galaxienhaufen

Auch wenn die Galaxien Millionen oder gar Milliarden Lichtjahre voneinander entfernt sind und sich zwischen ihnen nichts als die Leere des Raums befindet, beeinflussen sie sich dennoch durch ihre Gravitationskräfte. Deshalb bilden sie oft Haufen, wobei sie sich um eine oder mehrere massive Galaxien gruppieren.

Die **Andromedagalaxie M31**, aufgenommen Im UV-Bereich, mit hervorgehobenen Ringen von Sternen unterschiedlichen Alters, wie beispielsweise junge, blaue Sterne.

Die Lokale Gruppe

Die Milchstraße gehört beispielsweise zu dem kleinen Galaxienhaufen, der „Lokale Gruppe" genannt wird. Die Lokale Gruppe hat einen Durchmesser von etwa zehn Millionen Lichtjahren und umfasst rund 50 Galaxien. Ihre größten Mitglieder sind unsere Milchstraße, die Andromedagalaxie (M31) und die Triangulumgalaxie (M33), die aber unter dem Einfluss der Andromedagalaxie steht.

Crash in drei Milliarden Jahren

Kosmischer Unfall Die Andromedagalaxie und unsere Milchstraße rasen mit 120 Kilometern pro Sekunde aufeinander zu und werden sich in drei Milliarden Jahren treffen. Dies wird jedoch kein Zusammenstoß wie der zweier Autos sein. Vielmehr werden sich die beiden Sterninseln mehrmals durchdringen und aneinander vorbeischwingen, um schließlich zu einer einzigen Galaxie zu verschmelzen. Dabei werden riesige Gaswolken im Zentrum in einem leuchtenden Feuerwerk aufeinandertreffen und Tausende neuer Sterne entstehen. An den Rändern dagegen werden die Sterne in den Weltraum geschleudert. Das Endprodukt wird voraussichtlich eine massereiche elliptische Galaxie sein. Einen Namen für diese Supergalaxie haben sich die Astronomen auch schon ausgedacht: „Milkomeda" – eine Verschmelzung des englischen Milky Way und Andromeda.

Die Andromedagalaxie Messier 31 (M31) Mit 2,5 Millionen Lichtjahren Abstand von der Erde ist die im Sternbild Andromeda gelegene Galaxie M31 das entfernteste Objekt, das noch mit dem bloßen Auge zu sehen ist. Diese Sterneninsel ist beinahe ein Zwilling unserer Galaxis. Dadurch, dass sie uns gegenüber in einem Winkel von 78 Grad geneigt erscheint, können wir sehr gut auf die diskusförmige Ebene der Andromeda-Galaxie blicken. Neben den Staubbändern, die die Scheibe jeder Spiralgalaxie durchziehen und die einzelnen Arme voneinander trennen, ist auch die zentrale Verdickung zu erkennen. Wegen der kosmisch geringen Entfernung der Andromedagalaxie zu unserer Milchstraße ist es uns also möglich, von außen in ihr alle Erscheinungen einer Galaxie zu studieren, die wahrscheinlich auch in unserer Galaxis zu finden sind. Hier aber werden sie zu einem großen Teil von interstellarem Staub verdeckt.

M31 besitzt die Masse der Milchstraße, hat aber einen um 40 Prozent größeren Durchmesser und ist vermutlich eine Balkenspiralgalaxie. Sie wird von mehreren kleinen Satellitengalaxien umkreist, die von der Schwerkraft der Andromedagalaxie angezogen werden. Satellitengalaxien unserer Milchstraße sind die Große und die Kleine Magellansche Wolke, die nach dem portugiesischen Entdecker Ferdinand Magellan (1480–1521) benannt wurden.

Die **Triangulumgalaxie M33**, deren Arme in einzelne „Flocken" aufgelöst sind, ist nach der Andromedagalaxie die zweithellste Spiralgalaxie am Nachthimmel und das dritte größere Mitglied der Lokalen Gruppe.

Die Große Magellansche Wolke In 160 000 Lichtjahren Entfernung von der Erde liegt die Große Magellansche Wolke im südlichen Sternbild Goldfisch (Dorado), sozusagen vor der „Haustür“ unserer Milchstraße. Diese Satellitengalaxie gehört zur Klasse der Irregulären Galaxien und hat einen Durchmesser von etwa 30 000 Lichtjahren. Sie ist ein hochaktives Sternentstehungsgebiet mit viel Gas und Staub und wird von hellen Sternhaufen junger, blau-weißer Sterne beherrscht. Von der Erde aus sind ein Balken in ihrem zentralen Bereich und Ansätze eines Spiralarms zu erkennen. Das lässt den Schluss zu, dass diese Galaxie zu klein ist, um eine echte Spiralgalaxie zu formen. Aufsehen erregte sie, als 1987 am Rand des in ihr liegenden Tarantelnebels eine Supernova explodierte.

Die Kleine Magellansche Wolke Die Kleine Magellansche Wolke im Sternbild Tukan (Tucana) ist mit einer Entfernung von 200 000 Lichtjahren weiter von der Erde weg als ihr Nachbar. Sie kann aber immer noch mit dem bloßen Auge gesehen werden. Ihr Durchmesser beträgt rund 10 000 Licht-

Die dominierende blaue Farbe in den beiden **Magellanschen Wolken** macht deutlich, dass sie hauptsächlich aus relativ jungen heißen Sternen der Population I bestehen und einen sehr großen Gas- und Staubanteil haben.

jahre und ihre Gesamtmasse liegt bei rund sieben Milliarden Sonnenmassen. Sie enthält große Mengen an Gas und Staub sowie mehrere Sternentstehungsgebiete. Ein Großteil ihres Materials ist in einer balkenförmigen Struktur konzentriert. Vermutlich ist die Kleine Magellansche Wolke der Überrest einer kleinen Balkenspiralgalaxie, die durch den Kontakt mit der Milchstraße zerstört wurde.

Magellanscher Strom Die beiden Magellanschen Wolken sind untereinander und mit der Milchstraße durch ein dünnes Wasserstoffband verbunden, dem sogenannten Magellanschen Strom. Bis vor kurzem nahm man an, dass der Strom auf einer Bahn um die Milchstraße kreist; neuere Untersuchungen lassen aber vermuten, dass er an ihr vorbeizieht. Beide Wolken bewegen sich mit einer Geschwindigkeit von rund 55 Kilometern pro Sekunde aufeinander zu.

Haufen und Superhaufen

Außer der Lokalen Gruppe gibt es noch viele weitere Galaxiengruppen. Beispielsweise die Maffei-Gruppe in den Sternbildern Kassiopeia und Giraffe (6–12 Millionen Lichtjahre entfernt), die Sculptor-Gruppe im südlichen Sternbild Bildhauer (rund 10 Millionen Lichtjahre entfernt), die M81-Gruppe (nur wenig weiter entfernt als die Sculptor-Gruppe), die M83-Gruppe in den südlichen Sternbildern Wasserschlange und Zentaur sowie die Canes-Venaciti-I-Gruppe im Sternbild Jagdhunde (13–18 Milliarden Lichtjahre entfernt).

Cluster Die Galaxiengruppen sind wiederum Teil eines „Haufens“ (englisch: Cluster), in dem dann maximal einige Tausend Galaxien vereinigt sind. Manche Cluster sind fast kugelförmig und enthalten viele elliptische Galaxien. Andere haben eine unregelmäßige Gestalt und bestehen vor allem aus Spiralgalaxien. Man nimmt an, dass diese Haufen sich durch Verschmelzung vergrößern und dass die irregulär geformten Haufen erst vor „kurzer“ Zeit entstanden sind. Im Zentrum dieser Galaxienkonzentrationen sammelt sich heißes Gas aus den Galaxien und sendet Röntgenstrahlung aus, die auf der Erde empfangen werden kann.

Die Magellanschen Wolken wurden nach dem portugiesischen Seefahrer und Entdecker **Ferdinand Magellan** benannt, der die beiden Galaxien bei seiner Weltumsegelung 1519 erstmals beschrieb.

Superhaufen In der zweiten Hälfte der 1950er-Jahre erkannten die Astronomen, dass ein Großteil der hellsten beobachtbaren Galaxien einer noch größeren Struktur angehört, deren Zentrum der Virgo-Galaxienhaufen ist. Dieser Haufen enthält über 2000 Galaxien und erstreckt sich über eine Region von etwa 15 Millionen Lichtjahren. Sein Zentrum liegt 60 Millionen Lichtjahre von uns entfernt in Richtung des Sternbildes Jungfrau.

Mit 100 bis 200 anderen Galaxienhaufen bildet der Virgo-Galaxienhaufen den sogenannten Virgo-Superhaufen. Dieser hat die Form einer abgeflachten Scheibe, und sein Durchmesser beträgt etwa 150 bis 200 Millionen Lichtjahre. In seinem Randbereich ist auch die Lokale Gruppe angesiedelt, weshalb der Virgo-Superhaufen auch als „Lokaler Superhaufen“ bezeichnet wird. Die Lokale Gruppe bewegt sich mit 1,4 Millionen Kilometern pro Stunde auf das Zentrum dieses Superhaufens zu.

Filamente Doch damit ist die Konzentration der Galaxien noch nicht zu Ende: 1989 entdeckten die Wissenschaftler Margaret Geller und John Huchra eine unvorstellbar große Ansammlung von Galaxien mit einer Länge von 500 Millionen Lichtjahren, einer Breite von 200 Millionen Lichtjahren und einer Tiefe von lediglich 15 Millionen Lichtjahren. Sie wird „Große Mauer“ genannt, liegt 200 Millionen Lichtjahre von der Erde entfernt in Richtung des Sternbildes Jungfrau und umschließt große Leerräume. Übertroffen wird sie nur noch von der 2003 entdeckten Sloan Great Wall, deren Länge 1,37 Milliarden Lichtjahre beträgt und in rund 1 Milliarde Lichtjahre Entfernung liegt.

Das Bild zeigt einen Ausschnitt des **Coma-Galaxienhaufens**, einer riesigen Ansammlung von über 1000 Galaxien im Sternbild Haar der Berenike.

Seifenschaum-Universum

Die Struktur des Universums Als Astronomen in den 1980er-Jahren die Standorte von rund 20 000 Galaxien dreidimensional nachbildeten, erkannten sie, dass Galaxienhaufen eine feine, faserartige Struktur bilden. Ferner stellten sie fest, dass es zwischen den dünnen, schalenförmigen Gebieten mit hoher Galaxiendichte auch riesige Räume gibt, in denen nur wenige Galaxien zu finden sind. Diese Leerräume werden als „Voids“ bezeichnet. Um sie herum gruppieren sich die Galaxienhaufen und bilden sozusagen die Wände der Waben. Das Universum hat also eine schaum- oder wabenartige Struktur. Die Superhaufen, die eine Ausdehnung von einigen hundert Millionen Lichtjahren erreichen, liegen in den Schnittbereichen zwischen den Waben.

Der **Virgo-Galaxienhaufen** ist etwa 65 Millionen Lichtjahre von der Erde entfernt und bildet das Zentrum des Lokalen Superhaufens. »

Die in der als „Filament“ bezeichneten Struktur der Großen Mauer enthaltenen Galaxienhaufen, zu denen auch der Virgo-Superhaufen mit der Lokalen Gruppe gehört, bewegen sich alle auf den 1990 entdeckten sogenannten „Großen Attraktor“ zu. Er ist ein in 150 bis 250 Millionen Lichtjahren von der Erde entfernt gelegenes Filament mit 10 Billiarden Sonnenmassen und damit eine der massereichsten bekannten Strukturen im Universum.

Kollidierende Galaxien

Verglichen mit ihrer Größe liegen Galaxien sehr viel enger beieinander als Sterne, sodass sie auch viel öfter zusammenstoßen. Ein solcher Zusammenstoß ist das größte und spektakulärste Ereignis im Kosmos, sind doch daran mindestens 100 Milliarden Sterne sowie ungeheure Mengen von Gas und Staub beteiligt. In den Tiefen des Raumes kommt es dabei zu einem leuchtenden Feuerwerk, bei dem die Wolken derart aufgeheizt werden, dass sie die Galaxie durch „Verdampfung“ verlassen. Unter dem Einfluss der Schwerkraft können sich sogar ganze Spiralarme aus Galaxien lösen; und durch die Kollision der interstallaren Wolken aus Gas und Staub entstehen Tausende neue Sterne. Diese Sterne sind für die Astronomen ein wichtiger Hinweis darauf, dass eine heute „normal“ erscheinende Galaxie früher mit einer anderen kollidierte, was mehrere 100 Millionen bis 1,5 Milliarden Jahre dauerte.

Eine Auswahl aus 59 Bildern **kollidierender Galaxien**, veröffentlicht von der NASA und der ESA am 24. April 2008 anlässlich des 18. Geburtstags des Hubble-Weltraumteleskops.

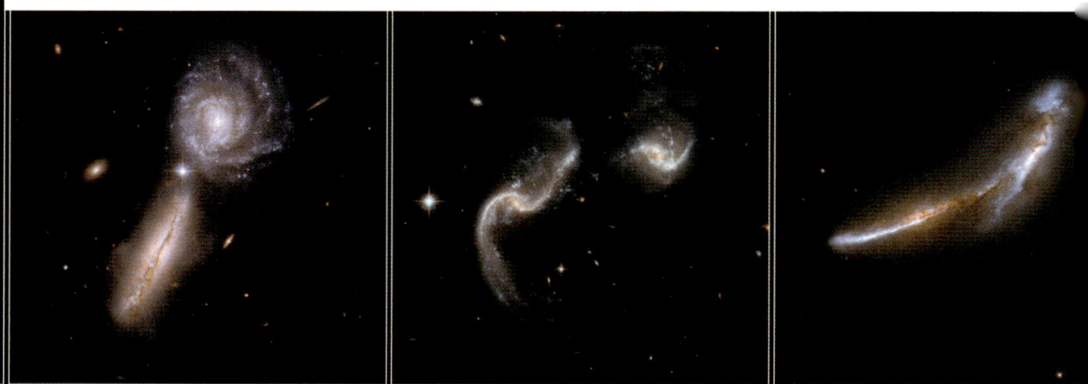

Die Galaxie **M51** („Whirlpool- oder Strudelgalaxie") besteht aus zwei interagierenden Galaxien: einer **Spiralgalaxie** (NGC 5194), die wir von oben sehen, und einer kleineren **Irregulären Galaxie** (NGC 5195).

Wechselwirkende Galaxien Auch wenn bei Galaxienbegegnungen von „Kollision" oder „Crash" die Rede ist, darf man sich das Zusammentreffen zweier Sterninseln aber nicht wie das Aufeinanderprallen zweier Billardkugeln vorstellen. Dieses kosmische Großereignis gleicht eher dem Eindringen einer farbigen Flüssigkeit in klares Wasser, bei dem es zu einer langsamen Durchmischung kommt. Der Raum zwischen den einzelnen Sternen ist einfach zu groß, als dass es zu Sternenkollisionen kommen könnte.

Anders ist es mit den in den Galaxien enthaltenen Gaswolken: Diese prallen tatsächlich zusammen, verlieren dadurch erheblich an Bewegungsenergie und es entstehen viele Kugelsternhaufen. Astronomen bezeichnen kollidierende Galaxien daher auch als „wechselwirkende Galaxien". Bei ihnen kommt es neben der Verschmelzung auch zur Neuformation der beteiligten Sterneninseln. Die verschiedenartigen Interaktionen zwischen den Galaxien, bei denen Spiralen miteinander verschmelzen („Merging"), sie Gas aus ihren Scheiben verlieren und ihre Sterne in chaotische Umlaufbahnen gelangen, scheinen also der Grund dafür zu sein, dass sich Galaxien im Lauf von Jahrmilliarden von einem Typ zum anderen entwickeln.

Entstehung der Galaxien Wie die Galaxien entstanden sind, ist eine der spannendsten, aber noch nicht endgültig beantworteten Fragen der Astrophysik und Kosmologie. Alles weist darauf hin, dass sie schon „kurz" nach dem Urknall entstanden sein müssen. So zeigt das vom Hubble Space Telescope 2004 aufgenommen Hubble Ultra Deep Field die lichtschwächsten Galaxien und damit auch die am weitesten entfernten. Das Licht dieser Galaxien benötigte wegen seiner Geschwindigkeit über 13 Milliarden Jahre zu uns. Das bedeutet, dass wir hier in die Frühzeit des Universums 800 Millionen Jahre nach dem Urknall zurückblicken – auf einige der ersten Galaxien, die nach dem sogenannten „Dunklen Zeitalter" entstanden sind.

Am Anfang der Galaxienbildung standen wahrscheinlich Dichtefluktuationen. Sie wuchsen durch einen Gravitationskollaps zu dunklen Halos, und es kam zur Bildung der Sterne, Schwarzen Löcher und Galaxien. Um diese Vorgänge zu erklären, waren bisher zwei konkurrierende Theorien in Gebrauch:

Top-down- und Bottom-up-Theorie Nach der Top-down-Theorie kondensierten die Galaxien aus mächtigen Materiebändern, aus denen schließlich die Sterne hervor-

Auf dem Bild des **Galaxienhaufens Abell 520** sind neben den Galaxien auch das heiße Haufengas (rötlich) und die Bereiche größter Schwerkraft (blau) dargestellt. «

gingen. Nach der entgegengesetzten Bottom-up-Theorie entstanden zuerst die Sterne in anfänglich kleinen Gruppen, die zu immer größeren Strukturen verschmolzen: den Galaxien und deren Haufen.

In beiden Theorien spielt das Verhalten einer speziellen Art von Materie eine wichtige Rolle, von der die Wissenschaftler, die sie in ihre Theorien aufnahmen, glauben, dass sie in der Frühzeit des Universums viel häufiger war als die „normale" Materie: die Dunkle Energie. War sie heiß und hochmobil – wie die Top-down-Theorie postuliert? Wenn ja, dann könnten zuerst großräumige Strukturen entstanden sein, aus denen sich die Galaxien herauskristallisierten. Das jedoch passt nicht zu den Beobachtungen, dass die ersten Sterne und galaktischen Schwarzen Löcher kurz nach dem Urknall entstanden sind. Oder war die Dunkle Energie kalt und träge – analog zur Bottom-up-Theorie?

Moderne, leistungsstarke Teleskope zeigten unlängst unzählige kleine Galaxien im frühen Universum (Hubble Ultra Deep Field), was darauf hinweist, dass die Bottom-up-Theorie möglicherweise die zutreffendere Theorie ist.

Dunkle Materie – Dunkle Energie

Doch um welche Art von Materie handelt es sich eigentlich bei dieser für die Theorien so wichtigen Dunklen Materie? Noch sind sich auch die Astronomen darüber nicht im Klaren. Sie hat auf jeden Fall nichts mit den Dunkelwolken zu tun, denn weil sie kaum optische oder andere elektromagnetische Strahlung aussendet, geschweige denn reflektiert, ist sie nur indirekt nachzuweisen. Man führte die Dunkle Materie in die Astronomie ein, als sich bei Untersuchungen von Galaxien und Galaxienhaufen zeigte, dass die in ihnen enthaltene Menge der strahlenden Materie nicht den Anziehungskräften entspricht, die diese Gebilde zusammenhalten. Vermutlich befindet sich ein Teil der Dunklen Materie in Schwarzen Löchern oder in Ansammlungen von normaler Materie oder um die Halos der Galaxien. Der größte Teil der Dunklen Materie besteht wahrscheinlich aus heißen (subatomare Teilchen nahe der Lichtgeschwindigkeit) oder kalten (unidentifizierte, langsame schwere Teilchen) Varianten der Materie.

Dunkle Energie Noch geheimnisvoller als die Dunkle Materie ist die Dunkle Energie. Seit 2008 ist sie von der Hypothese zum Fakt geworden und soll erklären, warum sich das Universum immer schneller ausdehnt. Physikalisch kann sie noch nicht genau definiert werden. Am einfachsten ist es, sie als gegebene, grundlegende Eigenschaft des Universums hinzunehmen. Auf jeden Fall ändert sie durch ihr Wirken das bisherige Verhalten des Universums: Statt dass dessen Ausdehnung (Expansion) durch die Gravitationswirkung der Materie verlangsamt wird, beschleunigt die Dunkle Energie diesen Vorgang. Seit dem Urknall vor 13,7 Milliarden Jahren besteht das Universum nach aktuellen Theorien zu 72 Prozent aus Dunkler Energie, zu 23 Prozent aus Dunkler Materie und nur zu 4,6 Prozent aus sichtbarer Materie.

Die Verteilung der **Dunklen Materie** in einem Teil des Universums anhand von Daten des Hubble-Weltraumteleskops. Die Standorte der Dunklen Materie ergeben sich aus der Störung der Galaxienformen.

Geburt und Tod des Universums

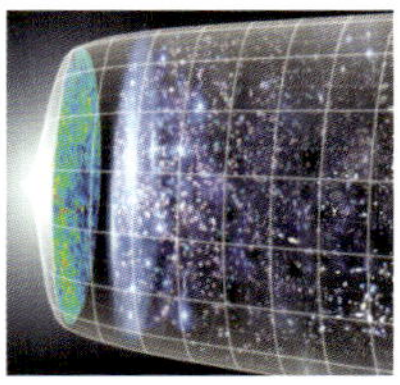

Wie ist das Universum entstanden und wie wird es einmal enden? Auf diese fundamentale Frage gab viele Jahrtausende lang nur die Religion eine Antwort, indem sie die Entwicklung des Kosmos dem Wirken eines göttlichen Schöpfers zuschrieb. Doch seit Mitte des 20. Jahrhunderts ist diese Frage auch Gegenstand kosmologischer Forschung.

Das **Hubble Ultra Deep Field** mit Galaxien verschiedenen Alters, verschiedener Größe und Form. Die kleinsten, am rötlichsten leuchtenden Galaxien gehören zu den am weitesten entfernten. Ihr Licht stammt aus der Zeit, als das Universum nach dem Urknall vor 13,7 Milliarden Jahren gerade einmal 800 Millionen Jahre alt war.

Künstlerische Darstellung des **frühen Universums** im Alter von weniger als einer Milliarde Jahren, einer Zeit, in der sich die ersten Sterne bildeten.

Die theoretischen, aber durch praktische Forschungen mit modernen Großteleskopen, Satelliten und riesigen Teilchenbeschleunigern untermauerten Antworten sind faszinierend und verblüffend. Oft entziehen sie sich aber komplett unserer Vorstellungskraft.

Das beginnt schon mit der Geburt des Kosmos im Urknall, der heute die Basis des Standardmodells der Kosmologie bildet. Die Bedeutung und Rolle dieses Modells ist vergleichbar mit der Theorie der Plattentektonik in den Geowissenschaften. Denn das Standardmodell erklärt am besten die derzeitige Expansion des Universums – die sich durch die von Edwin Hubble entdeckte Rotverschiebung in den Spektren der weit entfernten Galaxien zeigt: Alle Milchstraßensysteme scheinen auseinanderzustreben, wobei die am weitesten entfernten die größte Geschwindigkeit haben. Das Modell erklärt auch die aus allen Richtungen zu empfangende 3-Grad-Kelvin-Hintergrundstrahlung und die Häufigkeitsverteilung der Elemente, vor allem des Wasserstoffs.

Der Urknall (Big Bang) 1949 prägte der britische Astronom Sir Fred Hoyle (1915–2001) in einer BBC-Radiosendung den Begriff „Urknall“ oder englisch „Big Bang“. Hoyle, der die Urknall-Theorie ablehnte, wollte ihr damit eine griffige Bezeichnung geben. Auch wenn dieser Begriff an eine Explosion denken lässt, war der Anfang des Universums kein Zerreißen und Wegschleudern von Materie in einen existierenden Raum – der Raum war beim Urknall noch gar nicht vorhanden. Stattdessen gab es nur einen äußerst winzigen, aber extrem heißen und dichten Punkt, in dem Raum, Zeit, Materie und Energie vereinigt waren (Singularität), und damit auch die vier grundlegenden Kräfte der Natur: die starke Kernkraft, die schwache Kernkraft, die elektromagnetische Kraft und die Schwerkraft. Der Urknall ereignete sich nach heutigen Erkenntnissen vor 13,7 +/– 0,2 Milliarden Jahren.

Inflation Dieser Punkt dehnte sich nach einem kurzen, nur 10^{-43} Sekunden langen Zeitraum, den man als Planck-Ära bezeichnet, erstaunlich schnell aus. Dieses „Aufblasen“ nennt man Inflation. Ausgelöst wurde sie wohl dadurch, dass sich die Schwerkraft von den übrigen Naturkräften abtrennte und sich die starke Kernkraft herausbildete. In dieser Zeit von 10^{-35} bis 10^{-32} Sekunden blähte sich das gesamte heute beobachtbare Universum aus einem Punkt, der viele Milliarden Mal kleiner war als ein Proton, um mindestens den Faktor 10^{26} auf die Größe eines Badmintonfeldes auf. Das Universum war nun eine äußerst heiße Suppe aus gleichmäßig verteilter Strahlung, Elementarteilchen und Antiteilchen, die sich ständig ineinander umwandelten.

Erste Atome Im nächsten Entwicklungsschritt (eine Sekunde bis etwa 500 000 Jahre nach dem Urknall) entstanden immer mehr Materieteilchen, während sich das Universum weiter ausdehnte. Das Universum wuchs von rund zehn Lichtjahren auf über 100 Millionen Lichtjahre. Dabei kühlte es weiter ab, nämlich von 10^{13} Grad Kelvin auf 2500 Grad Kelvin, und die wichtigsten Materieteilchen – Protonen, Neutronen und Elektronen – bildeten nach und nach die ersten Atome. Ungefähr drei Minuten nach dem Urknall kam es zur Bildung von Heliumatomkernen und Deuterium.

Etwa 300 000 Jahre nach dem Urknall fingen Protonen Elektronen ein, und es entstanden die Wasserstoffatome. Auch die Heliumkerne fingen Elektronen ein, wodurch sich die Heliumatome bildeten.

Kosmische Hintergrundstrahlung Da die Elektronen nun in Atomen gebunden waren, kollidierten sie nicht mehr mit den Photonen und konnten diese nicht mehr zerstreuen. Materie und Strahlung wurden sozusagen „entkoppelt“ und die Photonen konnten nun in Form von

Der NASA-Satellit **COBE** (Cosmic Background Explorer) lieferte von 1989 bis 1993 revolutionäre Messungen der kosmischen Hintergrundstrahlung und umkreiste dazu die Erde in etwa 900 Kilometern Höhe auf einer polaren Umlaufbahn.

Strahlung durch das gesamte Universum reisen, das damit erstmalig durchsichtig wurde. Diese Photonen sind heute noch als energiearme kosmische Hintergrundstrahlung im Mikrowellenbereich messbar. Ihre Wellenlänge, die einst charakteristisch für den Feuerball des Universums war, entspricht nun einem kalten Objekt von –270 Grad Celsius oder drei Grad Kelvin.

Die beiden Physiker Arno Pencias und Robert Wilson entdeckten 1962 die kosmische Hintergrundstrahlung mehr oder weniger zufällig. Heute untersucht man sie von der Erde aus mit verschiedenen Antennen oder mithilfe von Satelliten wie COBE oder WMAP.

Dabei zeigte sich, dass die kosmische Hintergrundstrahlung nicht gleichmäßig ausgesandt wird. Vielmehr gibt es kleine Schwankungen – es finden sich Gebiete, die geringfügig wärmer oder auch kälter sind. Es sind Klumpen Dunkler Materie, aus denen sich später die Galaxien entwickelten. Da in dieser Ära der Entwicklung des Universums noch keine Sterne leuchteten, wird sie auch als „Dunkles Zeitalter" bezeichnet. Sterne flammten erst etwa 400 Millionen Jahre nach dem Urknall auf.

Diese Forschungen wiesen überzeugend nach, dass sich das Universum ständig ausdehnt – und das auch noch mit zunehmender Geschwindigkeit. Dabei entstehen weiterhin neue Sterne und alte vergehen, begegnen sich Galaxien und kollidieren. Und das scheinbar ewig.

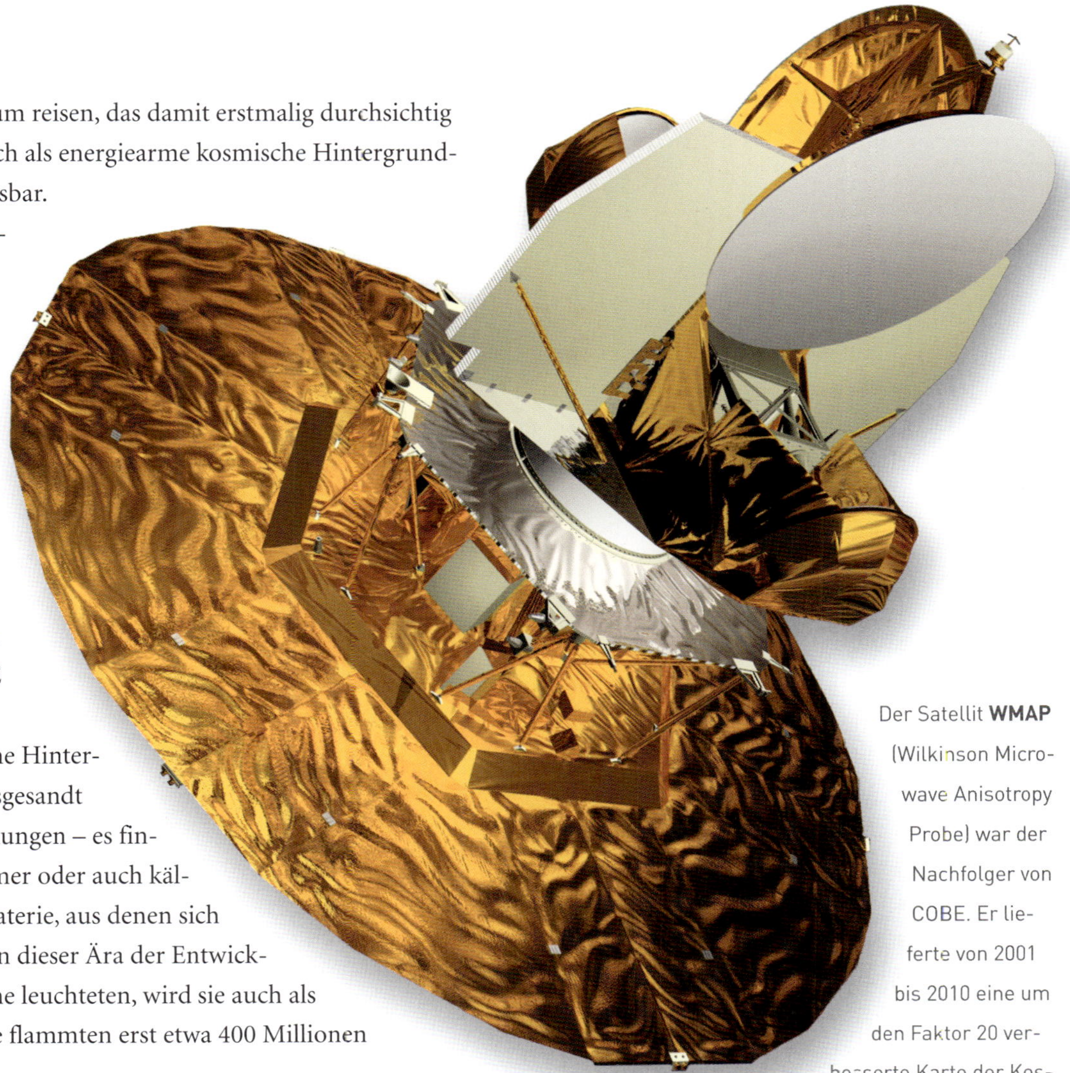

Der Satellit **WMAP** (Wilkinson Microwave Anisotropy Probe) war der Nachfolger von COBE. Er lieferte von 2001 bis 2010 eine um den Faktor 20 verbesserte Karte der Kosmischen Hintergrundstrahlung.

Die Illustration zeigt die **Evolution des Universums** wie man sie sich nach dem augenblicklichen Stand kosmologischer Forschung vorstellt. Es dehnt sich immer schneller aus.

Durch die Forschungen des Astronomen und Nobelpreisträgers **Saul Perlmutter** und seiner Kollegen Brian P. Schmidt und Adam G. Riess wissen wir, welche Rollen die Dunkle Materie und Dunkle Energie im Universum spielen.

Die Zukunft des Universums

Doch der Eindruck, das Universum sei ewig, täuscht. Auch der Kosmos ist endlich und wird irgendwann einmal vergehen. Wann und wie, das hängt von zwei Prozessen ab: Einerseits von der durch die Dunkle Energie beschleunigte Expansion und andererseits von der Schwerkraft, die der Expansion entgegenwirkt. Die Auswirkungen der Schwerkraft hängen wiederum von der Höhe der sogenannten Masse-Energie-Dichte des Universums ab.

Big Crunch Wenn die Schwerkraft überwiegt, wird sie die Expansion irgendwann stoppen und das Universum wird sich wieder zusammenziehen. Schließlich wird es in einem alles vernichtenden Kollaps (Big Crunch) zu einem unendlich dichten Punkt implodieren. Doch dazu muss der Raum geschlossen oder positiv gekrümmt sein, sozusagen die Form einer Kugel haben, und die Masse-Energie-Dichte über einem kritischen Wert liegen beziehungsweise relativ hoch sein. Außerdem müsste die Dunkle Energie schwächer sein als bisher angenommen oder sich ihre Auswirkungen in Zukunft umkehren. Weil aber diese Bedingungen – zumindest nach derzeitigem Erkenntnisstand – nicht zutreffen, ist ein Big Crunch unwahrscheinlich. Falls es aber doch dazu kommen sollte, dann würde ein weiterer Urknall ausgelöst werden, eine Art Rückprall, aus dem dann ein neues Universum entsteht.

Big Rip Nimmt aber die Dunkle Energie eine bestimmte hypothetische Form an (Phantomenergie) würde sie – unabhängig von der Masse-Energie-Dichte und der Krümmung des Universums – die Ausdehnung des Universums stetig beschleunigen. In diesem Fall würde das Universum in einem bestimmten Alter mit einem beeindruckenden Paukenschlag bereits in wenigen Milliarden Jahren enden (Endknall oder englisch „final big bang“ oder „Big Rip“). Die Materie würde vorher mit zunehmender Wucht auseinandergerissen; der Abstand zum Rand des beobachtbaren Universums würde kleiner werden, weil sich die Nachbargebiete mit Lichtgeschwindigkeit ablösen. Schließlich würde der Himmel dunkel, und die Atome zerfielen in ihre Elementarteilchen, die sich gegenseitig abstoßen. Allerdings ist dieses grausame Ende unwahrscheinlich, solange die Dunkle Energie existiert.

Big Chill Es gibt aber auch die Möglichkeit, dass zwar die Schwerkraft die Expansion des Universums nicht umkehrt, aber auch die Dunkle Energie nicht derart stark wirkt wie beim Big Rip. In diesem Fall kommt es zu einem „Wärmetod“ oder Big Chill (englisch für „Große Kälte“). Ein solches Ereignis ist sehr wahrscheinlich, wenn das Universum flach oder negativ gekrümmt ist, also wie eine Ebene oder ein Sattel geformt, und die Dunkle Energie nicht oder nur mittelstark wirkt.

Es gibt zwei Varianten des Big Chills: In der ersten, dem klassischen Big Chill nimmt die Expansionsrate langsam ab, während sie bei der zweiten, dem modifizierten Big Chill zunimmt. In beiden Szenarien ist es ein Tod auf Raten: Das Universum kühlt langsam aus. Seine Galaxien werden die Gaswolken abstoßen, und die Sterne werden zu Schwarzen Zwergen und Schwarzen Löchern. Schließlich zerfallen die

Atome zu Elementarteilchen, und die Temperatur nähert sich dem absoluten Nullpunkt.

Welche Rolle Dunkle Materie und Dunkle Energie genau in diesen Szenarien spielen, haben die Astronomen Saul Perlmutter, Brian P. Schmidt und Adam G. Riess durch eine entscheidende Entdeckung klären können, als sie die Helligkeit von Supernovae (Sternexplosionen) untersuchten. Das Ergebnis war überraschend und bescherte ihnen den Nobelpreis für Physik: Die Ausdehnung des Weltalls geht nicht nur ewig weiter, sondern wird auch immer schneller! Was man bis jetzt durch die Arbeit der drei Nobelpreisträger weiß, ist, dass die Dunkle Energie offenbar über die Dunkle Materie gesiegt hat. Beide genau zu erforschen und zu klären, was sie eigentlich nun sind, ist die nächste große Herausforderung für die Physik.

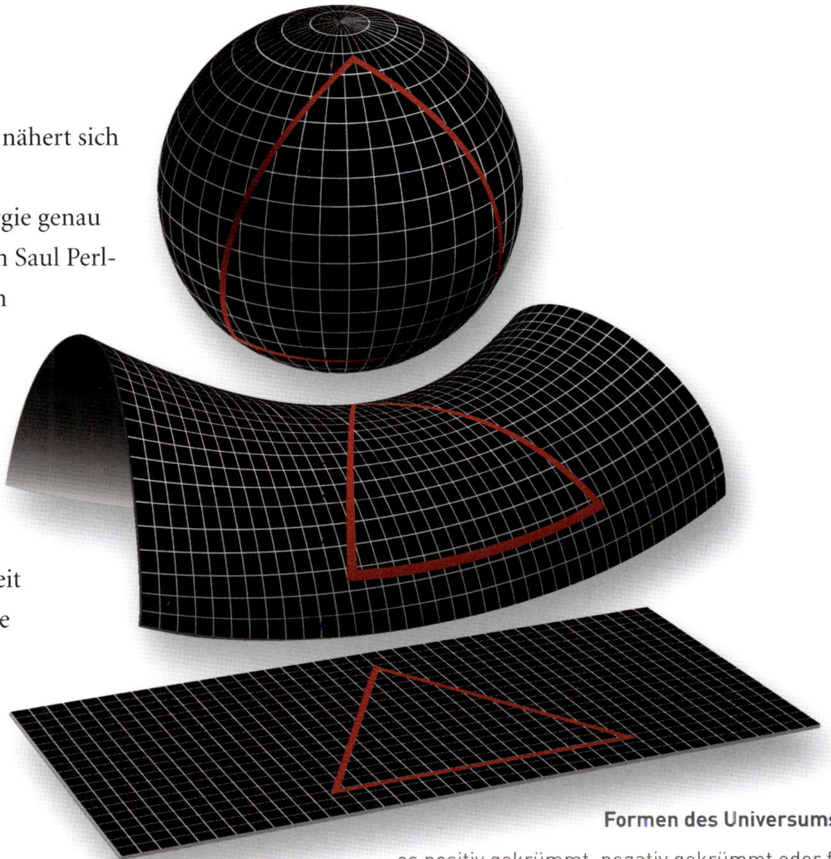

Formen des Universums: Ist es positiv gekrümmt, negativ gekrümmt oder flach? Die Bestimmung der Form hilft mit, sein mögliches Schicksal zu verstehen.

Zu allen Zeiten war der Mensch bemüht herauszufinden, was die Welt bewegt und im Innersten zusammenhält, und überschritt dabei gedankliche und reale **Grenzen**. Das wird auch in Zukunft so sein.

Astronomie

Die Wissenschaft von den Sternen

Die Anfänge

Astronomie ruft bei all jenen, die sich erstmals mit dieser Wissenschaft beschäftigen, heute zwar nicht mehr Ehrfurcht, aber noch immer Faszination hervor. Auch gilt die Erforschung des Weltalls und seiner Objekte dank zahlreicher Publikationen nicht mehr als geheimnisvoll, aber in vielerlei Hinsicht weiterhin als unbegreiflich – daran hat sich seit Jahrtausenden nichts geändert.

Der Steinring von **Stonehenge** gibt noch immer Rätsel auf: jungsteinzeitliches Observatorium oder Teil einer Tempelanlage?

Im März 2002 nahmen Space-Shuttle-Astronauten Wartungsarbeiten am **Hubble-Weltraumteleskop** vor. «

Astronomie der Frühzeit

Die Astronomie gilt wohl zu Recht als älteste Wissenschaft der Menschheit. Ohne sie wäre der Mensch nicht so erfolgreich sesshaft geworden. Um vom Jäger und Sammler zum Ackerbauern und Viehzüchter zu werden und damit Vorratswirtschaft zu betreiben, musste der Mensch den Lauf der Gestirne und die verschiedenen Zyklen himm-

Der **Stier von Lascaux** gehört wegen der sieben Punkte zwischen den Hörnern zu den eindrucksvollsten, aber auch geheimnisvollsten Höhlenmalereien.

lischer Erscheinungen kennen und grundsätzlich verstehen – wie zum Beispiel den scheinbaren täglichen Weg der Sonne über das Firmament oder den ebenso scheinbaren Jahresweg unseres Zentralgestirns mit seinen unterschiedlichen Höchstständen zur Mittagszeit. So war die Entwicklung eines genauen Kalenders unabdingbare Voraussetzung, um mit der Natur wirtschaften, aber auch um religiöse Feste zu bestimmten Zeitpunkten feiern zu können; und die Kenntnis der Sternanordnungen war ein wichtiges Orientierungsmittel bei Wanderungen zur Erkundung der Welt.

Astronomie der Steinzeit Knochenschnitzereien sowie Zeichnungen in der Höhle von Lascaux deuten darauf hin, dass sich der Mensch bereits in der Steinzeit mit dem Himmel beschäftigt hat, und zwar um 17 000 bis 15 000 vor Christus, wenn man die Datierungsangaben dieses unterirdischen Gangsystems zugrunde legt. Da es keine schriftlichen Aufzeichnungen gibt, ist man, was steinzeitliche Darstellungen von Himmelsobjekten oder auch -zyklen angeht, auf Vermutungen angewiesen.

Stonehenge Das gilt auch für Stonehenge, das berühmteste Monument dieses Abschnitts der Menschheitsgeschichte. Dieser Steinkreis aus tonnenschweren Granitblöcken, der von einer Grabenanlage umschlossen wird, wurde über einen Zeitraum von 1500 Jahren errichtet. Etwa 3100 vor Christus entstanden Wall und Graben, gefolgt von hölzernen Palisaden. 2500 vor Christus wurden Paare von bis zu vier Tonnen schweren, blau schimmernden Steinen aufgestellt, und einige Zeit später entstand der fünf Meter hohe innere Sarsenkreis aus 30 bearbeiteten Steinen, innerhalb derer fünf Trilithen (zwei Tragsteine mit einem aufliegenden Deckstein) aufragen.

Ferner gibt es in unmittelbarer Nachbarschaft von Stonehenge noch zahlreiche Hügelgräber, einen sogenannten Cursus sowie die Erdwall-Rundgraben-Anlagen (Henges) von Woodhenge und der Siedlung Durrington Walls, verbunden durch Wege zum Fluss Avon, und nicht zuletzt die Spuren eines Dorfes. Alles zusammen bildet ein Groß-Heiligtum, das von den verschiedenen, weit verstreut lebenden Stämmen zu bestimmten Zeiten aufgesucht wurde. Welchem Zweck Stonehenge und seine „Nebenmonumente" dienten, ist bis heute trotz zahlreicher Theorien noch nicht endgültig geklärt. Ebenso gibt es keine Antwort auf die Frage, weshalb Stonehenge etwa 1500 vor Christus aufgegeben wurde.

Himmelsscheibe von Nebra Die Himmelsscheibe von Nebra ist ein erheblich handlicheres Zeugnis aus der Zeit der Vor- und Frühgeschichte. Sie wurde 1999 von Raubgräbern in einer Steinkammer auf dem Mittelberg nahe der Stadt Nebra in Sachsen-Anhalt gefunden und da ihr Verkauf auf dem

Die metallene Hinweistafel in **Woodhenge** beschreibt die Funktion der einzelnen Poller unterschiedlicher Farbe der vermutlich um das Jahr 2340 vor Christus, also vor Stonehenge errichteten Anlage. Die roten markieren keinen Ring, sondern Bestattungsorte. «

Sonnenbeobachtung

Kalenderdaten Stonehenge ist an den Winkeln des Sonnenaufgangs zur Zeit der Sommersonnenwende und des Sonnenuntergangs zur Zeit der Wintersonnenwende ausgerichtet. Ferner können durch das Bauwerk die Frühlings- und Herbsttagundnachtgleichen bestimmt werden. Dagegen fängt der südliche Kreis in Durringtonwalls zur Zeit der Wintersonnenwende den Sonnenaufgang ein, „Daten“, die für einen Kalender wichtig sind! Neuere Forschungen weisen darauf hin, dass dafür auch der Mondlauf herangezogen wurde. Andererseits stand möglicherweise die Sommersonnenwende für das Ende des Lebens und die Wintersonnenwende für dessen Anfang. So könnte der südliche Kreis in Durringtonwalls für das Reich der Lebenden und Stonehenge für das Reich der Toten gestanden haben.

Rekonstruktion des rund 2,3 Kilometer südwestlich von Stonehenge gelegenen Holzpfahlkreises **Woodhenge** durch 168 Betonpoller in den Pfostenlöchern.

Schwarzmarkt verhindert werden konnte, gehört sie seit 2002 zum Bestand des Landesmuseums für Vorgeschichte in Halle. Es handelt sich um eine Bronzeplatte mit einer Legierung aus Kupfer und Zinn von etwa 32 Zentimeter Durchmesser, einer Stärke von 4,5 Millimetern in der Mitte sowie 2,3 Kilogramm Gewicht. Aus dem Vergleich mit Beifunden konnte ihre Entstehung auf 1600 vor Christus datiert werden.

Die Scheibe ist mit Applikationen aus Gold versehen, die offenbar astronomische Phänomene und Symbole religiöser Themenkreise darstellen. Nach einer Interpretation symbolisieren die Plättchen Sterne, die Gruppe der sieben kleinen Plättchen vermutlich den Sternhaufen der Plejaden, während die anderen 25 astronomisch nicht zuzuordnen sind und als Verzierung gewertet werden. Die große Scheibe, die zunächst als ein Abbild der Sonne gedeutet wurde, wird mittlerweile auch als Vollmond interpretiert und die Sichel als zunehmender Mond. Durch diese Darstellungen gilt die Himmelsscheibe von Nebra als die weltweit bislang älteste von einer mitteleuropäischen Zivilisation angefertigte, konkrete Darstellung des Nachthimmels und somit als die erste erhaltene Abbildung des Kosmos in der Menschheitsgeschichte.

Vermutlich sind auf der 1999 gefundenen **Himmelsscheibe von Nebra** der Mond und wichtige Sterne wie die sieben der Plejaden zu erkennen.

Die Astronomie früher Hochkulturen

Fundiertes astronomisches Wissen war neben den besonderen geografischen, das heißt landschaftlichen Gegebenheiten – wie periodische Überschwemmungen oder Starkregen im Wechsel mit Trockenzeiten, aber Ernten im Überfluss, wenn man Kanäle baute – eine der wichtigsten Voraussetzungen für die Entwicklung früher Hochkulturen.

Der stufenförmige **Turm zu Babel** und die ihn umgebende Tempelanlage waren nicht nur Höhenheiligtum, sondern wahrscheinlich auch Observatorium.

Auf diesem **babylonischen Grenzstein** sind neben dem König Meli-Šipak die Gestirne Sonne, Mond und Venus zu sehen, die als Vertreter der babylonischen Götter eine besondere astronomische Rolle spielten. »

Solche Gegebenheiten waren in den Stromniederungen von Euphrat und Tigris, des Nils, des Indus-Ganges, am Gelben Fluss und in den Anden Südamerikas sowie auf der Halbinsel Yucatán in Mittelamerika zu finden. So sind folgende vorantike astronomische Kulturzentren zu nennen:

Babylon Der Beginn der babylonischen Astronomie reicht bis ins dritte Jahrtausend vor Christus zurück. Ihr Höhepunkt liegt etwa um 600 bis 500 vor Christus und ihr Abschluss im letzten Jahrhundert vor der Zeitenwende. Die Babylonier entwickelten die bis heute verwendeten Tierkreissternbilder und die Astrologie. Sie konnten die mittlere Zeitdauer zwischen zwei gleichen Mondphasen, die Zeitdauer zwischen zwei gleichartigen Stellungen der damals bekannten Planeten in Bezug zur Erde sowie totale Sonnenfinsternisse ziemlich genau berechnen.

Ägypten Die herausragende Leistung der ägyptischen Astronomie ist ein sich an den Sonnenlauf orientierender Kalender. Schon im vierten Jahrtausend vor Christus kannte man ein 365-tägiges Sonnenjahr mit 12 Monaten zu je 30 Tagen und fünf Zusatztagen. Der Beginn des Jahres wurde mit dem Frühaufgang des Sterns Sirius festgesetzt (also seinem ersten Auftauchen in der Morgendämmerung nach seiner Unsichtbarkeitsperiode), weil er auch ungefähr mit der Nilschwemme und damit dem Ablagern des fruchtbaren Schlammes zusammenfiel. Neben verschiedenen Sternbildern gab es in Ägypten eine Einteilung des Tierkreises in 36 sogenannte Dekane, die besonderen Gottheiten unterstanden.

China Das Alte China besaß ebenso wie die Babylonier und Ägypter einen hochentwickelten Kalender seit dem zweiten Jahrtausend vor Christus. Außergewöhnliche Himmelserscheinungen wurden von den beamteten Hofastronomen der chinesischen Kaiser sorgfältig beobachtet und sind bis heute überliefert. Diese Chroniken stellen heute für den Forscher eine wertvolle Fundgrube dar, weil in ihnen das Auftauchen von Novae, Kometen und anderer himmlischer Phänomene dokumentiert wurde. Auch Finsternisse wurden überwacht. Dass dazu Sternbilder unerlässlich waren, ist klar – allerdings weicht die altchinesische Sternbildkunde stark von der babylonischen und abendländischen ab. So wurde der Himmelsäquator in 28 „Häuser" eingeteilt, und die Gesamtzahl der Sternbilder stieg schließlich auf 284.

Mittelamerika In Süd- und Mittelamerika vor der spanischen Eroberung zeigten besonders die Maya mindestens seit dem dritten Jahrtausend vor Christus eine außerordentlich vielgestaltige astronomische Entwicklung. Von ihnen sind uns viele Beobachtungen überliefert, wie zum Beispiel eine Mondfinsternis vom 15. Februar 3379 vor Christus. Die synodischen Umlaufszeiten der Planeten, die Periodizitäten der Finsternisse waren den Maya-Priesterastronomen sehr

Rekonstruktion eines alten **chinesischen Observatoriums** und seiner Beobachtungsinstrumente in Peking, die die hohe Entwicklung der Himmelskunde im Reich der Mitte zeigen.

Die Ruine des **Maya-Observatoriums von Caracol** in Chichen Itza ähnelt verblüffend unseren heutigen Sternwarten. ««««

Der steinerne **Sonnenkalender der Maya** mit dem Gesicht des Sonnengottes im Zentrum.

genau bekannt. Berühmt wegen seiner Genauigkeit, aber immer noch geheimnisvoll wegen seiner noch nicht gänzlich geklärten Bedeutung ist ihr Kalender. Sein Nulldatum ist der 8. Juni 8498, und von dort aus wurde mit verschiedenen Untereinheiten weitergezählt. Ferner kannten die Maya ein Rundjahr zu 365 Tagen (mit 18 Monaten zu je 20 Tagen und einem Schaltmonat von fünf Tagen) sowie eine sogenannte Tzolkin-Periode mit 260 Tagen.

Auch die Inka-Astronomie im alten Peru war weit entwickelt. So kannte sie die synodische Umlaufszeit der Planeten mit beachtlicher Genauigkeit. Ihr Kalender bestand aus einem Sonnenjahr zu 365 Tagen aus 12 Monaten zu je 30 Tagen und fünf Schalttagen.

All diesen Kulturen ist jedoch eines gemeinsam: Sie nahmen die Himmelserscheinungen als gegeben an, suchten also nicht nach verborgenen Erklärungen. Die Erde galt als Scheibe oder war von ähnlicher Gestalt und wurde ringsum vom Himmelsgewölbe umgeben, das man sich gelegentlich sogar körperhaft vorstellte, wie es die Ägypter mit der Himmelsgöttin Nut machten.

Der griechische Astronom **Hipparch** bei seinen Beobachtungen mit einem Sehrohr zum besseren Erkennen einzelner Sterne.

Die Astronomie in Griechenland

Erst in Griechenland erreichte die Astronomie eine neue Entwicklungsstufe. Zwar wurde auch hier anfangs die Erde als Scheibe angesehen, in deren Mitte der Götterberg Olymp thronte, umflossen vom Oceanos, dem Weltmeer; aber langsam setzte sich, durch Beobachtungen verstärkt, die Auffassung von der Kugelgestalt der Erde durch. Beweise dafür waren und sind beispielsweise der gekrümmte Horizont auf dem Meer, die Tatsache, dass bei einer Finsternis der auf den Mond fallende Erdschatten stets kreisförmig begrenzt ist, die unterschiedlichen Gestirnshöhen über dem Horizont bei gleichzeitiger Beobachtung von unterschiedlichen Orten aus. So konnte Erathosthenes (276–195 vor Christus) den Gesamtumfang der Erdkugel mit recht großer Annäherung zum modernen Wert berechnen.

Auch andere Gestirne wurden für kugelförmige Körper gehalten: Anaxagoras (etwa 500–428 vor Christus) behauptete, die Sonne sei ein glühender Stein, größer als der Peloponnes. Demokrit (etwa 470–380 vor Christus) meinte, die Milchstraße bestehe aus zahllosen Sternen. Hipparch (190–125 vor Christus) erstellte den ersten umfassenden Sternkatalog, der die Position von 850 Fixsternen enthielt.

Künstlerische Darstellung des bis weit ins Mittelalter gültigen **geozentrischen Weltbildes**, das die Erde ruhend im Zentrum des Planetensystems sah.

Geozentrisches System Die besondere Leistung der antiken griechischen Astronomie bestand aber in der Formulierung einer Theorie der Planetenbewegung. Sie fand ihre letzte Ausreifung bei Hipparch und Claudius Ptolemäus (etwa 75–160 nach Christus). Danach bewegen sich um eine ruhende Erde sieben Planeten auf kristallenen Schalen (Sphären): Mond, Merkur, Venus, Sonne, Mars, Jupiter und Saturn. Doch bilden bei den Planeten diese Kreise nur den Mittelpunkt für jeweils einen auf ihnen laufenden kleineren Kreis. Dieser Kreis ist die eigentliche Bahn des Planeten, und seine Annahme ermöglicht es, die scheinbaren Schleifenbewegungen wie die des Mars gut zu erklären und auch vorauszuberechnen. Dieses System war so gut durchdacht und entsprach dem Weltbild der christlichen Kirche, dass es bis zum Ende des Mittelalters verwendet wurde. Dagegen konnte sich das heliozentrische Weltbild, das u. a. im antiken Griechenland von Aristarch von Samos (etwa 320–250 vor Christus) vertreten worden war, nicht durchsetzen.

Astronomen der Neuzeit

Im Laufe der nun folgenden Jahrhunderte stellte sich heraus, dass sich die Planetenbewegungen mit dem Ptolemäischen System immer schlechter in Übereinstimmung bringen ließen. Die Lösung aus diesem Dilemma konnte nur ein neues Weltbild bringen.

Die Männer, die dieses neue Weltbild entwickelten, mussten aber bereit sein, sich gegen die herrschende Meinung ihrer Zeit und vor allem gegen die herrschenden Autoritäten der damaligen wissenschaftlichen Welt durchzusetzen. Diese mutigen Forscher wurden zu Wegbereitern der modernen Astronomie.

Der deutsch-polnische Astronom **Nikolaus Kopernikus** stellte nach langen Beobachtungen und Überlegungen die Sonne ins Zentrum des Planetensystems.

Nikolaus Kopernikus Es war der Domherr zu Frauenburg und Astronom Nikolaus Kopernikus (1473–1543), der als Erster an der Richtigkeit des traditionellen geozentrischen Weltbildes und der Theorien der Planetenbewegung zweifelte. Er begann zu untersuchen, ob sich die Erde nicht doch selbst und um einen anderen Körper herumbewegte. Kopernikus kam zu dem Schluss, dass die Erde sich nicht nur um sich selbst dreht, sondern zusammen mit den anderen damals bekannten sechs Planeten um die Sonne wandert. Dieses heliozentrische Weltbild veröffentlichte er kurz vor seinem Tod in dem Werk „De revolutionibus orbium coelestium" („Über die Umlaufbewegungen der Himmelskörper") und löste damit das traditionelle geozentrische Weltbild ab.

Galileo Galilei Nun musste dieses neue Weltbild durch Beobachtungen auf eine gesicherte Grundlage gestellt werden. Das tat der italienische Astronom und Physiker Galileo Galilei (1564–1642). Dabei kam ihm eine neue Erfindung zu Hilfe: 1608 hatte der holländische Brillenmacher Hans Lippershey das erste Fernrohr gebaut; und Galilei setzte es 1610 erst-

Galileo Galilei erbrachte durch den erstmaligen Einsatz des Fernrohrs zahlreiche Beweise für die Richtigkeit des heliozentrischen Weltbildes.

mals für astronomische Beobachtungen ein. Er sah die Krater auf dem Mond, die Phasen der Venus, entdeckte die vier hellsten Monde des Planeten Jupiter, beobachtete die Flecken auf der Sonne und löste die Milchstraße in Einzelsterne auf. Doch auf welche Weise sich die Planeten um die Sonne bewegen, konnte er nicht beantworten.

Johannes Kepler Es war der Mathematiker Johannes Kepler (1571–1630), der auf diese Frage eine Antwort fand. Er entwickelte bereits 1609 anhand der Auswertung sehr genauer Beobachtungsdaten des dänischen Astronomen Tycho Brahe (1546–1601) die ersten fehlerfreien mathematischen Beschreibungen der Planetenbewegungen – die später nach ihm benannten Keplerschen Gesetze. Sie boten eine korrekte mathematische Erklärung der beobachteten Bewegungsvorgänge im Sonnensystem, sagten aber nichts über deren Ursachen aus.

Fast zeitgleich zum Linsenfernrohr erfand der englische Physiker Isaac Newton das **Spiegelfernrohr**, auf dem alle modernen Großteleskope beruhen.

Isaac Newton Erst der Physiker Isaac Newton (1643–1727) konnte mit der Beschreibung der Wirkungen der Gravitation die Frage nach der Ursache endgültig beantworten. Sie ist die Kraft, der alle Himmelskörper unterworfen sind, und die die kosmischen Systeme zusammenhält. Im Jahr 1687 veröffentlichte Newton sein Gravitationsgesetz. Danach haben alle Massen eine grundlegende Eigenschaft, nämlich ihre gegenseitige Anziehung (Gravitation). Sie wächst mit den Massen und nimmt mit dem Quadrat ihrer Entfernung voneinander ab.

Nachfolger Durch Kopernikus, Galilei, Kepler und Newton wurde die Astronomie zu einer modernen Naturwissenschaft, deren Grundlage Mathematik und Physik sind. Darauf konnten nachfolgende Astronomen aufbauen: Der deutsch-englische Astronom Friedrich Wilhelm Herschel (1738–1822) entwickelte die Stellarastronomie, indem er die Objekte der Milchstraße untersuchte; der Astronom Friedrich Wilhelm Bessel (1784–1846) nahm die erste Sternentfernungsmessung vor; Gustav Robert Kirchhoff (1824–1887) und Robert Bunsen (1811–1899) führten 1859 die Spektralanalyse des Lichtes ein und schufen das heutige Hauptarbeitsgebiet: die Astrophysik. Der US-amerikanische Astronom Edwin Powell Hubble (1899–1953) erweiterte durch die Entfernungsbestimmung der Andromedagalaxie sowie die Entdeckung der Expansion des Weltalls den Horizont der Astronomen über die Welt der Galaxien hinaus bis hin zur Entstehungszeit des Universums. Astronomie ist seitdem zugleich Kosmologie, deren Gesetze aber ein ganz anderes Denken erfordern.

Albert Einstein revolutionierte mit seiner Relativitätstheorie das gesamte Weltbild der Physik.

Albert Einstein Wie das auszusehen hat, zeigte 1905 der deutsche Physiker Albert Einstein (1879–1955) mit seinen ersten Schriften zur Relativitäts- und Quantentheorie. Damit begründete er die Spezielle Relativitätstheorie, die er wenig später um die inzwischen weltberühmte Formel $E = mc^2$ ergänzte. 1915 formulierte Einstein die Allgemeine Relativitätstheorie (Feldtheorie der Gravitation), die seit der Beobachtung der Ablenkung von Sternenlicht bei einer Sonnenfinsternis 1919 als erwiesen gilt. Für seine Leistungen, durch die unser Verständnis von Raum und Zeit revolutioniert wurde, erhielt Albert Einstein 1921 den Nobelpreis für Physik. Er gilt als der größte Physiker des 20. Jahrhunderts.

Stephen Hawking Ein würdiger Nachfolger scheint im 21. Jahrhundert scheint der britische Physiker Stephen William Hawking (geboren: 8. Januar 1942) zu sein. Er war von 1979 bis 2009 Inhaber des Lucasischen Lehrstuhls für Mathematik an der Universität Cambridge, den einst Sir Isaac Newton innehatte. Hawking, der seit 1963 unter einer degenerativen Erkrankung des motorischen Nervensystems (ALS) leidet, ist an den Rollstuhl gefesselt und kann seit 1985 nur noch über einen Sprachcomputer kommunizieren. Trotzdem lieferte er wichtige Arbeiten zur Kosmologie, wobei sich seine Forschung vor allem auf das Gebiet der Schwarzen Löcher konzentriert. Unter anderem entwickelte er das nach ihm benannte Modell der „Hawking-Strahlung", nach der Schwarze Löcher je nach Masse mehr oder weniger schnell zerstrahlen.

Der US-amerikanische Astronom **Edwin P. Hubble**, Entdecker der Rotverschiebung, am Schmidt-Spiegel auf dem Mount Palomar.

Der britische Astrophysiker **Stephen Hawking** entwickelte eine Vielzahl von neuen brillanten kosmologische Ideen.

Die elektromagnetische Strahlung

Ohne die elektromagnetische Strahlung und ihr breites Spektrum wäre keine Astronomie möglich. Sie ist das einzige Medium, mit dessen Hilfe die Astronomen Informationen über die unendlich weit entfernten kosmischen Objekte erhalten: Alle Sterne, Galaxien, Gasnebel, Dunkelwolken, Novae und Supernovae senden Strahlung im gesamten elektromagnetischen Spektrum aus.

Unsere **Atmosphäre** – hier mit aufgehendem Vollmond – ist nicht nur ein Meer aus Luft, sondern auch Schutzschild.

Schutzschild Atmosphäre

Allerdings lässt unsere Atmosphäre nur Licht, Wärme und Radiostrahlung passieren. Alle anderen härteren und damit für das Leben gefährlichen Strahlungsarten werden von diesem natürlichen Schutzschild abgeblockt.

Das **elektromagnetische Spektrum** mit seinen Strahlungsarten und Wellenlängen, von denen der optische Bereich nur ein kleiner Ausschnitt ist.

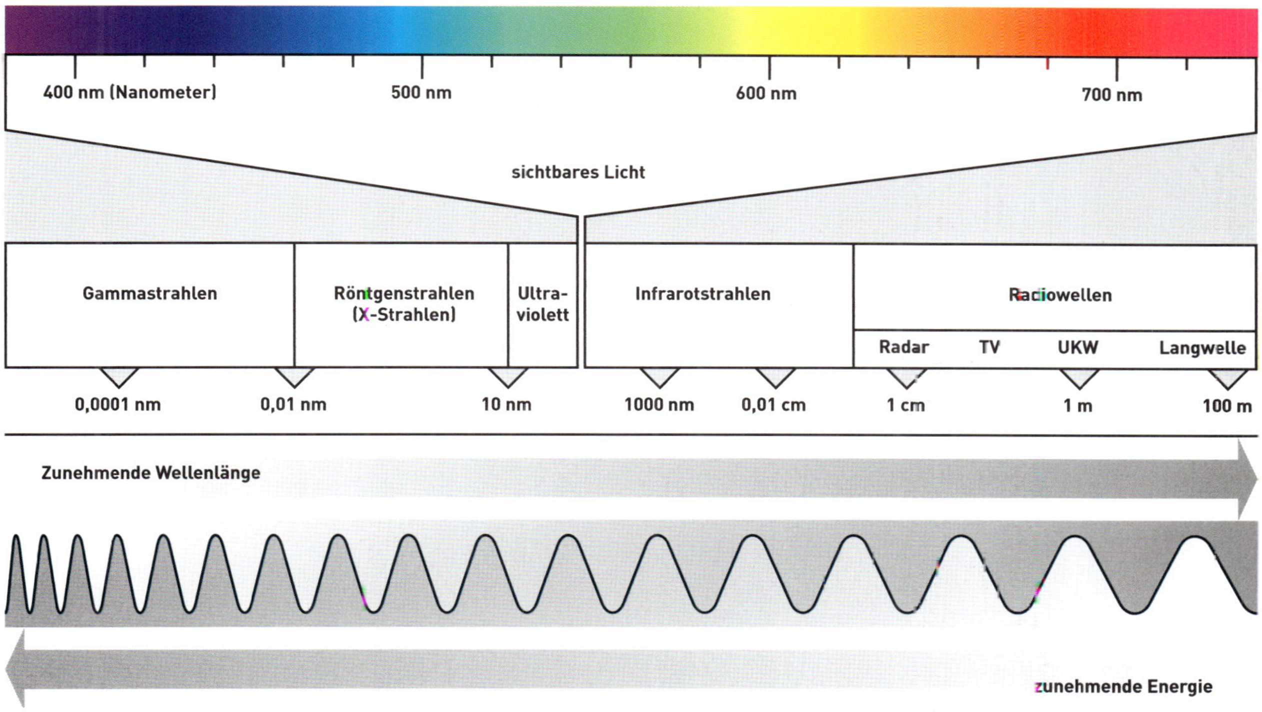

Bis zum Beginn des Raumfahrtzeitalters waren Licht und Radiostrahlung die einzigen Informationsquellen für die Astronomen – sie hörten also sozusagen nur eine einzelne Note aus einem Musikstück. Um aber die Musik komplett erleben und verstehen zu können, muss man alle Noten hören, von den tiefsten bis zu den höchsten. Übertragen auf die Astronomie bedeutet dies, dass man außer Licht und Radiostrahlung auch Infrarot-, Ultraviolett-, Röntgen- und Gammastrahlung empfangen muss. Mit den astronomischen Spezialsatelliten, den Weltraumobservatorien, ist das seit dem letzten Drittel des 20. Jahrhunderts kein Problem mehr. Die Astronomie hat sich von der Licht- über die Radio- zur All-Wellen-Astronomie entwickelt.

Das **Spektroskop** ist ein wichtiges Instrument, um Elemente selbst über große Entfernungen zu analysieren und damit die Zusammensetzung von Sternen ermitteln zu können.

Lichtwellen

Licht ist das für uns alltäglichste Medium zur Informationsübertragung, denn dafür hat die Natur allen Lebewesen Empfangsorgane in Form der Augen mitgegeben. Allerdings reichten bei den kosmischen Weiten der astronomischen Objekte die Fähigkeiten der Augen nicht mehr aus, als man tiefer ins All blicken wollte. Erst die Einführung der Fernrohre brachte die Himmelskunde einen großen Schritt weiter. Die Verwendung chemischer Emulsionen in Form der Fotoplatte oder des Films steigerte die Speicherkapazität der Teleskope weiter, die inzwischen durch die CCD-Sensoren eine zusätzliche Optimierung erfahren hat. Desweiteren erlauben sogenannte Spektrografen das

die Erde erreichende Licht nicht nur in seine farbigen Bestandteile (also in sein Spektrum) zu zerlegen, sondern auch mithilfe der im Spektrum erkennbaren dunklen Absorptionslinien die in der Quelle enthaltenen Elemente zu analysieren, um so Erkenntnisse über deren Aufbau zu erhalten.

Radiowellen Die Radiostrahlung ist die zweite Strahlungsart, die bis zum Erdboden gelangt. Sie hat den Vorteil, dass Wolken, egal welcher Art – ob auf der Erde oder im All –, für sie kein Hindernis bilden. 1932 wurde die Radiostrahlung der Milchstraße und 1942 die Radiostrahlung der Sonne entdeckt. Dank der Fortschritte der Radiotechnik im Zweiten Weltkrieg hat die Radioastronomie einen ungeheuren Aufschwung erlebt und ist inzwischen zum zweiten wichtigen Standbein der erdgebundenen Astronomie geworden. Das zeigt sich auch in den immer beeindruckenderen Empfangsanlagen der Radioobservatorien: schüsselförmige Einzelantennen mit immer größeren Durchmessern wie dem 100-Meter-Radioteleskop Effelsberg/Eifel, dem 305 Meter großen Radioteleskop von Arecibo auf Puerto Rico oder den ausgedehnten Antennenfeldern (Arrays), wie sie in New Mexico oder in der chilenischen Atacama-Wüste zu finden sind.

Radioastronomen konnten nicht nur das Wasserstoffgas in den Spiralarmen der Milchstraße untersuchen und so die Struktur unseres Sternsystems entschlüsseln; sie drangen

Eine Station des über ganz Europa verteilten Radioteleskops **LOFAR**.

Vernetzte Teleskope

Im Verbund Um die Auflösung und damit die Abbildungsqualität von Radioteleskopen zu erhöhen, schalten die Astronomen mehrere kleinere von ihnen zusammen. So können die 27 Parabolantennen des Very Large Array in New Mexico (jede mit je 25 Metern Durchmesser) entlang dreier in Form eines „Y" angeordneter Eisenbahngleise so verschoben werden, dass sie scheinbar ein Teleskop mit 36 Kilometer Durchmesser bilden. Bei dem noch im Ausbau befindlichen Atacama Large Millimeter Array (ALMA) auf dem Hochplateau von Chajnantor in den chilenischen Anden übernehmen spezielle Lastwagen den Transport der derzeit geplanten 66 Einzelantennen von je 12 Metern Durchmesser. Eine weitere Steigerung ist durch das Zusammenschalten aller auf einem Kontinent stehenden Radioteleskope zu einem Very Long Baseline Array (VLBA) möglich – in Europa können beispielsweise rund 10 000 Einzelantennen zum Low Frequency Array (LOFAR) kombiniert werden. Das VLBA der USA hat ein höheres Auflösungsvermögen als das Hubble-Weltraumteleskop. Da aber auch so noch Lücken im Radiobild bleiben, schließt man die Teleskope mehrerer Kontinente zusammen und lässt sie mithilfe der Erddrehung das zu untersuchende Objekt Stück für Stück abtasten.

mit ihren Teleskopen auch in das durch dichte Staubwolken verborgene galaktische Zentrum vor, entschleierten dessen Aufbau und analysierten die sich dort abspielenden Vorgänge.

Die Radioastronomen entdeckten sehr viele energiereiche Objekte (Quasare, Radiogalaxien) und untersuchten Supernova-Überreste oder magnetische „Strudel" in der Umgebung supermassiver Schwarzer Löcher. Darüber hinaus konnte man mihilfe von Radioteleskopen Moleküle im Weltall nachweisen: die Bausteine für neue Planeten und Lebewesen.

Der in einem kreisförmigen Tal angelegte, nicht schwenkbare Reflektor des **Radio-Observatoriums von Arecibo**.

ALMA auf dem in 5000 Metern Höhe liegenden Chajnantor-Plateau ist das höchstgelegene Observatorium der Welt. »»

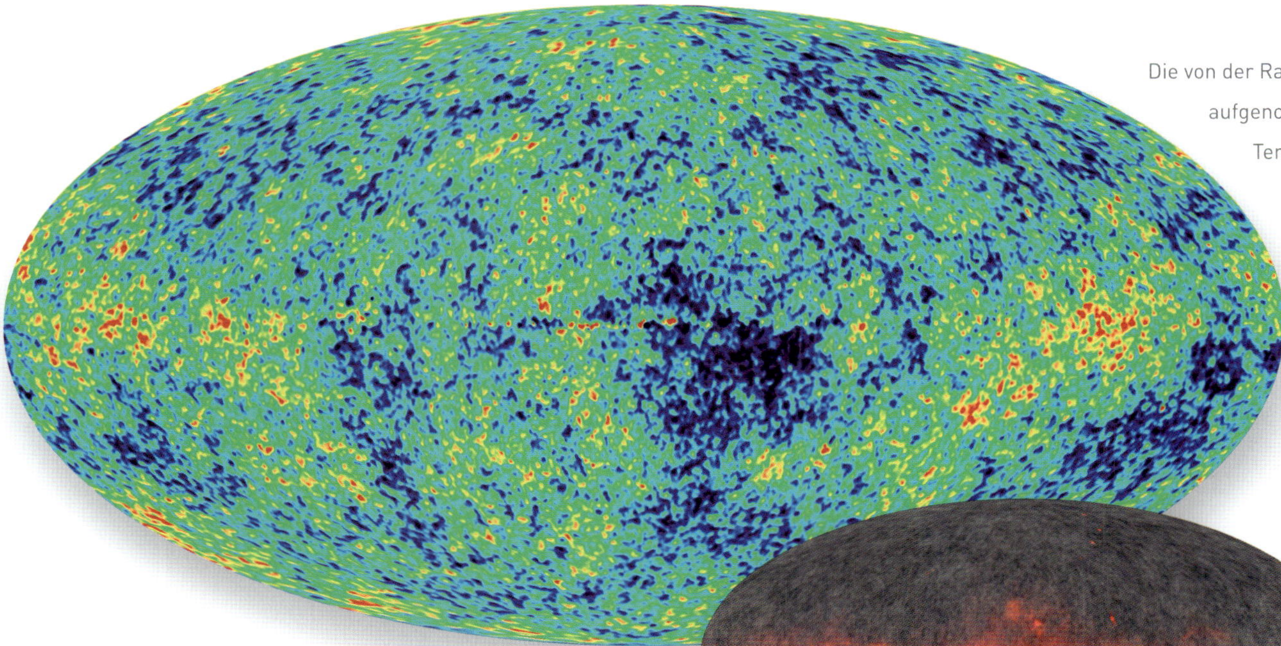

Die von der Raumsonde **WMAP** aufgenommene Karte zeigt Temperaturschwankungen der **kosmischen Hintergrundstrahlung**. Rot entspricht höheren, blau niedrigeren Temperaturen.

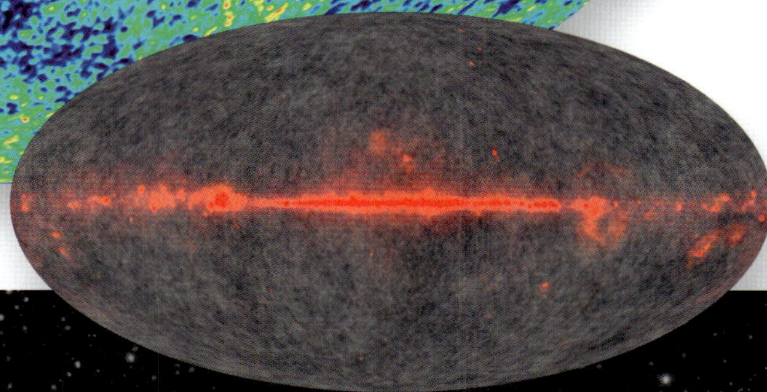

Die Raumsonde **WMAP** (Wilkinson Microwave Anisotropy Probe) war von 2001 bis 2010 in Betrieb.

Mikrowellen Sie sind mit einer Länge von 30 Zentimetern bis 1 Millimeter die kürzesten Radiowellen, die zum Beispiel von Objekten wie entstehenden Sternen emittiert werden. Auch bei der kosmischen Hintergrundstrahlung, dem „Echo“ des Urknalls, handelt es sich um Mikrowellenstrahlung. Mikrowellen lassen sich mit erdbasierten Antennen wie denen des Südpol-Teleskops empfangen; doch für Detailinformationen müssen Weltraumteleskope wie das WMAP eingesetzt werden.

Infrarotstrahlung Der Infrarotbereich (Wärmestrahlung) liegt im Spektrum gleich hinter dem roten Band des sichtbaren Lichts und reicht von 780 Nanometern bis 1 Millimeter. Er wird in vier Bereiche unterteilt: naher, mittlerer, ferner und Submillimeterbereich. Mit Hilfe der Infrarotstrahlung können beispielsweise junge, von dichten Staubhüllen umgebene Sterne, die oft Jets aus heißem Gas ausstoßen, beobachtet werden. Weitere derartige sogenannte Infrarotpunktquellen innerhalb unserer Galaxis sind unter anderem kühle Riesensterne (Rote Riesen). Und tiefer im All gehören Infrarot- oder Starburst-Galaxien zu ihnen – sie senden mehr Wärmestrahlung als Licht aus. Kühle Staubwolken leuchten im fernen Infrarot, und im Submillimeterbereich ist auch das Echo des Urknalls zu sehen.

Allerdings werden IR-Beobachtungen durch die Erdatmosphäre stark erschwert. Sie enthält Kohlendioxid und Wasserdampf, durch die der größte Teil der Infrarotstrahlung aus dem Weltraum absorbiert wird, sodass nur ganz wenig bis auf Meereshöhe gelangt. Da aber einige der kürzeren und längeren IR-Wellenlängenbereiche immerhin noch die Gipfel hoher Berge erreichen, wurden auf einigen von

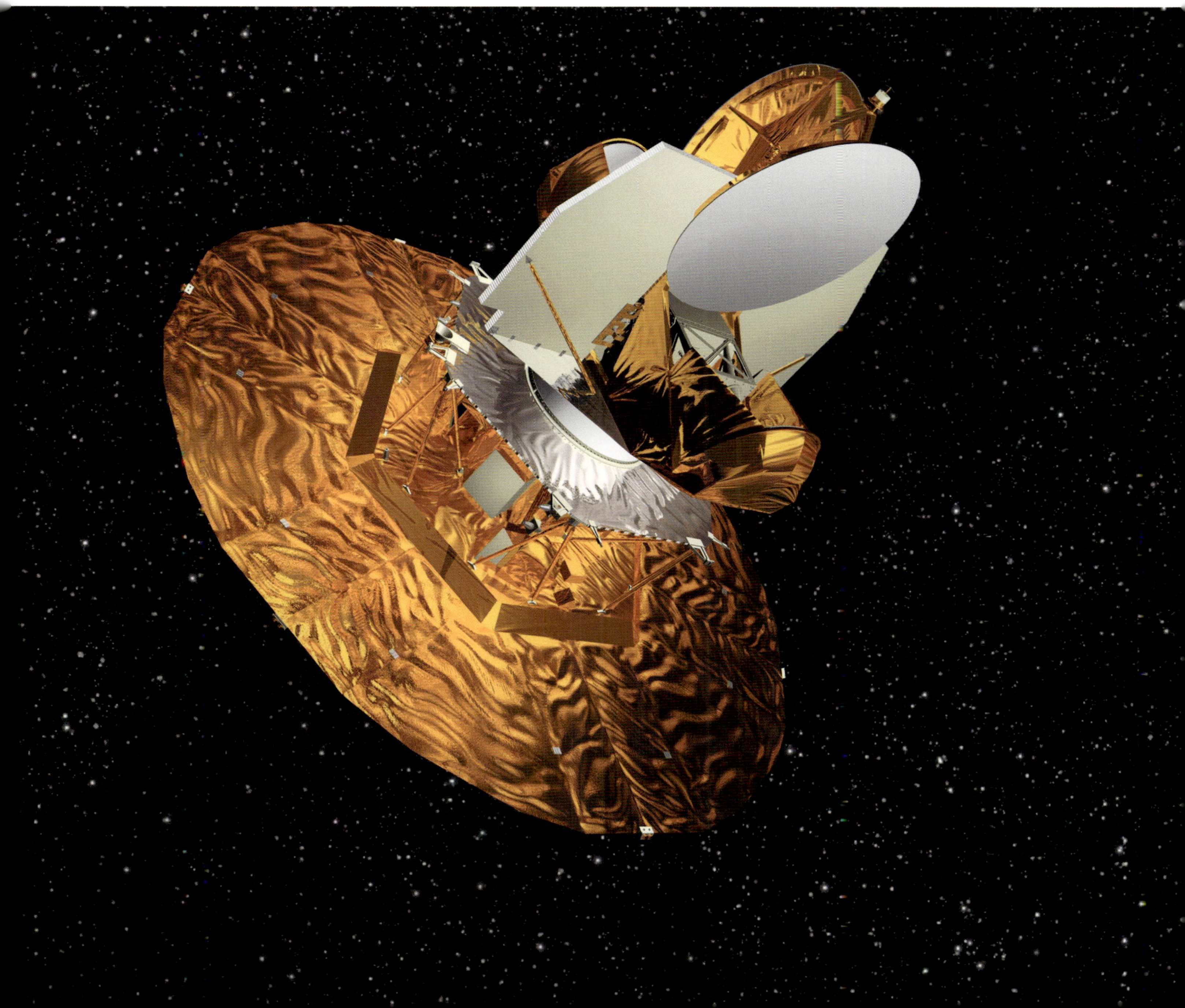

Der **Röntgensatellit IRAS** (Infrared Astronomical Satellite) war das erste Weltraumteleskop für das mittlere und ferne Infrarot.

ihnen Infrarotteleskope errichtet. Die besten Ergebnisse liefern aber Beobachtungsinstrumente auf Satelliten in der Erdumlaufbahn. Das ist zwar teuer, lohnt sich letztlich aber doch: So fand beispielsweise 1983 der IRAS-Satellit 300 000 kosmische Infrarotquellen.

Ultraviolettstrahlung Der Bereich der Ultraviolettstrahlung ist kürzer als der des sichtbaren Lichts und erstreckt sich vom violetten Ende des sichtbaren Spektrums (380 Nanometer) bis zum Beginn der Röntgenstrahlung (10 Nanometer). Der zwischen 10 und 91 Nanometern gelegene Wellenlängenbereich wird extremes Ultraviolett genannt.

Schon ein UV-Blick in die nächste Umgebung der Erde vermittelt interessante Eindrücke. So leuchtet die Chromosphäre der Sonne im ultravioletten Licht, da ihr Gas Temperaturen von 120 000 Grad Celsius erreicht – im Gegensatz zur sichtbaren Sonnenoberfläche, die nur 5507 Grad heiß ist. In unserer Galaxis strahlen Sterne mit 20 000 Grad Celsius im UV-Bereich am hellsten; und Gleiches ist auch in fernen Galaxien der Fall: Die Galaxie M 94 zeigt im optischen Teleskop nur eine leuchtende, zentrale Verdickung, die vorwiegend aus alten, kühlen Sternen besteht, doch auf UV-Bildern ist statt der zentralen Verdickung ein gigantischer Ring aus heißen, jungen Sternen zu sehen, die in den letzten 10 Millionen Jahren entstanden sind.

Röntgenstrahlung Mit Wellenlängen zwischen 0,001 und 10 Nanometern sind die Röntgenstrahlen viel kürzer als das sichtbare Licht, aber auch viel energiereicher. Glücklicherweise absorbiert die Hochatmosphäre der Erde alle aus dem Weltall kommenden Röntgenstrahlen. Sie werden nur von Objekten emittiert, die über 1 Million Grad Celsius heiß sind. Zu ihnen gehören das Gas der Sonnenkorona, das von Supernovae ins All geschleuderte Gas, dann jenes Gas, das Pulsare und Schwarze Löcher umgibt, sowie das Gas, das als dünne Hülle Galaxienhaufen umschließt. Auch

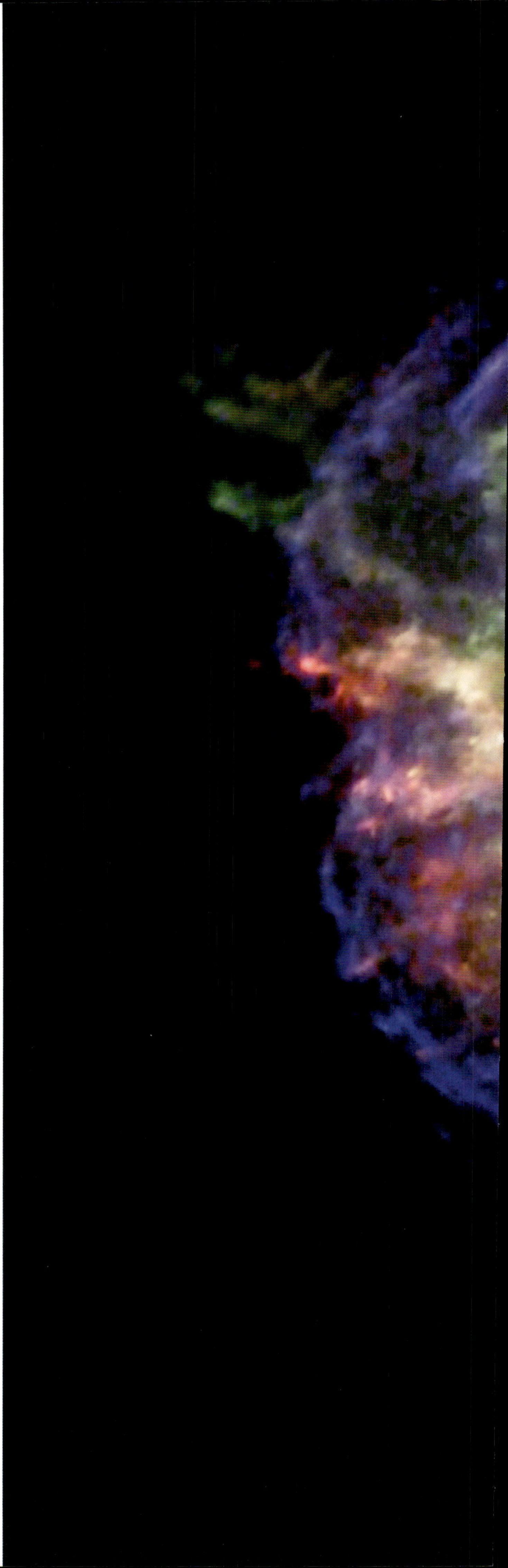

Auch das bei Supernovae ins All geschleuderte Gas (abgebildet ist der Supernovaüberrest Cassiopeia A) ist ein Forschungsobjekt der **Röntgenastronomie**. »

Quasare geben aus ihren kleinen energiereichen Kernen Röntgenstrahlung ab. Der Röntgenhimmel ist somit voller großer, leuchtender Gaswolken und seltsamer veränderlicher Sterne.

Blick über das Neutrino-Observatorium **IceCube** am Südpol, das am 18. Dezember 2010 fertiggestellt wurde.

Gammastrahlung Diese Strahlung hat die kürzesten Wellenlängen des elektromagnetischen Spektrums, weist aber den höchsten Energiegehalt auf. Sie entsteht durch radioaktiven Zerfall, wenn Teilchen fast mit Lichtgeschwindigkeit zusammenstoßen oder durch Materie-Antimaterie-Vernichtung. Selbst die größten Gammawellenlängen, die an die Röntgenstrahlung grenzen, sind kleiner als Atome – und die kürzeste gemessene Wellenlänge ist sogar eine Billiarde mal kleiner als die des Lichts.

Da die kosmische Gammastrahlung vollständig von der Erdatmosphäre absorbiert wird, kann sie auf direktem Weg nur mittels spezieller Satelliten beobachtet werden, wie dem 2008 in den Orbit gebrachten Fermi Gamma-ray Space Telescope, oder indirekt vom Erdboden aus mithilfe sogenannter Tscherenkow-Teleskope. Diese Teleskope erfassen die Teilchenschauer bläulicher Lichtblitze, die beim Zusammenprall der Gammastrahlen mit der Erdatmosphäre entstehen und als Tscherenkow-Strahlung bezeichnet werden.

Was diese Instrumente im Gammalicht sehen, sind riesige leuchtende Gaswolken, zwischen denen helle Punkte liegen, die zeitweise aufblitzen. Bei einigen handelt es sich um Pulsare, andere dagegen – Gammabursts genannt – leuchten nur wenige Sekunden lang und überstrahlen dann alles am Himmel. Nach neuesten Theorien sind sie Auswirkungen einer besonderen Form der Supernovaexplosion

Eines der vier **H.E.S.S.-Radioteleskope** in Namibia zur Beobachtung der kosmischen Gammastrahlung. Die Spiegel bestehen aus je 382 runden Facetten von 60 Zentimetern Durchmesser.

eines massereichen Sterns am Ende seines Lebens. Ferner senden Überreste von Supernovaexplosionen wie Neutronensterne oder Schwarze Löcher Gammastrahlen aus, wenn sie Materie einfangen. Im Fall der Schwarzen Löcher wird diese Strahlung auch „Todesschrei der Materie" genannt.

Neutrinos und Gravitationswellen Neben den zuvor genannten, von den Astronomen mit großem technischen Aufwand beobachtbaren Wellen des elektromagnetischen Spektrums gibt es zwei weitere Medien, die sich wegen ihrer besonderen Eigenschaften lange der Erforschung entzogen haben beziehungsweise auch weiter entziehen: die Neutrinos und Gravitationswellen. Neutrinos besitzen keine Ladung und durchdringen Körper wie die Erde mühelos, ohne irgendwo anzustoßen, werden aber ständig im Innern der Sonne produziert. Um sie nachzuweisen, wurden spezielle Teleskope in Form großer Flüssigkeitstanks im Eis der Antarktis (IceCube) und vor allem in Bergwerken errichtet.

Nicht weniger schwierig ist das Aufspüren von Gravitationswellen. Sie werden nach der Allgemeinen Relativitätstheorie frei, wenn sich große Massen im All bewegen oder sogar miteinander verschmelzen (Schwarze Löcher). Doch sie sind äußerst klein. So wird eine Strecke von der Länge Erde–Mond wohl um weniger als ein Milliardstel der Dicke eines menschlichen Haares gedehnt, und das nur für den Zeitraum einer Tausendstel Sekunde. Mithilfe eines Laserstrahls, der zwischen mehreren Spiegeln hin und her läuft, sollen sie mit Gravitationsdetektoren wie LIGO, GEO600 und VIRGO, später auch im All durch das Satellitensystem LISA nachgewiesen werden.

Die Werkzeuge der Astronomen

Viele Jahrhunderte lang war die Astronomie an den Boden gebunden und die Fernrohre ihre einzigen „Augen". Doch dank der Luft- und vor allem der Raumfahrttechnik können Astronomen heute das All aus höherer, kaum oder gar nicht mehr verschleierter Warte erforschen, und zwar mit neuartigen Observatorien.

Eines der vier 8,2-Meter-Teleskope des **VLT** im geöffneten „Dome", wie die Schutzbauten für die Teleskope genannt werden. »

Auf dem derzeit nicht aktiven Vulkan Mauna Kea auf Hawaii befindet sich das **Mauna Kea Observatorium**. Das Observatorium liegt auf 4200 Metern Höhe und ermöglicht dadurch einen hervorragenden Blick ins All.

Fernrohre

Das Fernrohr (Teleskop) ist das eigentliche und auch charakteristische Beobachtungsinstrument des Astronomen, ähnlich wie das Mikroskop für den Biologen. Die Astronomie wird deshalb immer mit Fernrohren in Verbindung gebracht. Bei den Teleskopen gibt es zwei unterschiedliche Konstruktionsprinzipien, die fast zur gleichen Zeit erfunden und immer weiter entwickelt wurden, indem man ihre optischen Systeme ständig verbesserte und mit Zusatzinstrumenten versah.

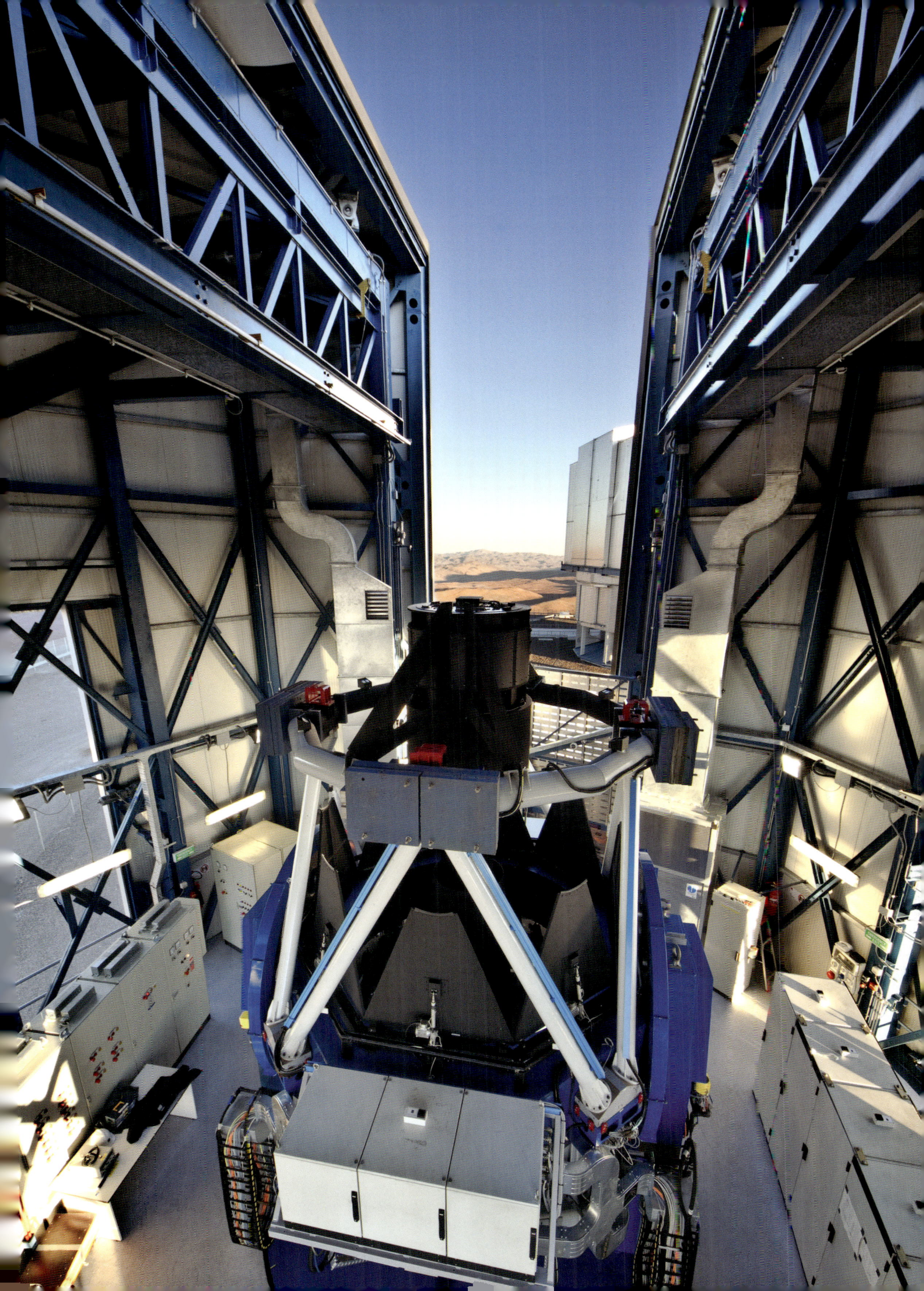

Linsen- und Spiegelfernrohre Unterschieden wird zwischen den Linsenfernrohren (Refraktoren), bei denen das Licht durch Linsen gebrochen und zum Beobachter gelenkt wird, und den Spiegelfernrohren (Reflektoren), bei denen das Licht durch Spiegel eingefangen und zum Beobachter gelenkt wird. Beide besitzen am hinteren Ende eine Linse zum Schauen: das Okular.

Die das Licht sammelnde Fläche (Linse oder Spiegel) heißt Objektiv. Sein Durchmesser entscheidet darüber, wie viel Licht ein Teleskop sammeln kann und welche schwächsten Objekte noch erfasst werden können. Daher geht es, wenn von der Größe eines Fernrohrs die Rede ist, immer um den Objektivdurchmesser und nie um die Länge. Der Objektivdurchmesser einer Linse ist wegen des Gewichts und der damit verbundenen Verformung des Glases als plastischer Körper beschränkt. Fernrohre wie der 1896 eingeweihte Große Refraktor der Berliner Archenhold-Sternwarte mit 68 Zentimetern Durchmesser (mit 21 Metern das längste Linsenfernrohr der Erde) und der 1897 in Betrieb genommene Yerkes-Refrakter mit 102 Zentimetern Objektivdurchmesser stellen die Grenzen des Refraktorbaus dar. Deshalb wurde kurz nach dem Beginn des 20. Jahrhunderts das Spiegelteleskop zum bevorzugten optischen System der professionellen Astronomie, während in der Amateurastronomie Refraktor und Reflektor noch immer gleichberechtigt in Gebrauch sind.

Großteleskope Bis Anfang der 1990er-Jahre galten das Hale-Spiegelteleskop auf dem Mount Palomar (1706 Meter) mit 5 Metern und der Selintschuskaja-Reflektor im Kaukasus mit 6,1 Metern als die größten Spiegelteleskope der Erde. Sie wurden inzwischen aber durch das mit vier 8,2-Meter-Spiegeln bestückte VLT (Very Large Telescope) der Europäischen Südsternwarte auf dem 2635 Meter hohen Paranal in Chile, das Zehn-Meter-Keck-Spiegelteleskop auf dem 4214 Meter hohen Mauna Kea auf Hawaii und das wie ein Fernglas konstruierte Large Binocular Telescope (zwei 8,5-Meter-Spiegel) auf dem Mount Graham in Arizona abgelöst. Ihre Abbildungsqualität wurde noch durch die Systeme der aktiven und adaptiven

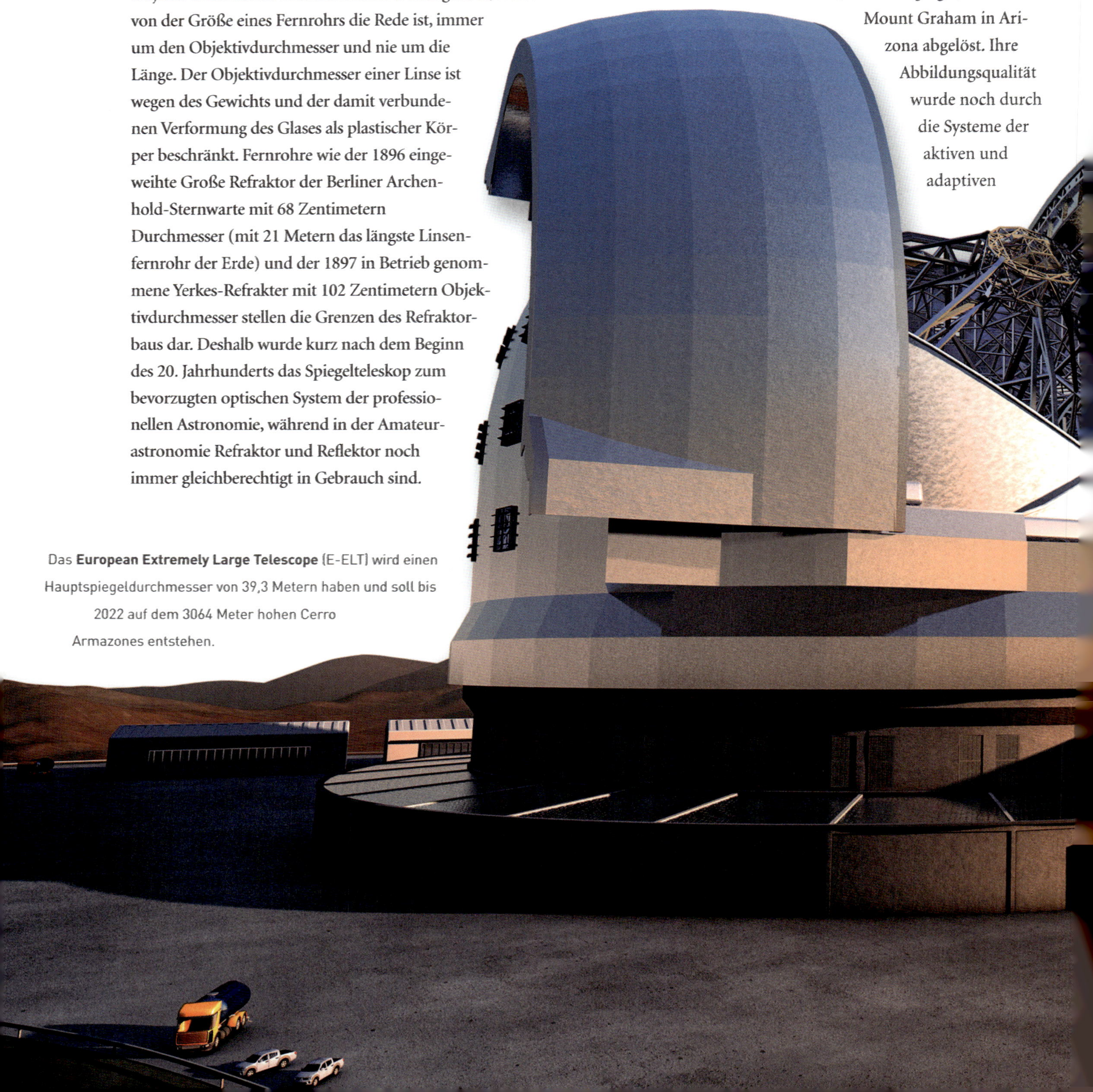

Das **European Extremely Large Telescope** (E-ELT) wird einen Hauptspiegeldurchmesser von 39,3 Metern haben und soll bis 2022 auf dem 3064 Meter hohen Cerro Armazones entstehen.

Das **ESO-Paranal-Observatorium** besteht neben den vier Spiegeln des VLT auch noch aus vier kleineren Auxiliary-Teleskopen von je 1,8 Metern Spiegeldurchmesser.

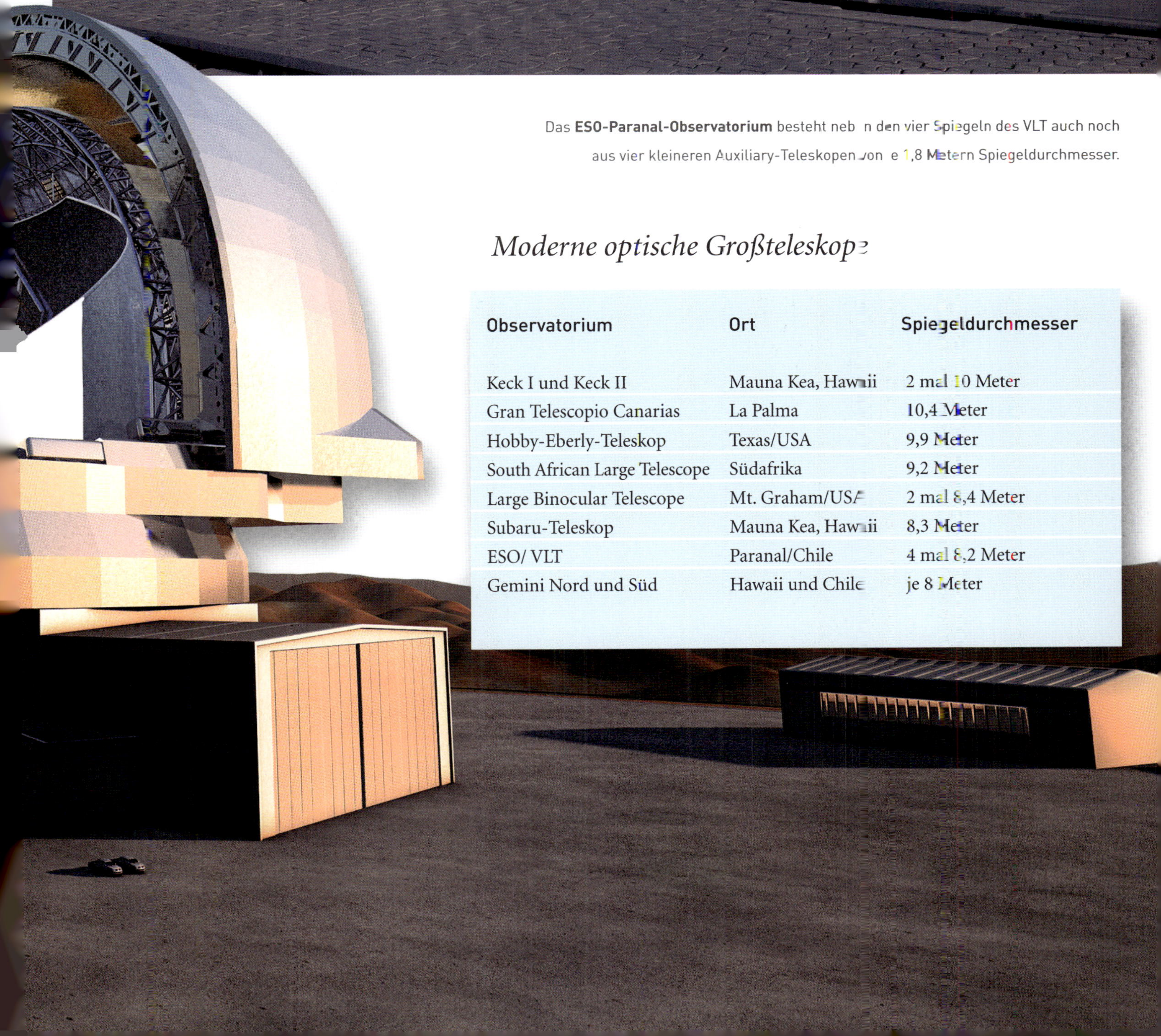

Moderne optische Großteleskope

Observatorium	Ort	Spiegeldurchmesser
Keck I und Keck II	Mauna Kea, Hawaii	2 mal 10 Meter
Gran Telescopio Canarias	La Palma	10,4 Meter
Hobby-Eberly-Teleskop	Texas/USA	9,9 Meter
South African Large Telescope	Südafrika	9,2 Meter
Large Binocular Telescope	Mt. Graham/USA	2 mal 8,4 Meter
Subaru-Teleskop	Mauna Kea, Hawaii	8,3 Meter
ESO/ VLT	Paranal/Chile	4 mal 8,2 Meter
Gemini Nord und Süd	Hawaii und Chile	je 8 Meter

Das Sofia-Infrarot-Flugzeugobservatorium ist seit dem 30. November 2010 der größere Nachfolger des Kuiper-Infrarot-Observatoriums.

Optik erheblich gesteigert, die die Luftunruhe sowie die thermalen Verformungen der Objektivspiegel ausgleichen. Derzeit sind jedoch bereits Spiegelteleskope mit noch größerem Durchmesser in der Entwicklung, so das 39,3 Meter große European Extreme Large Telescope (E-ELT) der ESO auf dem Cerro Amazones in Chile (in direkter Nachbarschaft zum VLT auf dem Paranal) und das US-amerikanische Thirty Meter Telescope (TMT) auf dem Hawaiivulkan Mauna Kea. Beide haben keinen großen runden Objektiv-Einzelspiegel mehr, sondern werden aus vielen sechseckigen Spiegelsegmenten bestehen (beim E-ELT bis zu 1000). Sie sollen 2018 ihre Arbeit aufnehmen.

Aero-Observatorien

Die irdische Atmosphäre schützt zwar jegliches Leben vor der harten kosmischen Strahlung, behindert aber durch ihre Dichte und die in ihr bestehenden Turbulenzen die Arbeit der Astronomen am Boden. Daher unternehmen sie alles, um ihr soweit wie möglich zu entfliehen. Teleskope und Messeinrichtungen mit Ballonen oder Flugzeugen in die Luft zu bringen (Aero-Observatorien), ist neben der Beobachtung von sauerstoffarmen Berggipfeln aus und im Gegensatz zu der aufwendigen und teuren Stationierung im Weltraum die kostengünstigste Möglichkeit.

Ballonobservatorien Schon früh wurden Ballone für astronomische Beobachtungen genutzt. Bereits 1874 ließen sich wagemutige Forscher im Auftrag der Sternwarte Meudon bei Paris in einer Ballongondel auf fast 8000 Meter Höhe tragen, um mit einem Handspektroskop Beobachtungen der Sonne durchzuführen. Aber erst der technische Fortschritt in der zweiten Hälfte des 20. Jahrhunderts konnte den Astronomen ihren Wunsch erfüllen, die Instrumente in jenen Bereich der Atmosphäre aufsteigen zu lassen, in dem 99 Prozent der irdischen Lufthülle unter ihnen liegen, nämlich in die Stratosphäre mit Höhen zwischen 30 und 50 Kilometern. Hier wird die optische Abbildung kaum noch durch die Luftunruhe beeinträchtigt, was zu Bildern mit einer Auflösung von etwa einer Zehntelbogensekunde führt.

Ballonobservatorien sind ein preiswerteres Bindeglied zwischen den erdgebundenen und den im Weltraum stationierten Observatorien. «

Da das Streulicht in der dünnen Restatmosphäre stark vermindert ist, können große Himmelsobjekte kontrastreicher abgebildet werden. Zudem werden erst in der Stratosphäre die Spektralbereiche zugänglich, die jenseits des optischen Lichtes liegen. Dazu gehören im kurzwelligen Bereich das mittlere Ultraviolett sowie Röntgen- und Gammastrahlung.

Heißluftballone sind hierfür jedoch nicht geeignet, da sie nicht hoch genug aufsteigen können. Daher werden in der Ballonastronomie entweder Überdruckballone oder Gleichdruckballone verwendet. Überdruckballone bestehen aus dem reißfesten Kunststoff Polyäthylen, der sich beim Aufsteigen ausdehnt, bis der Innendruck leicht über dem Außendruck liegt. Derartige Ballone wurden auch schon auf der Nachtseite der Venus im Rahmen der Vega-Mission benutzt.

Dagegen haben Gleichdruckballone unten eine Öffnung. Um diese Luftfahrzeuge zu starten, wird ihre gigantische, aber dünne Hülle (53 000 Quadratmeter groß, 30 Mikrometer dick) mit Wasserstoff oder Helium gefüllt (1 Prozent des Volumens). Während des Aufstiegs dehnt diese sich permanent aus, um in 30 bis 50 Kilometern Höhe ihre maximale Größe von bis zu 130 Metern Durchmesser zu erreichen. Dabei strömt überschüssiges Gas durch den immer offenen Auslass; und der Ballon schwebt tage- oder wochenlang in der Atmosphäre, um wie beim Projekt SUNRISE 2009 beispielsweise mit einem 1-Meter-Spiegelteleskop feinste Strukturen auf der Sonne zu untersuchen. Die wertvolle Fracht geht danach in einem gut gepolsterten Käfig am Fallschirm nieder.

Flugzeugobservatorien Viel mehr Möglichkeiten bieten Flugzeugobservatorien – insbesondere was den Transport

Blick durch die geöffnete Teleskopluke des von der NASA und dem DLR betriebenen **SOFIA-Infrarot-Flugzeugobservatoriums** auf das Gerüst des 270 Zentimeter durchmessende Spiegelfernrohr.

von Instrumenten angeht. Dafür werden Großraumflugzeuge benutzt, die in 12 bis 14 Kilometern Höhe fliegen, um dort mit einem Spiegelteleskop, das in einer besonderen Öffnung untergebracht ist, Infrarotastronomie zu betreiben – denn hier, oberhalb der Troposphäre, wird die Infrarotstrahlung nur noch wenig absorbiert.

Von 1974 bis 1995 war das in einem umgebauten Militärtransporter des Typs Lockheed C-141 stationierte Kuiper Airborne Observatory (KAO) in Betrieb, seit 2002 ist es das in einer Boeing 747SP fliegende Stratospheric Observatory For Infrared Astronomy (SOFIA), das von der NASA und dem Deutschen Zentrum für Luft- und Raumfahrt gemeinsam betrieben wird. Sein Spiegelfernrohr hat einen Durchmesser von 270 Zentimetern und an Bord können rund 12 Personen inklusive Piloten, Techniker und Wissenschaftler mitfliegen. Rund 160 Flüge pro Jahr sind geplant, bei einer Projektlaufzeit von 20 Jahren.

Weltraumobservatorien

Das Nonplusultra jeglicher astronomischer Forschung ist natürlich die Beobachtung vom Weltraum aus, da dort die Atmosphäre fehlt, die auf dem Boden die Beobachtung beeinträchtigt. Deshalb wurde seit Beginn des Raumfahrtzeitalters eine ganze Palette von Weltraumobservatorien entwickelt – also Satelliten, die Fernrohre oder Detektoren verschiedenster Art und für die verschiedensten Wellenlängen an Bord haben, um von unterschiedlichen Kreisbahnen aus die kosmischen Objekte und Phänomene über Jahre hinweg zu beobachten.

Hubble-Weltraumteleskop (HST) Das am 25. April 1990 gestartete Hubble Space Telescope (benannt nach dem US-amerikanischen Astronomen Edwin P. Hubble), das auf deutsch Hubble-Weltraumteleskop oder -Weltraumfernrohr genannt wird, ist nicht nur das berühmteste, sondern auch das populärste Weltraumobservatorium überhaupt. Denn durch seine unzähligen eindrucksvollen Bilder, die über das Internet weltweit verbreitet werden und jedem zugänglich sind, fasziniert es die breite Öffentlichkeit immer wieder aufs

Neue. Die NASA bezeichnete Hubble einmal als die beste „PR-Maschine, die wir je gebaut haben". Dabei wäre die Mission gleich zu Beginn durch einen zu spät erkannten Schleiffehler im 2,47 Meter großen Hauptspiegel des Weltraumteleskops beinahe gescheitert. Das Problem konnte jedoch durch das Einsetzen einer Korrekturoptik 1993 erfolgreich behoben werden.

Das 1990 gestartete **Hubble-Weltraumteleskop** während seiner Wartung vom Space Shuttle aus. Es ist das bekannteste Satellitenobservatorium.

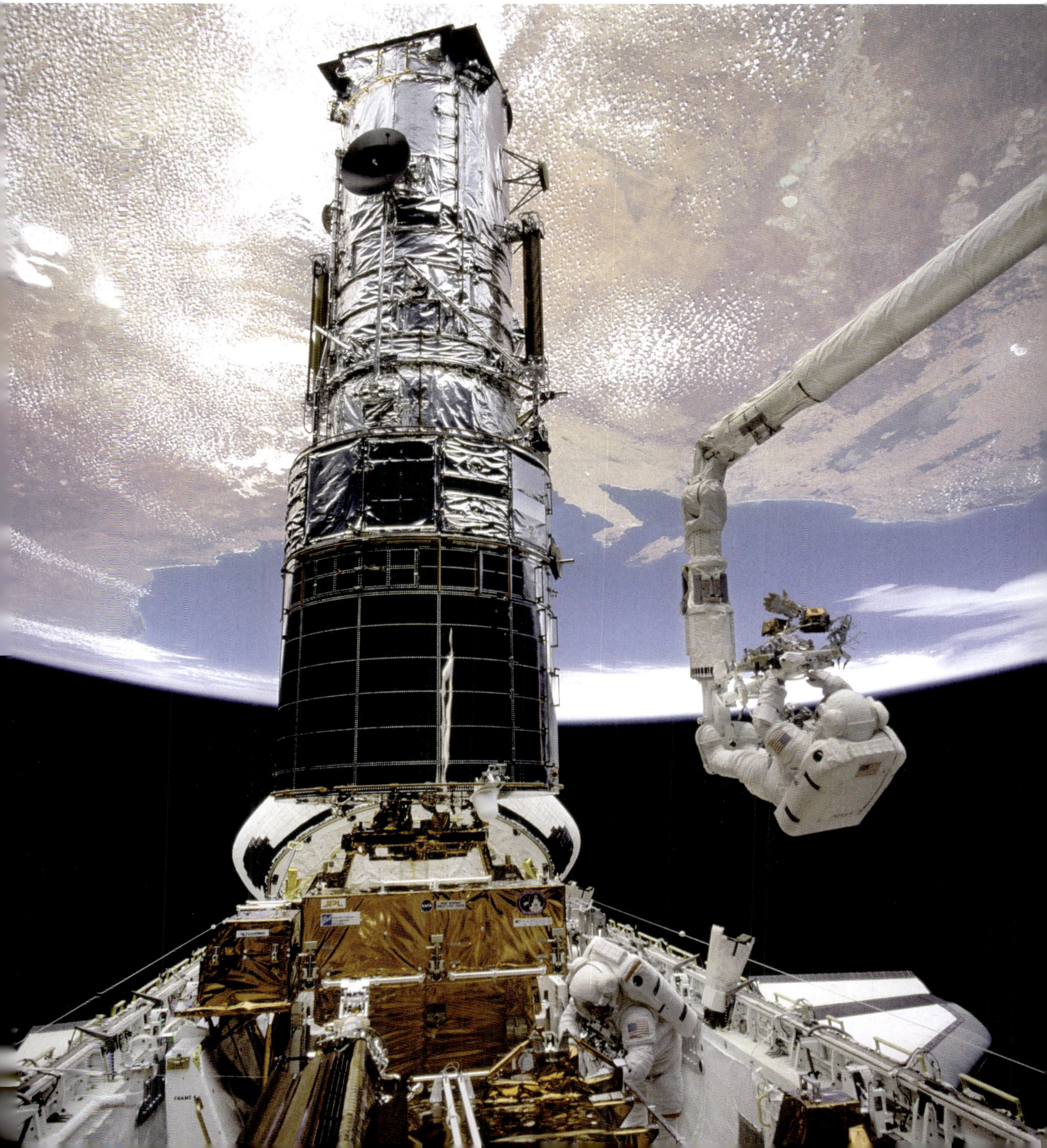

Das **Hubble-Weltraumteleskop** umkreist die Erde in 575 Kilometern Höhe. Es ist mit einer schützenden Temperaturfolie und einer Spiegelklappe ausgerüstet.

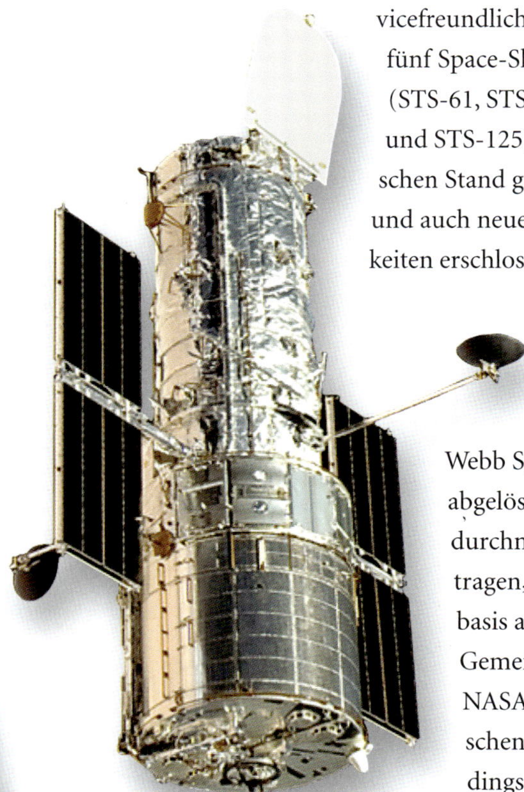

Überhaupt ist dieses Teleskop sehr servicefreundlich ausgelegt, sodass es mit fünf Space-Shuttle-Wartungsmissionen (STS-61, STS-82, STS-103, STS-109 und STS-125) auf den neusten technischen Stand gebracht werden konnte und auch neue Beobachtungsmöglichkeiten erschlossen wurden. So ist die Betriebszeit mindestens bis 2014 gesichert. Spätestens 2018 soll Hubble aber durch das James Webb Space Telescope (JWST) abgelöst werden. Dessen Spiegeldurchmesser soll 6,5 Meter betragen, und es soll auf Infrarotbasis arbeiten. Das JWST ist ein Gemeinschaftsprojekt der NASA, ESA und der kanadischen Weltraumagentur. Allerdings besteht momentan die Überlegung, den Bau des Teleskops einzustellen, da die Kosten exorbitant gestiegen sind.

Weitere Weltraumobservatorien Neben Hubble, das unseren Planeten in 575 Kilometern Höhe innerhalb von 96 Minuten einmal umkreist, haben zahlreiche andere Weltraumobservatorien unser Bild des Kosmos fundamental erweitert und werden es auch in Zukunft tun: So beobachtet SOHO (gestartet 1995) ständig die Sonne, XMM-Newton und Chandra (1999) sowie INTEGRAL (2002) haben den Röntgenbereich im Visier, die Wilkinson Microwave Anisotropy Probe WMAP (2001) hat bis 2010 die Unregelmäßigkeiten in der kosmischen Hintergrundstrahlung untersucht, das Spitzer Space Telescope SST (2003) ist für Infrarotbeobachtungen zuständig, Swift (2004) für die Beobachtung von Gammastrahlenausbrüchen, die beiden Satelliten der Stereo-Mission (2006) sollen dreidimensionale Bilder der Sonnenaktivität liefern und der im selben Jahr gestartete COROT nach Planeten bei anderen Sonnen suchen. Schließlich sollen die ESA-Weltraumteleskope Herschel und Planck (2009) die nach dem Urknall entstandenen ersten Galaxien aufspüren und die kosmische Hintergrundstrahlung erforschen.

Sternkataloge

Ordnung muss sein Auch die Astronomen haben ihre Forschungsobjekte katalogisiert, um den Stand ihrer Forschungsarbeit zu dokumentieren und sie jederzeit am Himmel wiederzufinden. Den ersten Sternkatalog schuf der Grieche Hipparch um 300 vor Christus. Er enthielt 800 Sterne. Ein weiterer antiker Katalog ist der des Ptolemäus, der 1022 Sterne enthält und in seinem Werk „Almagest" veröffentlicht wurde. Zu den bekannten neuzeitlichen astronomischen Katalogen gehören der von dem französischen Astronomen Charles Messier (1730–1817) geschaffene spezielle Nebelkatalog, dessen Objekte mit dem Buchstaben M versehen sind. So trägt der Krabbennebel die Bezeichnung M 1. Viele M-Objekte tragen aber auch noch die Buchstabenfolge NGC. Sie steht für New General Catalogue, der 1888 veröffentlicht wurde und Nebel, Sternhaufen sowie Galaxien auflistet.

Das **Planck-Weltraumteleskop** wurde 2009 von der ESA gestartet und erforscht die kosmische Hintergrundstrahlung.

Das **ESA-Herschel-Infrarot-Observatorium** hat mit seinem 3,5-Meter-Hauptspiegel den größten Einzelspiegel der bisher für einen Satelliten gefertigt wurde. »»

Für die Zukunft sind weitere raffiniertere und noch effektiver arbeitende Weltraumobservatorien geplant. Bisher haben sie den Mond als Standort für Beobachtungen überflüssig gemacht. Doch das wird wahrscheinlich nicht so bleiben. Infolge der immer dichter werdenden technischen Infrastruktur auf und um die Erde wird es in Zukunft in Erdnähe immer mehr Störstrahlung geben. Daher sollen auf der erdabgewandten Seite des Mondes – und damit abgeschirmt von jeglicher irdischer Strahlung – in Kratern einmal ausgedehnte Spiegelteleskopanlagen (sogar mit Flüssigkeitsspiegeln) sowie Radioteleskopfelder entstehen. Mit ihnen hoffen die Astronomen, vielleicht eines Tages Signale außerirdischer Intelligenzen zu entdecken. Das wäre dann wirklich eine zweite Kopernikanische Revolution und die Krönung der Weltraumteleskop-Astronomie.

Das **Spitzer-Weltraumteleskop** arbeitet im Infrarotbereich zwischen 3 und 180 Mikrometern und kann in für das sichtbare Licht undurchdringliche Regionen blicken.

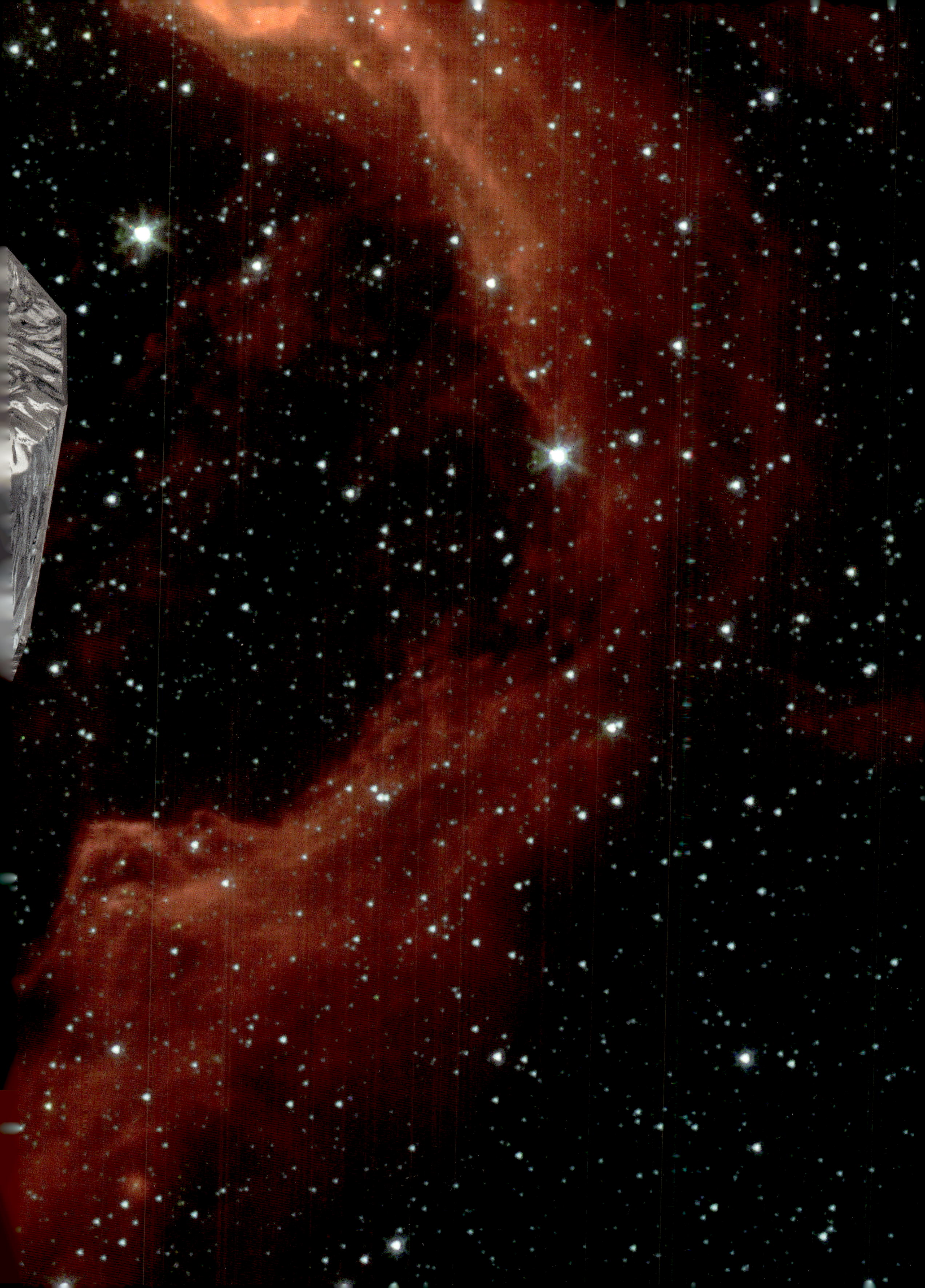

Haupteinträge sind **halbfett** hervorgehoben.

21-Zentimeter-Radiostrahlung 167
51 Pegasi B 231
47 Tucanae 204

A

Adams, John Couch 132
Akkretionsscheibe 192, 225, 226, 228
Aktive Galaxien 242
Albedo **97**, 136
Algol 191
ALMA (Atacama Large Millimeter Array) 234, 281
Alpha Centauri 162, 163, 188
Anaxagoras 12, 273
Andromeda 157
Andromedagalaxie 202, 203, 205, 226, 240, 246, 247
Aphel **71**, 89
Apollo-Astronauten 58–63
Apollo-Programm 53, **59**, 60, 61, 62, 65
Apollo VIII–XVII 62, 63
Arecibo-Botschaft 202
Aristarch von Samos 273
Arktur 163
Asteroiden 74, 152
Asteroidengürtel 74, 142
Astronomische Einheit (AE) 81, 174, 175

B

Barringer-Krater 44, 45, 151
Berliner Phänomen 30
Bessel, Friedrich Wilhelm 174, 175, 276
Beteigeuze 162, 163, 173, 193, 194
Big Chill 260
Big Crunch 260
Big Rip 260
BL Lacertae-Objekte 242
Brahe, Tycho 217, 219, 275
Bunsen, Robert 276

C

Caloris-Becken 94
Carrington, Richard 21
Carrington-Event **21**
Cassini-Huygens (Orbiter/Lander) 79, 120, 123, 124, 127
CCD 279
Ceres 142, 143, 144
Cepheiden 177, 192
CHANDRA-Röntgensatellit 221, 228, 298
Chandrasekhar, Subrahmanyan 215
Chandrasekhar-Grenze 215, 219
COBE (Satellit) 258, 259
Coelostat **32**, 33
Coma-Galaxienhaufen 250
COROT 232, 233, 298
Cygnus X-1 228

D

Davis, Donald R. 52
Demokrit 273
Deutsches Zentrum für Luft- und Raumfahrt 296
Doppelsterne 186, 188–189, 192, 234
Dopplereffekt 189, 233
Drake, Frank 202
Dunkelwolken 208, 209, 255
Dunkle Energie 255, 260, 261
Dunkle Materie 255, 261

E

E-ELT (European Extremely Large Telescope) 234, 291, 295
Edgeworth, Kenneth E. 138
Edgeworth-Kuiper-Gürtel 139
Einstein, Albert 276
Einsteinkreuz 229
Ekliptik **57**, 89, 159, 160, 161
Emissionsnebel 207, 209
Erathosthenes 273
Erde 21, 27, 35, 36, 37, 41, 42–43, 68, 69, 74, 80–91, 96, 102, 110, 123, 133, 149, 152, 153, 160, 235
  Atmosphäre 86
  Erdaufbau 82
  Habitable Zone **81**
  Jahreszeiten 90
  Klimaprobleme 88
  Magnetosphäre 88
  Plattentektonik 50, 82, **83**, 84, 85, 101, 106
ESA 233, 252, 298
ESO 233, 234, 235, 238
European Extremely Large Telescope (E-EELT) 234
Exoplaneten 230–235

F

Fabricius, David 191
Fermi-Gamma-ray Space Telescope 288
Finsternisse 54, **56**, 57
Fraunhofer, Joseph von 179

G

Gaia-Satellit 233
Galilei, Galileo 117, 167, 274, 275, 276
Galileo (Raumsonde) 116, 119
Galle, Johann Gottfried 132
Gasplaneten 70
Geller, Margaret 250
Gemini Nord- und Süd-Teleskop 292
GEO600 289
Gezeiten 54, **55**
Giotto-Raumsonde 146, 147, 149
Gliese 581 c 234, 235
Gran Telescopio Canarias 293
Gravitationslinseneffekt 229
Gravitationswellen 289
Großer Bär 158, 160
Große Mauer 250
Großer Dunkler Fleck 134, 135
Großer Roter Fleck **113**, 116
Großer Wagen 158, 159, 160, 186, 196
Größenklasse **162**

H

H-II-Regionen **170**
Hale-Spiegelteleskop 291
Halleyscher Komet 146, 147, 148, 149
Hartmann, William K. 52
Hawking, Stephen 226, 276
Hawking-Strahlung 226, 276
Helixnebel 212
Herschel, Wilhelm (William) 128, 167
Herschel (Satellit) 298
Hertzsprung, Ejnar 180
Hertzsprung-Russel-Diagramm 35, 180, 184, 205
H.E.S.S-Radioteleskop 288
Hipparch 273, 299
Hipparcos (Satellit) 177, 233
Hobby-Eberly-Teleskop 292
Hot Jupiters 234
Hotspot 84, 101, 106, 107, 123
Hoyle, Fred 257
Hubble, Edwin 240, 257, 276, 296
Hubble-Schema 240, 242
Hubble Ultra Deep Field 253. 255, 256
Hubble-Weltraumteleskop 123, 130, 134, 205, 212, 215, 228, 230, 231, 234, 255, 264, 276, 281, **296**–298
Huchra, John 250
Hyaden 198

I

IceCube 288, 289
INTEGRAL (Weltraumteleskop) 298
Internationale Astronomische Union (IAU) 97, 139
Interstellare Materie 193
Io 117, 118, 119
IRAS (Satellit) 231, 286
Irreguläre Galaxien **241**, 248

J

James Webb Space Telescope (JWST) 298
Jupiter 69, 70, 71, 74, 112–119, 128, 129, 142, 143, 144
  Atmosphäre 112
  Callisto (Mond) 118
  Galileo (Sonde) 116, 119
  Ganymed (Mond) 118
  Europa (Mond) 118
  Io (Mond) 117, 118, 119
  Monde 117
  Ringsystem, dunkles 116
Jupiterähnliche Planeten 70

K

Kanopus 163
Kapella 163
Keck-Teleskop 131, 292
Kennedy, John F. 58
Kepler, Johannes **70**, 217, 219, 275, 276
Kepler-Weltraumteleskop 232, 235
Keplersche Gesetze 70, 186
Kirchhoff, Gustav Robert 276
Kirkwood, Daniel 144
Kleine Eiszeit 25, 26, 31
Kohlensack-Dunkelnebel 209
Kollisionstheorie, große 52
Komet 146–149, 268
Konjunktion – obere, untere **71**
Konvektion 16,
Kopernikus, Nikolaus 274, 276
Koroljow, Sergej 59
Korona **18**, 23, 26, 56,
Koronale Löcher 23
Kosmische Hintergrundstrahlung 257, 259, 284
Kosmonauten 60
Krabbennebel 216, 222, 299
Kreuz des Südens 159, 160, 209
Kugelsternhaufen 202, 240
Kuiper Airborne Observatory (KAO) 130, 296
Kryovulkanismus **118**, 127, 136

L

Lagrange-Punkte 144
Large Binocular Telescope 291, 292
Leavitt, Henrietta 177
Leier 157, 215, 231
Leuchtkraft 81
Leverrier, Urbain 132
Libration **43**
Lichtjahr 162, **175**
LIGO (Gravitationsteleskop) 289
Lippershey, Hans 274
LISA (Gravitationsteleskop) 289
LOFAR (Low Frequency Array) 281
Lokale Gruppe 246
Lunar-Orbiter-Sonden 44, 61
Lunik 3 Sonde 61

M

M1 299
M2–M5 204
M13 202, 204
M15 204, 205
M31 246, 247
M33 246, 247
M87 223, 242
M94 286
M104 172
McMath-Pearce-Solar-Telescope 32, 33
Magellan, Ferdinand 247, 249
Magellan-Orbitersonde 78
Magellansche Wolken 169, 219, 241, 247, **248**, 249
Mare (Maria) **44**, 46
Mariner 9 (Marssonde) 104
Mariner 10 (Merkursonde) 92, 95
Mars 37, 69, 71, 74, 77, 81 102–111, 142, 143, 152, 153
  Atmosphäre 102
  Deimos (Marsmond) 111
  Oberfläche 102
  Olympus Mons 105, 106
  Phobos (Marsmond) 111
Mars Global Surveyor (Orbitersonde) 102, 106
Mauna Kea 105, 290, 291
Maunder, Edward Walter 25
Maunder-Minimum **25**, 26
Maya 269, 272
Mayall II 205, 226
Mayor, Michael 232
Merkur 37, 69, 71, 74, 81, 92–95, 119
  Atmosphäre 95

Caloris-Becken 93, 119
Oberfläche 93
Rupes 94
Messier, Charles 299
MESSENGER (Merkursonde) 92
Meteore 150–153
Milchstraße 163, **169**, 170, 240, 241, 246, 248, 249, 273, 280
Microlensing 233
Mira 191, 192
Mond 38–65, 152, 153
Aufbau 53
Erdlicht 43
Irdische Erscheinungen 54–57
Maria 46
Mondbeben **53**
Mondentstehungstheorie 52–53
Mondfinsternisse 56, 57
Mondflug 58–65
Mondgezeiten 55
Mondkrater Copernicus 44, 45
Mondlandungen 62
Mondoberfläche 44–51
Mondphasen 41
Mondsonden 61
Mondtäler 50
Tidenhub **55**
Terrae 44

N

NASA 77, 252, 296, 297, 298
NEAR (Near Earth Asteroid Rendezvous; Raumsonde) 143, 144
Nebra, Himmelsscheibe 266, 267
NEOs 144
Neptun 69, 70, 71, 74, 132–137, 138, 175
Atmosphäre 133
Triton 135, 139
Neutrinos 33, 35, 289
Neutronenstern 220–223, 289
New General Catalogue 299
Newton, Isaac 275
NGC 4038 242
NGC 4039 242
NGC 4414 241
Nova 217, 268, 278

O

Offener Sternhaufen 181, 197
Omega Centauri 204, 205, 226
Opportunity (Marsrover) 79, 102, 108
Opposition **71**
Oort, Jan Hendrik 149
Oortsche Wolke 74, 149
Orion, Orionnebel 156–160, 162–163, 171, 173, 181, 194, 196–198, 206–209, 231
Ozonschicht 82, 87, 88

P

Parallaxe 174, 176
Parsec 175, 179
Pencias, Arno 259
Perihel 71, 89, 138–139
Perlmutter, Saul 260
Perseus 157, 191
Pferdekopfnebel **207**, 209
Piazzi, Giuseppe 142
Pioneer 10, 11 (Sonden) 77, 79, 144
Venus 79
Planck 298, 299
Planemos 234
Planetarische Nebel **211**–215
Planetensonden 77
Planetenstellungen 71
Planetesimale 74
Planetoidengürtel 142
Plejaden 181, 196–205, 208, 267
Pluto 74, 138–141, 143
Polarlichter 20, 21, 27–30, 89, 123
Polarstern 176
Population I, II 35, 205
Präzession **90**
Presaepe 198, 199
Procyon 163
Protoplanetare Scheibe 230
Protoplaneten 74
Ptolemäus, Claudius 273, 299
Pulsare 220–223, 231, 286, 288

Q

Quasare 224, 225, 242, 281, 288
Queloz, Didier 232

R

Radialgeschwindigkeitsmethode 232
Radioastronomie 242
Radiogalaxie 242, 281
Ranger-Sonden 61
Raumsonden 77, 136, 178
Reflexionsnebel 207, 209
Richterskala 53
Riess, Adam G. 261
Rigel 158, 162, 163, 194
Ringnebel 215
RR-Lyrae-Sterne 192
Roche-Grenze **217**
Roter Riese 37, 185, 192, 193, 194, 209, 212, 217, 219, 223, 285
Rotverschiebung 177, 233, 257
Russell, Henry Norris 180

S

Sagittarius 169
Saturn 69, 70, 71, 116, 120–127, 128, 130
Atmosphäre 121
Cassini (Sonde) 120, 123, 127
Hot Spot 123
Oberfläche 120
Saturnmonde 126
Saturnringe 124, 127
Titan (Saturnmond) 126, 127
Saturn V (Rakete) 59, **65**
Schildvulkan 99, 105, 106, 107
Schmetterlingsdiagramm 25
Schmidt, Brian P. 261
Schneegrenze **74**
Schwabe, Heinrich-Samuel 25
Schwan 157, 235
Schwarzes Loch 186, 205, 215, 220, 223–229, 242, 253, 255, 277, 281, 286, 289
Schwarzschildradius 229
Scooter 134, 135
SDO-Sonnensatellit 13, **35**
Sedna 74
Selintschuskaja-Reflektor 291
Seyfert-Galaxien 226, 242
Shapley, Harlow 167
Shoemaker-Levy 9 (Komet) 149
Sirius 163, 269
Skorpion 159–161
Sloan Great Wall 250
Smal Dark Spot 134
Sofia-Infrarot-Flugzeugobservatorium 295, 296
SOHO-Sonnensatellit 13, 15, 26, 33, **35**
Sojourner (Marsrover) 79
Sonne 8–37, 92, 96, 128, 144, 149, 156, 234
Atmosphäre 14–21
Chromosphäre 16, 17, 18, 286
Flares 15, 18, **19**, 23, 193
Fotosphäre **16**, 23, 24, 25, 26, 31
Granulen, Granulation 16, 23, 24
Kleine Eiszeit 25, 26, 31
Konvektion 14–16
Korona 18, 26
Koronale Massenauswürfe (CMEs) 18, **19**, 26, 27
Koronografen 33
Neutrinodetektoren 33
Penumbra 22
Protuberanzen 15, 16, 18, 33, 56
Solare Kernfusion 15
Solarkonstante **29**
Solares Magnetfeld 22
Sonnenfackeln 22, 23
Sonnenflecken 22–31
SOHO (Satellit) 13, 14, 15, 26, 33, 35
Spiculen 17
Umbra 22
Sonnenbeobachtung 32–37
Sonnenfinsternis 10, 18, 26, 33, 56
Sonnenoszillationen 26
Sonnensatelliten 35
Sonnenwind 21, 26, 37, 82, 83, 123, 149, 193
Sonnensystem 66–153
South African Large Telescope 292
Spektralanalyse 178, 179
Spektraltyp 35
Spektrograf 279
Spektroskop 279
Spica 163
Spirit (Marsrover) 79, 108
Spitzer-Weltraumteleskop 124, 197, 298, 299
Starburstgalaxien 242
Stardust 209
Stellarer Supersturm 37
Stereo-Mission 298
Stonehenge 264, 265, 267
Strahlungszone 14-16
Subaru-Teleskop 292
SUNRISE 2009 (Ballonteleskop) 295
Supernovae 73, 173, 181, 186, 193, 209, 216–229, 248, 278, 281
Surveyor-Sonden 61
Swing-by-Manöver **79**

T

T-Tauri-Sterne 193
Tarantelnebel **169**, 173
Terrestrische Planeten 68, 70, 81, 138, 143
Thirty Meter Telescope (TMT) 295
Tierkreis 160–**161**
TNOs (Trans-Neptune Objects) 75
Tombaugh, Clyde 139
Transitmethode 232
Treibhauseffekt 81, 88
Triangulumgalaxie 246
Trifidnebel 207–209
Trojaner (Planetoiden) 144, 145
Tscherenkow-Teleskop 288

U

Uranus 69, 70, **116**, 128–131, 132, 133, 134, 135
Atmosphäre 128, 129
Miranda (Mond) 131
Monde 131
Oberfläche 129
Ringsystem 130
Urknall (Big Bang) 253, 255, 257

V

Valles Marineris 101, 105, 107, 108
Van-Allen-Gürtel 21, 88, 89
Vela-Pulsar 222
Venera 9 77
Venus 37, 69, 70, 71, 74, 77, 96–101, 107
Atmosphäre 96
Coronae 99
Lavaflüsse 101
Oberfläche 98
Schwefelsäureregen 97
Superrotation 97
Vulkane 99
Veränderliche Sterne 190–192
Very Large Telescope (VLT) 233, 290, 291, 292
Very Long Baseline Array (VLBA) 281
Viking (Sonden) 76, 77, 107
VIRGO (Gravitationsteleskop) 289
Virgo-Galaxienhaufen 250
Von Braun, Wernher 65
Voyager 1, 2 (Sonden) 77, 78, 79, 116, 124, 129, 131, 132, 134, 135, 144

W

Wechselwirkende Galaxien 258
Wega 163
Wegener, Alfred 84
Wilson, Robert 259
Weißer Zwerg 37, 178, 180, 184–186, 192, 211–215, 215, 217, 219, 223
Wilkinson Microwave Probe (WMAP) 259, 284, 285, 298
Wurmloch 229

X

XMM-Newton 298

Z

Zwergplaneten 68, 74, 75, 138–141, 143

AAC: Col Druscie Obs./A. Dimai 146 o.; **Arecibo Observatory:** Cornell, NAIC/Frank Drake (UCSC) 202 o.; R. Arlt: 32 o., 33 o.; **CNES:** D. Ducros 233 o.; **ESA:** 35, 147 u., 177 u., C. Carreau 172/173, P. Carril 21 u., DLR/FU Berlin/G. Neukum 110/111, 111 u., D. Ducros 300/301, A. Fujii 166 o., Halley Multicolor Camera Team/Giotto Project 149 o., Planck Collaboration/T. Dame et al 168; **ESO:** 166 u., 173, 213, 218, 219 o., 219 u., 235 o., 238 u., 241 u. 251, 292/293, ALMA (ESA/NAOJ/NRAO)/L. Caldçada 282/283, S. Brunier 233u., 248/249, L. Calçada 230 o., 231 u., F. Courbin 229 o., H. H. Heyer 293, M. Kornmesser 178u., 224/225, G. Lombardi 291, S. Steinhöfel 184/185, VISTA/J. Emerson 2; **Fotolia:** Hubert Koerner 31 o.; **Gary A. Glatzmaier:** (UCSC) 88 u.; **H.E.S.S.:** 288; **Interfoto, München:** Bildarchiv Hansmann 268 u., Classicstock 82, Iberfoto 167 o., Imagebroker/Josef Puchinger 274 u., Thomas Höfler 174 u., JTB Photo 174o., Mary Evans Picture Library 157, 194, 273 o., 274 o., NASA/SSPL 24/25, National Trust Photo Library 275 u., PHOTAISA 167 u., Raga/PHOTAISA 30/31, Sammlung Rauch 142/143, 268, 273 u., Toni Schneider 12/13, 70 u., Science & Society 10 u., 64, 65 u., Science & Society/National Aeronautics & Space Administration/SSPL 121 o., 112, 132, 192, 297, Science & Society/Science Museum/SSPL 158, 175, 279 u., Bernd Spreckels 84/85. The Travel Library/Ben Pipe 80 u., ; **ICRR:** Kamioka Observatory/The University of Tokyo 34; **Landesamt für Denkmalpflege und Archäologie Sachsen-Anhalt:** Juraj Lipták 267 u.; **Lunar Planetary Institute:** 69 o., 70 o., 139 u.; **mauritius images, Mittenwald:** Â© KINA/ANP Photo/James van Leuven 80 o., AGE 7 u., 21 o., 55 o., 100, 112 o., 148/149, 262, 281 o., Alamy 11, 42/43, 57 o., 176/177, 249 o., 250 u., 264 o., 269, 270/271, 272, Ikon images: 161, imagebroker: 45, 54 o., 54 u., 81 o., 130, 197 u., Kerstin Langenberger 174, Herbert Kehrer 93 u., Bard Loken 20/21, Edmund Nägele 264 u., NPL – Wild Wonders of Europe 58 o., Photo Researchers, Inc.: Chris Cook 43, John Chumack 189 u., 198 u., John R. Foster 162, William Kaufmann/JPL/Science Source 133 o., Calvin Larsen 151, Gerard Lodriguss 156, 158, Jerry Lodriguss 191 u., 199 o., Larry Londolfi 71, Science Source/Fritz Hasler & Hal Pierce 87 o., Babak Tafreshi 164/165, Jason T. Ware 158 o., Detelv van Ravenswaay 6 o. und u., 8/9, 66/67, 68 o., 68, 128 u., H. Schmied 152, P. Widmann 161 o., Photononstop/Christophe Lehenaff: 168 li., Phototake: 56/57, Lee C. Coombs 156 o., 163 u., Prisma 41 u., Profimedia: 217 u., Science Faction: 15 u., 28/29, 40 o., 55 u., 87 u., 150, 153 o., 170/171, 182/183, Science Photo Library: 6 M., 38/39, Mark Garlick 36/37, SuperStock: 90/91 o., 90/91 u., 91 o. re., 91 u. re., 275 o., United Archives: 25, 129 u., 132 u., 146, 160, 261 u., 265, 267 o., 268 o., 276 o., 277, Westend61: 82/83; **MSAM/TopHat:** 290; **NASA:** 60 u., 61 u., 062, 65 o., 73, 75, 77 o., 80/81, 89, 104 u., 116 u., 119, 127 u., 133 u., 134, 139 o., 143 u., 149 u., 150 u., 153 u., 257, 296, 298, Ames Research Center: 61 o., 78, Apollo 11 Crew: 44 o., ARCADE/Roen Kelly 294, H. Bond (STSci), R. Ciardulla (PSU), WFPC2, HAST 185 u., A. Caulet (ST-ECF, ESA) 208 o., COBE Science Team 258, L. Esposito (University of Colorado, Boulder) 96 o., H. Ford (JHU), J.P. Harrington, K.J. Borkowski (University of Maryland) 186, GRIN/Apollo 11 Crew/Neil Armstrong53 o., GSFC/TOMS science team & the Scientific Visualization Studio 88o., Jeff Hester (Arizona State University) 208 u., Hinode JAXA 18 u., G. Illingworth (UCSC/LO), M. Clampin (STScl), G. Hartig (STScl), the ACS Science Team and ESA 210, Jet Proulsion Laboratory 132 o., 143, Johns Hopkins Applied Physics Laboratory 74, 92 o., Johnson Space Center 68 u., Kepler mission 235 u., Lunar and Planetary Institute/Paul Schenk 118 u., NASSDC Photo Gallery 77 u., 143 o., NOAO/ESA/The Hubble Heritage Team (STScl/AURA) 207 u., Damian Peach 112 u., Raghvendra Sahal and John Trauger (JPL), the WFPC2 science team 212, K. Reardon (Osservatorio Astrofisico di Arcetri, INAF), IBIS, DST, NSO 17, Michael Rich, Kenneth Mighell, James D. Neill (Columbia University), Wendy Freedman (Carnegie Observatories) 226 o., G. Scharmer (ISP; RSAS) et al, Lockheed-Martin Solar & Astrophysics Lab 16 u., David R. Scott 46/47; **NASA/CXC:** ASU/J. Hester et al 222 o., CfA/W. Forman et al 223, Chinese Academy of Sciences/F. Lu et al 186/187, IUSS/A. De Luca et al 222 u., SAO/D. Patnande et al 286/287, University of Wisconsin-Madison/S. Heintz et al 221 o., SDO und AIA, EVE, und HMI science teams 23 u., SOFIA/Tony Landis 295, Steele Hill 27, STScl 226 u., STScl/Digitized Sky Survey/Noel Carboni 195, The Hubble Heritage Team (AURA/STScl) 215, Umass/D. Wang et al 169 li., USGS/Viking Project 105 o., Vacuum Tower Telescope, NSO, NOAO 22 o., Voyager 2 136, M. Weiss 181, 188, 227, 228 o., 228 u., Wisconsin/D. Pooley & CfA/A.Zezas 197 o.; **NASA/ESA:** AURA/Caltech 200/201, G. Bacon (STScl) 140/141, 214, 230 u., Bruce Balick (University of Washington), Vincent Icke (Leiden University, The Netherlands), Garrelt Mellema (Stockholm University) 211, S. Beckwith (STScl) and the Hubble Heritage Team (STScI/AURA) 253, S. Beckwith (STScl) and the HUDF Team 258 u., L. Calçada (ESO for STScl) 231 o., J. Clarke (Boston University), Z. Levay (STScl) 123 o., 123 u., ESO/CXC/D. Coe (STScI)/J.Merten (Heidelberg/Bologna) 254, ESO/FITS Liberator/Digitized Sky Survey 193, J. Hester and A. Loll (Arizona State University) 216 u., Margarita Karovska (Hacard-Smithsoniam Center for Astrophysics) 191 o., A. Nota (STScl/ESA) 169 u., R. Massey (California Institue of Technology) 255, J. Parker (Southwest Research Institute); P. Thomas (Cornell University), L. McFadden (University of Maryland, College Park), M. Mutchler und Z. Levay (STScl) 142 o., M. Robberto (Space Telescope Science Institute/ESA) 206 u., L. Sromovsky und P. Fry (University of Wisconsin), H. Hammel (Space Science Institue) und K. Rages (SETI Institute) 129 o., Alfred Vidal-Madjar (Institut d'Astrophysique de Paris, CNRS) 234, The Hubble Heritage Team (STScl) 206 o., The Hubble Heritage Team (STScl/AURA) 169 re., 190, 202 o., 205, 207 o., 239, 240, 241 o., 244/245, The Hubble Heritage Team (STScl/AURA)-ESA/Hubble Collaboration 7 M., 236/237, 242/243, The Hubble Heritage Team (STScl/AURA)-ESA/Hubble Collaboration/A. Evans (University of Virginia, Charlottesville/NRAO/Stony Brooks University) 252, The Hubble Key Project Team and the High-Z Supernova Search Team 217 o., The Hubble SM4 ERO Team 204/205; **NASA/Human Spaceflight:** 41 o., 45 u., 50, 50/51, 58 u., 59, 62/63, 63 o. li., 63 o. re., 278 u.; **NASA/Johns Hopkins University Applied Physics Laboratory/Carnegie Institution of Washington:** 92, 94 o., 94 u.; **NASA/JPL:** 4, 40 u., 72, 79 u., 96 u., 97 u., 98/99 u., 99 o. li., 99 o. re., 107 li., 114/115, 116 o., 120 u., 126(127, 131 o., 135 o., 135 u., 209, 299 u., JHUAPL 144, Malin Space Sciences Systems 104 o., 105 u., 106 o., MSSS 102, Space Science Institute 113, 120 o., 121 u., 122 o., 124/125, 127 o., UCSD/JSC 86/87, University of Arizona 107 re., 118 o., USGS 44 u., 128 o., 136/137; **NASA/JPL-Caltech:** 7 o., 36 o., 52 o., 52 u., 79 o., 103, 106 u., 138 u., 147 o., 154/155, 178 o., 179 u., 196 u., 232, 246 o., 286, Cornell/ASU 102, Havard-Smithsonian CfA/DSS 198, S. J. U. Higdon (Cornell University) 238 o., R. Hurt (SSC)125 o., 170 o., J. Jenkins (GSFC) 250 o., O. Krause (Steward Observatory) 220, MSSS 110 o., T. Pyle (SSC) 74/75, J. Stauffer (SSC) 196 o., STScl/Vassar 247 o., UCLA 144/145, 246 u., UCLA/MPS/DLR/IDA 150 o., University of Arizona 76, 122 u., 189 o., 247 u.; **NASA/NSSDC:** 46 u., 69 u., 101; **NASA/Planetary Photojournal:** 46 o., 95, 117, 131 u.; **NASA/WMAP Science Team:** 258 o., 259 o., 261 o., 284 o., 284 u., 284/285; **NS NOAA:** 85 o.; **NSF:** Forest Banks 288/289, NAIC/ Arecibo Observatory 281 u.; **picture-alliance, Frankfurt a. M.:** imagestate 276 u., imagestate/HIP/The British Library 157 o., Roy Kaltschmidt/Lawrence Berke 260, United Archives 179 o., WaterFrame 18 o.; **Royal Swedish Academy of Science:** 23 o., SST/LMSAL 12; **SOHO:** (ESA & NASA) 10 o., 13, 14o., 14 u., 15 o., 19, 22 u., 24 u., 26 o., 26 u.; **Top-foto:** Assen 280; **University of California Santa Cruz:** 216 o.; **Wikimedia Commons:** Gemeinfrei 266 o., 299 o. li., lizensiert unter Creative Commons Attribution 2.0 Generic: Cropbot 290 u., Adam Evans 203, lizensiert unter Creative Commons Attribution 3.0 Unported: Lennart Kudling 53 u., lizensiert unter Creative Commons Attribution-Share Alike 3.0 Unported: AllenMcC. 229 u., Anynobody 221 u., Dickbauch 266 u., Harp 241, JorisvS 138 o.,Kieff 180 u., Eberhard Marx 60 o., John Owens 33 u., Dr. G. Schmitz 278 o., Skatebiker 163 o., lizensiert unter Creative Commons Attribution-Share Alike 3.0 Unported, 2.5 Generic, 2.0 Generi, 1.0 Generic Pascalou petit 32u.

Illustrationen:
Römer & Osadtschij, Schwäbisch Gmünd: 16 o., 56 u., 56 o., 83 o., 90 u., 124 o., 148 o., 176, 177 o., 180 o., 259 u., 279 o.
Huber Medien GmbH, München: Kapitel-Icons

Kartografie:
Huber Medien GmbH, München: 93 o., 97 o.
Institut für Kartografie, Technische Universität Dresden: 48/49, 108/109